UI设计其实很简单

Photoshop界面设计高手之道

创锐设计 编著

電子工業出版社
Publishing House of Electronics Industry
北京•BEIJING

内 容 简 介

随着智能设备的飞速发展，移动设备 App 界面设计领域也得到了行业的关注和重视。人们在不断追求 App 界面设计的个性化与酷炫效果的同时，企业更希望通过 App 界面设计为产品提供营销服务。因此，也就有越来越多的人参与移动设备 App 的界面设计与开发。

本书的作者有丰富的移动 UI 界面的设计经验，从基础的设计知识入手，详细讲解了 App 的设计原则、界面中的元素及制作方法等。全书共包含 UI 设计你要知道的事儿、UI 设计你要会用 Photoshop、不同系统及其组件的设计、移动 UI 界面中的常用元素设计、界面元素的组合应用、购物 App 界面设计、音乐 App 界面设计、资讯 App 界面设计和游戏 App 界面设计 9 章的内容。读者通过对本书的学习，既能掌握相关的设计理论知识，同时还能通过书中案例提高设计 App 界面的实战技能。

全书结构清晰、内容由简到难、案例精美、步骤详细，使读者学习起来更为轻松。为了方便读者学习，本书还赠送了超值资料包，收录了书中所有案例的素材和源文件，方便读者随时查阅。

图书在版编目（C I P）数据

UI 设计其实很简单 : Photoshop 界面设计高手之道 / 创锐设计编著 . -- 北京 : 电子工业出版社 , 2019.9
ISBN 978-7-121-37245-2

Ⅰ. ① U… Ⅱ . ①创… Ⅲ . ①人机界面 – 程序设计②图象处理软件 Ⅳ . ① TP311.1 ② TP391.413

中国版本图书馆 CIP 数据核字 (2019) 第 175157 号

责任编辑：孔祥飞
印　　刷：天津千鹤文化传播有限公司
装　　订：天津千鹤文化传播有限公司
出版发行：电子工业出版社
　　　　　北京市海淀区万寿路 173 信箱　　邮编：100036
开　　本：787×1092　1/16　印张：16.5　字数：359 千字
版　　次：2019 年 9 月第 1 版
印　　次：2020 年 12 月第 2 次印刷
定　　价：99.00 元

凡所购买电子工业出版社图书有缺损问题，请向购买书店调换。若书店售缺，请与本社发行部联系，联系及邮购电话：（010）88254888，88258888。

质量投诉请发邮件至 zlts@phei.com.cn，盗版侵权举报请发邮件至 dbqq@phei.com.cn。

本书咨询联系方式：010-51260888-819，faq@phei.com.cn。

前言

随着移动智能设备的普及，Android 系统、iOS 系统的智能设备正在飞速改变人们的生活方式。伴随着智能设备屏幕变得更大，功能变得更多，对于移动 UI 界面设计的要求也是越来越高。Photoshop 是由 Adobe 公司开发的一款专业的图形图像处理软件，它除了在平面广告设计领域有着广泛的应用，在移动 UI 界面设计领域同样有广泛的应用。

本书编写目的

《UI 设计其实很简单：Photoshop 界面设计高手之道》是一本使用 Photoshop 进行 UI 界面设计及制作的案例教程，在编写过程中，作者采取从简单到复杂、从基础到专业、从理论到实践的方式，一步步教会读者移动 UI 面设计知识，让读者掌握真正的 UI 设计精髓。

本书内容安排

第 1 章 UI 设计你要知道的事儿：主要让用户了解 UI 设计，掌握 UI 的原则、UI 设计的构成要素、界面设计的布局及设计流程等知识。

第 2 章 UI 设计你要会用 Photoshop：围绕在 UI 设计中经常使用的 Photoshop 功能，如图层的运用、选区的设置、图形的绘制、蒙版的编辑、文字的编排等，为后面进行 UI 界面设计奠定基础。

第 3 章 不同系统及其组件的设计：主要介绍 Android 和 iOS 两大主流系统的特点、设计规范、适配规则等，让读者能按照不同系统的设计规则完成更规范的界面设计。

第 4 章 移动 UI 界面中的常用元素设计：对 UI 界面中的图标、按钮、开关、进度条、搜索栏等重要元素的设计要点和设计方法进行讲解。

第 5 章 界面元素的组合应用：通过案例的方式讲解如何将图标、按钮、进度条等元素合理地安排到界面中，创建完整的界面效果。

第 6 章 ~ 第 9 章 项目实战练习：分别讲解了比较常见的购物 App、音乐 App、资讯 App 及游戏 App 的界面设计，通过详细的操作让读者学习如何设计一套完整的 UI 界面。

本书特色

（1）全面的知识讲解：本书内容全面，知识涵盖面广，对 UI 的特点及设计原则、不同系统的设计规则和适配规则都进行了详细的讲解。

（2）丰富的实战教学：书中选用了大量精美并具有代表性的案例，分别讲解了 UI 界面中的图标、按钮、导航栏等单个元素的设计，元素的组合应用设计，完整的 App 界面设计等。

（3）理论和实战结合：本书打破了常规同类书籍中的内容形式，将理论与实战高效结合，书中的所有案例都列出了详细的制作过程和理论知识。无论是刚接触 App 界面设计的菜鸟，还是已经熟练掌握设计软件的老手，都可以快速入门和上手。

（4）实用的技巧提示：本书在讲解的过程中添加了相关的技巧提示，让读者在学习的过程中掌握更多实用的扩展知识。

本书适用范围

本书适合有一定 Photoshop 软件操作基础的设计初学者及设计爱好者阅读，也可以为一些设计制作人员及相关专业的学习者提供参考，还可以作为社会培训学校、大中专院校相关专业的教学参考书或上机实践指导用书。

本书力求严谨细致，但由于作者水平有限，写作时间仓促，书中难免存在疏漏和不妥之处，恳请广大读者批评、指正，让我们共同对书中的内容一起进行探讨，实现共同进步。

读者服务

轻松注册成为博文视点社区用户（www.broadview.com.cn），扫码直达本书页面。

• 下载资源：本书提供的素材及源文件，均可在“下载资源”处下载。

• 提交勘误：您对书中内容的修改意见可在“提交勘误”处提交，若被采纳，将获赠博文视点社区积分（在您购买电子书时，积分可用来抵扣相应金额）。

• 交流互动：在页面下方“读者评论”处留下您的疑问或观点，与我们和其他读者一同学习、交流。

页面入口：http://www.broadview.com.cn/37245

目录

第 1 章 UI 设计你要知道的事儿 / 1

1.1 认识 UI 设计 / 2

1.2 UI 设计的原则 / 4

1.2.1 一致性原则 / 4

1.2.2 完整性原则 / 5

1.2.3 直观性原则 / 6

1.2.4 习惯性原则 / 7

1.3 确定 UI 视觉风格的构成要素 / 7

1.3.1 色彩 / 7

1.3.2 文字 / 10

1.3.3 图标 / 13

1.3.4 图片 / 15

1.4 UI 视觉设计中的常用布局 / 17

1.4.1 列表式布局 / 17

1.4.2 陈列馆式布局 / 18

1.4.3 九宫格布局 / 18

1.4.4 选项卡式布局 / 18

1.4.5 旋转木马式布局 / 19

1.4.6 行为扩展式布局 / 19

1.4.7 多面板式布局 / 20

1.4.8 图表式布局 / 20

1.5 UI 设计的流程 / 20

1.5.1 产品定位及市场分析阶段 / 21

1.5.2 交互设计阶段 / 21

1.5.3 界面视觉设计阶段 / 23

1.5.4 界面输出阶段 / 24

1.5.5 可用性测试阶段 / 26

第 2 章 UI 设计你要会用 Photoshop / 27

2.1 初识 Photoshop / 28

2.1.1 掌握 Photoshop 的界面构成 / 28

2.1.2 新建图像文件 / 28

2.1.3 打开和最近打开文件 / 29

2.1.4 在 Photoshop 中置入文件 / 31

2.1.5 保存与关闭文件 / 32

2.2 图层的运用 / 33

2.2.1 “图层”面板 / 33

2.2.2 创建图层与图层组 / 34

2.2.3 复制和删除图层 / 35

2.2.4 图层样式的应用 / 36

2.2.5 设置图层的整体和填充不透明度 / 39

2.3 选区的设置 / 40

2.3.1 规则选区的创建 / 40

2.3.2 不规则选区的创建 / 41

2.3.3 调整与编辑选区 / 42

2.4 图形的绘制 / 44

2.4.1 基础图形的绘制 / 44

2.4.2 自定义形状的绘制 / 46

2.4.3 绘制任意所需的图形 / 47

2.5 蒙版的编辑 / 49

2.5.1 图层蒙版 / 49

2.5.2 剪贴蒙版 / 51

2.5.3 矢量蒙版 / 52

2.6 文字编排设计 / 53

2.6.1 文字的添加与设置 / 53

2.6.2 变形文字的制作 / 55

第 3 章 不同系统及其组件的设计 / 57

3.1 iOS 系统及其组件的设计 / 58

3.1.1 iOS 系统的特点 / 58

3.1.2 iOS 系统的适配规则 / 61

3.1.3 iOS 系统设计的规范 / 64

3.1.4 iOS 系统界面设计实战 / 71

3.2 Android 系统及其组件的设计 / 73

3.2.1 Android 系统的特点 / 73

3.2.2 Android 系统的适配规则 / 76

3.2.3 Android 系统设计的规范 / 82

3.2.4 Android 系统界面设计实战 / 85

第 4 章 移动 UI 界面中的常用元素设计 / 87

4.1 图标 / 88

4.1.1 拟物化的图标设计 / 88

4.1.2 扁平化的图标设计 / 95

4.2 按钮 / 99

4.2.1 突显状态的按钮设计 / 99

4.2.2 皮革质感的按钮设计 / 102

4.3 开关 / 106

4.3.1 拟物效果的开关设计 / 106

4.3.2 层次分明的开关设计 / 109

4.3.3 单选和复选开关设计 / 112

4.4 进度条 / 114

4.4.1 发光效果的线形进度条设计 / 114

4.4.2 清新风格的圆形进度条设计 / 118

4.5 搜索栏 / 121

4.5.1 扁平化的搜索栏设计 / 121

4.5.2 布纹材质的搜索栏设计 / 123

4.6 列表框 / 126

4.6.1 整洁风格的列表框设计 / 126

4.6.2 暗色冷酷风格的列表框设计 / 128

4.7 标签栏 / 131

4.7.1 线形风格的标签栏设计 / 131

4.7.2 组合式标签栏的设计 / 133

4.8 图标栏 / 136

4.8.1 简单时尚的图标栏设计 / 136

4.8.2 立体化的图标栏设计 / 139

第 5 章 界面元素的组合应用 / 142

5.1 引导页设计 / 143

5.1.1 营造趣味感的引导页设计 / 143

5.1.2 半透明质感的引导页设计 / 147

5.1.3 线形风格的引导页设计 / 150

5.2 登录页设计 / 152

5.2.1 扁平化的登录页设计 / 152

5.2.2 黑白主题的登录页设计 / 155

5.2.3 时尚紫色风格的登录页设计 / 158

5.3 首页设计 / 161

5.3.1 甜美风格的首页设计 / 161

5.3.2 时尚酷炫的首页设计 / 165

5.3.3 干净清爽的首页设计 / 169

5.4 列表页设计 / 172

5.4.1 工整的产品列表页设计 / 172

5.4.2 时间轴列表页设计 / 176

5.5 详情页设计 / 180

5.5.1 突出活动内容的详情页设计 / 180

5.5.2 白色清新风格的详情页设计 / 185

5.6 个人中心页面设计 / 190

5.6.1 简约风格的个人中心页面设计 / 190

5.6.2 蓝色清爽风格的个人中心页面设计 / 193

第 6 章 购物 App 界面设计 / 197

6.1 界面布局规划 / 198

6.2 创意思路剖析 / 198

6.3 确定配色方案 / 199

6.4 定义组件风格 / 199

6.5 制作步骤详解 / 199

6.5.1 启动界面 / 200

6.5.2 登录界面 / 202

6.5.3 首页界面 / 205

6.5.4 分类界面 / 207

6.5.5 商品详情界面 / 209

6.5.6 购买界面 / 212

6.5.7 商品结算界面 / 213

6.5.8 个人中心界面 / 215

第 7 章 音乐 App 界面设计 / 217

7.1 界面布局规划 / 218

7.2 创意思路剖析 / 218

7.3 确定配色方案 / 219

7.4 定义组件风格 / 219

7.5 制作步骤详解 / 220

7.5.1 首页界面 / 220

7.5.2 发现界面 / 224

7.5.3 电台界面 / 225

7.5.4 歌曲播放界面 / 228

7.5.5 音效调节界面 / 230

7.5.6 个人中心界面 / 232

第 8 章 资讯 App 界面设计 / 236

8.1 界面布局规划 / 237

8.2 创意思路剖析 / 237

8.3 确定配色方案 / 238

8.4 定义组件风格 / 238

8.5 制作步骤详解 / 239

8.5.1 登录界面 / 239

8.5.2 个人界面 / 240

8.5.3 新闻首页界面 / 241

8.5.4 下载分区界面 / 242

8.5.5 新闻内容界面 / 244

8.5.6 评论界面 / 244

第 9 章 游戏 App 界面设计 / 246

9.1 界面布局规划 / 247

9.2 创意思路剖析 / 247

9.3 确定配色方案 / 248

9.4 定义组件风格 / 248

9.5 制作步骤详解 / 249

9.5.1 欢迎界面 / 249

9.5.2 加载界面 / 250

9.5.3 积分界面 / 252

9.5.4 游戏界面 / 254

9.5.5 预览界面 / 255

9.5.6 结束界面 / 255

第 1 章 UI 设计你要知道的事儿

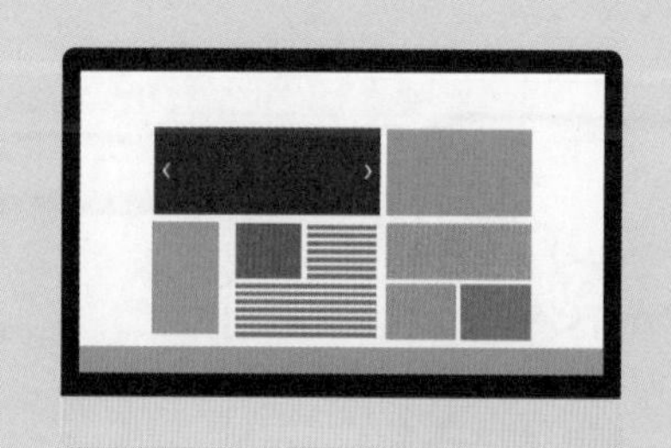

移动 UI 视觉设计是 UI 设计中的一个分支，也是当下最为流行和火热的一个话题。随着移动设备的发展，对其界面的视觉设计要求越来越高，移动 UI 所呈现出来的设计风格也更加丰富。想要设计和制作出令用户满意的界面效果，掌握一些必备的设计原则和设计方法是很有必要的，本章将对移动 UI 视觉设计的基础概念、设计原则等进行讲解。

1.1 认识UI设计

移动UI设计是UI视觉设计的一个分支，就是对移动设备中的操作界面进行视觉上的美化和修饰，使其外观界面能吸引更多用户的关注。

移动UI设计是移动设备中App的人机交互、操作逻辑、界面美观的整体设计，而移动UI的视觉设计是联系用户和后台程序的一种界面视觉设计，如下图所示。移动UI的视觉设计一直被业界称为App的“脸面”，好的移动UI视觉设计不仅要让应用程序变得有个性、有品位，还要让应用程序的操作变得舒适、简单、自由，充分体现应用程序的定位和特点。

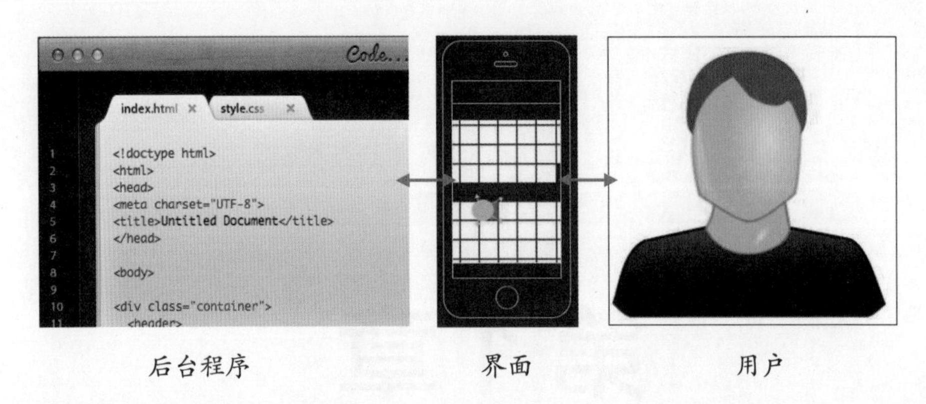

后台程序　　界面　　用户

移动UI的视觉设计是为移动设备设计的，相比较于Web网页视觉设计，其能够设计的屏幕尺寸更小，鼠标和键盘操作被手指替代了，有更多的控件需要进行美化，如下图所示为在手机上展示和操作App的效果。更重要的是，移动UI的视觉设计不能使用一种方案来笼统地包含这些不同的移动平台，其兼容性要求更广。虽然只有巴掌大小的空间可以发挥，但是为移动设备做设计并不容易。

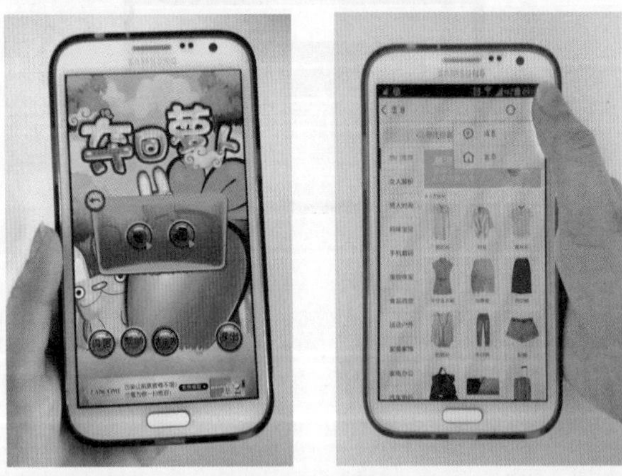

好的移动UI视觉设计对应用程序的成功起着非常关键的作用。移动设备的界面就是用户最先接触到的东西，也是一般用户唯一接触到的东西。用户对于界面视觉效果和软件操作方式的易用性的关心，要远远大于他对软件底层到底用什么样的代码的关心。如果说应用程序是一个人的肌肉和骨骼，那么移动UI的视觉设计就是人的外貌和品格，都是一款成功的

App 必不可少的组成部分。

如下图所示的两张图片，一张是没有经过界面设计的效果，界面中的元素没有添加任何的色彩特效，让人感觉呆板而无趣，而另外一张是界面添加了多种特效和用心设计后的效果，可以很轻易地察觉到这样的界面能够给人愉悦的感受。

移动 UI 的视觉设计，就是为移动设备的界面进行视觉效果设计，那么哪些设备可以归纳到移动设备中呢？移动设备，也被称为行动装置、流动装置、手持装置等，是一种口袋大小的通信或数码设备，通常有一块小的显示屏幕，触控输入，部分设备还有小型的键盘。通过它可以随时随地访问和获得各种信息，如平板电脑和智能手机之类的移动计算设备都可以称之为移动设备。本书主要是以智能手机为基础所展开的，大部分的内容都与之相关。

由于移动设备的屏幕尺寸小，其设计的角度和布局都是与电脑不同的，如下图所示为不同设备中界面设计的布局效果。

电脑

平板电脑

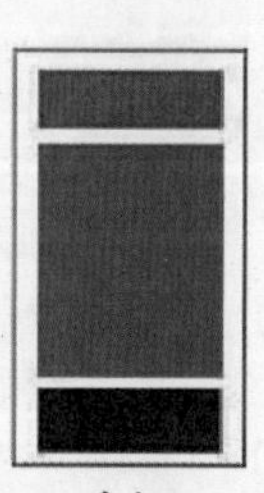

手机

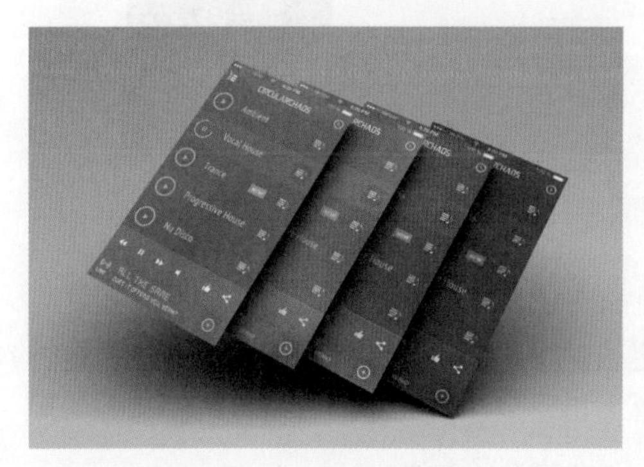

成功的移动 UI 视觉设计，不仅让应用程序变得有个性、有品位，还让应用程序的操作变得舒适、简单、自由，充分体现出应用程序的定位和特点。

人类是喜爱美的，美丽的事物常常会让人无法抗拒，出色的移动 UI 视觉设计对于应用程序的销售与推广，有着举足轻重的作用，界面的美观与否，很大程度上关系到应用程序的成败。

1.2 UI设计的原则

UI设计中包含了许多的设计原则，总的来说可以概括为界面的完整性、保持界面的一致性、直观性和用户对界面的习惯性这四大原则，下面就给大家具体介绍一下移动UI设计的四大原则。

1.2.1 一致性原则

在移动设备的UI视觉设计中，要遵循一定的设计原则，其中最基本的设计原则就是一致性原则。一致性原则是经常被违反的一个原则，同时也是最容易修改和忽视的原则。

界面设计的高度一致性，可使用户不必进行过多的学习就能掌握其操作共性。一致性原则有助于用户的操作，可以减少用户的学习量和记忆量。

在具体的设计中，首先要对界面的色彩、布局、风格等进行确立，并严格遵循一致性原则，确立标准并遵循，无论是控件使用、提示信息措辞，还是颜色、窗口布局风格等，都要遵循统一的标准，做到真正的一致。如下图所示为医院App的界面，在其中可以看到界面中的色调、背景、标题栏、图标栏、按钮等设计风格都保持了高度的一致性。

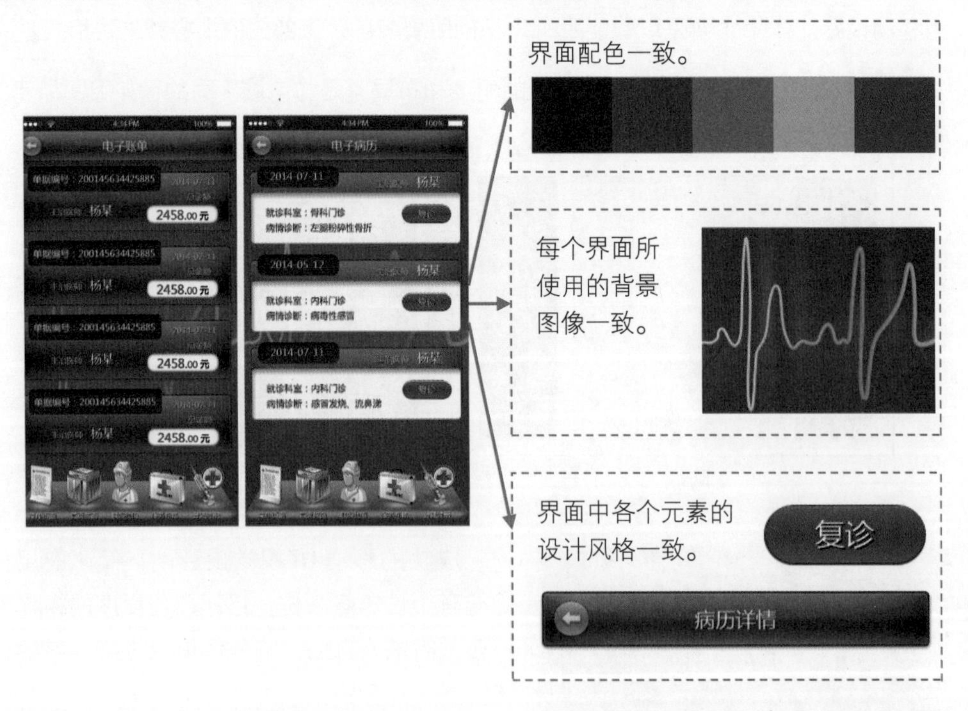

优秀的移动UI视觉设计，虽然各有特色，但都遵守最基本的原则，即保证界面设计元素的一致性。通过从对界面的结构、色彩、导航栏以及界面标准元素功能的角度分析如何进行设计，既保证了不同界面之间的一致性，又使得使用者不会因界面风格过于一致而产生视觉疲劳，并在此基础上提出了一个基本保证界面一致性的设计方法。

如果界面前后不一致，会迫使用户不断思考，从而分散了用户获取信息的注意力，因此，设计人员应当力求使界面保持一致，从而最大限度地减少用户经常操作出错的问题。

1.2.2 完整性原则

移动 UI 视觉设计的完整性，并不是用来衡量一个应用程序的界面有多好看，而是用来衡量应用程序的界面与功能是否匹配。例如，对一个应用程序来说，会用比较具体的元素和背景来体现其所要产生的任务，对于突出的任务则会使用标准的控件和操作行为来进行表现。这样的应用程序会给用户传达一个清晰和统一的信息，让用户懂得应用程序的目的，如下图所示。但如果应用程序在所要产生的任务上使用了异想天开的元素，用户就会被这些元素代表的相互矛盾的信号所困扰。

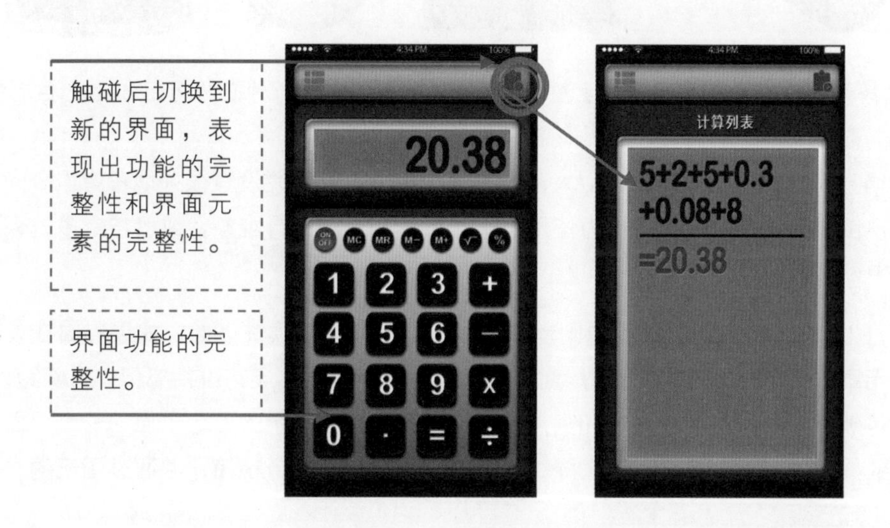

同样的，在一个模拟真实玩耍场景的仿真游戏 App 界面中，用户希望有一个漂亮的界面来提供更多的乐趣，从而鼓励他们继续游戏。尽管用户不期待能够在游戏中完成一个艰难的任务，但他们仍然希望游戏的界面能带来完整的体验，如下图所示。

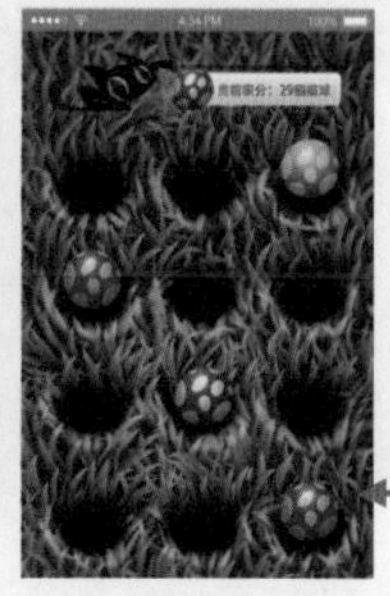

以“打地鼠”为参照的抢球游戏，通过设计出逼真的草坪效果来使用户的体验更加完整。

1.2.3 直观性原则

所谓直观性原则，就是指当人们在看界面时，能很快地明白界面的主要内容，知道界面所传递的信息是什么，而不是在玩无用的创意，让使用者感到一头雾水或内容混乱。视觉设计的目的是为了更好地完成交互体验，让界面中的信息清晰、直观、明了。

如下图所示的相机和时间图标，它们都是取自实际生活中相机和闹钟的具有代表性的部件来进行表现的，这样的设计才能更加易于让使用者理解，避免造成错误。

选择相机的镜头作为图标的主要元素　　　　选择闹钟的钟面作为图标的主要元素

遵循直观性的原则很简单，但大部分设计师在做设计时并没有很好地考虑这个问题，我们常说换位思考，直接将自己作为使用者来对设计的界面进行观察，或者与更多的人一起探讨界面中设计的细节，才能发现问题。

移动 UI 视觉设计的直观性原则也体现在界面信息的易读性上面，如果界面在设计编排上杂乱无章，则用户会很难寻找到所需的信息，该大的字没大，该小的字没小，行间距也不对，这些都是破坏界面作品的直观性和实用性的问题。如下图所示的两个界面：一个界面信息过载，导致界面的直观性和易读性下降；另一个界面将信息进行精简，并通过图表的方式让界面信息更加直观。

使设计作品易读，主要表现在文字的行间距、信息区分、层次变化、编排的整洁性等，在设计中我们通常会提到认真编排与清晰的画面有时也会是好的设计，这种好就是指在信息传达上的直观性。

1.2.4 习惯性原则

移动 UI 视觉设计的习惯性原则，就是设计出来的界面要能够便于操作和使用，不论在功能上的易用性，还是触摸手势上的习惯性，这些都是包含在界面设计中的。

如下图所示两个手机界面，由于手机屏幕过大，导致用户单手操作的难度增大，而设计师将手机的键盘设计为可以独立调整位置的效果，使得用户无论使用左手，还是使用右手，都能很好地触碰到键盘上几乎所有的按键，提升界面的使用舒适度，这样人性化的界面设计才是遵循了习惯性原则的设计。

在设计某些 App 时，有的界面为了让使用者便于对更多的选项和功能进行控制和调节，会在特定的区域增加隐藏的菜单栏，这些菜单栏的设计也是有讲究的。

1.3 确定 UI 视觉风格的构成要素

一个完整的 UI 界面设计必然包含了色彩、文字、图标、图片四个要素。而一个出色的 UI 界面设计，必然是将这些要素做到了淋漓尽致。下面我们就来对这些要素进行介绍。

1.3.1 色彩

生活中的一切都与色彩有关，任何色彩都具备色相、明度和纯度三个要素。色相是指色彩的相貌，也是各种色彩之间的区别，是色彩最显著的特征，比如我们常说的红、橙、黄、绿等；明度是针对色彩的亮度而言的，指色彩的深浅和明暗，明度值越高，图像的色彩越明亮，明度值越低，图像的颜色越暗；纯度是指色彩的鲜艳程度，也称色彩的饱和度、彩度、鲜度，是指灰暗与鲜艳的对比，即同一种色相是相对鲜明或灰暗的。如下图所示，分别展示了色彩三要素的变化效果。

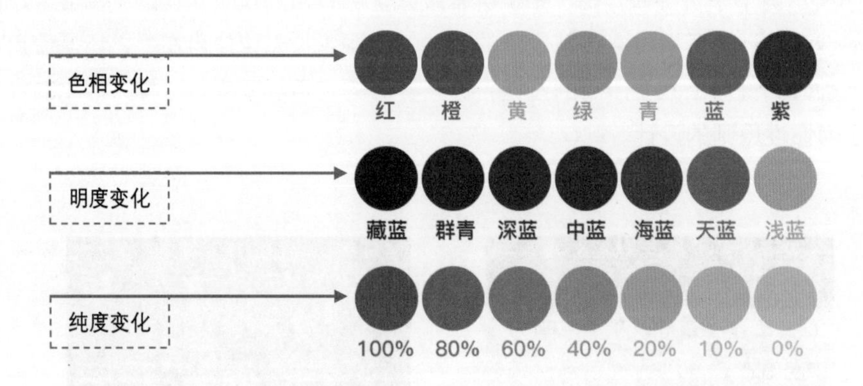

我们所看到的任何色彩都是这三种要素的综合效果，而不同的色彩会对人产生不同的心理感受。例如红色使人联想到热烈、喜庆、财富等，常用于理财类 App 界面设计，如下左图所示；橙色使人联想到温暖、财富、友好等，常用于美食类 App 界面设计，如下中图所示；蓝色使人联想到平静、科技、沉稳等，常用于科技类 App 界面设计，如下右图所示。

无论在任何设计领域，色彩的搭配永远是至关重要的。优秀的配色不仅能带给用户完美的体验，更能让其心情舒畅，提升整个应用程序的价值。当将多种色彩搭配时，用户可以通过色彩的色相、明度和纯度的变化，获得不同的视觉感受。下面简单介绍一下 UI 界面设计中常用的色彩搭配方式。

1. 同类色搭配

色环上相距 15° 角以内的色彩称为同类色，一般常用同一种色相的不同明度或不同饱和度的组合方式，例如蓝与浅蓝，红与粉红等。同类色的色相差别较小，基本相同，只能用明度和纯度方面的差别，因此采用同类色搭配的界面，给人以清新、含蓄的感受，如下图所示。

2. 类似色搭配

色环上相距 30° 角左右的色彩称为类似色 ，例如黄与黄绿，蓝与蓝绿等。类似色的属性对比弱，可保持画面的统一、协调和柔和感。如下右图所示的界面采用了类似色的搭配方式。

3. 邻近色搭配

色环上相距60° 角左右的色彩称为邻近色,例如橙与黄,黄橙与黄绿等,是色相的中对比。邻近色的界面效果有保持画面统一的特点，又能使画面显得丰富、活泼，如下左图所示。

4. 中差色搭配

色环上相距 90° 角左右的色彩称为中差色，例如红与黄橙，蓝绿与黄等。中差色搭配效果为明快、活泼、饱满、使人兴奋，同时不失调和之感，如下右图所示。

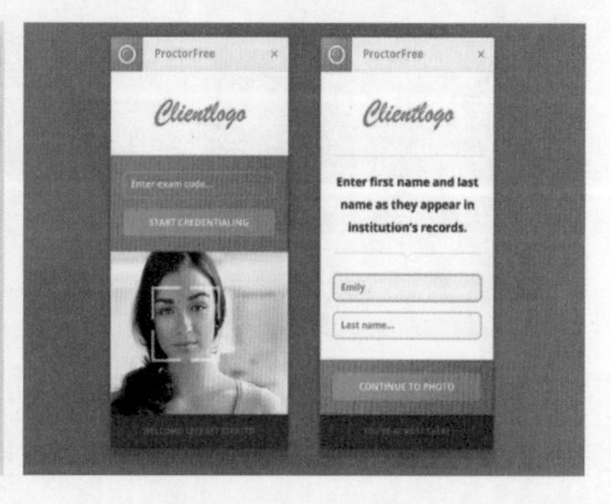

5. 对比色搭配

色环上相距 120° 角左右的色彩称为对比色，例如红与黄绿等，是色相的强对比。对比色搭配给人以鲜明、强烈的视觉效果，如下左图所示。但对比色搭配也容易造成视觉疲劳，一般需要采用多种调和手段来改善对比效果。

6. 互补色搭配

色环上相距 180° 角左右的色彩称为互补色，例如红与绿，蓝与橙，黄与紫等，是最强的色相对比。互补色搭配表现出力量、气势与活力，具有非常强烈的视觉冲击力，如下右图所示。

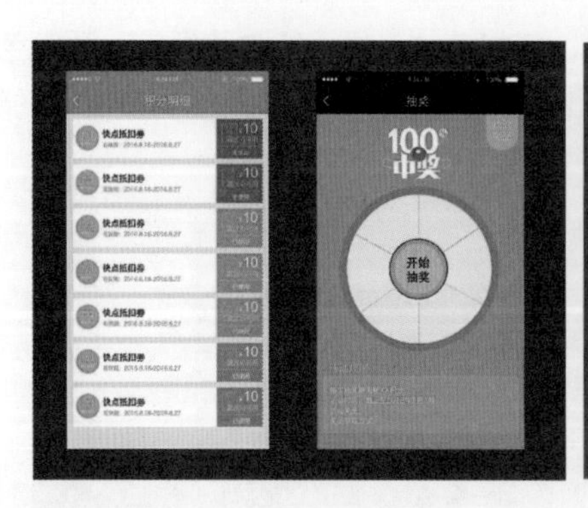

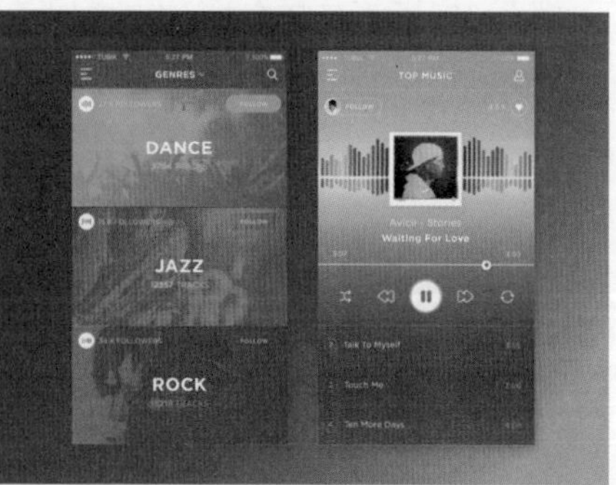

7. 多色搭配

多色搭配，顾名思义是由多种色彩组合而成的一种搭配方式，一般以不超过 4 种色彩为宜，规定一种作为主导色，其余作为辅助色使用。多色搭配会让画面显得更加丰富、多彩，充满趣味性。搭配时须注意区分主次，按比例进行调和，如若控制不好，也容易让画面变花，失去平衡。如下图所示为多色搭配的界面效果。

技巧技示：色彩的搭配

在 App 界面中，尽量不使用过多的色彩。现在很多 App 都是偏工具类的，用户使用 App 的频率也相对较高，页面中过多的色彩会让用户抓不到重点，影响用户体验，因此，在一个界面中使用 2~3 种色彩进行搭配即可。

1.3.2 文字

文字是信息内容的载体，是记录思想、交流思想、承载语言的图像或符号，而字体是文字的外在形式特征，是文字的视觉风格表现。合适的字体、字号以及字间距可以辅助文字，将信息清晰、准确地传递给用户。

1. 字体

字体的选择是由产品属性或品牌特性的关键词决定的。一般中文字体种类有黑体、宋体、仿宋、楷体等，英文字体种类有：无衬线体、衬线体、意大利斜体、手写体、黑体等。下面分别介绍常用的中文字体、英文字体和数字字体。

比较常用的中文字体有思源黑体、华文黑体、微软雅黑、冬青黑体、苹方－简、黑体－简、方正兰亭黑，如右图所示。其中 iOS 系统默认中文字体为苹方（PingFang），Android 系统默认中文字体为思源黑体（Noto Sans CJK）。

常用的英文字体有 San Francisco、Helvetica Neue、Roboto、Avenir Next、Open Sans。iOS 系统默认英文字体为 San Francisco，该字体会随着字号的变化自动调整字母的间距，以确保任何情况下都能很清晰地阅读；Android 系统默认英文字体为 Roboto。

思源黑体 苹方-简
华文细黑 黑体-简
微软雅黑 方正兰亭黑
冬青黑体

San Francisco
Helvetica Neue
Roboto
Avenir Next
Open Sans

常用的数字字体有 DIN、Core Sans D、Helvetica Neue。其中 DIN 起源于 1995 年的德国，无衬线字体，具有易用耐看、字形开放的特点，也是设计师最爱的几种字体之一，适合显示比较长的大字号数字，但是在小字号的情况下识别度较低。Core Sans D 是由韩国设计师设计的一款收费的无衬线字体，支持 Thin、Light、Regular、Medium、Bold 等类型字重，对大号数字的显示效果不错。Helvetica Neue 具有整洁朴素、中性严谨、没有多余的修饰等特点，Helvetica Neue 的升级版拥有了更多的字重，可以作为 iOS 和 Android 跨平台数字字体使用。

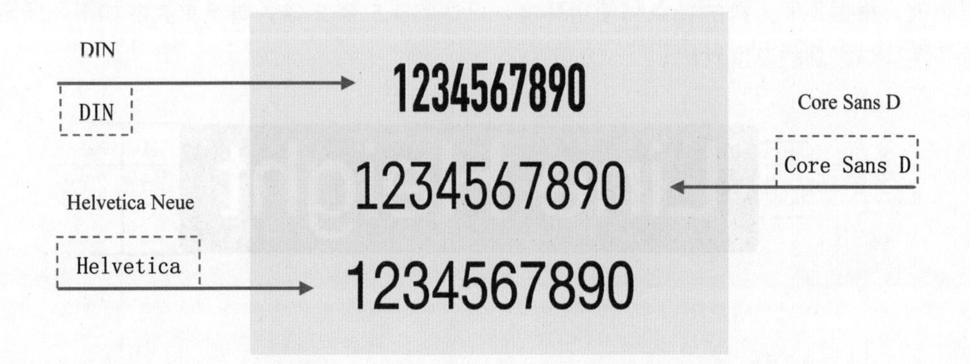

2. 字号

字号是界面设计中另一个重要的元素，字号大小决定了信息的层级和主次关系，合理有序的字号设置能让界面信息清晰易读、层次分明；相反，糟糕无序的字号设置会让界面混乱不堪，影响阅读体验。如右图所示的界面中，采用了不同的字号来表现不同的内容，整个界面层次清晰、明朗。

在进行 UI 界面设计时，字号的选择可以遵循 iOS、Material Design 等国内外权威设计体系中的字号规则，也可以根据产品的特点自行定义。如下图所示的表格中分别展示了 iOS、Material Design 两种字号规则。

iOS 字号规则		Material Design 字号规则	
页面大标题	32pt	超大号文字	34sp/45sp/56sp/11ssp
页面标题	20pt/22pt/28pt	大标题	24sp
正文 / 模块标题	17pt	文字	20sp
标注	16pt	小标题	16sp
副标题	15pt	正文 / 按钮文字	14sp
脚注	13pt	小字提示	12sp
说明文字	11pt		

3. 行高

行高可以理解为一个包裹在文字外面的无形的框，文字距框的上下空隙为半行距。参考 W3C 原理，眼睛距离屏幕 25cm 为最佳阅读距离。英文的基本行高通常是字号的 1.2 倍左右；而中文因为字符密且高度一致，没有英文的上伸部和下延部来创造行间空隙，所以一般行高需要更大，根据不同人群的特点和使用环境，可达到 1.5 至 2 倍，甚至更大。如下图所示，展示了字号与行高的高度对比。

4. 字重

字重是指字体的粗细，一般在字体家族名后面注明的 Thin、Light、Regular、Medium、Bold、Heavy 等即为字重名称，在“字符”面板中，通过“设置字体样式”选取字体的字重，如下左图所示，不同的预览效果如下右图所示。越来越多的产品界面需要通过字重来区分信息层次，iOS 11 大标题风格就是通过字重来区分信息层级的。

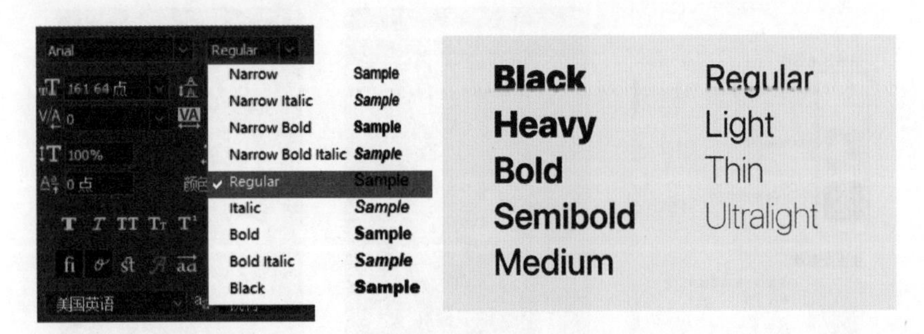

不同的字重体现出不同的层级关系和情绪感受，细的字体给人以细腻、轻盈的感觉，而粗的字体则给人庄重和严肃的感受，所以在定义字体规范时需要考虑什么场景用什么字重，从而保持良好的阅读体验。

1.3.3 图标

图标是 App 设计中的点睛之笔，既能辅助文字信息的传达，也能作为信息载体被高效地识别，并且图标也有一定的装饰作用，可以提高界面设计的美观度。

1. 图标的分类

无论是iOS系统还是Android系统的界面设计，图标都是一种比较重要的设计元素。目前，关于图标的类型并没有很权威的分类，但是也可以根据图标的用途将其大致分为功能型图标和展示型图标。下面来简单介绍一下这两种类型的图标。

一般来说，凡在 UI 界面中，用户可以点击的图标均可看成是功能型图标，此类图标往往代表某一功能或某一链接的跳转。这类图标的典型应用场景就是 iOS 系统中的底部标签栏，以及 Material Design 中侧滑菜单选项的左侧，如右图所示。除此之外，某些列表或卡片内的图标也属于功能型图标，不同的是，底部标签栏图标往往代表一个页面或板块，而列表或卡片内的图标则代表一个功能。

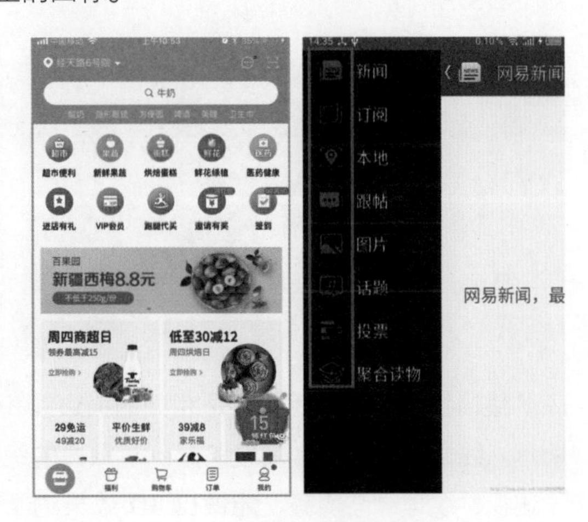

相比功能型图标，展示型图标更加具有设计感，是独特的、有内涵的以及具备超高辨识度的。一般来说，展示型图标主要是应用程序的启动图标，该类图标代表了一款产品的属性、气质以及品牌形象等，也是用户首先看到的内容，设计时应尽可能让用户记住并感到愉悦。在 iOS 系统中，展示型图标除了出现在 App Store 里，还出现在用户下载后的桌面上，以及出现在 Spotlight 的搜索结果和设置等地方，如下图所示。

2. 图标的风格

无论是 iOS 系统还是 Android 系统，图标的设计风格有很多种，例如：线形图标、面性图标、线面结合图标、扁平图标、轻拟物图标、拟物图标、手绘型图标等。下面分别对这些常见图标风格进行讲解。

线形图标是由直线、曲线、点等元素组合而成的图标样式。该类图标轻巧简练，具有一定的想象空间，并且不会对界面产生太大的视觉干扰，如下左图所示。面性图标可以简单理解为对线形图标的填充，但面性图标比线形图标更加稳重和扎实，对色彩的传达也清晰明显，如下右图所示。

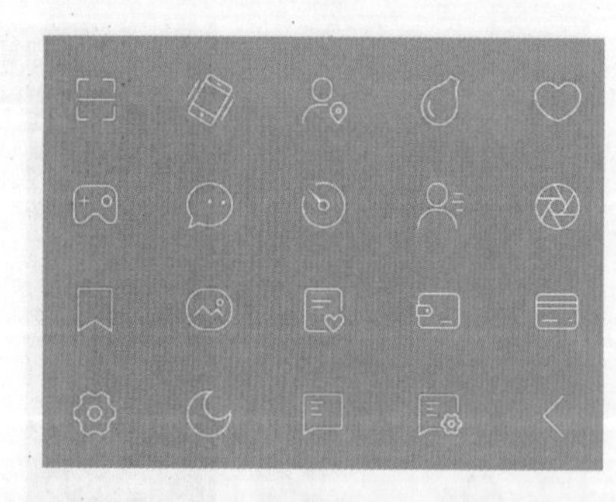

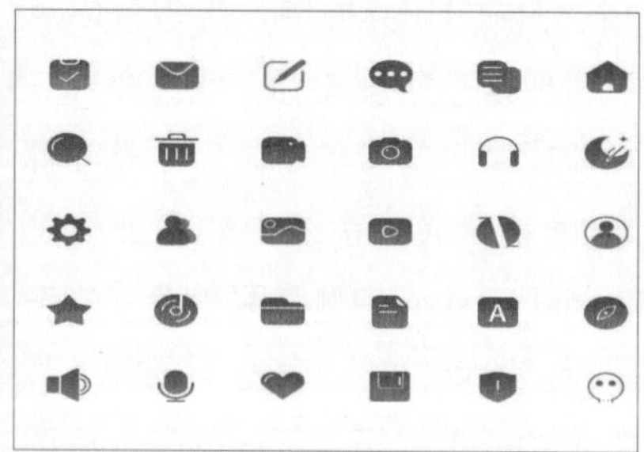

线面结合图标采用了合适粗细的描边线和局部的填充面相结合，灵动而鲜明，如下左图所示。线面结合图标，其线条起到对画面的绝对分割，突显内容、表现清晰。扁平图标去掉了透视、纹理、渐变等，能做出 3D 效果的元素，让信息本身作为核心被突显出来，并且在设计元素上强调抽象、极简、符号化，如下右图所示。

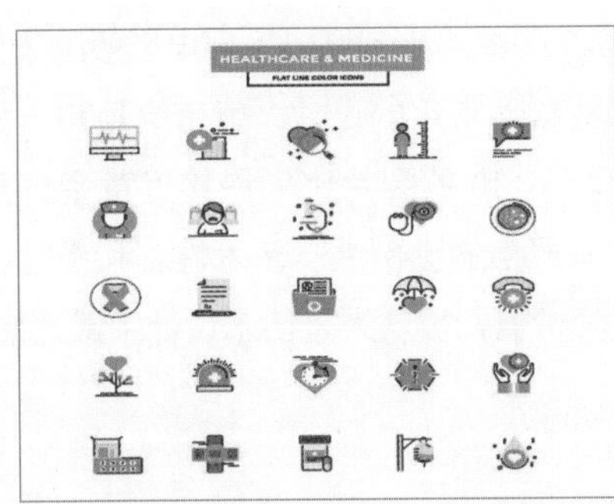

轻拟物图标没有拟物图标那么写实，也不像扁平图标那么“平”，其利用淡淡的渐色变和一些光影来达到两者之间的平衡，识别性高又不失美感。如下图所示为轻拟物图标设计的效果。

1.3.4 图片

除了文字和图标，图片在 App 界面设计中也是非常常见的，大多数 App 界面中都会使用图片。图片的质量、比例和排版方式都会直接影响用户对产品的体验。

1. 图片比例

进行 App 界面设计时，需要结合产品的特点，并根据不同的场景、用户群来选择合适的图片比例。不同比例的图片所传递的主要信息也各不相同。下面简单介绍几种比较常见的图片比例。

1:1 是比较常见的图片比例，相同的长宽将构图呈现得简单，突出了主体的存在感，常用于产品、头像、特写等展示场景。4:3 的图片比例使图像更紧凑，更容易构图，便于开展设计，也是常用的图片比例之一，如右图所示。

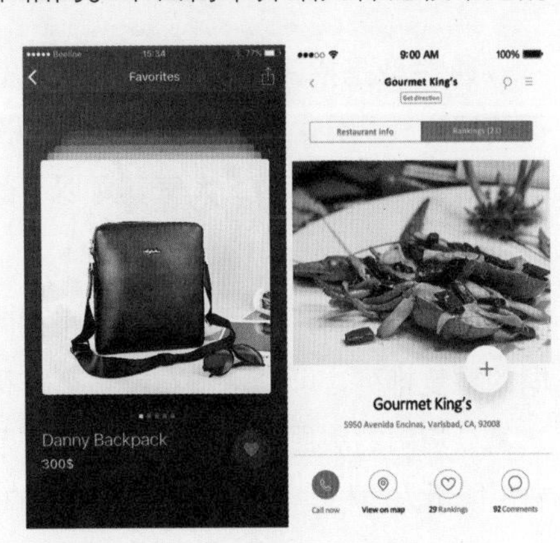

16:9 的图片比例可以呈现电影般的效果，是很多视频播放软件常用的尺寸，能带给用户一种视野开阔的体验。16:10 的图片比例最接近黄金分割，而黄金分割具有严格的比例性、艺术性、和谐性，蕴藏着丰富的美学价值，被认为是艺术设计中最理想的比例。

2. 图片排版

除了图片比例，图片的排版方式也是影响界面整体效果的关键因素之一。图片的排版类型有很多种，比较常见的图片排版类型为满版型、通栏型、并置型、九宫格型、瀑布流型。在设计界面时，需要根据不同的场景和所需传递的主体信息来选择与之相符的图片排版方式。下面分别介绍各种图片排版方式的特点以及可以呈现的效果等。

满版型是以图片作为主体或背景铺满整个画面，常搭配文字信息或 icon 修饰，视觉传达直观而强烈，给人大方、舒展的感觉。满版型最常见的就是引导页、注册和登录界面，如下图所示。

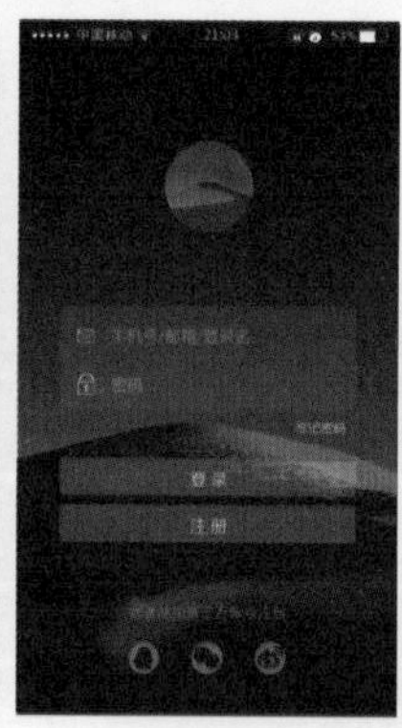

通栏型是指图片与整体页面的宽度相同，而高度为其几分之一甚至更小的一种图片展现方式。通栏型图片宽阔、大气，可以有效地强调和展示重要的商品、活动等运营内容。

并置型是将不同的图片做大小相同而位置不同的重复排列，可以是左右或上下排列，能给原本复杂喧闹的版面带来秩序、安静、节奏感。如右图所示为通栏型和并置型排版方式的界面效果。

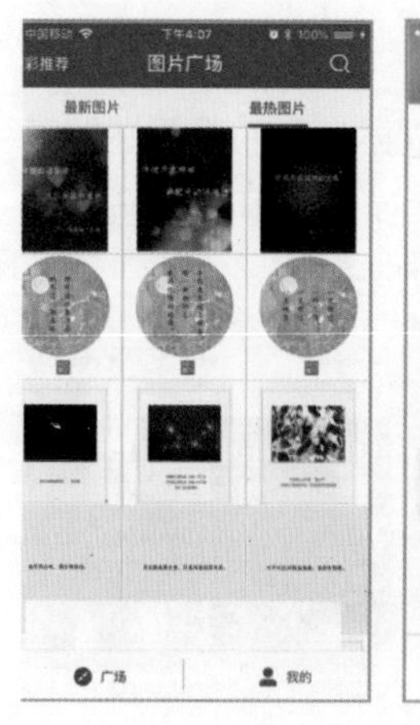

九宫格型排版方式是用四条线把画面分割成九个小块，可以把 1 个或者 2 个小块作为一个单位填充图像，这种构图给人严谨、规范、有序的感觉。

瀑布流型排版方式会在页面上呈现参差不齐的多栏布局，降低了界面复杂度，节省了空间，使用户专注于浏览，去掉了烦琐的操作，体验更好。如左图所示为九宫格型和瀑布流型排版方式的界面效果。

1.4 UI 视觉设计中的常用布局

在学习 UI 设计时，经常要接触到页面的布局，布局方式会直接影响一款 App 的视觉效果，好的布局方式，往往能带来舒服的视觉效果，更能得到用户的接受与好评。然而万变不离其宗，移动端页面常用的布局方式有列表式布局、陈列馆式布局和图表式布局等，下面分别介绍这些布局方式的特点以及优缺点。

1.4.1 列表式布局

列表式布局是最常用的一种布局方式，其特点是内容从上向下排列，导航之间的跳转要回到初始点。列表式布局适合显示平级菜单，以及标题较长或有次级文字内容的标题。

列表式布局的优点是层次展示清晰明了，视线从上到下，方便浏览，可以展示内容比较长的菜单或拥有次级文字内容的标题。

列表式布局的缺点是只能通过排列顺序、颜色来区分各种重要程序，导航之间的跳转需要回到初始点，灵活性不高，而且当同级内容较多时，容易使用户在浏览时产生视觉疲劳感。

1.4.2 陈列馆式布局

陈列馆式布局比较灵活，设计师可以平均分布这些网格，也可以根据内容的重要性做不规则分布。相对列表式布局，它的优点是在相同的高度下可放置更多的菜单，具有较强的流动性，如瀑布流型排版。陈列馆式布局适合以图片为主的单一内容浏览展示。

陈列馆式布局的优点是可以直观展现各项内容，方便用户浏览经常更新的内容；缺点是不适合展现顶层入口框架，当界面内容过多时显得杂乱，版面效果容易给用户留下呆板印象。如右图所示为陈列馆式布局的界面效果。

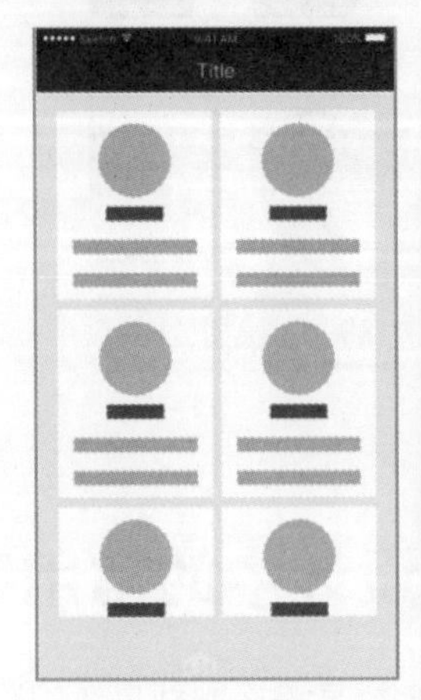

1.4.3 九宫格布局

相比陈列馆式布局，九宫格布局比较稳定，均为一行三列式，如右图所示。九宫格布局适用于入口较多的展示，而且导航之间切换不是很频繁的情况，也就是说业务之间相对独立，没有过多的瓜葛。

九宫格布局的优点特别突出，它能够清晰地展现各个入口，方便用户记住各个入口的位置，方便快速查询。缺点是菜单之间的跳转要回到初始点，无法向用户介绍大概内容，只能通过点击进行获知，容易形成更深的路径，不能显示太多入口层级内容等。

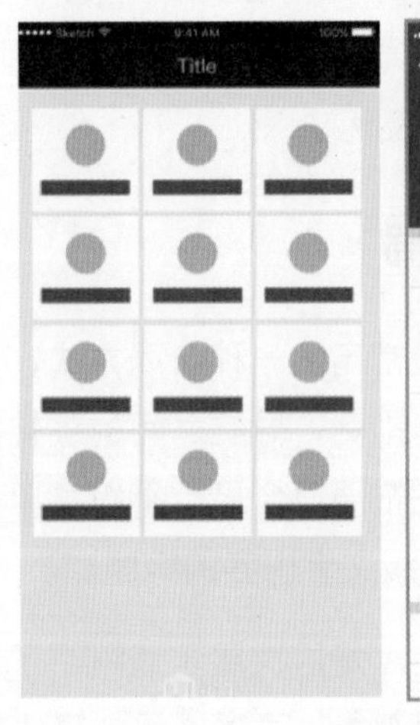

1.4.4 选项卡式布局

选项卡式布局最大的特点就是导航一直存在，具有选中状态，可快速切换另一个导航。选项卡式布局的导航大部分放在界面的底部和顶部。位于底部的导航栏，在切换时，选中状态高亮显示，便于用户操作。而位于顶部的导航栏，顶部导航适合分类少的情况，其导航菜单项一般为3~5个，并且各导航菜单之间内容、功能有明显的差异，用户可以在各导航菜单项之间进行频繁切换操作。如下图所示为选项卡式布局效果的展示。

选项卡式布局的优点较多，比如减少界面跳转的层级、分类位置固定、清楚当前所在入口位置、能轻松在各入口间频繁跳转而不会迷失方向、可以直接展示最重要的接口内容信息等。缺点是当功能入口过多时，该模式显得笨重，不实用。

1.4.5 旋转木马式布局

旋转木马式布局的特点是重点展示界面中的某一个对象，通过手势滑动，按顺序查看更多内容。旋转木马式布局适合数量少、聚焦度高、视觉冲击力强的图片展示，如下图所示。

旋转木马式布局的优点是单页面内容整体性强，聚焦度高，其线形的浏览方式具有较强的顺畅感和方向感。缺点是受屏幕宽度限制，可以显示的数量较少，需要用户主动进行探索，并且由于各页面内容结构相似，容易忽略后面的内容。此外，此布局方式下还不能跳跃性地查看间隔页面，只能按顺序查看相似的页面。

1.4.6 行为扩展式布局

行为扩展式布局能在同一屏幕内显示更多的细节，无须页面跳转，适合分类多且同时展示内容的界面。行为扩展式布局的优点是可以减少页面跳转的层级，对分类有整体性了解，清楚当前所在的入口位置等。缺点是分类位置不固定，当展开的内容较多时，跨分类跳转不方便，如右图所示。

1.4.7 多面板式布局

多面板式布局能同时呈现比较多的分类内容，适合分类多且内容同时展示的界面。多面板式布局的优点与行为扩展式布局比较相似，就是分类位置固定，清楚当前所在入口位置，对分类有整体性的了解，减少界面跳转的层级等。缺点是界面比较拥挤，容易产生视觉疲劳，如右图所示。

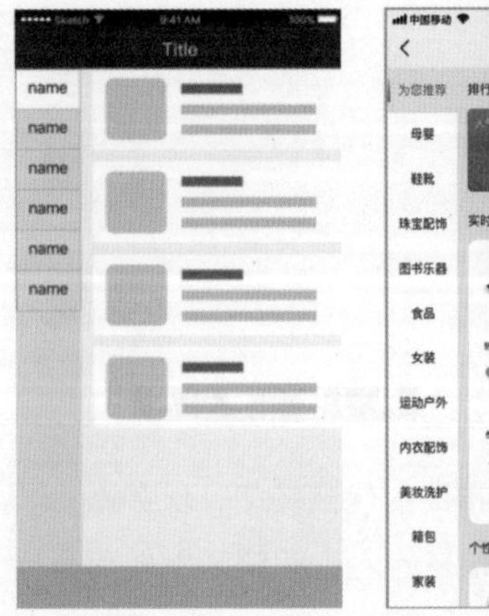

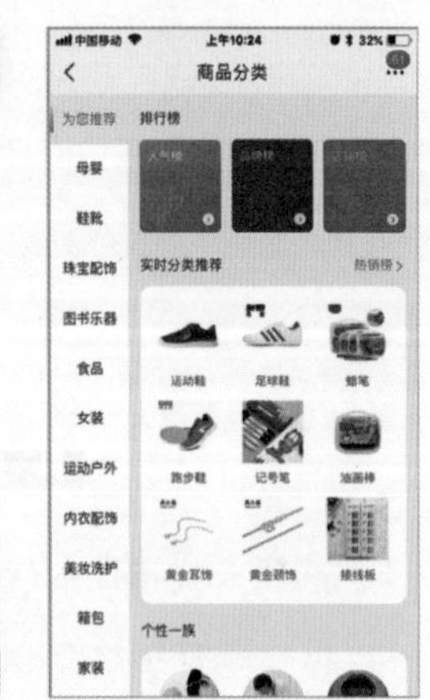

1.4.8 图表式布局

图表式布局采用图表的方式直接呈现信息，适合于表现时间段内的趋势走向的展示，常用于与数据、账单有关的 App 界面设计。图表式布局的优点就是直观，总体性强。缺点是详细信息显示非常有限，如下图所示。

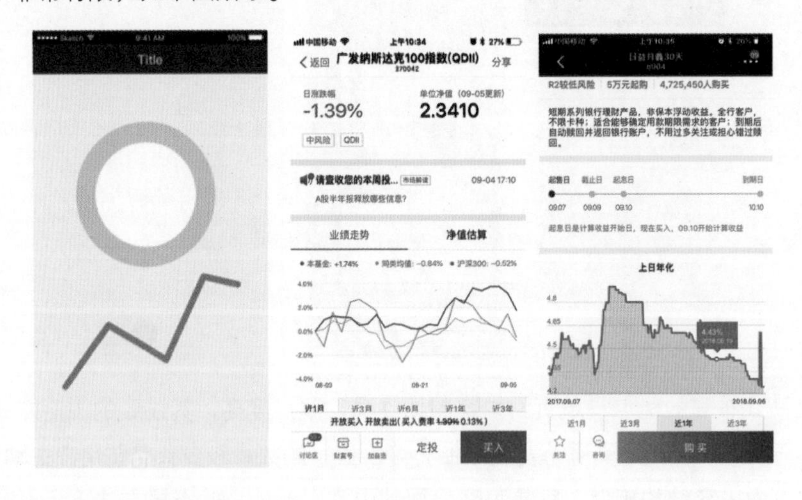

1.5 UI 设计的流程

优秀的 UI 设计不但让软件变得有个性和有品位，还能让软件的使用变得舒适、简单、自由，充分突出了软件的市场定位和产品特点，最终让公司因为该产品实现商业目标。我们需要了解 UI 设计在实际工作中是如何进行设计的，以及一款软件的 UI 设计需要经过哪些设计阶段。总的来说，UI 设计需要经过产品定位及市场分析、交互设计、界面视觉设计、界面输出、可用性测试 5 个重要阶段。

1.5.1 产品定位及市场分析阶段

在设计一款软件之前，我们应该明确什么人用（用户的年龄、性别、爱好、收入、教育程度），以及在什么地区使用，如何使用等。产品定位与市场分析阶段是由产品经理负责牵头，相关需求部门与产品需求专员、市场人员进行多次会议研讨，确定用户群的最终需求，从而对我们的产品有一个准确的定位。

1.5.2 交互设计阶段

经过产品定位和市场分析阶段后，接下来就会进入产品交互设计阶段，也就是方案形成阶段。交互设计阶段包含了分析需求、制作信息架构流程图、制作交互设计初稿、详细交互设计和交互初稿评审等工作内容。

1. 分析需求

在分析需求时，需要分析用户在使用产品过程中所进行的行为与认识过程；根据产品的功能特点，确定用户需要完成哪些任务，并突出主要任务；找出需求遗漏，与产品经理反馈、沟通。

2. 制作信息架构流程图

利用信息架构流程图可以明确整个产品的层次结构、页面之间的关系。在信息架构流程图上只需要标注页面名称，不用体现界面细节，还可以简单标注界面的主要内容模块等，如下图所示为春雨医生 App 页面信息架构流程图。

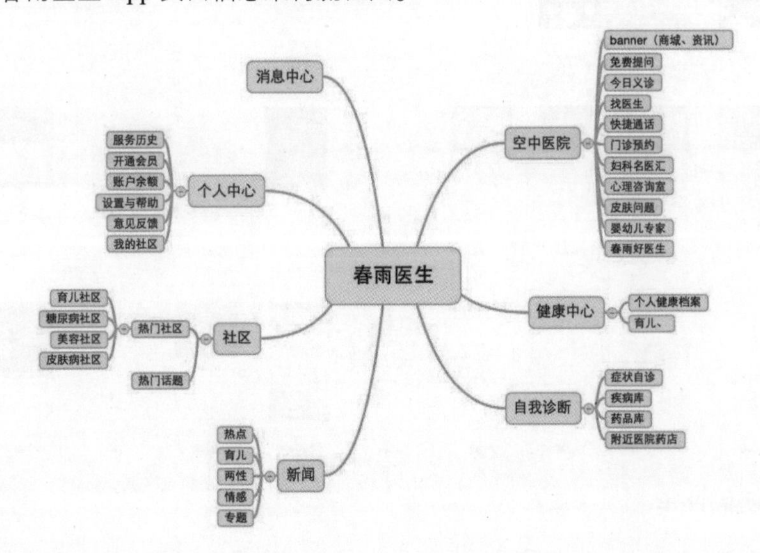

3. 制作交互设计初稿

可用快速手绘和上机制作交互设计初稿，如下图所示。制作交互设计初稿的主要目的是确认导航设计、页面流程、页面布局是否符合产品需求，保证各方想法达成一致。交互设计初稿的优点是可快速成型，修改时间成本低，如遇分歧可快速修改并重新评审，基本确认后再做详细设计。

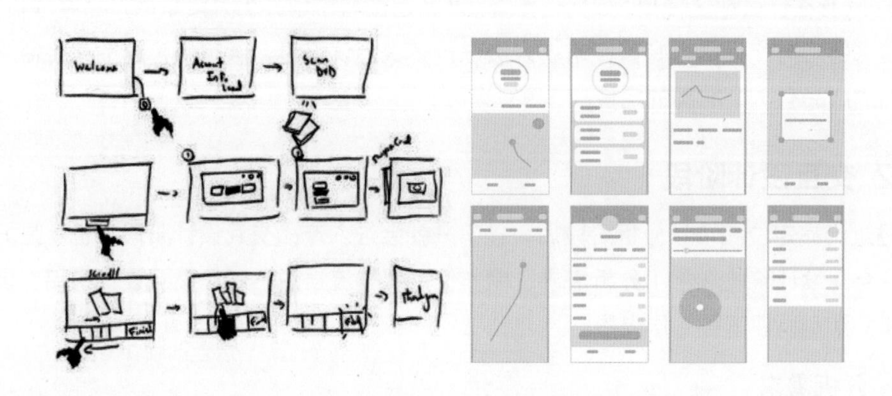

4. 详细交互设计

详细交互设计就是在交互设计初稿的基础上，对页面细节进一步设计。在这一步中，设计师需要完善不同状态下的页面布局和内容展示、用户操作反馈提示、通用或异常的场景等，如下图所示。

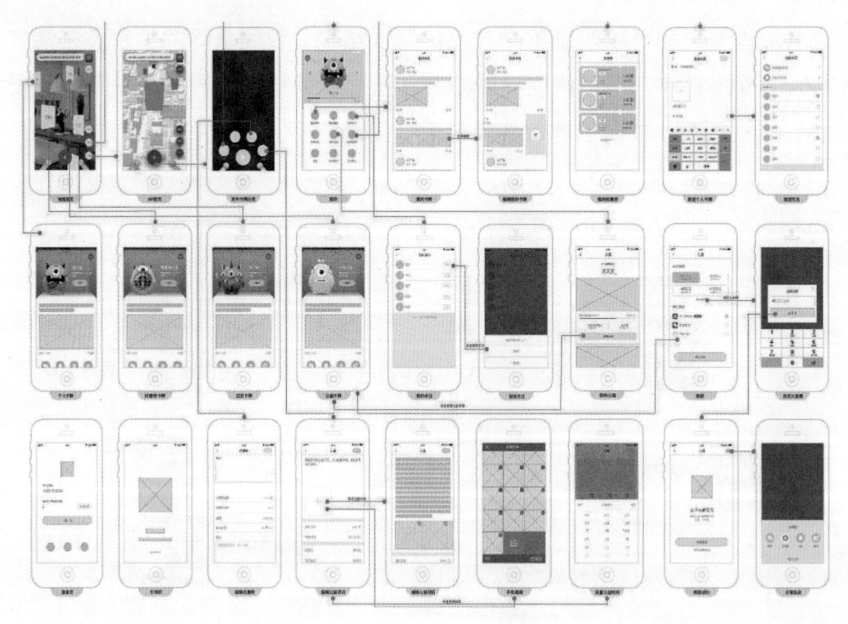

5. 交互初稿评审

在交互初稿评审阶段，由产品经理、开发人员、设计师三方评审，让三方人员了解设计需求、评估设计方案的实现合理性、交互细节是否完善且无异议。

1.5.3 界面视觉设计阶段

界面视觉设计阶段是指使用 Photoshop 等设计软件完成全部界面的 UI 设计。在进行 UI 界面视觉设计时，需要了解界面需要突出的重点是什么，然后进行有效突出展示。

如右图所示的金融理财类 App 界面设计，界面中首先通过颜色突出用户的资金情况，在红色的背景中使用白色的文字进行表现，使用户第一时间发现重点；其次，对用户比较关心的产品收益也使用了醒目的红色进行设计，靓丽清新的颜色更容易获得用户的关注的同时，也将设计的重点突显出来。

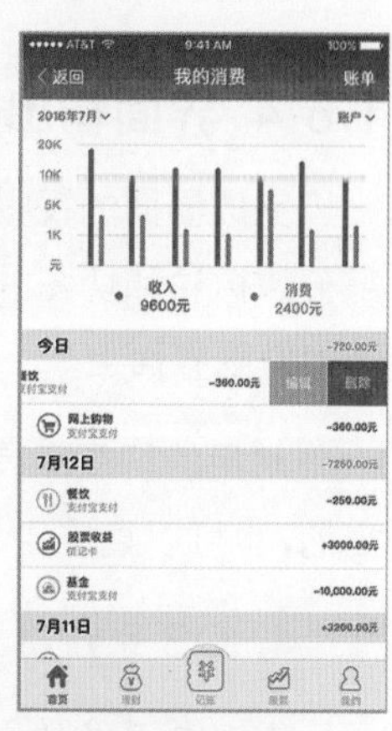

最后，需要了解所设计的界面一共有几个层次，并用清晰的视觉语言来展现。如果一个 App 的界面层次不合适，容易给人留下杂乱的印象，而且使用户不能准确地判断操作的方法。

如右图所示 App 界面中，此页面中信息的总体分为三个层级，其中第一层级为设置标题，显示在最上层，不予修改；第二层级为选择信息上传方式，可选择 HTTP 上传和 FTP 上传两种模式；第三层级为信息上传的类型，可以在这里选择上传的证件类型。三个层级层次分明，通过整洁的界面布局让用户能够更好地完成内容的设置。

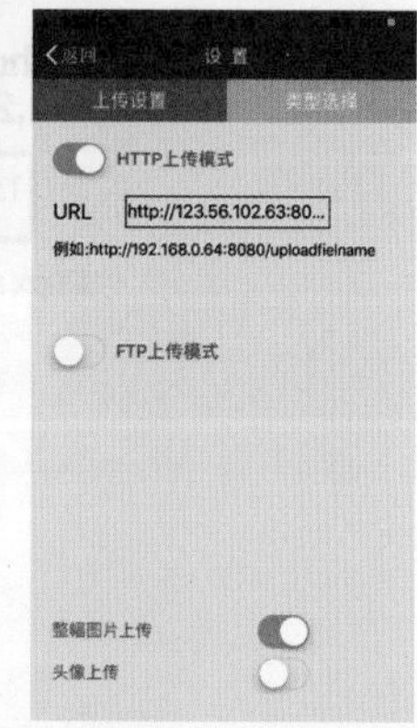

设计 UI 界面时，需要保证同样层级、同样性质的元素采用一致的设计语言，并且界面主色调、形状以及材质都符合整体品牌质感。如下图所示为某个 App 界面设计效果，根据产品特点，对界面元素采用了扁平化的设计风格，同时，无论是在同一层级，还是在不同层级中，按钮、图标都使用了相同的颜色搭配方式，整个界面给人留下和谐统一的印象。

除了要使用统一的设计语言，我们还要保证界面细节设计完善，如不同状态下的按钮、开关、搜索栏设计以及不同界面状态等。虽然大多数 App 界面的设计都会使用按钮、图标等设计元素，但是完善的细节处理，才能使用户得到最好的体验。如下图所示为不同状态的按钮和开关效果。

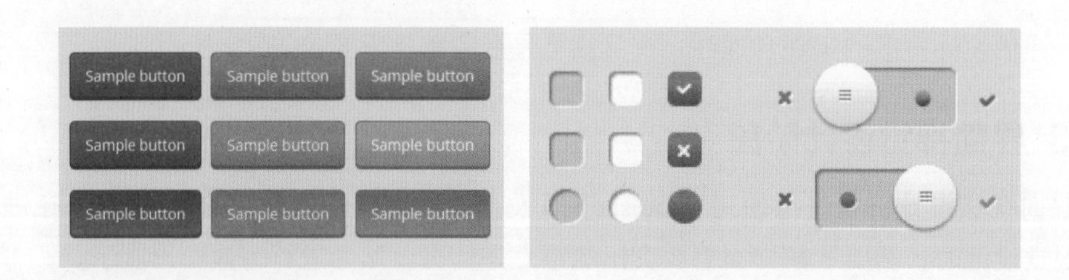

1.5.4 界面输出阶段

完成界面的视觉设计后，进入到界面输出阶段。界面设计稿的输出分为切图和标注两大部分。标注和切图的作用是，开发人员会按照标注的尺寸，把切图按照高保真 UI 图的摆放方式做到界面上。

常用的切图工具为 Photoshop，标注工具为 Mark ma。如果我们的设计稿是用 Sketch 输出的，也可以直接用 Sketch 进行切图和标注。下面分别介绍 iOS 和 Android 的切图和标注规范。

1. iOS 系统标注与切图

在 iOS 系统的界面中，画布大小需要以 @2× 图和 640px/750px 宽度尺寸为基准标注，如下图所示。

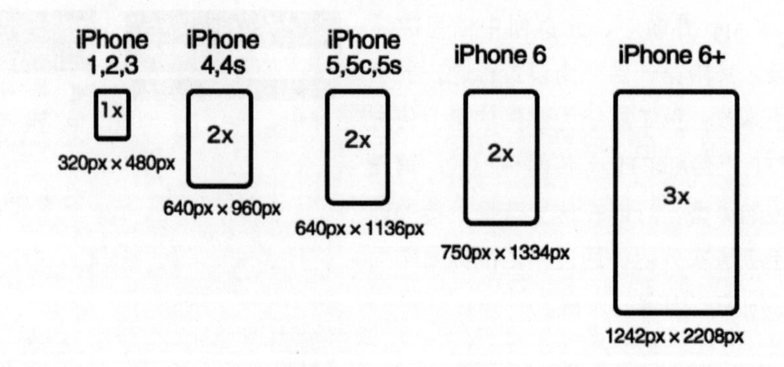

其次，字体需要按照 720 宽尺寸中的像素值进行标注；颜色按照实际的颜色值标注，iOS 颜色值取自 RGB 各颜色的值，给予 iOS 程序员的色值为 R:12,G:34,B:56，给出的值就是 12,34,56，但有时也要根据程序员的习惯，也用十六进制。此外，页面中的每个主要控件之间的间距、各种边距必须标注清楚，如下图所示。

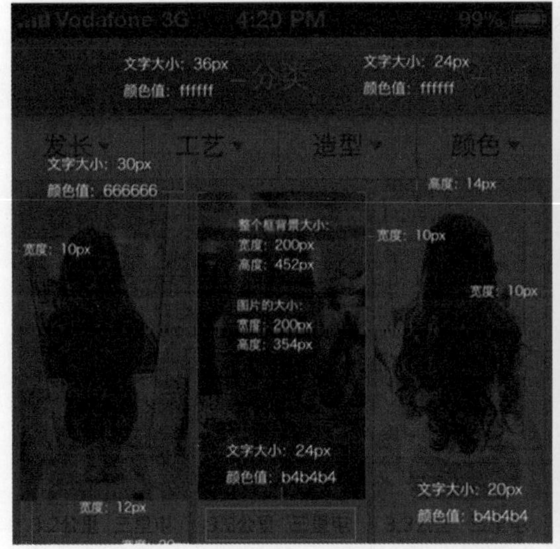

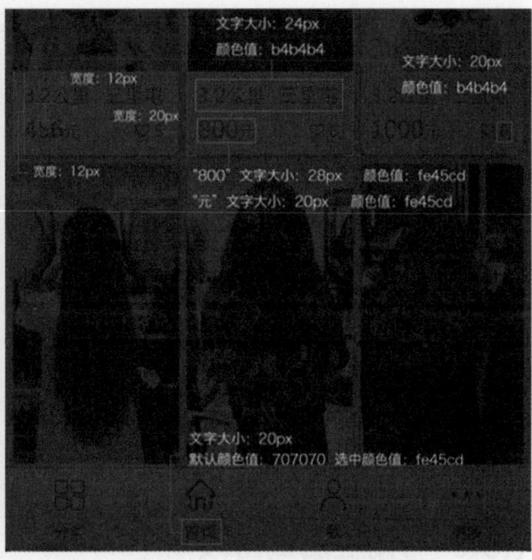

iOS 系统中的切图统一采用 png 格式，并以 640px/750px 宽，分辨率为 @2×，输出 @1×、@2×、@3× 三套尺寸。如下图所示为 3 种不同尺寸的图标输出效果展示。

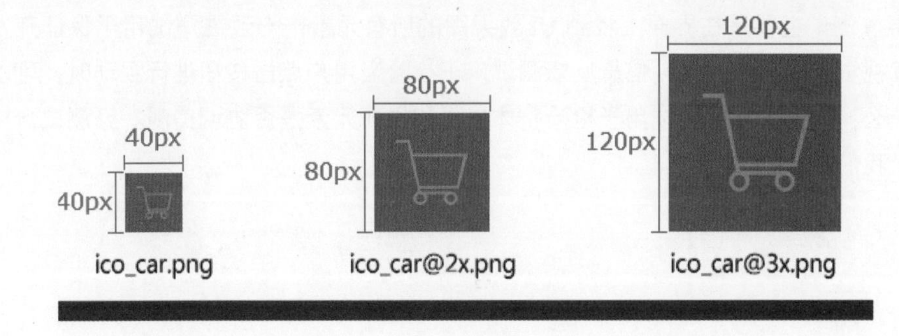

2. Android 系统标注与切图

在 Android 系统的界面中，画布大小以 720px× 1280px 分辨率为准进行标注；字号按照像素标注，只使用 24 pt、28 pt、36 pt 和 44 pt 的字号，并且将 pt 值除以 2 作为 sp 数值交给工程师。颜色按照实际的颜色值标注，Android 颜色值的取值为十六进制的值，比如绿色的值，给工程师的值为 #5bc43e。每个主要控件的间距、边距必须标注清楚，并将所有尺寸的 px 值除以 2 作为 dp 数值交给工程师。

对于 Android 系统 UI 界面设计，在切图时，统一采用 png 格式，部分需要做适配的图片则需要制作 .9.png 格式。如下表展示了不同对象切图中、英文命名。

中文	英文	中文	英文	中文	英文
搜索	search	导航栏	nav	链接	link
按钮	btn	图标	icon	返回	back
菜单栏	Tab	个人资料	Profile	编辑	Edit
背景	Bg	弹出	Pop	内容	Content
用户	User	删除	Delete	左	Left
刷新	Refresh	下载	Download	右	Right
图片	Image	登录	Login	中	Center
广告	Banner	标题	Title	提示信息	Msg
注册	Register	注释	note	标志	Logo

1.5.5 可用性测试阶段

可用性测试阶段用于检验前面界面设计的成果是否符合市场及用户群体。UI可用性测试有可寻性测试、一致性测试、信息反馈测试和界面美观度测试4个标准。

可寻性测试主要是在界面上找到UI效果图的所有元素；一致性测试用于保证开发界面与高保真视觉效果保持一致；信息反馈测试用于检验当用户点击按钮进行互动时，可以知道发生了什么；界面美观度测试用于检验整体界面和界面元素是否协调美观。经测试合格后就可以推出我们的产品了。

第 2 章
UI 设计你要会用 Photoshop

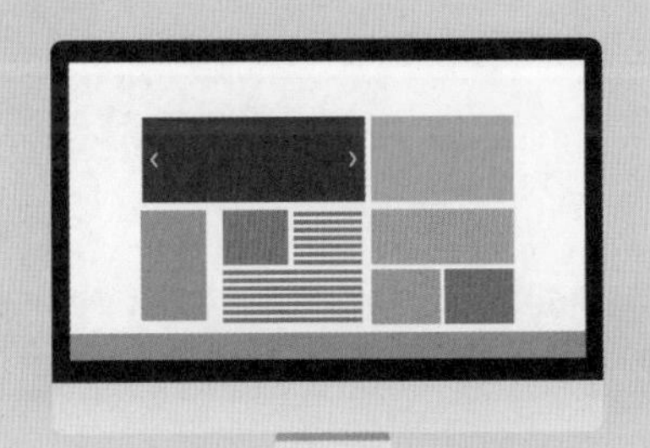

使用 Photoshop 开始 UI 界面设计之前，需要先对 Photoshop 中的一些常用功能、技法进行了解，例如存储与打开文件、设置和编辑图层、图形的绘制等。只有掌握了这些重要的图形图像处理方法，才能在处理图像和做网店装修设计时提高工作的效率。本章会把 UI 设计中经常使用到的软件知识进行详细讲解，为移动 UI 界面设计奠定基础。

2.1 初识 Photoshop

使用 Photoshop 进行 UI 界面设计前，需要对软件有一个初步了解，例如界面的构成，如何在应用程序中打开、存储文件等。只有掌握了这些知识，才能在编辑和制作 UI 界面时，快速获得想要的效果。

2.1.1 掌握 Photoshop 的界面构成

随着 Photoshop 功能的不断完善，其工作界面也变得更加简单、大方。启动 Photoshop 软件后，可以看到 Photoshop 的界面有菜单栏、工具选项栏、工具箱、图像编辑窗口、状态栏和面板等。接下来就对 Photoshop 界面进行简单介绍。

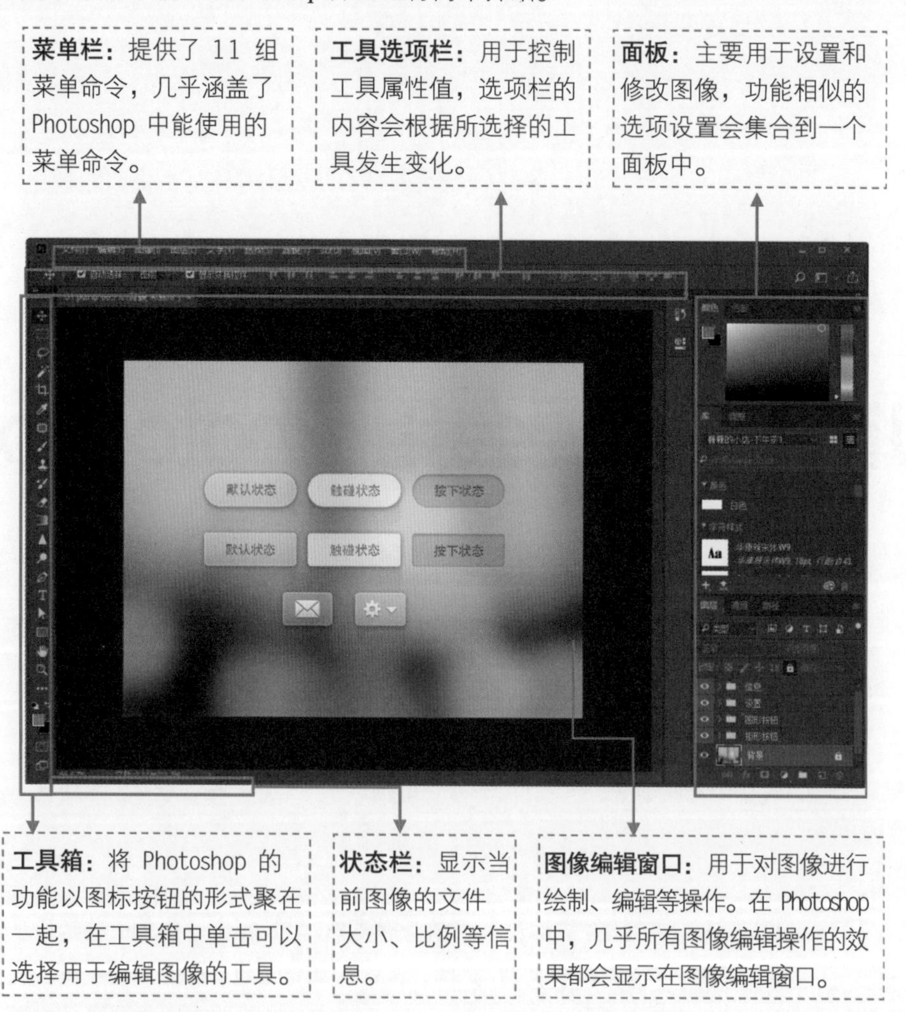

2.1.2 新建图像文件

使用 Photoshop 进行 UI 界面设计时，首先需要创建一个新文件，然后在新创建的文件中进行图形、图像的编辑和设计工作。在 Photoshop 中，可以通过多种方法创建新文件，下面分别对两种比较常用的新建图像文件的方法进行介绍。

1. 使用“开始”工作区创建

通过 Photoshop 中的“开始”工作区，可以快速访问最近打开的文件以及创建新文件。启动 Photoshop 软件后，就将进入“开始”工作区，单击工作区左侧或中间位置的“新建”按钮，即可打开“新建文档”对话框，如下图所示。在对话框中可以指定新建文件的名称、大小以及分辨率等，设置完成后单击“创建”按钮，就可以在 Photoshop 中创建一个新的文件。

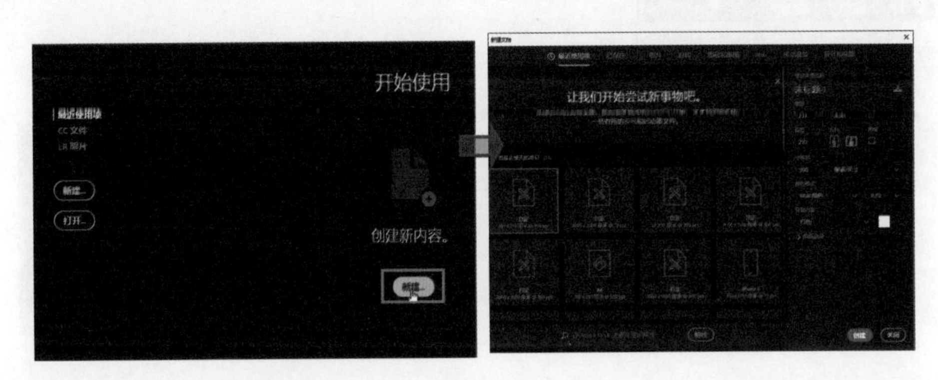

2. 利用“新建”菜单命令创建

除了利用“开始”工作区创建新文件，也可通过执行“新建”菜单命令进行新文件的创建工作。启动软件后，执行“文件 > 新建”菜单命令，打开“新建文档”对话框，在对话框中包含一些高品质图形和插图的 UI 模板，用户可以通过单击对话框上方的“移动设备”标签，在展开的选项卡中单击模板，下载并打开带有部分图像和文字的文件，如下图所示。

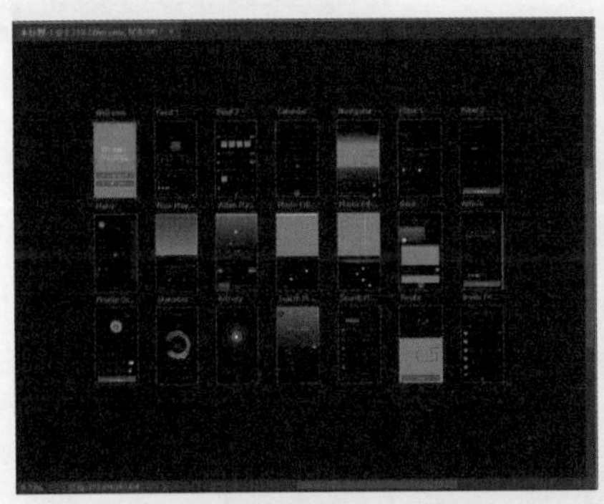

技巧技示：存储自定义预设

在“新建文档”对话框中通过预设详细信息窗格，可以自定义设置存储为预设。单击预设详细信息窗格中的 图标，为新预设指定名称，然后单击“保存预设”按钮。

2.1.3 打开和最近打开文件

在进行 UI 界面设计时，除了可以创建新文件进行编辑，也可以从已有的文件中进行修改。在 Photoshop 中可以使用“打开”命令和“最近打开文件”命令来打开文件，下面分别对两种打开文件的方法进行介绍。

1. 使用“打开”命令打开文件

在 Photoshop 中的“文件”菜单栏中有一个“打开”命令，执行此命令可以打开多种不同格式的文件。执行“文件 > 打开”菜单命令，打开“打开”对话框，在对话框中单击要打开的文件的名称，单击“打开”按钮，打开所选的文件。

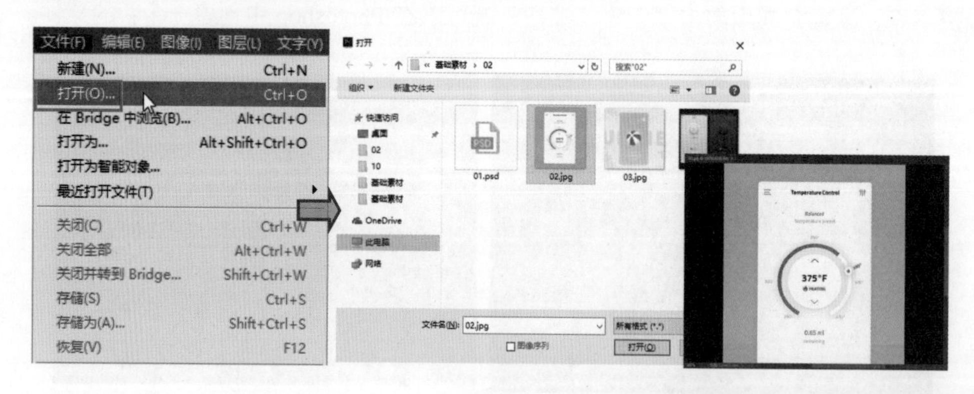

2. 打开最近打开的文件

Photoshop 中提供了打开最近打开过的文件功能，执行“文件 > 最近打开文件”菜单命令，并从子菜单中选择一个文件，就可以将该文件打开。

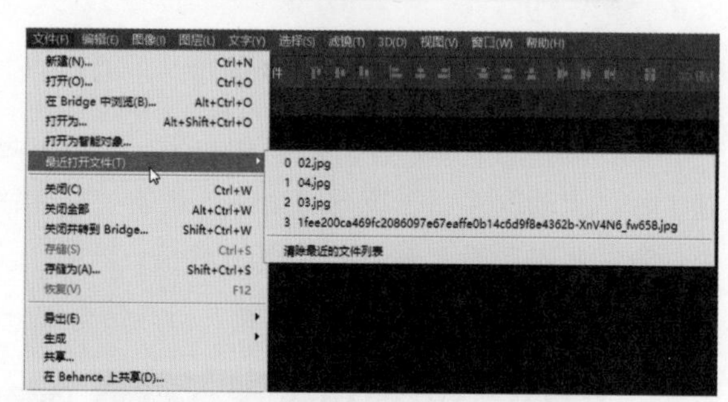

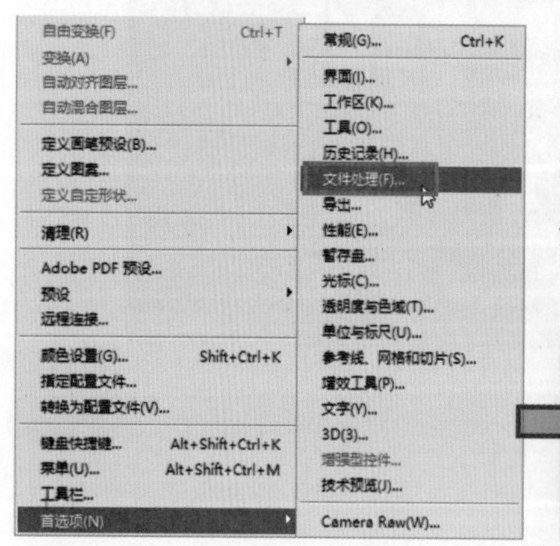

在“最近打开文件”菜单中默认列出的文件数目为 10，如果需要更改，执行“编辑 > 首选项 > 文件处理”菜单命令，在打开的对话框中的“近期文件列表包含”选项右侧输入相应的文件数目即可，如左图所示。

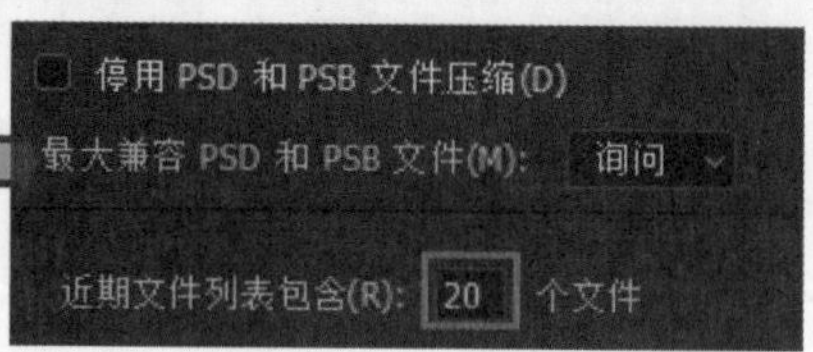

除此之外，在 Photoshop 中，若要打开最近使用的文件，也可以直接在“开始”工作区中单击相应的图像缩览图进行打开。相对于执行菜单命令打开，在“开始”工作区打开最近使用的文件更为便捷。

2.1.4 在 Photoshop 中置入文件

应用“置入嵌入对象”或“置入链接的智能对象”命令，可以将照片、图片或任何 Photoshop 支持的文件作为智能对象添加到文档中。将文件以智能对象置入到文档中后，可以对其进行缩放、定位、斜切、旋转或变形操作，而不会降低图像的质量。

1. 置入嵌入对象

应用“置入嵌入对象”命令置入图像时，是将其他的文件嵌入到当前正在编辑的 psd 格式的文件中，使其成为智能对象。嵌入之后，如果修改嵌入的原始文件，不会影响嵌入的智能对象。

执行“文件 > 置入嵌入对象”菜单命令，打开“置入嵌入的对象”对话框，在对话框中单击需要置入的对象，然后单击“置入”按钮，就能将该文件置入到当前文档中。在“图层”面板中可以看到被置入的图像以智能图层的方式显示。

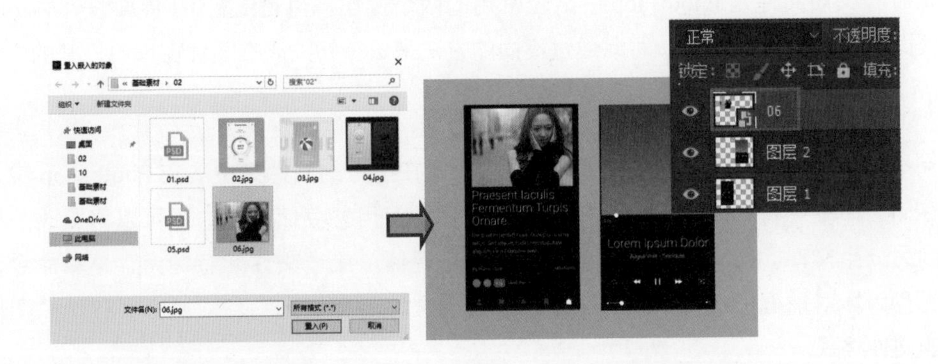

2. 置入链接的智能对象

应用“置入链接的智能对象”命令置入图像时，置入链接的智能对象是会随着置入的对象变化而变化的。简单来说，就是如果我们更改链接对象，那么智能对象也会同时进行更改。

执行“文件 > 置入链接的智能对象”菜单命令，打开“置入链接的对象”对话框，在对话框中选择需要置入的图像，然后单击“置入”按钮。置入对象后，在“图层”面板中可以看到被置入的智能对象图层右下角将出现一个链接图标，如下图所示。

打开用于链接的原始图像，创建“黑白 1”调整图层，将图像转换为黑白效果，并存储处理后的图像，返回被置入图像的文档中，可以看到链接到当前文档中的图像也转换为黑白效果，如下图所示。

2.1.5 保存与关闭文件

保存与关闭文件是Photoshop中比较常用的两个操作，也是进行UI界面设计必不可少的两项操作。在Photoshop中，可以通过不同的方法来保存和关闭在图像窗口中打开的文件。

1. 保存文件

完成UI界面设计后，需要将设计的作品存储在指定的文件夹中。在Photoshop中，使用“存储”命令可将更改的操作存储到当前文件；使用“存储为”命令可以将更改的操作存储到另一个文件。如下图所示，执行“文件 > 存储”或“文件 > 存储为”菜单命令，打开“另存为”对话框，在对话框中可以设置各种文件的存储选项，取决于要存储的图像和所选的文件格式。

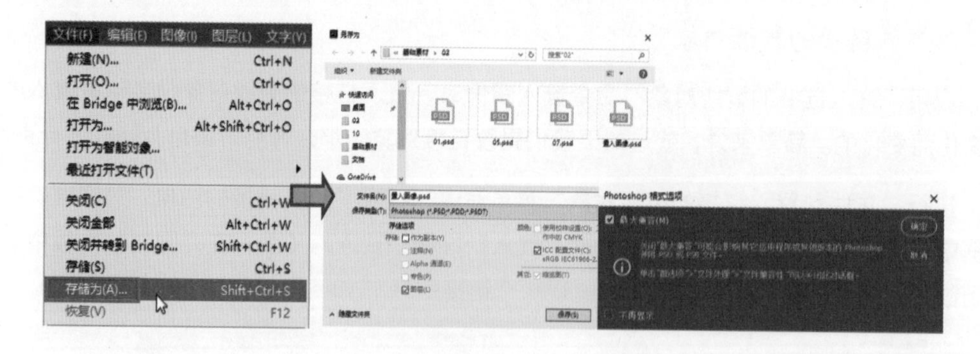

2. 关闭文件

如果不再需要使用图像窗口中显示已编辑或使用过的文件，可以将其关闭。通过执行“文件 > 关闭”菜单命令，或者单击活动窗口上方的“关闭”按钮，如右图所示，可以关闭当前活动窗口中的文件。若要关闭所有已打开的文件，则需要执行“文件 > 关闭全部命令”菜单命令。

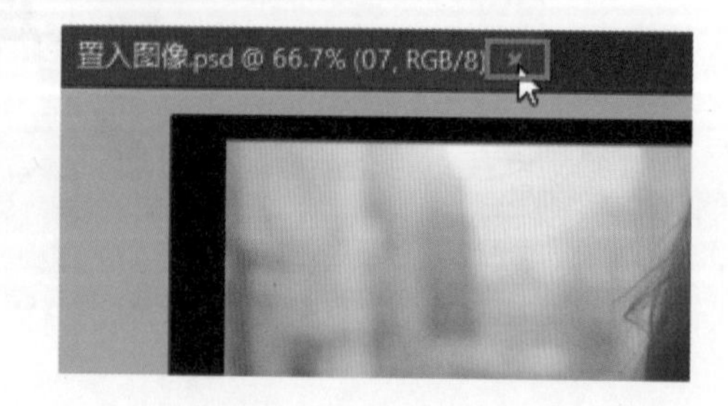

2.2 图层的运用

使用 Photoshop 进行 UI 界面设计时，几乎都要使用图层功能。使用图层可以在不影响其他图层内容的情况下处理一个图层中的内容，即可以把图层想象成一张张叠加起来的透明胶片，每一张透明胶片上都有不同的图像，改变图层的顺序和属性都可以改变图像的最终效果。

2.2.1“图层”面板

在 Photoshop 中编辑图像就是对图层进行编辑，可以通过使用“图层”面板上的各项功能完成文件的大部分编辑操作，例如创建、隐藏、复制和删除图层等，还可以使用图层的混合模式改变图层上的图像效果等。

启动 Photoshop 软件后，在图像窗口右侧会显示“图层”面板。“图层”面板中显示了图像中的所有图层、图层组和添加的图层样式等信息，如下图所示。若当前工作界面中的“图层”面板被隐藏，则可以执行“窗口 > 图层”菜单命令进行显示。

2.2.2 创建图层与图层组

进行UI界面设计时，利用图层组可以帮助我们更好地管理设计过程中创建的多个图层，并且可以利用它完成多个图层的同时编辑操作。在Photoshop中，使用“图层”面板中的“创建新组”功能可以快速创建以序列号命名的图层组，如右图所示。

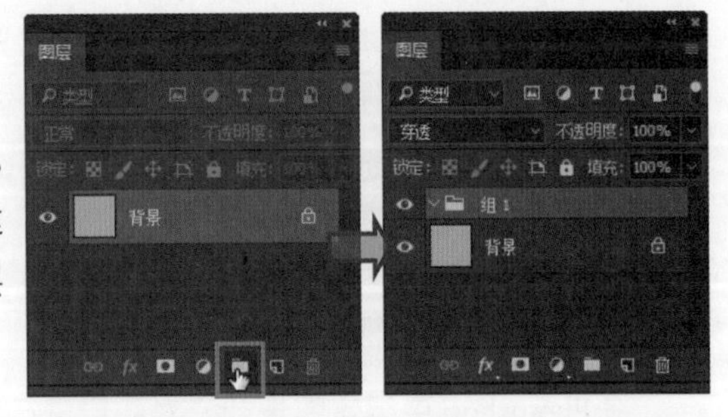

如果想要在创建图层组中设置图层组的名称，需要执行“图层 > 新建 > 组”命令来实现。执行该命令，打开“新建组”对话框，在对话框中指定新建图层组的名称、颜色等，确定设置后，在“图层”面板中就会得到一个相同命名的图层组。对于已创建的图层组，可以双击“图层”面板中的图层组名，更改图层组名。

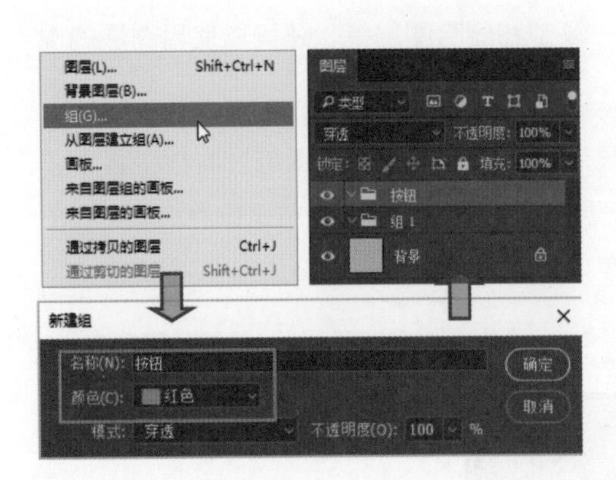

在创建图层组以后，就可以在创建的图层组中创建新图层来继续进行界面的编辑与设计工作。图层的创建方法与图层组的创建方法类似，通过单击“图层”面板中的“创建新图层”按钮，能够快速以层序列号命名并创建新图层，如下左图所示。如果需要在创建图层时设置图层名称，可以执行“图层 > 新建 > 图层”菜单命令，在打开的“新建图层”对话框中进行设置，如下中图所示。

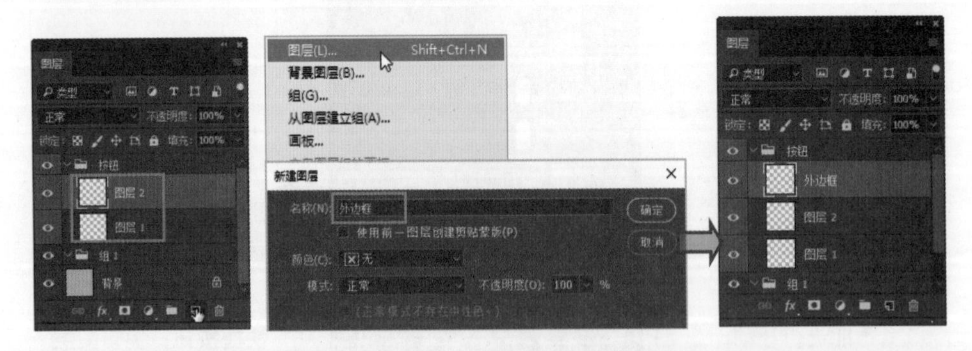

技巧技示：通过快捷键创建新图层

Photoshop为图层的新建操作设置了相应的快捷键。在编辑文档时，可以直接按下Ctrl+Shift+N组合键，快速打开“新建文档”对话框。

2.2.3 复制和删除图层

复制和删除图层是 Photoshop 中比较重要的两个操作。利用“图层”面板可以轻松完成图层的复制和删除操作。

1. 复制图层

通过使用复制图层的方式，可以在图像中得到一些具有相同效果的对象。在 Photoshop 中，可以在同一个图像内复制图层，也可以将图层复制到其他图像或新图像中。若要在不同的图层中复制图层，需要同时打开源图像和目标图像，并从源图像的“图层”面板中，选择一个或多个需要复制的图层，然后将图层从“图层”面板拖动到目标图像中，或者选择“移动工具”，从源图像拖动到目标图像，如下图所示。

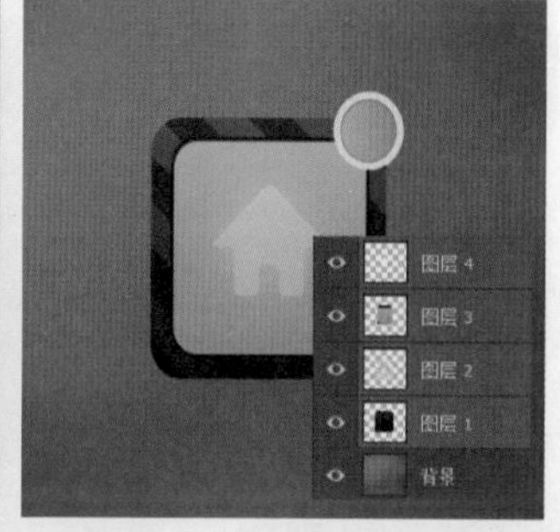

若要在同一个图像中复制图层，同样先在“图层”面板选中要复制的图层，将其拖动到“创建新图层”按钮上，如右图所示。如果需要在复制时更改图层名称，则执行“图层”菜单中的“复制图层”命令，输入图层名称。

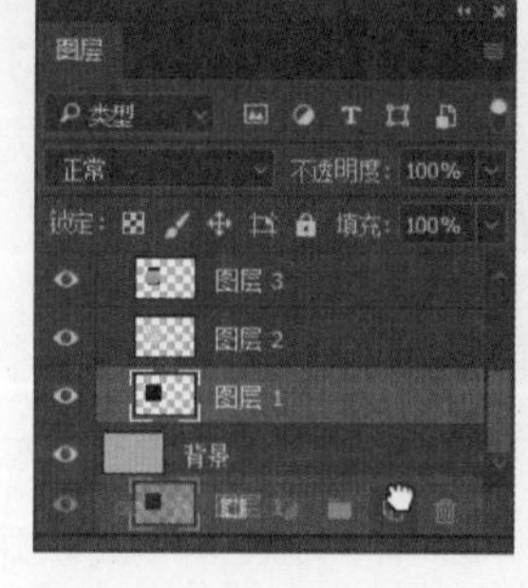

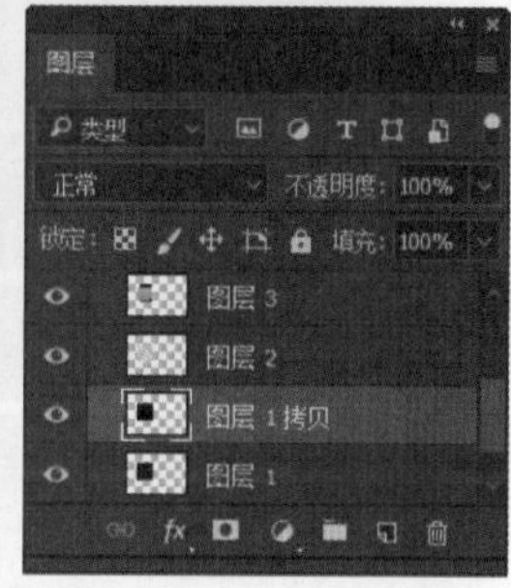

2. 删除图层

在编辑文档时，难免会在“图层”中创建一些多余的图层，用户可以使用“图层”面板中的“删除图层”功能删除这些多余的图层。在“图层”面板中选中需要删除的图层，将其拖动到“删除图层”按钮上，或单击“删除图层”按钮，删除图层，如下图所示。

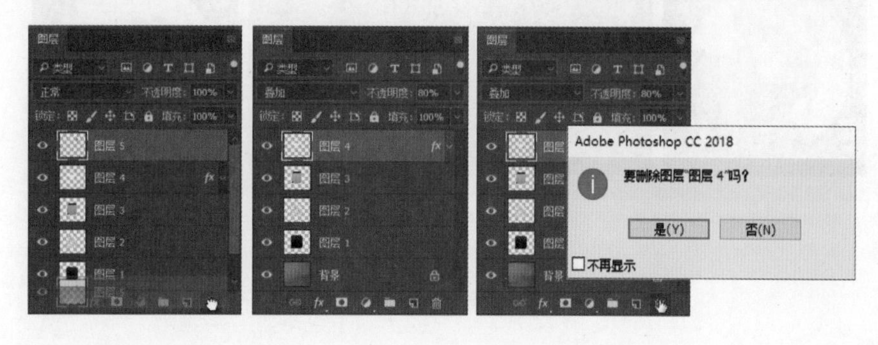

2.2.4 图层样式的应用

在进行UI视觉设计的过程中，常常会为绘制的图形或添加的图层应用某种特殊的效果，使其更具有质感和设计感。这些效果大多可以利用Photoshop中的图层样式来实现。在Photoshop中包含了多种不同的图层样式，应用这些样式可以随意改变图层中的对象纹理、色彩、光泽等，并同时保留图层中对象的原始属性。

可以通过“图层样式”对话框来创建或设计图层样式，并且添加的图层样式会显示在图层的下方。执行“图层 > 图层样式”菜单命令，或者双击“图层”面板中的图层，就可以打开“图层样式”对话框，如下图所示。

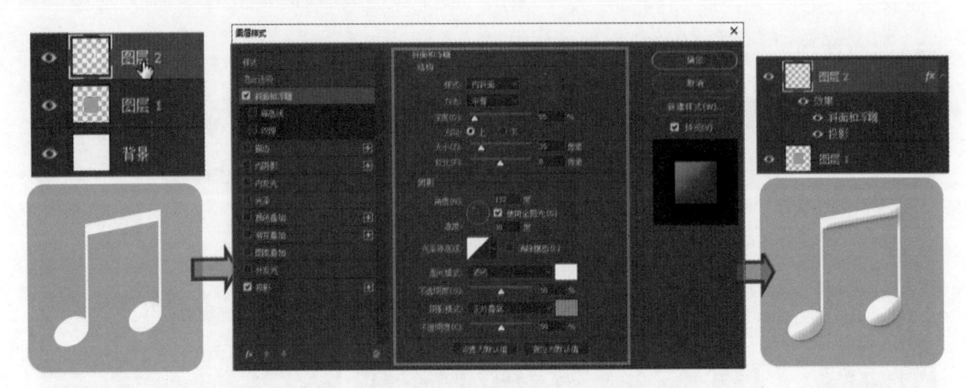

在“图层样式”对话框中可以编辑应用于图层的样式或创建新样式，并且可以对同一图层中的图像应用一种或多种图层样式。若勾选对话框左侧的样式复选框，则可应用当前设置，而不显示效果；单击左侧的图层样式，才能在对话框右侧显示并设置图层样式选项。下面就简单介绍几种比较常用的样式。

1. “斜面和浮雕”样式

“斜面和浮雕”样式可对图层添加高光与阴影的各种组合，它包含了内斜面、外斜面、浮雕、枕形浮雕和描边浮雕等多种表现形式，并且可以通过“等高线”和“纹理”两个选项卡控制斜面和浮雕的应用范围或叠加的纹理效果，如下图所示。

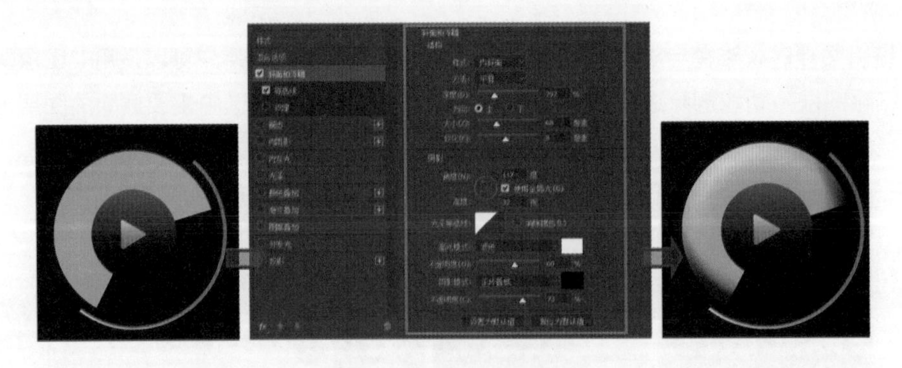

2.“内阴影”样式

“内阴影”样式会紧靠在图层内容的边缘内添加阴影，使图层具有凹陷外观。在设计某些移动 UI 基本元素的过程中，为了模拟出凹陷的视觉效果，通常会使用“内阴影”样式，如下图所示。

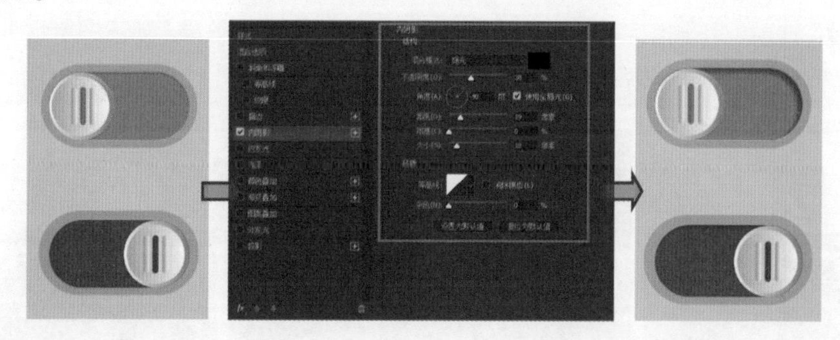

3.“投影”样式

“投影”样式将在图层内容的后面添加阴影。“投影”样式的很多选项和“内阴影”样式是一样的，不同的是，“投影”样式可以理解为一个光源照射平面对象的效果，而“内阴影”样式可以理解为光源照射球体的效果，如下图所示。

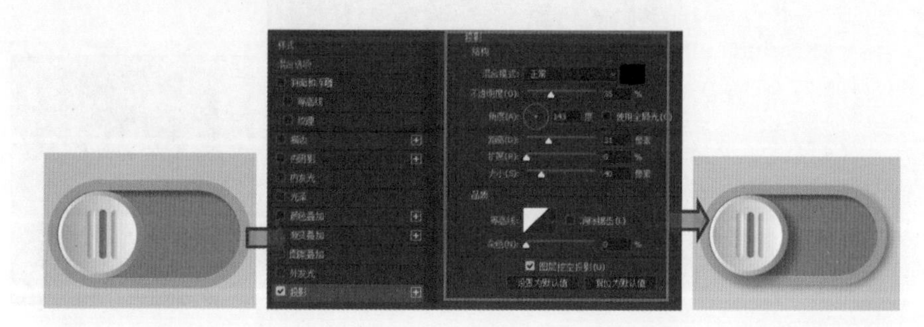

4.“描边”样式

“描边”样式使用颜色、渐变或图案在当前图层上描画对象的轮廓。它对于硬边形状（如文字）特别有用。“描边”样式中，可以根据界面需要，调整描边轮廓线的粗细和颜色，还可以利用“位置”选项，设置轮廓线位于对象内部、外部或中间。

在默认情况下，Photoshop 将对图像应用纯色描边效果。如果为了让对象呈现出更漂亮的描边效果，可以通过“填充类型”列表，选择“渐变”或“图案”描边效果，如右图所示。

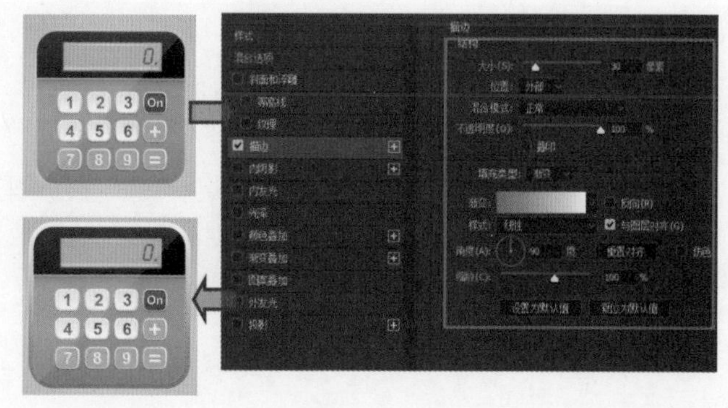

5.“内发光”和“外发光”样式

“内发光”样式可以从图层内容的内边缘添加向内发光的效果；而“外发光”样式则与“内发光”样式相反，它可以制作出从图像边缘向外发光的效果。在“图层样式”对话框中，“内发光”与“外发光”样式的选项大致相似，不同的是，“内发光”样式比“外发光”样式多了一个“源”选项，用于指定是从图像的哪个位置开始产生发光效果。如下图所示为应用“内发光”和“外发光”样式前后的图像效果。

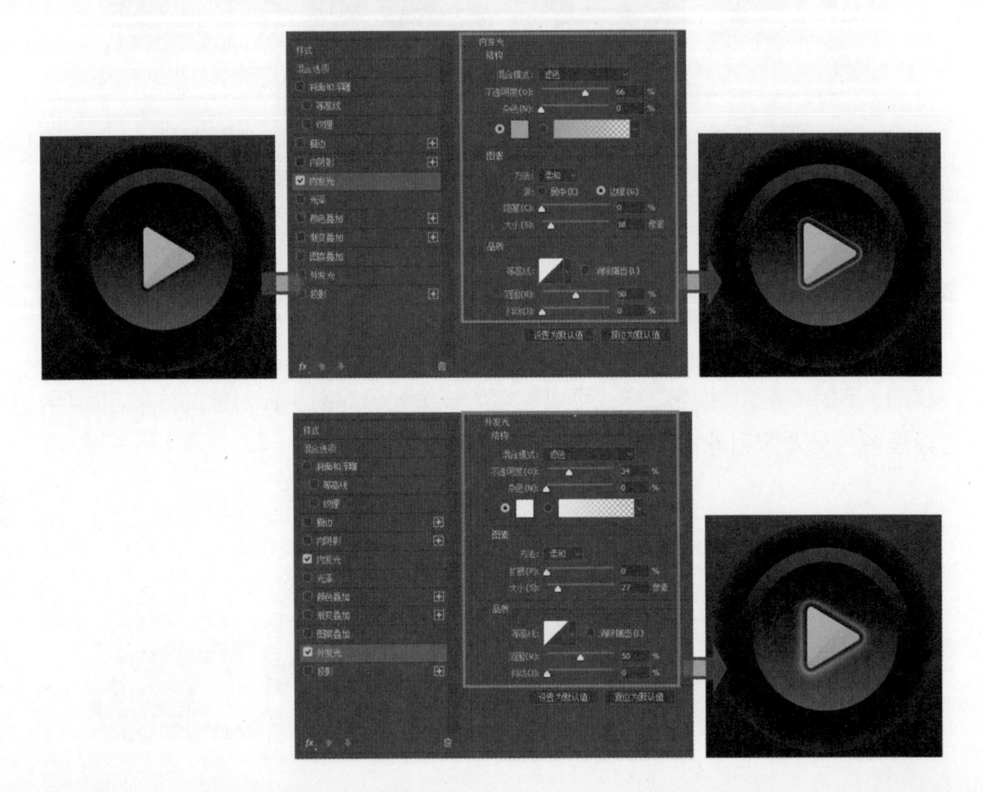

技巧技示：删除样式

单击“图层样式”对话框左侧的样式后，单击下方的“删除效果”按钮，可以将该样式效果从“图层样式”对话框中删除。

6.“颜色叠加”“渐变叠加”和“图案叠加”样式

“颜色叠加”“渐变叠加”和“图案叠加”样式分别应用颜色、渐变和图案填充图层内容。不管选择哪种叠加样式填充图层内容，都可以通过调整混合模式和不透明度等选项控制图层中的效果。如下图所示为使用不同样式填充的图像效果。

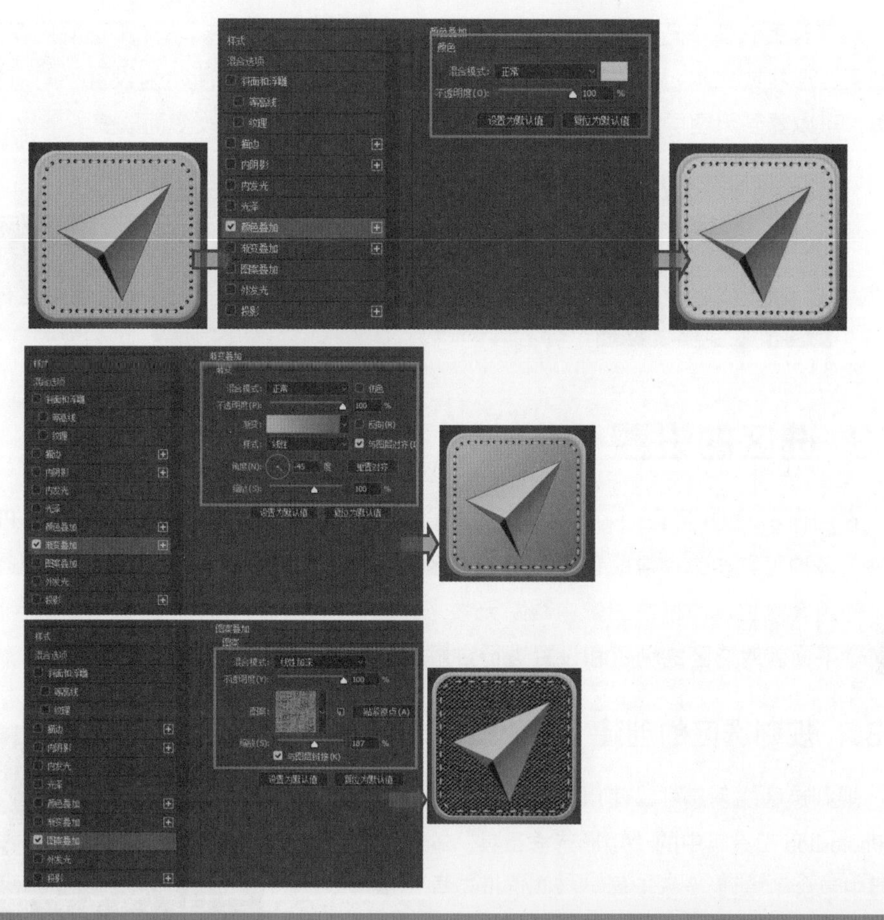

技巧技示：复制和粘贴样式

通过复制和粘贴样式可以对多个图层应用相同的样式效果。在“图层”面板中选择包含要复制样式的图层，右击该图层，在弹出的快捷菜单中执行“拷贝图层样式”命令，然后在“图层”面板中选择目标图层，右击该图层，在弹出的快捷菜单中执行“粘贴图层样式”命令，即可粘贴的图层样式，并使用复制的样式替换目标图层上的样式。

2.2.5 设置图层的整体和填充不透明度

在 UI 界面设计中常需要调整对象的不透明度，这里就可以用 Photoshop 中的不透明度调整功能进行设置。在“图层”面板中可以分别设置图层的整体不透明度和填充不透明度。图层的整体不透明度用于确定它遮蔽或显示其下方图层的程度。不透明度为 1% 的图层看起来几乎是透明的，而不透明度为 100% 的图层则显得完全不透明。在“不透明度”选项右侧直接输入数值或拖动“不透明度”弹出式滑块，就可以对图层的整体不透明度进行设置，如下图所示为设置不同“不透明度”值时得到的效果。

除了设置整体不透明度，还可以指定图层的填充不透明度。填充不透明度仅影响图层中的像素、形状或文本，而不影响图层效果的不透明度。如下图所示为设置不同“填充”值的效果，可以看到为图层添加的图层样式并不会随“填充”值的改变而改变。

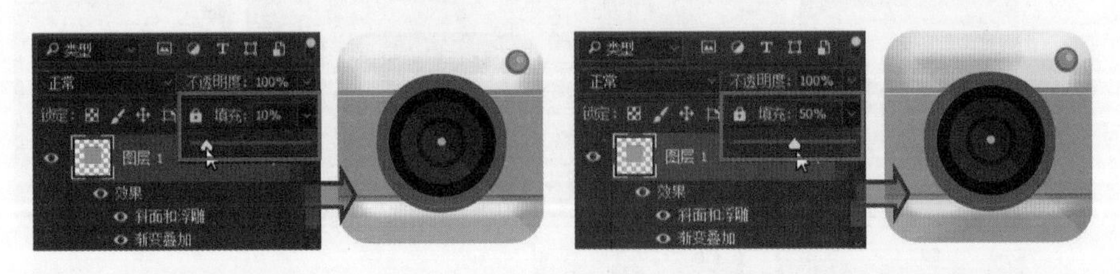

2.3 选区的设置

在制作移动 UI 界面时，可以通过创建选区选择特定的图像区域进行编辑。Photoshop 中提供了多种工具和命令帮助创建和编辑选区，用户可以使用选框工具选择特定形状的区域，也可使用套索工具通过在图像中跟踪元素来建立选区，还可以基于图像中的颜色范围来建立选区。下面就对选区的创建和设置进行讲解。

2.3.1 规则选区的创建

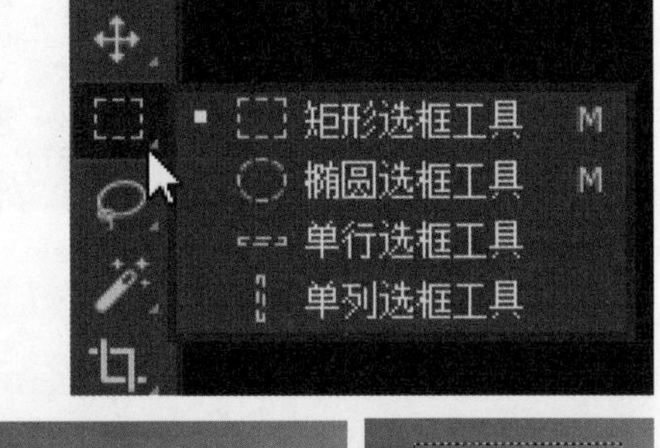

规则选区的创建可以使用选框工具来完成。在 Photoshop 工具箱中的“矩形选框工具”的隐藏工具中包含了“矩形选框工具”“椭圆选框工具”“单行选框工具”和“单列选框工具”，分别用于创建出矩形、椭圆形、单行和单列的规则选区。

1. 矩形选框工具

单击工具箱中的“矩形选框工具”按钮并按住鼠标不放，就可以弹出隐藏的工具。

2. 椭圆选框工具

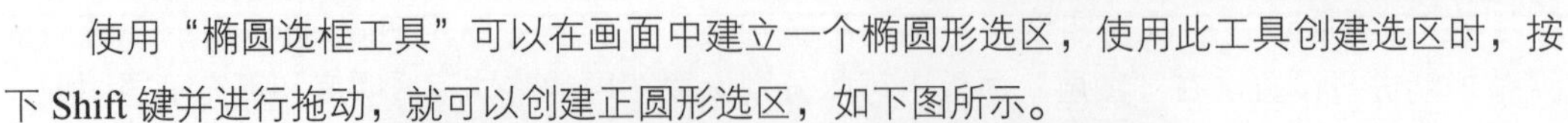

使用“椭圆选框工具”可以在画面中建立一个椭圆形选区，使用此工具创建选区时，按下 Shift 键并进行拖动，就可以创建正圆形选区，如下图所示。

3. 单行 / 单列选框工具

使用“单行选框工具”可以在图像上创建宽度和高度仅为 1 像素的横线选区；使用“单列选框工具”可以在图像上创建宽度和高度仅为 1 像素的竖线选区，如下图所示。

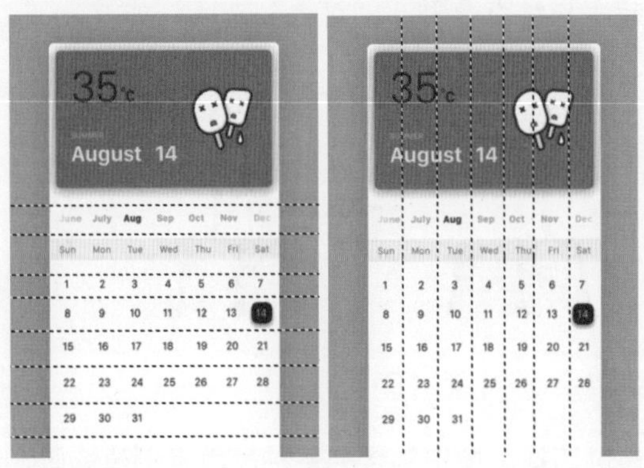

2.3.2 不规则选区的创建

在 Photoshop 中，除了可以应用规则选区工具在画面中创建比较工整的选区效果，还会需要使用不规则选区工具来创建一些较为复杂的选区效果，例如使用套索工具组、“色彩范围”命令等，下面对这些常用不规则选区创建工具进行介绍。

1. 使用套索工具组创建选区

Photoshop 中提供的套索工具组可以帮助用户对不规则的选区进行创建和设置。单击工具箱中的“套索工具”按钮并按住鼠标左键不放，就可以弹出隐藏的工具。

“套索工具”用于创建自由的选区，使用其在图像上单击并拖动鼠标，根据鼠标光标移动的位置自动创建选区路径，释放鼠标后，光标终点位置自动与起点位置连接，如下图所示。

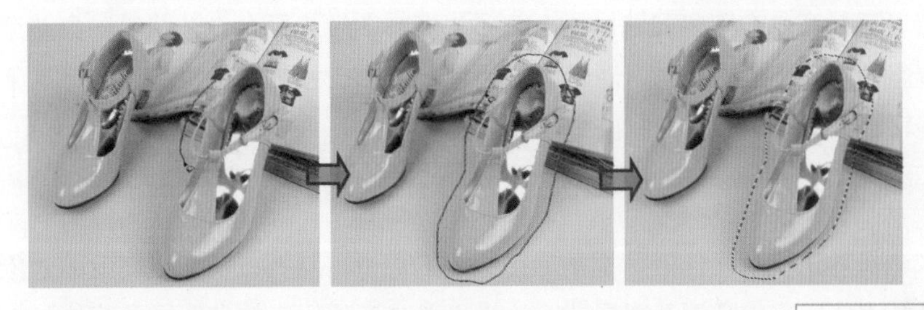

使用“多边形套索工具”可以创建不规则的多边形选区，使用此工具绘制选区时，只需要沿对象边缘连续单击，当单击的终点与起点位置重合时，就可以轻松创建不规则的选区，如下图所示。

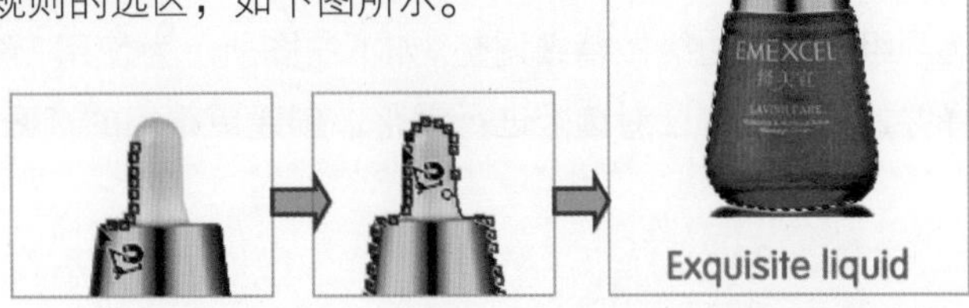

“磁性套索工具”通过自动查找图像的边缘来创建选区，使用此工具在图像中需要绘制选区的素材边缘上单击，沿对象的边缘移动鼠标，就会在鼠标光标移动的位置自动创建带有锚点的路径，双击将起点与终点合并，即可得到选区，如下图所示。

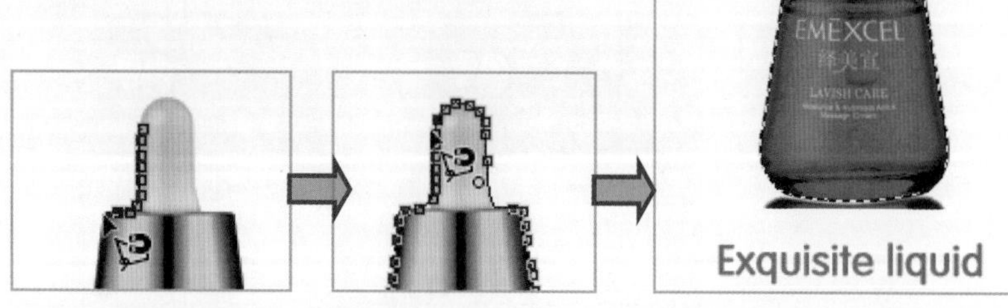

2. 通过“色彩范围”命令创建选区

“色彩范围”命令通过选择图像中包含的某种颜色来创建选区，在操作中只需使用“吸管工具”在“色彩范围”对话框中的预览框中单击即可创建选区，在选区预览框中以黑、白、灰三色来选显示选区范围，其中白色为选取的区域，灰色为部分选取的区域，黑色为未选取的区域。

执行“选择>色彩范围”菜单命令，打开“色彩范围”对话框，在此对话框中对选取的范围进行设置，使用“添加到取样”工具在图像中需要选择的区域单击，然后调整选项的参数，确认设置后，在图像窗口中就可以查看到根据单击的范围创建的对应选区效果，如右图所示。

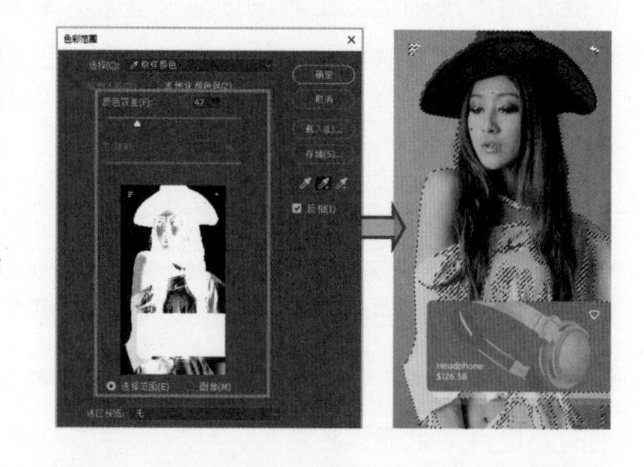

2.3.3 调整与编辑选区

使用选区工具在画面中创建选区后，为了让选择图像更符合设计要求，会对选区进行一些简单的调整，如修饰选区边缘、对选区应用羽化效果、移去选区边缘像素等。下面就对这些调整与编辑选区的方法进行介绍。

1. 调整选区边缘

使用“选择并遮住”工作区可提高选区边缘的质量，从而方便抠出需要的对象。还可以使用“选择并遮住”工作区调整图层蒙版边缘。单击选项栏中的“选择并遮住”按钮，或执行“选择>选择并遮住”菜单命令，打开“选择并遮住”工作区，先从“视图模式”选择一个模式以更改选区的显示方式，然后结合工作区左侧的工具和右侧的“边缘检测”“调整边缘”选项组对选区边缘做精细调整。如下左图所示为使用“套索工具”在图像中创建选区；使用“选择并遮住”工作区对选区进行调整，创建更精细的选区范围，如右图所示效果。

2. 柔化选区边缘

为了让硬边缘变得更柔和一些，可以对其进行羽化设置。“羽化”主要通过建立选区和选区周围像素之间的转换边界来模糊边缘，该模糊边缘将丢失选区边缘的一些细节。

在 Photoshop 中，在使用工具选项栏时可以为选框工具、套索工具、多边形套索工具或磁性套索工具定义羽化，定义羽化边缘的宽度范围可以是 0 到 250 像素。如下图所示，选择“矩形选框工具”，在选项栏分别设置“羽化”值为 5 像素和 20 像素时，在图像中拖动创建不同柔和程度的选区效果。

除了使用工具选项栏定义羽化，以获得柔和的选区边缘，用户还可以对现有的选区添加羽化。执行“选择 > 修改 > 羽化”菜单命令，打开“羽化选区”对话框，在对话框中输入“羽化半径”的值，然后单击“确定”按钮，对选区应用羽化效果。

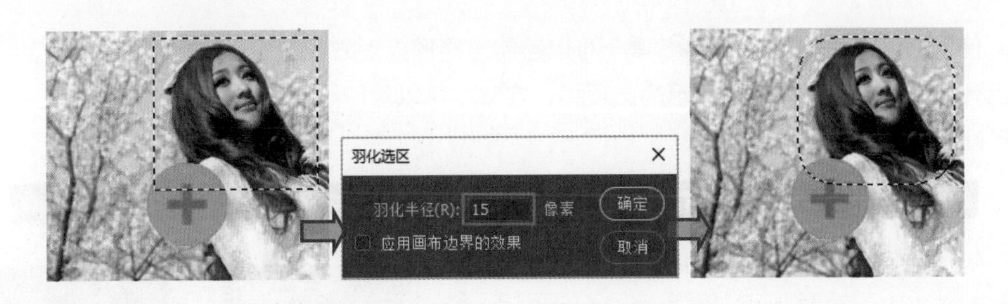

3. 设置选区边界效果

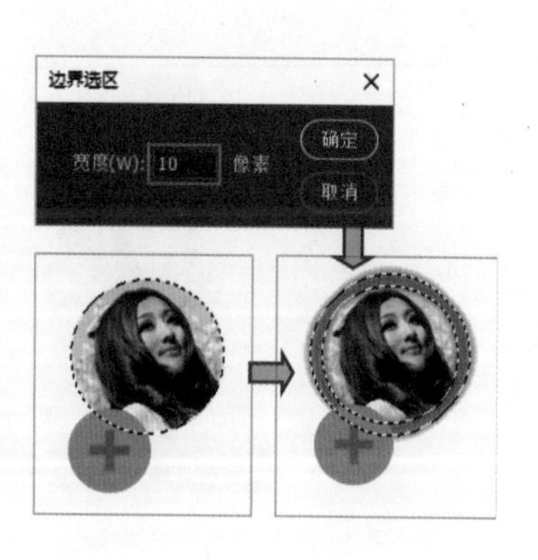

在创建选区后，使用“边界”命令可以在现有选区边界的内部和外部创建指定宽度的选区效果。当要选择图像区域周围的边界或像素带，而不是该区域本身时，此命令很有用。执行“选择 > 修改 > 边界”菜单命令，即可打开“边界选区”对话框，在对话框中为新选区边界宽度输入一个 1 到 200 之间的像素值，然后单击“确定”按钮即可，创建选区边界后，可以对其进行任意颜色的填充设置，如右图所示。

2.4 图形的绘制

在绘制移动 UI 界面中的单个元素时，要将脑海中构思的图形轮廓描绘出来，这就需要使用 Photoshop 中的绘图工具。这些绘图工具可以通过路径的方式对 UI 元素的外观进行展示，并通过为其填充所需的填充色和描边色定义界面元素。

2.4.1 基础图形的绘制

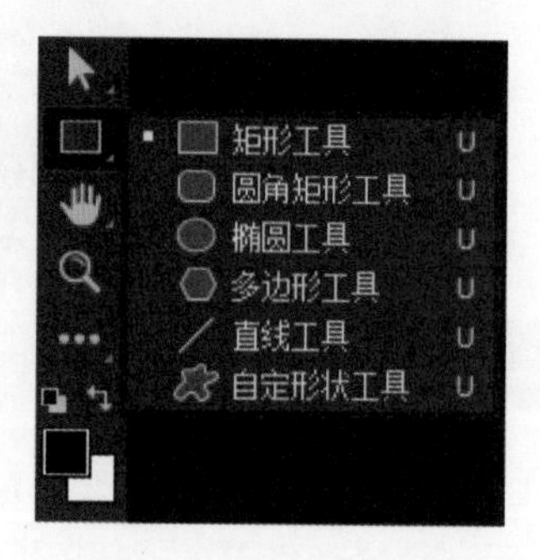

当需要在 UI 界面中绘制一些标准的、规则的形状时，可以使用基础图形绘制工具来完成，这些工具均被存储到矩形工具组中，单击“矩形选框工具”按钮并按住鼠标不放，就可以弹出隐藏的工具，其中包含了“矩形工具”“圆角矩形工具”“椭圆工具”“多边形工具”和“直线工具”等，使用这些工具可以完成矩形、圆形、线条等比较简单的图形的绘制工作。

1. 绘制矩形或正方形

使用 Photoshop 中的“矩形工具”可以绘制出矩形或正方形的图形。选择工具箱中的“矩形工具”，可以看到如下图所示的选项栏，在其中可以对所绘制矩形的填充色、长宽尺寸等进行设置。

矩形在网店装修设计图中的应用较为广泛。在绘制矩形时，只需使用“矩形工具”在图像窗口中单击并拖动鼠标即可。若要绘制出正方形，则可以在按下 Shift 键的同时单击并拖动鼠标进行绘制操作，如右图所示为矩形工具在 UI 界面中的应用效果。

2. 绘制椭圆形和圆形

使用“椭圆工具”可以绘制出椭圆形或圆形的图形。在进行 UI 设计的过程中，此工具常被用作绘制按钮和修饰形状。该工具的选项栏与“矩形工具”的选项栏基本一致，如下图所示。

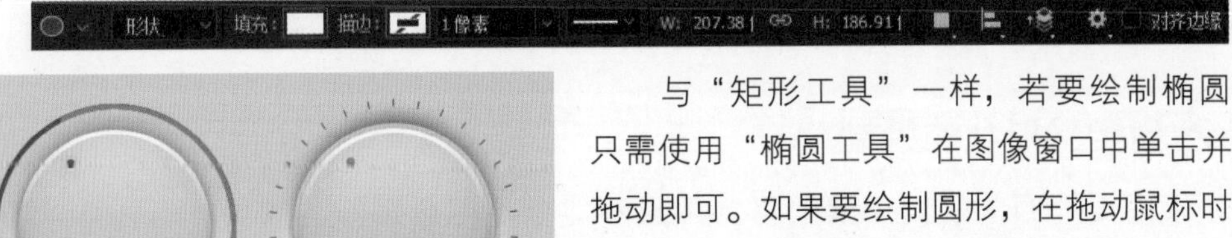

与“矩形工具”一样，若要绘制椭圆形，只需使用“椭圆工具”在图像窗口中单击并进行拖动即可。如果要绘制圆形，在拖动鼠标时按住 **Shift** 键，如左图所示为“椭圆工具”在 UI 界面设计中的应用效果。

3. 绘制圆角矩形

使用“圆角矩形工具”可以绘制出四个角带有一定弧度的矩形，它的选项栏与“矩形工具”基本相同，只是多了一个“半径”选项，此选项主要用于控制圆角的弯曲程度，如下图所示。设置的值越大，绘制出的矩形的四个角的弧度就越明显。

在 UI 界面设计中，“圆角矩形工具”是一个非常实用且常用的工具，它常常应用于绘制一个按钮、图标等。如右图所示为应用“圆角矩形工具”绘制出的一组按钮效果。

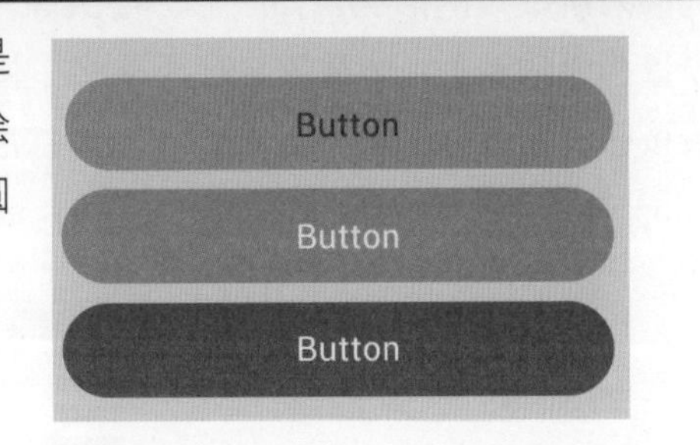

4. 绘制多边形

使用“多边形工具”可以绘制出多边形和星形的图形，在绘制的过程中用户可以根据需要控制图形的边数和凹陷程度。在工具箱中选中“多边形工具”后，可以在其选项栏中看到如下图所示的选项，用户主要通过其中的“边”选项来控制要绘制的多边形的边数或星形的顶点数，可以设置的范围为 3 ~ 100。

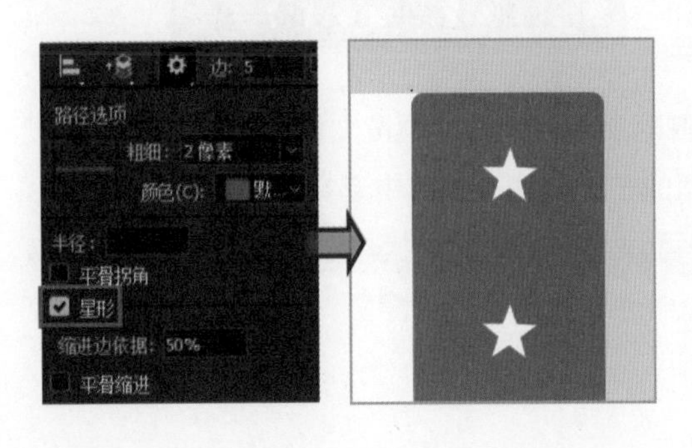

单击选项栏中的“设置其他形状和路径选项”按钮，即可展开“路径选项”面板，在面板中勾选“星形”复选框即可绘制出星形，此时可以通过设置“缩进边依据”选项调整星形的凹陷程度和是否采用平滑缩进效果等，如左图所示为“多边形工具”的应用效果。

5. 绘制直线

使用“直线工具”可以创建出各种粗细的直线或带箭头的直线。在工具箱中选中“直线工具”后，可以在其选项栏中看到如下图所示的选项。在“直线工具”选项栏中，主要使用“粗细”选项来控制所绘直线的宽度。

2.4.2 自定义形状的绘制

如果前面介绍的规则形状的修饰图形不能满足网店装修的需要，那么可以通过 Photoshop 中的“自定形状工具”快速添加形状丰富的图形，提高工作效率。

“自定形状工具”提供了较多的预设形状供用户使用，用户也可以将自己绘制的图形存储为新的形状，以便于在以后的操作中重复使用。选择工具箱中的“自定形状工具”，可以看到如下图所示的选项栏，该选项栏与其他形状绘制工具的选项栏基本一致，不同的是，它多了一个“自定形状”选取器，用于选择需要绘制的形状。

单击工具选项栏中的“自定形状”按钮，就可以打开“自定形状”拾色器，在该拾色器下选取系统预设的形状，如心形、箭头等。在默认情况下，在“自定形状”拾色器中只显示少量预设的图形，如果需要显示更多的图形，则可以单击“自定形状”拾色器右上角的扩展按钮，在展开的菜单下方选择并添加所需的图形，若选择“全部”命令，则可以将 Photoshop 中所有的预设形状载入到“形状”选取器中，如下图所示。

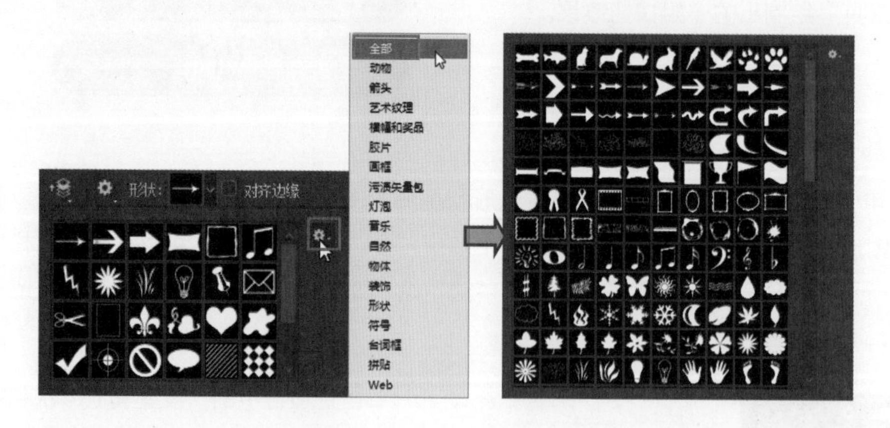

当应用“自定形状工具”绘制图形时，可以将网上下载的形状预设文件加载到“自定形状”拾色器中使用。单击“自定形状”拾色器右上角的扩展按钮，在其中选择“载入形状”命令，可以打开如下图所示的“载入”对话框，在其中可以选择所需的形状，并将其载入到当前“自定形状”拾色器中。

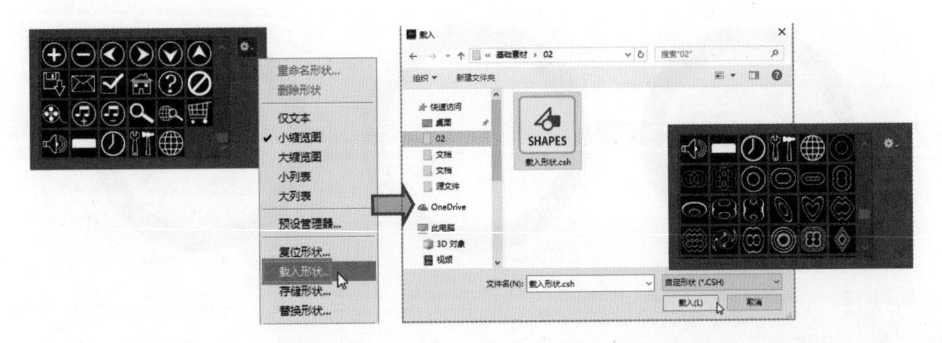

在进行 UI 界面设计时，经常会使用一些相同的图案，如果反复进行相同图案的绘制，就会非常浪费时间。这时就可以利用自定义形状功能，把绘制好的图形定义为新的形状，并添加到“自定形状”拾色器中，以便于在不同的界面中快速完成相同图案的绘制。

应用“路径选择工具”或“直接选择工具”选中图像窗口中需要定义的图形，执行“编辑 > 定义自定形状”菜单命令，打开“形状名称”对话框，在此对话框中输入要定义的形状名称，单击“确定”按钮，完成图形的自定义操作，这时打开“自定形状”拾色器，在其下方就能看到新定义的图形。

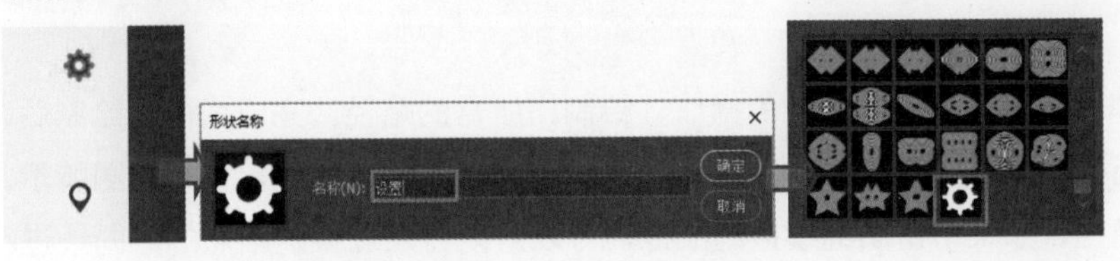

2.4.3 绘制任意所需的图形

如果前文介绍的绘图工具都不能满足 UI 界面设计的需要，那么就需要使用钢笔工具来进行创作了。Photoshop 提供了多种钢笔工具以满足用户不同的设计需要。单击工具箱中的“钢笔工具”按钮并按住鼠标不放，弹出隐藏的工具，在其中就能看到“钢笔工具”“自由钢笔工具”和“弯度钢笔工具”等，如右图所示。“钢笔工具”可用于精确绘制直线和曲线；“自由钢笔工具”可像使用铅笔在纸上绘图一样绘制路径；“弯度钢笔工具”可以直观地绘制曲线和直线。

1. 使用“钢笔工具”绘制

使用“钢笔工具”可以绘制的最简单路径是直线，方法是通过使用“钢笔工具”在图像窗口中单击的方式进行创作。

选择钢笔工具，将钢笔工具定位到所需的直线起点并单击，以定义第一个锚点，然后单击希望结束的位置，继续单击就可创建由锚点连接的直线段组成的路径。

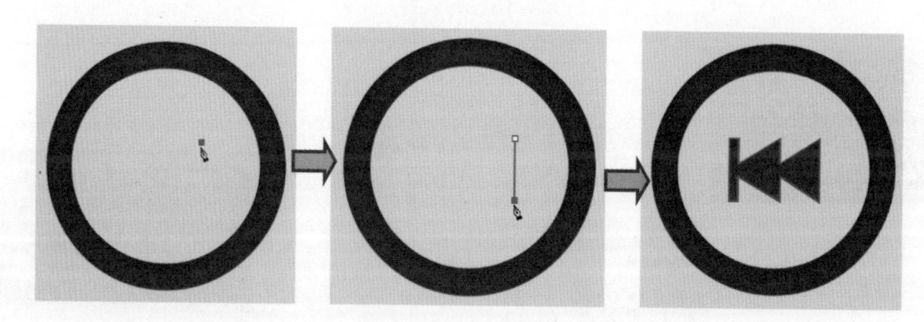

若要使用“钢笔工具”绘制曲线路径，同样使用“钢笔工具”在需要绘制图形的位置单击，定位第一个锚点，然后在另外一个位置单击并拖动鼠标，这时会出现一个曲线段，同时在新添加的锚点的两侧显示出该锚点的方向线，此方向线的长度和斜度决定了曲线的弯曲形状，如下图所示。

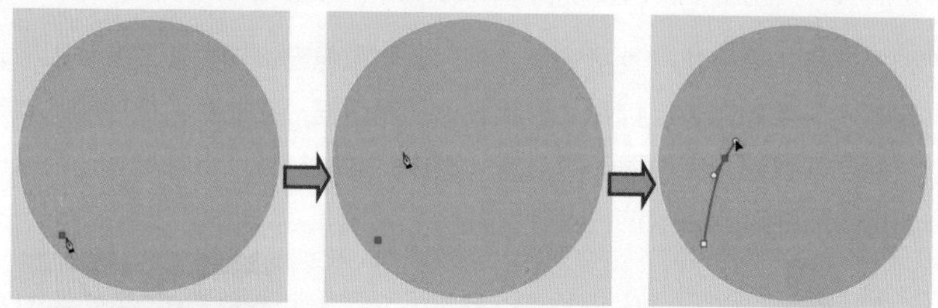

重复添加锚点和调节方向线的操作，绘制出所需的路径，完成路径的绘制后，将“钢笔工具”停留在第一个锚点上时，鼠标光标显示为钢笔形状加圆圈，如下左图所示，单击鼠标即可闭合路径，如果单击后继续拖动鼠标，可以对闭合点位置的锚点的方向线进行调节，如下右图所示。

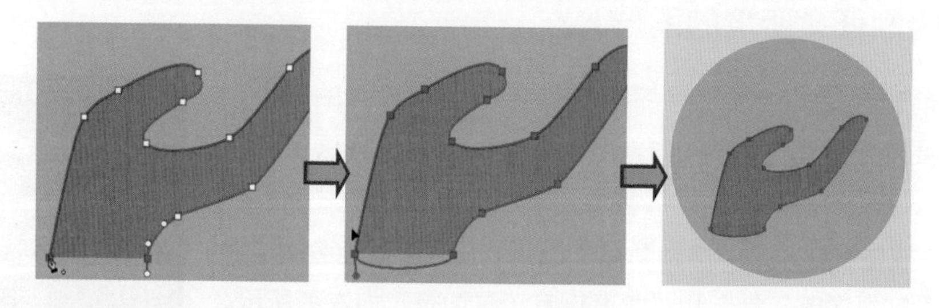

2. 使用“自由钢笔工具”绘制

“自由钢笔工具”可用于随意绘图，就像用铅笔在纸上绘图一样。在绘图时，将自动添加锚点，无须用户确定锚点的位置，完成路径后也可以对其做进一步地调整。选择“自由钢笔工具”，在图像中拖动鼠标，在拖动时，会有一条路径尾随指针，释放鼠标，即根据拖动轨迹生成工作路径，如右图所示。

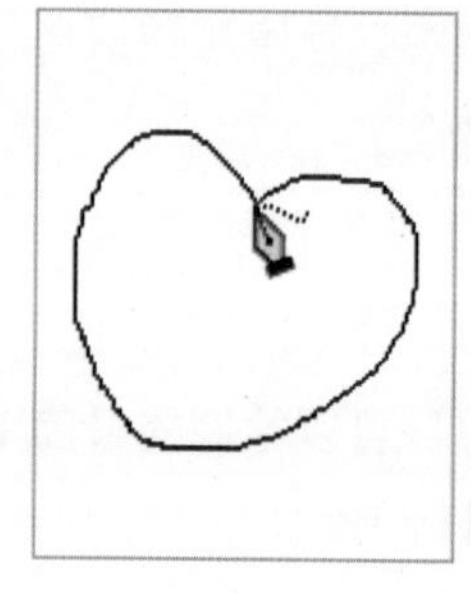

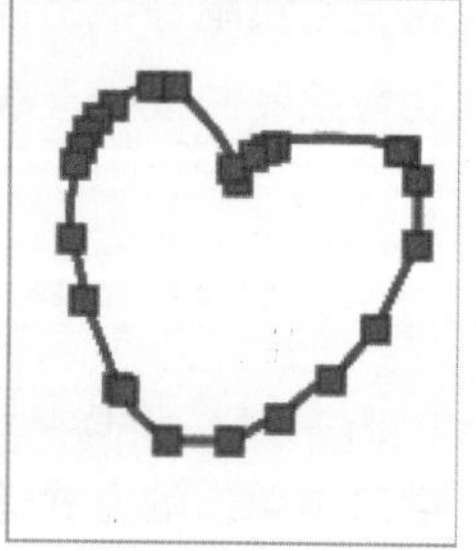

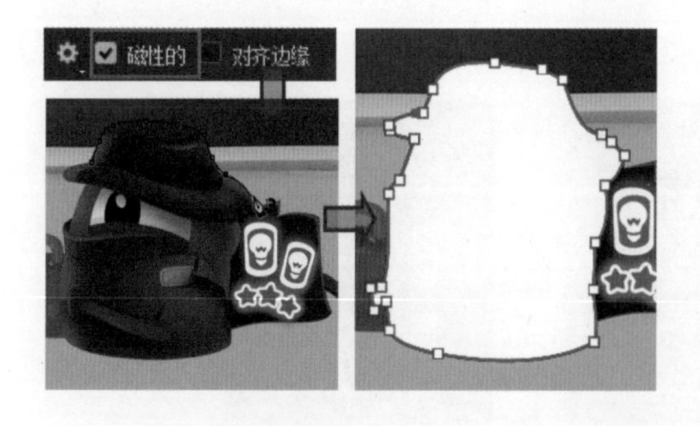

如果要沿图像窗口中的某个对象创建精细的路径，则可以勾选选项栏中的“磁性的”复选框，启用“磁性钢笔工具”。启用“磁性钢笔工具”后，只需要在图像中单击，设置第一个紧固点，然后再沿着对象边缘单击并拖动鼠标即可完成路径的绘制，如左图所示。

使用直线工具在图像窗口中单击并拖动鼠标，若按下 Shift 键，则可以绘制水平或垂直的直线。与其他绘图工具一样，单击“直线工具”选项栏中的“设置其他形状和路径选项”按钮，同样可以展开“路径选项”面板，如右图所示为“直线工具”的应用效果。

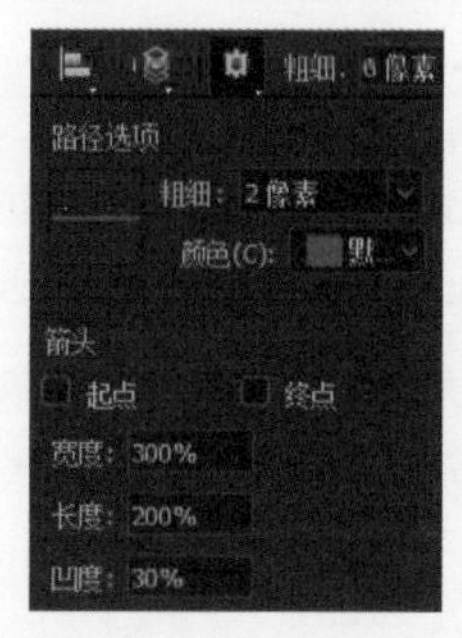

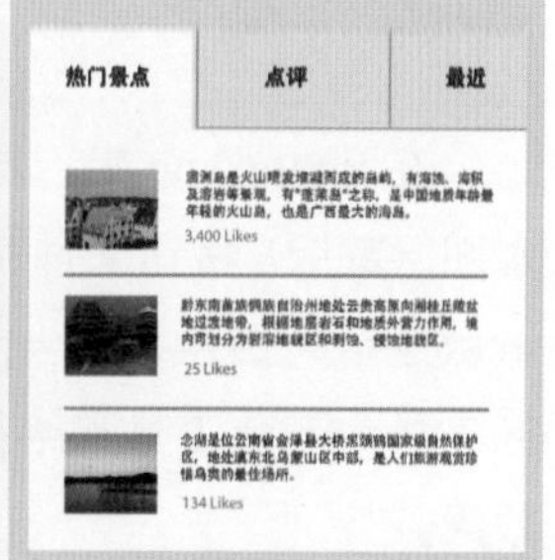

3. 使用“弯度钢笔工具”绘制

“弯度钢笔工具”可以比较轻松地绘制平滑曲线和直线段。使用这个直观的工具，我们可以在设计中创建自定义形状，或定义精确的路径，并且不再需要切换工具就能创建、切换、编辑、添加或删除平滑点或角点。

从钢笔工具组中选择“弯度钢笔工具”，在图像窗口中单击创建第一个锚点，然后单击鼠标以定义第二个锚点并完成路径的第一段绘制。接下来，如果想要再绘制一条直线段，则双击鼠标添加锚点，并利用直线连接锚点。如果希望路径的下一段变弯曲，则单击一次鼠标进行绘制。

2.5 蒙版的编辑

蒙版用于控制图层的显示区域，但并不参与图层的操作。在 Photoshop 中进行 UI 界面设计时，可以利用各种不同的蒙版快速完成图层之间图像的显示和隐藏，完成局部图像的编辑与处理。

2.5.1 图层蒙版

蒙版是一种灰度图像，并且具有透明的特性。蒙版是将不同的灰度值转化为不同的透明度，并作用到该蒙版所在的图层中，遮盖图像中的部分区域。当蒙版的灰度加深时，被遮盖的区域会变得更加透明，通过这种方式不但不会破坏图像，而且还会起到保护源图像的作用，如下图所示展示了蒙版的功能和原理，可以直观地查看到如何利用图层蒙版对 UI 界面中的部分图像进行遮盖。

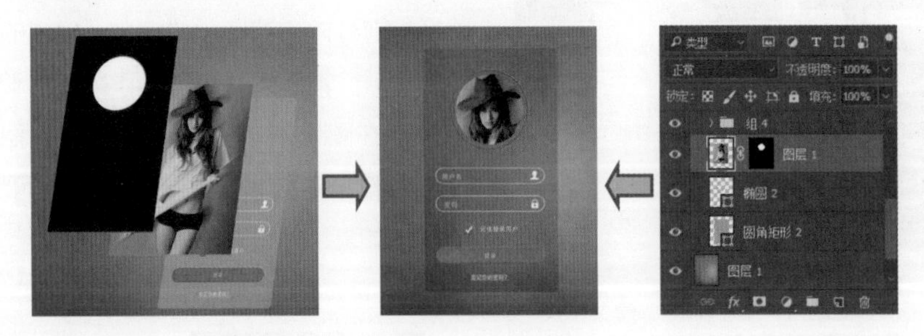

1. 创建图层蒙版

在 Photoshop 中，要为选定的图层创建图层蒙版，可以通过单击“图层”面板中的“添加图层蒙版”按钮来创建，或者执行“图层 > 图层蒙版 > 显示全部”菜单命令。添加蒙版后，蒙版显示为白色，即当前图层中的所有图像均为完全显示状态，此时可以利用多种创建选区工具、颜色工具和路径绘制工具编辑蒙版效果，如下图所示为添加蒙版并编辑蒙版后的效果。

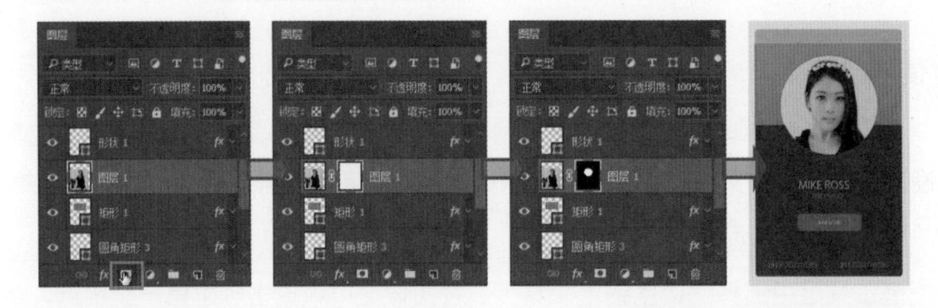

2. 调整图层蒙版

创建图层蒙版后，可以利用“属性”面板中的“蒙版”选项对蒙版做进一步调整。双击“图层”面板中的蒙版缩览图，即可打开如右图所示的“属性”面板，在面板中可以查看到蒙版的类型及相关的设置选项，也可以对蒙版的边缘进行羽化、控制蒙版的整体浓度、对蒙版的边缘进行调整以及反相等操作。

3. 取消图层和蒙版的链接

在默认情况下，图层或图层组将链接到其图层蒙版，并在“图层”面板中的缩览图之间显示链接图标 。当使用“移动工具”移动图层或其蒙版时，它们将在图像中一起移动。通过取消图层和蒙版的链接，可以将单独移动图层或蒙版，并且可以单独编辑图层中的图像或蒙版。

要取消图层与其蒙版的链接，单击“图层”面板中的链接图标，断开链接后单击图层缩览图，单独移动图像位置，而蒙版位置不变，如下图所示。若要在图层及其蒙版之间重建链接，则在“图层”面板中的图层和蒙版路径缩览图之间单击。

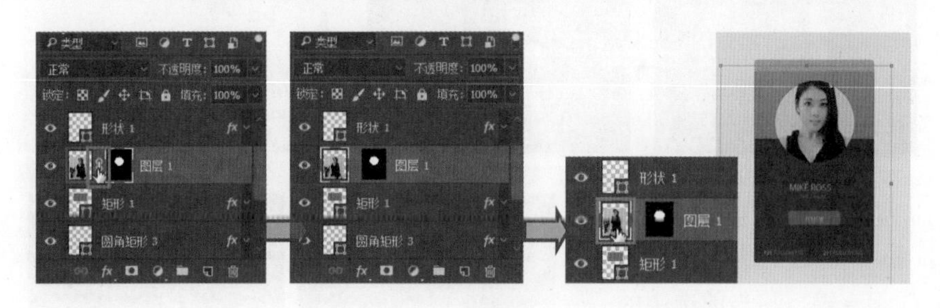

2.5.2 剪贴蒙版

剪贴蒙版也称为剪贴组，它通过处于下方图层的形状来限制上方图层的显示状态，从而形成一种类似剪贴画的效果。剪贴蒙版至少需要两个图层才能创建，位于下方的一个图层叫作基底图层，位于上方的图层叫作剪贴图层，基底图层只能有一个，但是剪贴图层可以有若干个。剪贴蒙版遮盖效果则是由基底图层所决定的，基底图层的非透明内容将在剪贴蒙版中裁剪它上方图层的内容，剪贴图层中的所有其他内容将被遮盖掉，如下图所示为应用剪贴蒙版制作的 UI 界面效果。

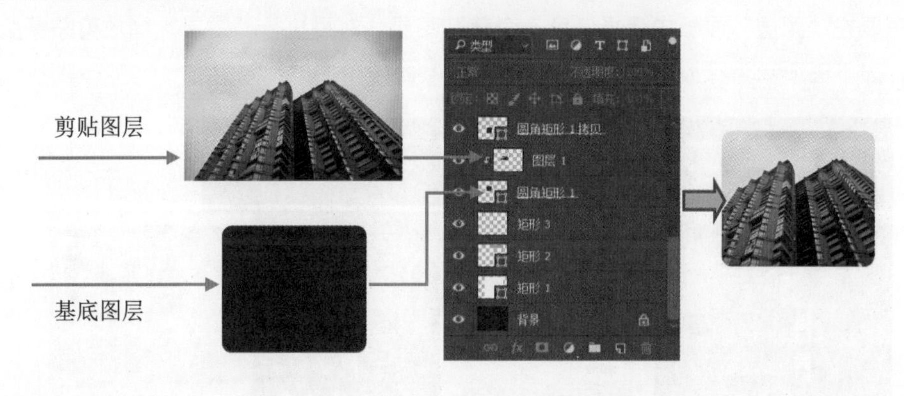

1. 创建剪贴蒙版

在进行 UI 界面设计时，经常会需要通过创建剪贴蒙版来融合界面中的图像。Photoshop 中，可以通过单击的方式创建剪贴蒙版，即把鼠标光标移至需要创建剪贴蒙版的两个图层中间位置，然后按下 Alt 键不放，当鼠标光标变为剪贴图标后单击，即可创建剪贴蒙版，如下图所示。当创建剪贴蒙版之后，上方的剪贴图层缩览图将自动缩进，并且带有一个向下的箭头，基底图层的名称下面将出现一条下画线。

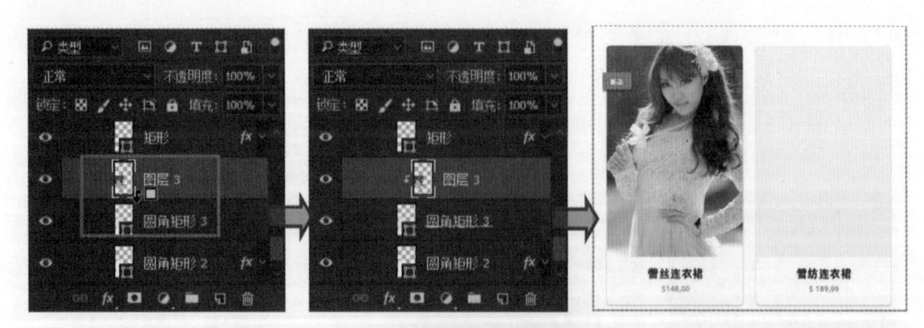

除了通过单击图层创建剪贴蒙版，还可以选中图层，按下 Ctrl+Alt+G 组合键，将当前选中的图层创建为剪贴蒙版的剪贴图层；还可以执行“图层 > 创建剪贴蒙版”菜单命令进行创建。

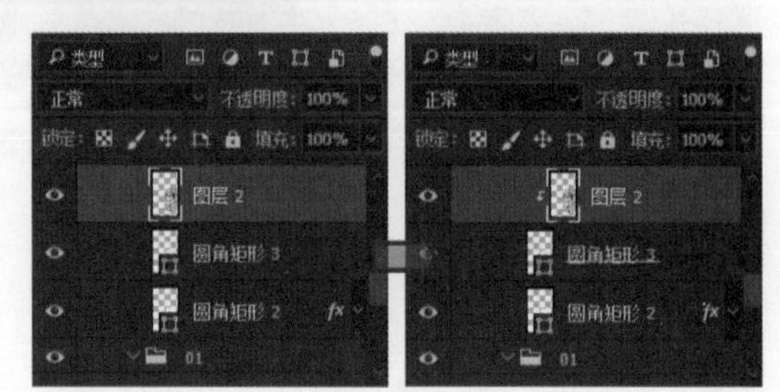

2. 释放剪贴蒙版

当不需要使用创建的剪贴蒙版时，可以通过释放剪贴蒙版功能释放创建的剪贴蒙版，将基底图层和剪贴图层进行恢复，使其显示出最初的画面效果。在 Photoshop 中提供了多种释放剪贴蒙版的方法，其中最常用的就是执行“释放剪贴蒙版”菜单命令实现。在释放剪贴蒙版前，先要在“图层”面板中选择任意一个剪贴图层，然后执行“图层 > 释放剪贴蒙版”菜单命令，如下图所示为释放剪贴蒙版前后“图层”面板中的显示效果。

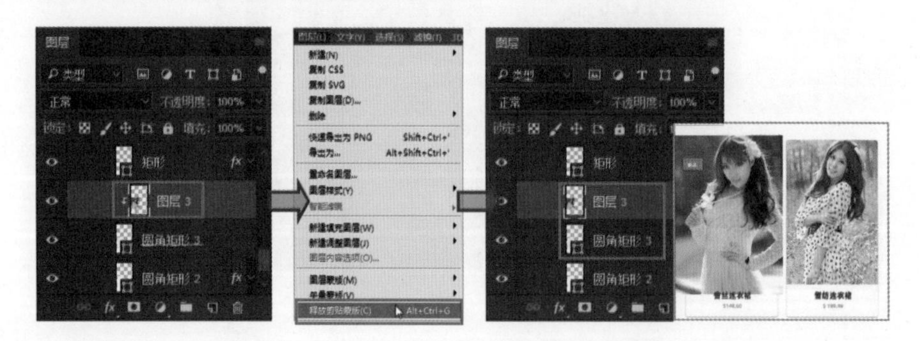

2.5.3 矢量蒙版

矢量蒙版，顾名思义就是配合矢量工具使用的蒙版，它与分辨率无关，是从图层内容中剪下来的路径。矢量蒙版通常比那些使用基于像素的工具创建的蒙版更加精确。在 Photoshop 中，可以使用钢笔工具或形状工具创建矢量蒙版。

要创建矢量蒙版，先使用矢量绘图工具在画面中创建一个工作路径，然后执行“图层 > 矢量蒙版 > 当前路径”菜单命令，执行命令后即根据当前绘制的路径形状创建矢量蒙版，将图形外的其他区域隐藏，如右图所示。

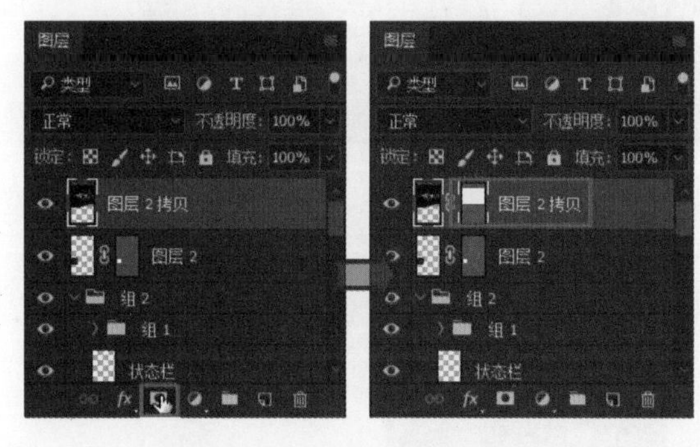

除了根据当前绘制路径创建矢量蒙版，还可以按下 Ctrl 键并单击“图层”面板中的“添加图层蒙版”按钮，创建矢量蒙版。采用此方法创建矢量蒙版后，需要单击图层面板中的蒙版缩览图，再选用形状工具在图像窗口中绘制路径，完成蒙版的设置。

2.6 文字编排设计

相对图像而言，文字传递信息更加准确、详尽。在 UI 视觉设计中，不同的字体具备不同的风格和内涵，能更准确地传达信息，增加界面亲和力，对界面的整体视觉效果也有很大影响。接下来就对 UI 界面中文字的编排设计进行讲解。

2.6.1 文字的添加与设置

不同字体的风格以及将字体与界面中其他元素的合理搭配能够使界面给用户留下更深刻的印象。在 Photoshop 中，提供了用于输入和编辑文字的工具和面板，可以完成界面中所有文字元素的编辑与设置。

1. 输入文字

在 Photoshop 中可以添加点文字和区域文字两种类型的文字。点文字是一个水平或垂直的文本行或文本列，适合于在界面中添加少量文字。选择“横排文字工具”或“直排文字工具”，在图像窗口中单击，然后输入所需的文字，即可完成点文字的添加，如下图所示。

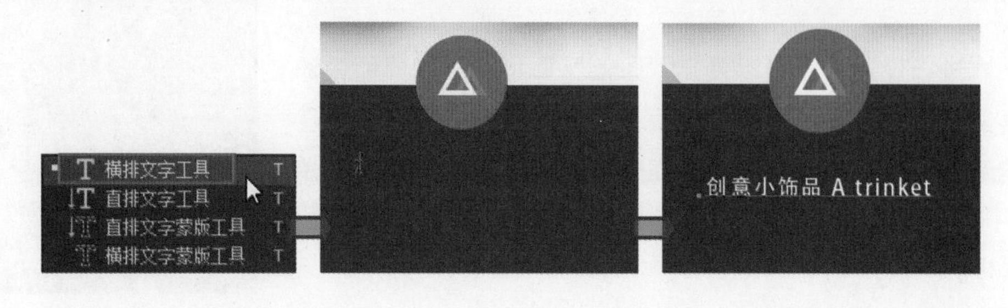

区域文字是通过文本框的边界来限制文字的效果。区域文字的创建方法为使用“横排文字工具”或“直排文字工具”在图像窗口中单击并进行拖动，创建出文本框，然后在其中输入所需的文字内容，如下图所示。

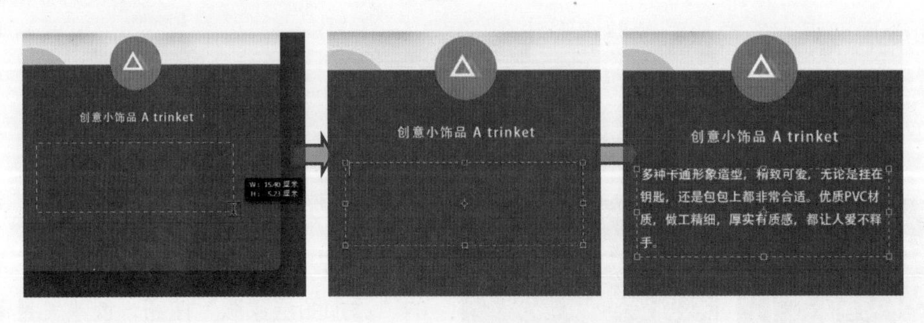

2. 设置文字属性

使用“横排文字工具”或“直排文字工具”添加所需文字之后，可以利用“字符”调整文字的字体、字号、颜色、间距等属性，也可以通过调整文字基线偏移，修饰文字的排列效果。

要更改文字属性，使用“移动工具”单击需要更改的文本对象，执行“窗口 > 字符”菜单命令，打开“字符”面板，在面板中即可完成文字字体、字号以及颜色等属性的设置，设置后在图像窗口中可以查看编辑后的效果，如右图所示。

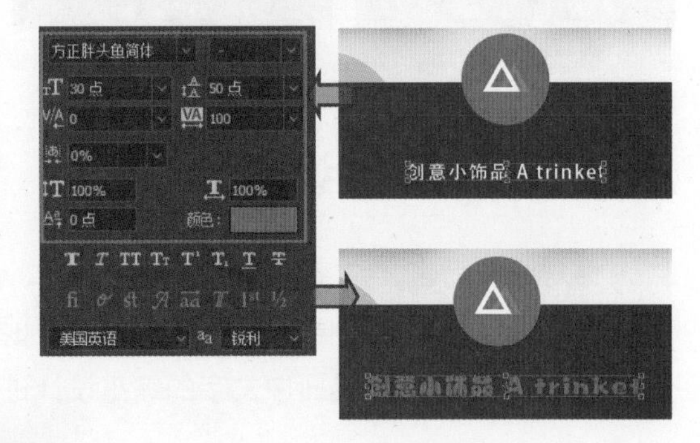

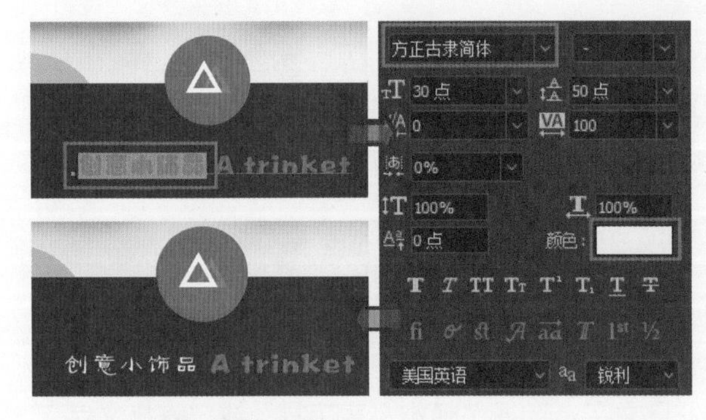

如果只需要对文字图层中的部分文字进行设置，可以先使用文字工具在需要编辑的文字上单击并拖动鼠标，将其选中，然后在“字符”面板中进行设置，完成设置后切换到其他的工具即可查看设置后的效果，如左图所示。

3. 设置段落属性

使用“文字”面板可以完成文字属性的设置，如果需要对段落文本进行设置，则可以使用“段落”面板。当在界面中添加段落文本后，打开“段落”面板，在此面板中不但可以调整文本的对齐，也可以设置段落的左、右以及段首的缩进等。单击“字符”面板组中的“段落”标签，即可展示如右图所示的“段落”面板。

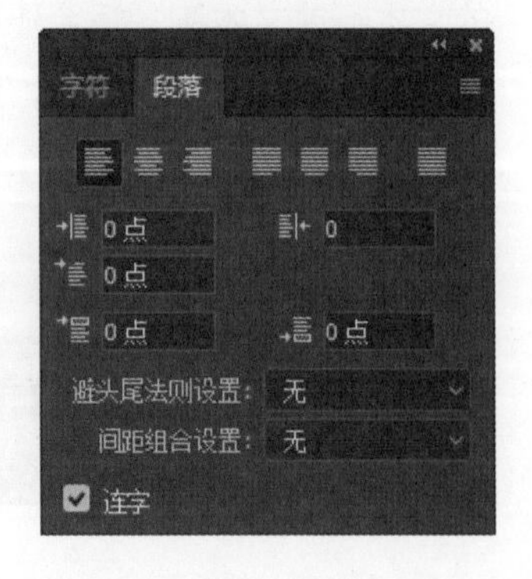

在使用“段落”面板调整段落文本时，使用“移动工具”单击图像窗口中的段落文本，然后在展开的“段落”面板中设置相应的选项，如下图所示为在面板中的“首行缩进”选项右侧输入数值，为文本设置首行缩进效果。

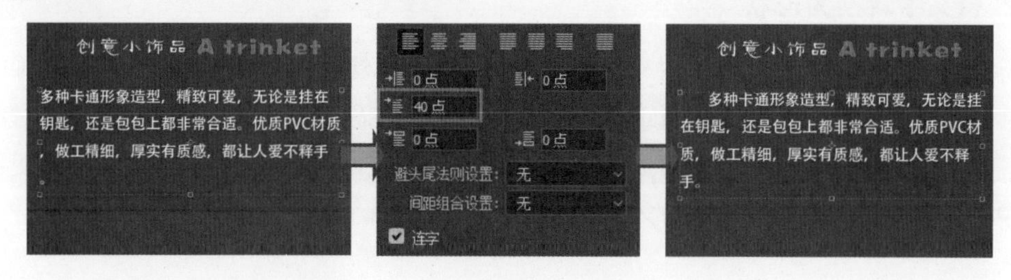

2.6.2 变形文字的制作

在界面中添加文字后，还可以对文字进行艺术化处理，让界面呈现出更为绚丽的效果。在 Photoshop 中，可以通过对文字的变形设置，使其呈现出另一种外观，构造出别样的风格效果。文字的变形设置可以使用“文字变形”命令和将文字转换为图形进行变形实现。

1. 文字变形

“文字变形”命令可以使文字呈现扇形、波浪形等特殊效果，并提供变形选项让用户可以精确控制变形效果的取向及透视。由于通过“文字变形”命令为文字设置的变形效果是可以随时进行编辑、更改和取消的，因此它非常适合移动 UI 界面的制作。

选择图像窗口中需要应用变形效果的文字，执行“文字 > 文字变形”菜单命令，或单击文字工具选项栏中的“创建文字变形”按钮，打开如下图所示的“文字变形”对话框，在对话框中选择并设置变形选项，单击“样式”下拉按钮，在展开的列表中选择要应用的样式，再通过下方的三个选项来控制变形的方向和力度，以创建更符合界面需要的文字变形效果。

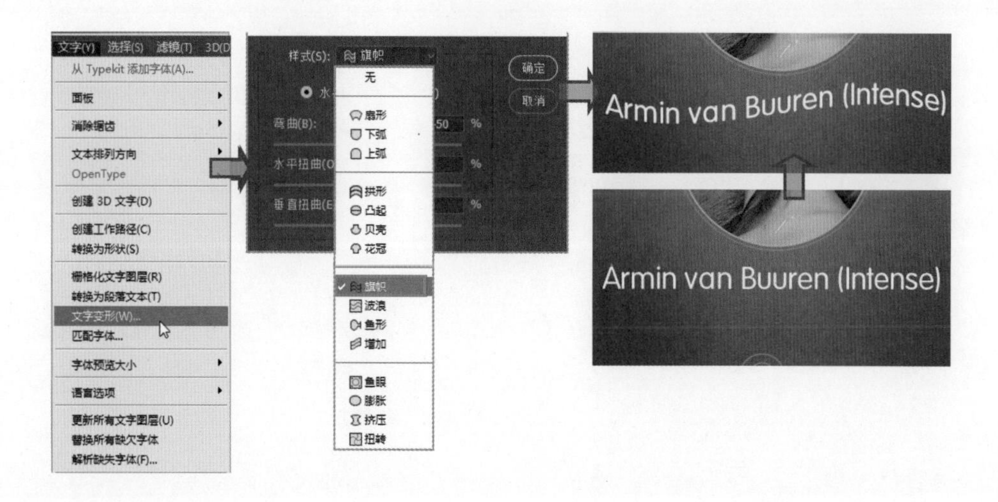

需要注意的是，使用“文字变形”命令不能变形包含“仿粗体”格式的文字图层，也不能变形使用不包含轮廓数据的字体的文字图层，如位图字体。

2. 将文字转换为形状

除了使用“文字变形”命令对文字进行变形，为了创建更自由的文字变形效果，可以将文字转换为图形，再使用路径编辑工具对图形做更精细的设计。选中需要处理的文本对象，执行“文字 > 转换为形状”菜单命令，执行此命令后即把文字转换为图形，此时可以使用工具箱中的路径编辑工具对转换后的文字图形进行变形设置，如下图所示。

第 3 章 不同系统及其组件的设计

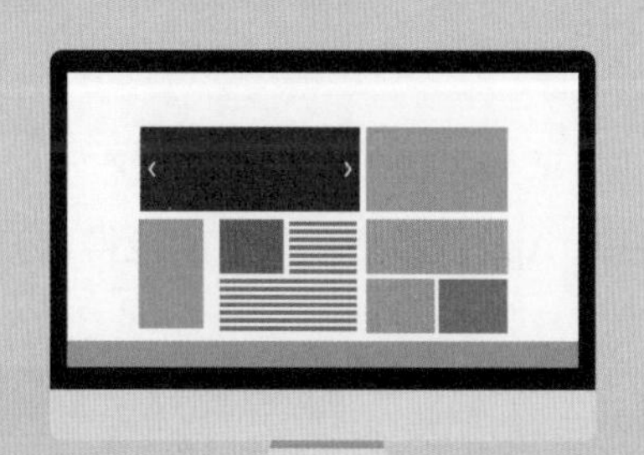

iOS 系统和 Android 系统是目前最为主流的两大操作系统，它们不论是交互式体验，还是界面风格设计，都有一定的区别和特点。用户在设计这两个系统的界面时，需要对其界面的构成要素、设计风格、设计规范有一定的了解，才能更好地完成各项设计工作。本章会对 iOS 系统和 Android 系统及其组件设计规范进行详细讲解。

3.1 iOS 系统及其组件的设计

iOS 系统是由苹果公司开发的移动设备操作系统，其操作界面使用了扁平化的设计风格，通过鲜艳的色彩、极细的字体、直观的界面元素来为用户提供层次鲜明、重点突出的信息。

3.1.1 iOS 系统的特点

iOS 系统是苹果手机以及苹果移动设备专用的一个操作系统。相对 Android 系统来说，iOS 系统更加重视用户的使用体验，无论从整个界面风格，还是界面中的按钮、图标，都采用比较整洁的设计风格，使用户能够轻松完成各项操作。iOS 系统具有软件与硬件整合度高、界面设计美观大方、实用易操作、安全性强等诸多特点。

1. 多点触控互动设计

拿起设备的那一刻，即可上手使用。一直以来，iOS 系统都为多点触控互动功能而设计。因此，轻点 App，你就能马上投入工作或开心玩乐，向右轻扫，看看今天有哪些最新动态；上下滑动，浏览数千张照片，如右图所示。iOS 系统的一切都经过用心设计，只为看起来赏心悦目，用起来得心应手。

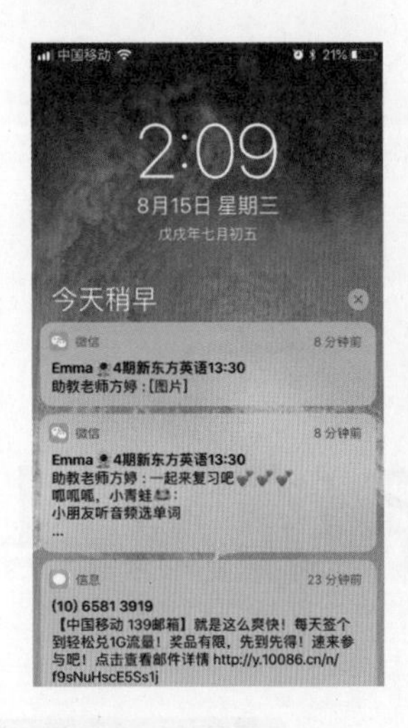

2. 软件与硬件整合度高

iOS 新系统版本一般都是随着苹果新款旗舰手机的发布而一同发布的，所以 iOS 系统的软件与硬件的整合度相当高，各类 App 能让各项硬件功能得以充分发挥，大大降低分化的同时，也增强了系统的稳定性。

比如 iOS 系统内置的相机，当轻点快门按钮时，iPhone 摄像头的图像信号处理器会执行上亿次运算，包括面部识别、自动对焦和曝光控制等操作，让你在瞬间捕捉到生动逼真的画面，如右图所示。

3. 界面美观、易操作

苹果在界面设计上投入了很多精力，无论是外观性还是易用性，iOS 都致力于为使用者提供最直观的用户体验。iOS 系统给人的第一感觉就是整洁、美观、有气质，并且操作简单，用户上手很快，用起来有种手到擒来、行云流水的感觉。

如右图所示为 iOS 系统中的天气 App 界面，简单、整洁的操作界面，用与天空颜色相似的颜色作为背景，不但完整地呈现了用户所在地当前的天气情况等最要信息，而且简单的操作按钮，还可以帮助用户完成更多地域天气的设定。

4. 安全性强

对于用户来说，保障移动设备的信息安全具有十分重要的意义，不管这些信息是企业和客户信息，或者是个人照片、银行信息、地址等，都必须保证其安全。而 iOS 系统的设计总是以保护你的隐私为先。如果已安装的 App 需要访问用户的个人信息，如位置或照片，都需要得到用户的许可。各类 App 要访问和使用用户的 HealthKit 和 HomeKit 数据，完全由用户一手掌控。

在 iOS 中通过 iMessage 信息和 FaceTime 通话进行的对话都会被加密，如右图所示。因此，除了用户和与之交谈的对方，没人能看到对话的内容。而 Safari 浏览器的内置功能则令你能够无痕浏览网页、拦截 Cookie，以及防止网站对你进行跟踪。

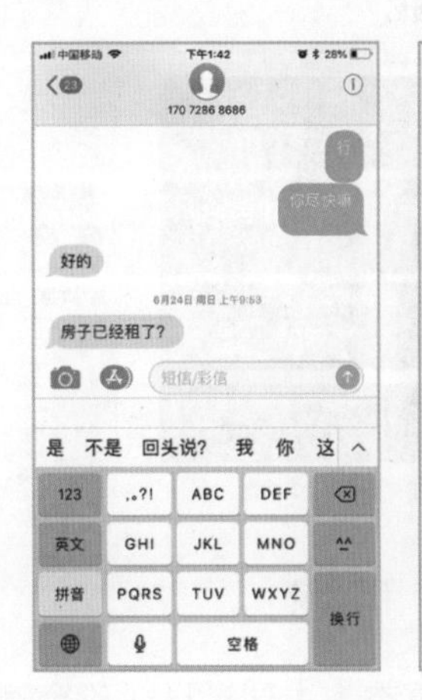

除此之外，iOS 系统还能提供先进的移动操作系统安全保护。首先，硬件和固件具有针对恶意软件和病毒而设计的防护功能，同时 iOS 系统的内置功能也有助于保护个人信息，其中最直接的体现就是面容 ID 和触控 ID 功能，通过这两个功能让用户可以轻松使用面容和指纹代替输入密码，防止他人未经授权使用你的设备。如下图所示，从界面中可以看到无论是启动设备、下载程序，或是在线交易支付，都能体现 iOS 系统的安全特性。

5. App 数量多、品质高

iOS 系统内置一系列由苹果公司设计的核心 App，常用的比如照片、地图、信息、健康等，如下图所示。这些 App 不但采用了比较直观的设计，同时非常重视界面的细节设计，使用户一用就爱不释手。除此之外，在 App Store 中还提供了的数百万款 App，用户可以从中下载到更多适合的 App，做自己想做的事。

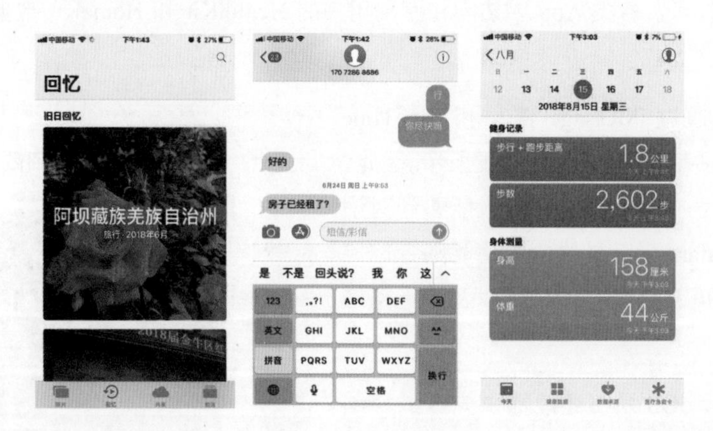

6. 高智商的应用系统

iOS 系统不仅带来了主动建议、文本输入预测等智能的特性，还有 Siri 这个广受大家喜爱的智能助理。我们只需直接与 Siri 对话就能轻松搞定很多事务。结合 Siri 的强大能力，iOS 系统能带来各种有用的建议，帮助用户更方便地编写信息，更快地前往目的地，或是推荐几款令你心仪的 App 等。这样的操作，也能更好地保证个人信息的私密性。

3.1.2 iOS 系统的适配规则

目前主流的 iOS 设备主要有 iPhone 5/5c/5s、iPhone 6/7/8、iPhone 6/7/8 Plus、iPhone X 等几种。这些设备在屏幕尺寸、像素分辨率上都有一定的区别，在学习如何适合界面元素前，需要对其有一定的了解，如下所示的表格为几种主流 iOS 设备的尺寸、分辨率以及组件倍率。

手机型号	屏幕尺寸	屏幕密度	开发尺寸	像素尺寸	倍数
iPhone 5/5c/5s	4 英寸	326ppi	320pt × 568pt	640px × 1136px	@2 ×
iPhone 6/7/8	4.7 英寸	326ppi	375pt × 667pt	750px × 1334px	@2 ×
iPhone 6/7/8 Plus	5.5 英寸	401ppi	414pt × 736pt	标准： 1125px × 2001px	@3 ×
iPhone X	5.8 英寸	458ppi	375pt × 812 pt	1125px × 2436px	@3 ×

由于不同的 iOS 设备其屏幕大小和分辨率都不同，所以在设计的过程中，设计师需要设计一套基准设计图来达到适配多个分辨率的目的，我们可以选择中间尺寸 750 px × 1334px 作为基准，向下适配 640px × 1136px，向上适配 1242px × 2208px 和 1125px × 2436px。下面分别对不同屏幕适配方式进行介绍。

1. 750px × 1334px 下适配 640px × 1136px

虽然 iPhone 有多种不同的机型，但大多数 iOS App 的 UI 设计稿都是以 iPhone 6 为基准的，以便向上适配 iphone 7、iphone 8 等不同的机型。简单来说，就是要优先保证 750px 界面上的最佳视觉效果为基准，再同时兼顾其他尺寸效果进行局部调整。如下图所示为我们所熟知的 iPhone 系列开发尺寸。

由于 750px × 1334px 和 640px × 1136px 两个尺寸的界面都是 2 倍的像素倍率，因此它们的切片大小是相同的，即系统图标、文字和高度无须适配，需要适配的是宽度。

为了让大家了解适配的原则，我们以文字描述和图示的方式进行 750px × 1334px 到 640px × 1136px 的界面推导。首先绘制一个 750px × 1334px 的设计图，这是最常见的首页设计图，从上至下分别是状态栏、导航栏、首焦图、主要入口、分割、列表，如右图所示。

下面开始进行适配，前面已经说过 750px × 1334px 和 640px × 1136px 都是 2 倍的像素倍率，所以界面的图标、字号等都是相同的。我们不需要改变图像大小，只需将画布大小修改为 640px × 1136px 即可，然后再改变横向元素的间距以达到适配的目的。

执行“文件 > 画布大小”菜单命令，打开“画布大小”对话框，在对话框中单击“定位”选项左上角的格子，然后将“宽度”和“高度”分别更改为 640 像素和 1136 像素，设置后单击“确定”按钮，改变画布大小。改变画布大小之后，设计稿的右边和下边都被裁切，画布缩小成 640px × 1136px，如下图所示分别展示了裁剪的范围和裁剪画布后得到的文件大小。

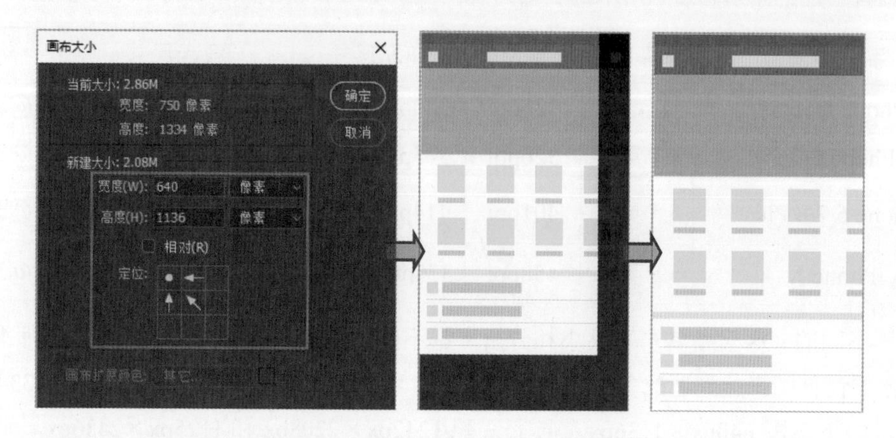

接下来再对界面元素的间距进行调整。首先将导航栏右边的图标向左移动保持和原来的右边距一致，标题居中；然后将中间蓝色部分的首焦图高度除以 1.17（750 ÷ 640=1.17），出现的小数点进行四舍五入取整数，再将其居中，得到宽度为 640px，最后将主要入口右边的图标向左移动保持和原来的右边距一致，各图标的间距等宽。至此，完成元素的适配调整，如下图所示。

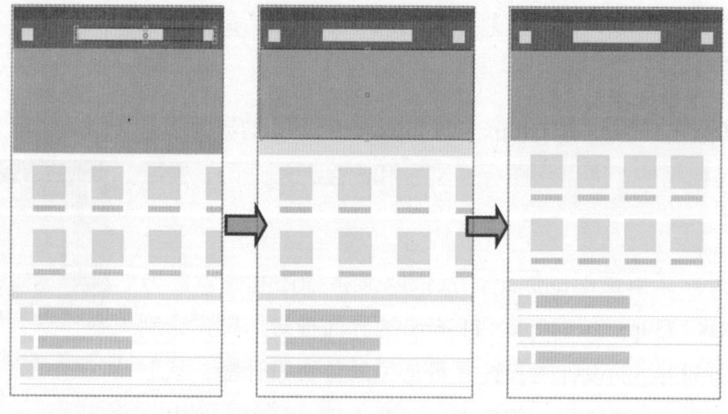

2. 750px × 1334px 向上适配 1242px × 2208px

由于 750px × 1334px 界面是 2 倍的像素倍率，而 1242px × 2208px 是 3 倍的像素倍率，也就是说 1242px × 2208px 界面上所有的元素的尺寸都是 750px × 1334px 界面上元素的 1.5 倍，所以我们在进行适配时要直接将界面的图像大小变为原来的 1.5 倍，然后调整画布大小为 1242px × 2208px，最后调整界面图标和元素的横向间距的大小，具体操作如下。

打开 750px × 1334px 的设计图，执行“图像 > 图像大小”菜单命令，打开“图像大小”对话框，单位设置为“百分比”，然后将“宽度”和“高度”设置为 150，设置后单击“确定”按钮，调整之后的图像大小为 1125px × 2001px，如下图所示。

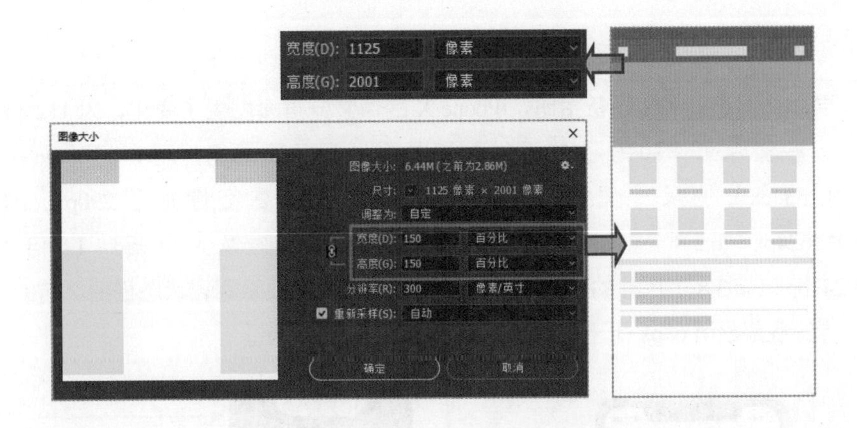

接下来再对 1.5 倍之后的 1125px × 2001px 界面进行调整。执行“文件 > 画布大小”菜单命令，打开“画布大小”对话框，单击“定位”选项左上角的格子，然后将“宽度”和“高度”分别更改为 1242（像素）和 2208（像素），设置后单击“确定”按钮，扩展画布，将画布大小更改为 1242px × 2208px，如右图所示。

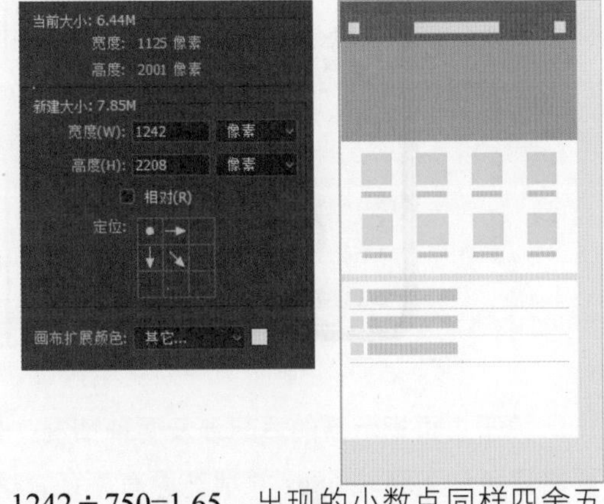

调整画布大小后，再对界面元素进行适配调整。首先将状态栏和导航栏宽度设置为 1242 像素，把右边的图标向右移动保持和原来的右边距一致，将标题居中；然后将首焦图的宽度设置为 1242（像素），高度则乘以 1.65，因为 1242 ÷ 750=1.65，出现的小数点同样四舍五入取整数，再将其居中；最后将主要入口右边的图标向右移动和原来的右边距一致，各图标的间距等宽。至此，完成元素的适配调整，如下图所示。

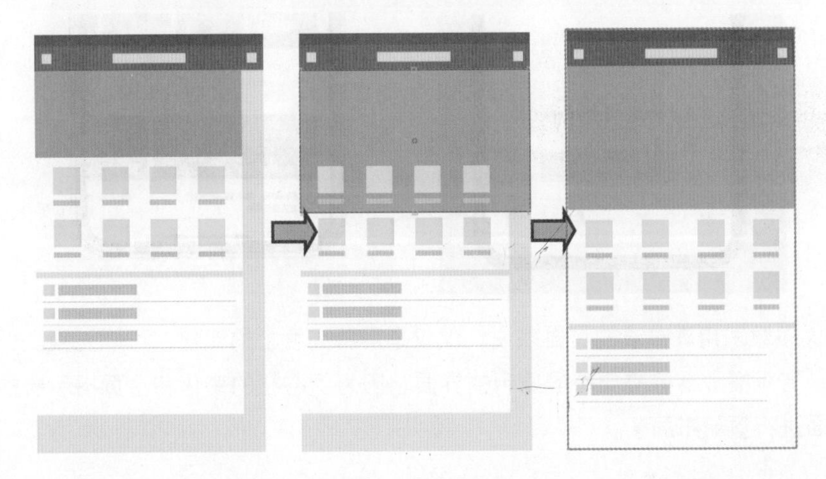

3. 750px × 1334px 向上适配 1125px × 2436px

与苹果之前发布的 iOS 设备相比，iPhone X 的像素分辨率发生了变化，为 1125px × 2436px（@3×），在实际工作中为了方便向上和向下适配，我们仍然可以选择熟悉的 iPhone 6（750px × 1334px）的尺寸作为模板进行设计，只是高度增加了 290px；设计尺寸为 750px × 1624px（@2×）。设计完成之后将设计稿的图像大小拓展 1.5 倍即可得到 1125px × 2436px（@3×）尺寸的设计稿。但是，在适配时需要注意，状态栏由之前的 40px 增加到 88px，标签底部预留 68px 用于放置主页指示器，如下图所示。

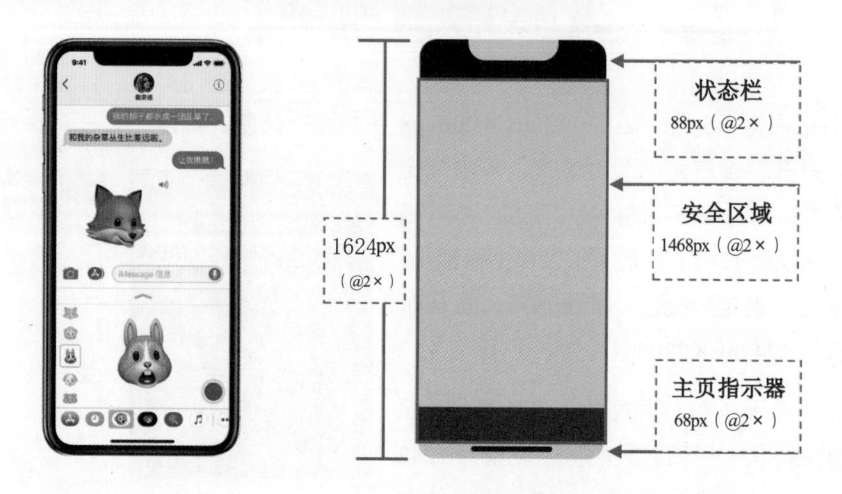

关于主页指示器的适配涉及两种情况：如果底部出现标签栏、工具栏等操作设计时，需要将底色向下延长 68px 并填充原有颜色，这样的处理可以让底部设计更佳整洁舒适，如下左图所示；如果底部没有功能操作时，页面底部不需要填充颜色，只需盖住主页指示器即可，如下右图所示。

对于大多数采用瀑布流的页面来说，仅仅是屏幕高度上的变化，可以无视。但对于如新手引导页、音乐播放器等需要单屏显示的界面，因为状态栏的变化和主页指示器的出现，就需要对界面进行重新布局了。

3.1.3 iOS 系统设计的规范

在移动 UI 的界面设计中，无论对任何类型、内容的 App 进行创作，都需要遵循一些标准的设置规范，只有遵循这个设计规范创作出来的作品，才能够符合这个系统的特点，进行正常的应用。接下来就对 iOS 系统的设计规则进行讲解，具体如下。

1. 界面尺寸规范

通过前面的讲解和图示我们了解了 iPhone 不同设备的物理尺寸，以及它们的分辨率。那么，我们用 Photoshop 做设计时，又应该将画布设置为多大呢？另外，iOS 应用中的栏，包括状态栏、导航栏、标签栏、工具栏等，它们的高度又分别是多少呢？iOS 严格规定了各个栏的高度，这是必须遵守的，如下表和图所示。

设备	分辨率	状态栏高度	导航栏高度	标签栏高度
iPhone 5/5c/5s	640px × 1136px	40px	88px	98px
iPhone 6/7/8	750px × 1334px	40px	88px	98px
iPhone 6/7/8 Plus（标准版）	1125px × 2001px	54px	132px	146px
iPhone 6/7/8 Plus（放大版）	1242px × 2208px	60px	132px	146px
iPhone X	1125px × 2436px	132px	132px	147

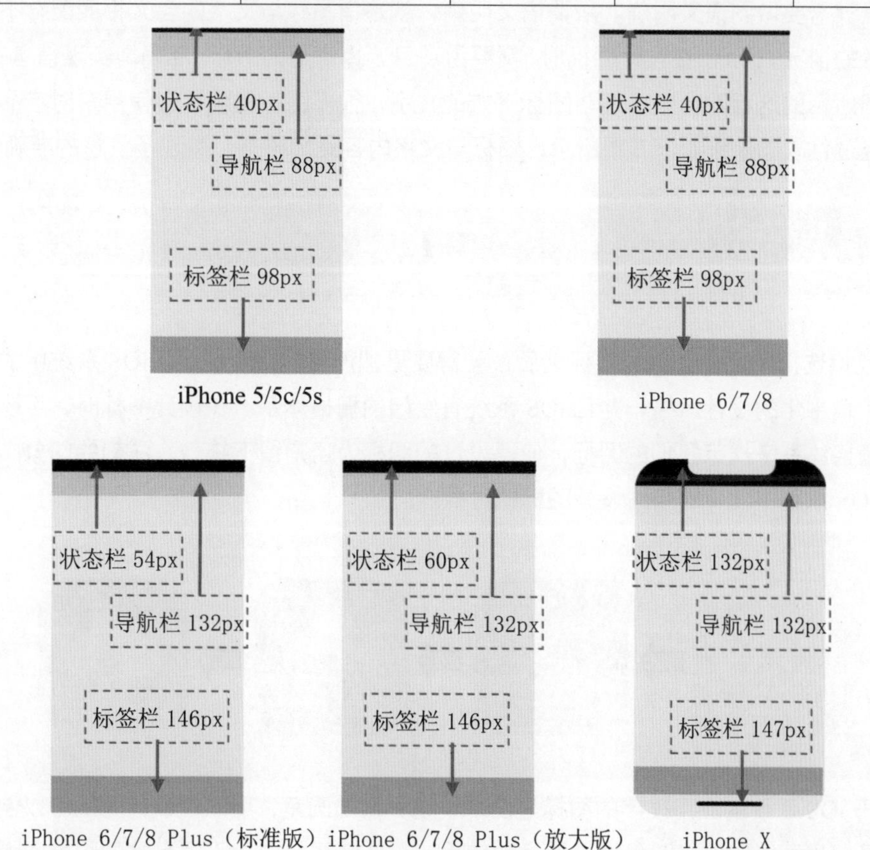

2. 图标设计规范

在应用界面的设计中，功能图标不是单独的个体，通常由许多不同的图标构成整个系列，它们贯穿于整个应用程序的所有页面并向用户传递信息。iOS系统中的图标大多采用扁平化的设计风格，包含了App Store的图标、应用程序图标、主屏幕图标等，下面的表格详细展示了主流iOS设备中的图标设计规范。

描述	iPhone 5/5c/5s	iPhone 6/7/8	iPhone 6/7/8 Plus	iPhone X
App Store中的图标	1024px×1024px	1024px×1024px	1024px×1024px	1024px×1024px
应用程序图标	120px×120px	120px×120px	180px×180px	120px×120px
主屏幕	114px×114px	114px×114px	114px×114px	114px×114px
Spotlight搜索	58px×58px	58px×58px	87px×87px	58px×58px
标签栏	75px×75px	75px×75px	75px×75px	75px×75px
工具栏和导航栏	44px×44px	44px×44px	66px×66px	44px×44px

我们在了解了不同状态下图标的设置尺寸要求后，在设计时也有一系列的要求。首先对图标的设计需要做到语义明确。所谓语义明确，就是指图标与文字的含义相匹配，不能出现词不达意的情况。因此，在设计图标时，需要为项目选择合适的图标，准确地实现信息的传达。如下左图所示的这组图标中，忽略图标下方的文字，很多图标的设计会使用户对产品产生误解，而经过修改的效果如下右图所示，图标与文字内容更加统一，实现了信息的准确传达。

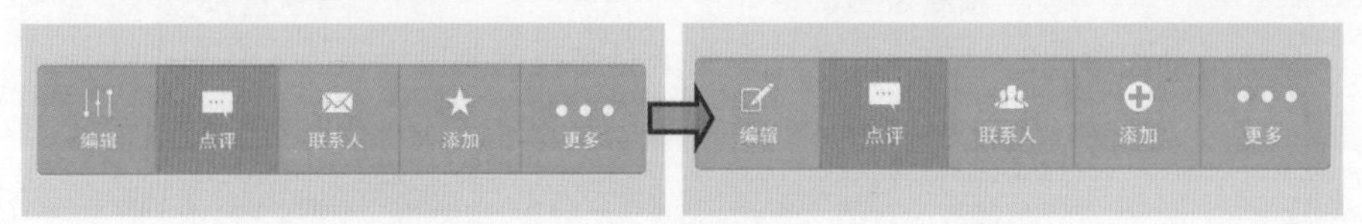

当我们选择了更加适当的图标之后，就需要更加严格的规范图标。iOS系统中的图标大多采用了扁平化的设计风格，并且iOS系统有专门的栅格体系。在设计图标时，可以充分利用这个栅格体系来规范我们的图标，使得设计的图标为用户留下统一、深刻的印象。如下图所示为iOS系统中使用栅格线设计图标的过程。

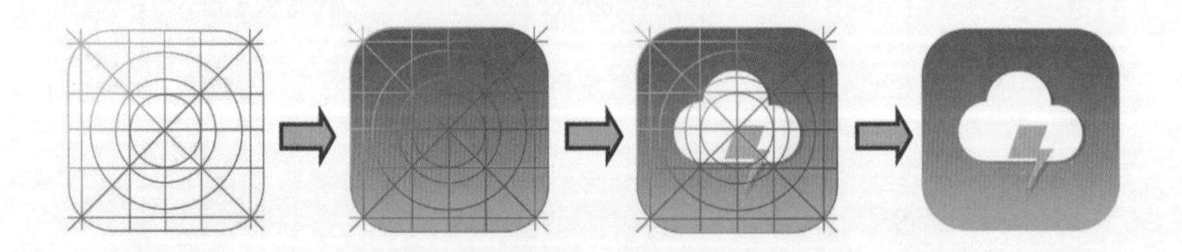

由于iOS系统的应用程序的图标是由系统统一切出圆角，所以在设计时既可以制作出方形的图标，也可以制作出圆角提供展示和使用。在iOS系统中，不同尺寸的图标圆弧的弯曲程度也是有严格规定的，如下表格所示分别展示了图标所应用的圆角大小。

图标尺寸	57px × 57px	114px × 114px	120px × 120px	180px × 180px	1024px × 1024px
圆角	10px	20px	22px	34px	180px

除此之外，在为界面设计图标时，还应当使用统一的设计元素和符号，例如使用相同的圆角大小、线框粗细、图形样式等。

3. 文字设计规范

文字是 App 中核心的元素，是产品传达给用户的主要内容，因此文字在 App 的设计中是非常重要的。

在 iOS 系统中，对字体首先的要求就是文字必须清晰易读。如果用户看不清 App 中的文字，那么字体设计得再漂亮也是徒劳的。iOS 系统的默认英文字体为 Helvetica Neue，是比较典型的扁平风格字体，具有较强的时尚感；而默认中文字体则是苹果自己的字体——苹方，苹方字体包含简体以及繁体中文，苹方字体官方版共有极细、纤细、细、常规、中黑和中粗 6 种字重，可以很好地满足日常设计和阅读的需求。如下图所示为 iOS 系统中文和英文字体的应用展示。

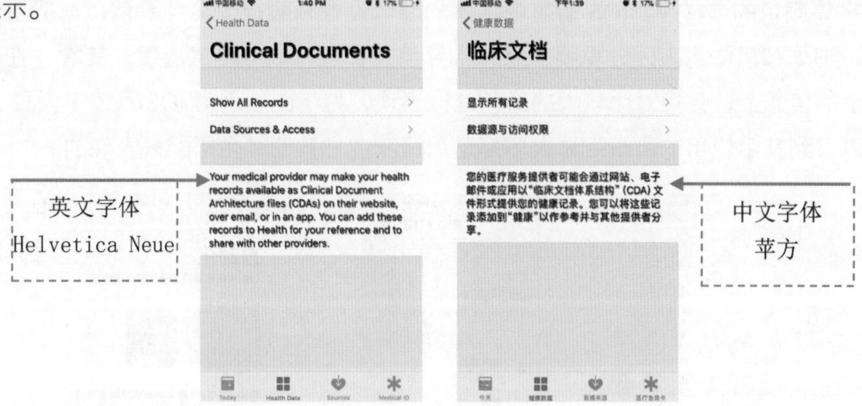

在一款 App 中，字号范围一般在 20~36 之间（@2×），而当 iOS 11 中出现了大标题的设计后，字号还需要根据要表现的内容酌情设定。对于用户来说，不是所有内容都同等重要。当用户选择一个更多文字内容的界面时，其想让用户所在意的内容易于阅读，一般并不希望页面中的每一个字都变大。因此，我们在设计界面的过程中要注意把握好字号的调整，让重点的信息能够突出表现。下面的表格列出了界面不同区域的字号设置。

字号	使用场景	备注
36px	用在少数标题	如导航标题、分类名称等
32px	用在少数标题	如列表店铺标题等
30px	用在较为重要的文字或操作按钮	如列表性标题、分类名称等
28px	用在段落文字	如列表性商品标题等
26px	用在段落文字	如小标题模块描述等
24px	用在辅助性文字	次要的标语等
22px	用在辅助性文字	次要的备注信息等

除了字号的设置，文字色彩、行间距、字间距等方面也是需要考虑的。过小的文字或过密的字间距，会让用户的阅读和使用体验大打折扣，降低了用户了解的兴趣，而只有对文字进行合理设计，适当地增大行间距和字间距，才能提高界面中大量信息的可读性，便于读者更快掌握相应的内容。

如下两图所示，在相同字号情况下，左图采用了较宽的行间距，不但更容易被用户所接受，也能带给用户较舒适的阅读体验，而右图因为行间距太小，画面虽然变得更紧凑了，但太过密集的文字会使用户在阅读时产生视觉疲劳感，从而产生放弃继续阅读下去的想法。

在字体颜色的选择上，iOS 系统中字体的颜色设置一般很少用纯黑色，一般用深灰色和浅灰色，细体和粗体用来区分重要信息和次要信息，进行划分信息层级。其次，在一些需要突出展示的信息上，会用对比较大的颜色进行表现，如下图所示为 iOS 系统中内置 App 的界面，可以看到其中使用的所有字体大多都是用深灰色与其他颜色搭配来表现的。

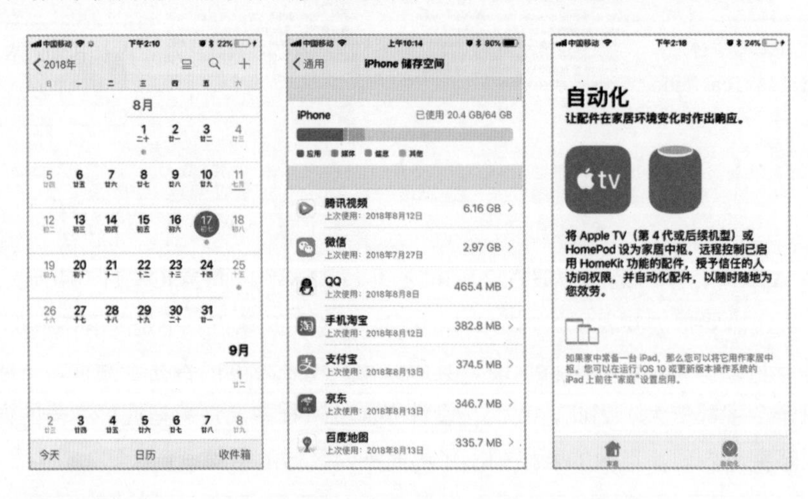

4. 颜色设计规范

颜色有助于暗示交互性、传达活力并提供视觉上的一致性，在进行移动 UI 视觉设计之前，颜色的定义和规范也是一项非常重要的工作，它决定了整个界面所呈现出来的视觉效果。

与 Android 系统不同的是，iOS 系统中内置的 App 应用程序使用了一系列纯粹干净的颜色，使得它们无论是单独，还是整体看起来都非常棒，而且包含了亮色和暗色两种背景，如下图所示为红色在亮色和暗色背景中的显示效果，从界面中，我们可以看到一些比较关键的信息都可以通过颜色的对比突显了出来。

相较于 Android 系统，iOS 系统中的颜色更加鲜艳、纯度也更高，主要包括了紫色、粉红、绿色、橙色、红色、紫罗兰色、蓝色、淡蓝色以及黄色等，如下图所示。

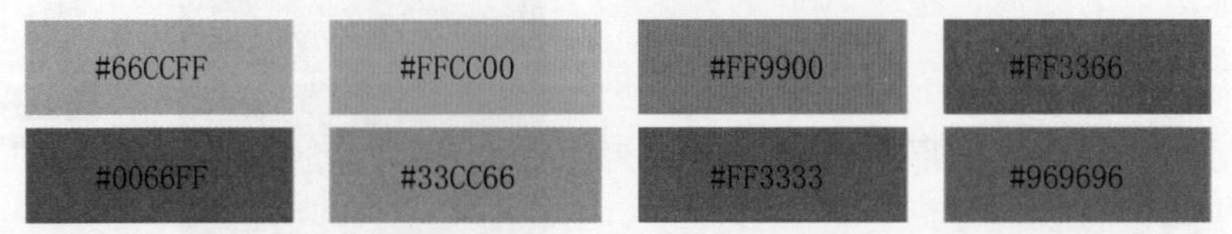

iOS 系统色彩对比鲜明，多为纯色，而创作出来的界面效果更为整洁、舒服，视觉更加清晰，颜色更纯净。通过主体内容的扩大，大面积采用单一色块营造出整洁、明快的感觉，而整洁、明快又是当下的产品设计中最为流行的。此外，iOS 系统还根据标准色彩的应用，衍生出一系列的渐变色，如下图所示。

渐变色在 iOS 系统中最为直观的表现就是系统图标。iOS 7 系统的系统图标在进行配色的过程中，就严格按照标准色彩中的渐变色来进行搭配，如下图所示。可以看到每个图标的背景颜色都使用了标准色进行线性渐变来填充图标，形成了一种统一的视觉风格，通过鲜艳的色彩来提升图标的辨识度。

在设计 iOS 系统界面时，需要遵循 iOS 系统用色的规范，可以在系统定义的渐变颜色上进行适当创意修改，但无论是做什么风格的设计，都需要确保其与 iOS 系统整体用色相对统一。

5. 边距和间距设计规范

在移动端页面的设计中，页面中元素的边距和间距设计规范是非常重要的，一个页面是否美观、整洁、通透，与边距和间距设计规范紧密相连，所以在设计 iOS 系统中的界面时，同样需要对边距和间距有一定的了解。

在 iOS 系统中，大多数原生态页面都是采用了全局边距的方式。全局边距是指页面内容到屏幕边缘的距离，整个 App 的界面都应该以此来进行规范，以达到页面整体视觉效果的统一。全局边距的设置可以更好地引导用户竖向阅读。我们在进行界面设计时，也可以应用全局边距呈现更具有视觉导向性的界面效果，如右所示的两个界面就采用了全局边距的布局方式。

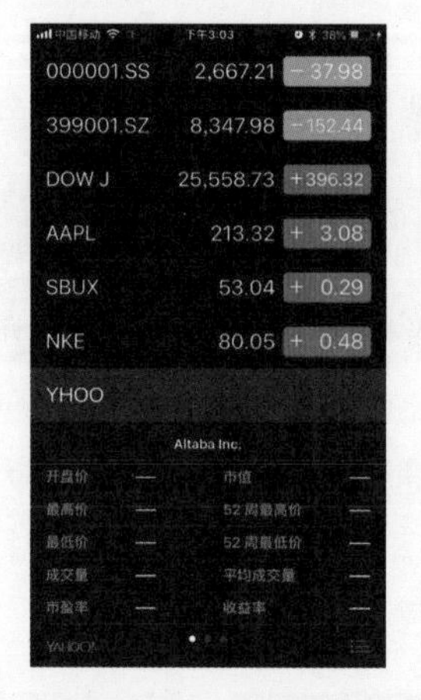

在实际应用中，应该根据不同的界面内容采用不同的边距，让边距成为界面的一种设计语言，常用的全局边距有 32px、30px、24px、20px 等。通常左右边距最小为 20px，这样的距离可以展示更多的内容，不建议比 20px 还小，否则就会使界面内容过于拥挤，给用户的浏览带来视觉负担，而 30px 则是非常舒服的距离，也是绝大多数界面首选的边距。如下图所示的 iOS 设置界面和微信界面分别为设置 30px 和 20px 的边距效果。

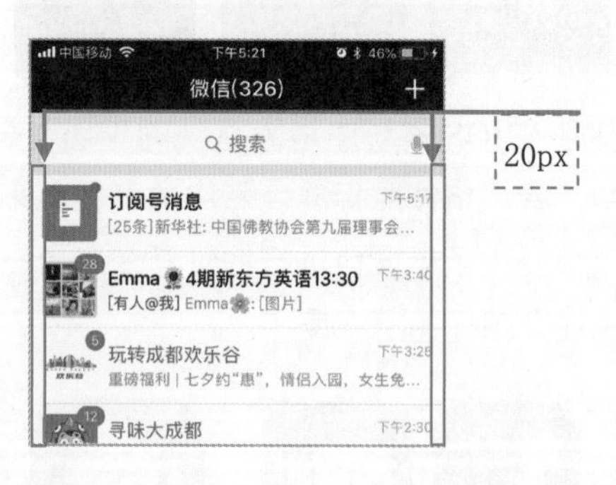

除了全局边距，在移动端页面设计中，卡片式布局是非常常见的布局方式，而卡片和卡片之间的距离的设置则是影响界面整体效果的因素之一，在设计时需要根据界面的风格以及卡片承载信息的多少来界定，但通常都不会低于 16px。卡片间距过小会造成用户的紧张情绪，过大则会使界面显得松散。如下图所示，iOS 设置界面要表现的信息不多，所以采用较大的 70px，而通知中心因为表现的信息较多，则采用了较小的 16px 间距。

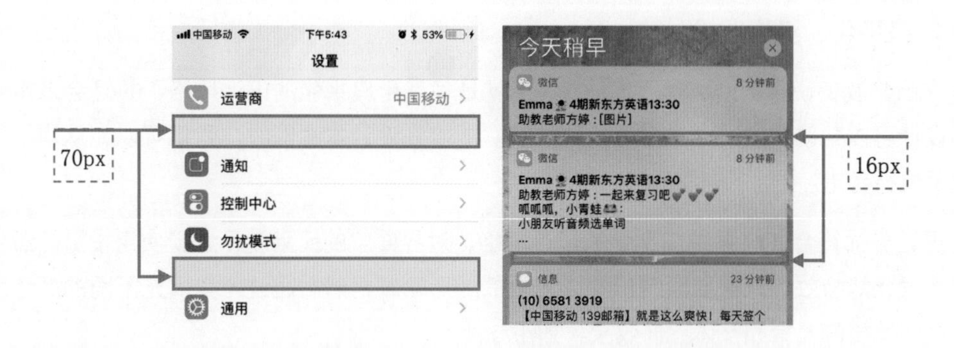

3.1.4 iOS 系统界面设计实战

前面我们对 iOS 系统中的界面特点、适配规则和设计规范等进行了详细讲解，接下来我们通过一个案例分析 iOS 系统界面设计的方法和技巧，先来观看整体效果，如下图所示。

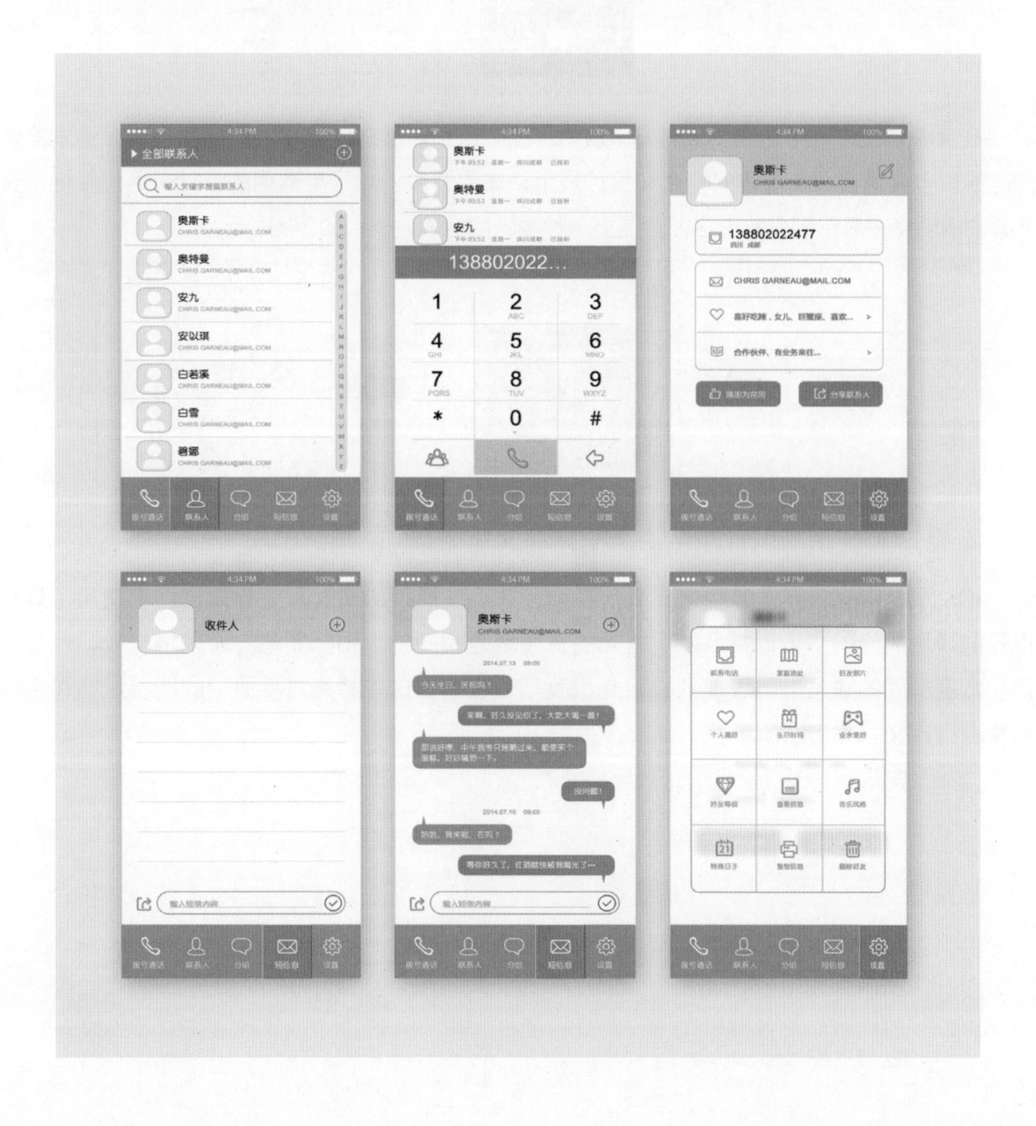

1. 扁平化、半透明设计

在前文我们说了，iOS 系统界面的特点就是多采用扁平化的设计风格，并且会采用半透明的设计可以帮助用户看到更多可用的内容。所以在设计本案例时，我们可以先从扁平化、半透明进行考虑。

要让界面符合 iOS 系统扁平化的设计风格，对界面中的元素就尽量少使用投影、渐变叠加、外发光等特效，只需要绘制出界面元素的外形轮廓，然后通过为其填充不同的颜色来呈现扁平化风格的元素和整体界面效果，如下图所示。

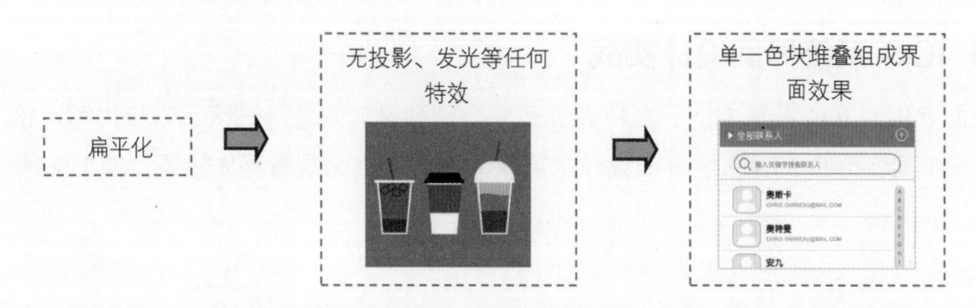

在 iOS 系统中，半透明的设计从 iOS 7 系统中就开始被广泛应用。因此我们在设计本案例的时候，也是遵循 iOS 系统的特点和设计规范，在界面中应用了半透明的设计，通过降低部分元素的透明度来显示下方的内容，营造出一种独特的意境效果，如下图所示。

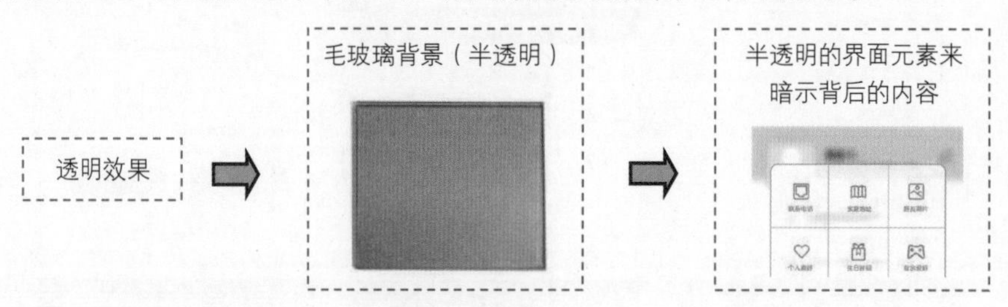

2. 根据 iOS 系统设计规范定义图标和文字

iOS 系统中要求界面的字体要清晰易读，并且在规范的 iOS 系统界面设计中使用了具有很强的线形风格的字体，并且每个笔画的宽度都是相同的，图标要与界面风格一致，也是采用了宽度相同的线条进行表现的，因此，我们可以根据这些特点对界面中的图标风格和字体风格进行定义，如下图所示。

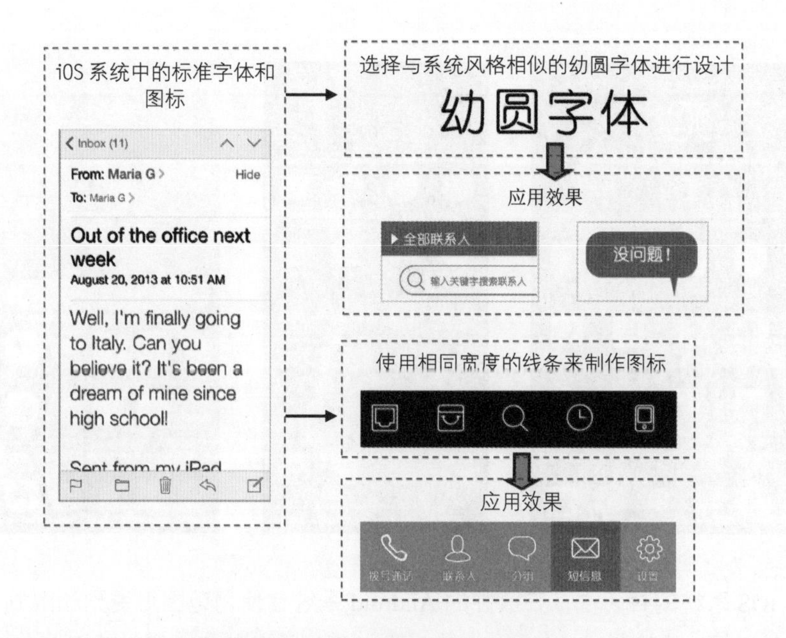

3.2 Android 系统及其组件的设计

Android一词的本义指“机器人”，是一种以Linux和Java为基本的开放源代码的操作系统，主要使用于移动设备，如智能手机和平板电脑，由 Google 公司和开放手机联盟领导和开发。使用 Photoshop 进行界面设计前，需要对 Android 系统的特点、适配规则和设计准则进行全面了解。

3.2.1 Android 系统的特点

Android 系统是除 iOS 系统外的另一个主流操作系统，自 2008 年 9 月发布的 1.1 版本，到现在已经升级到了 Android 8.1 版本。Android 系统凭借其良好的用户体验、低廉的成本及高开放性产生了巨大的应用量和广阔的应用面。相对于 iOS 系统，Android 系统具有开放性高、丰富的硬件、不受运营商限制等诸多优势，所以在其界面的设计上，也有自己的特点，下面就对这些特点进行讲解。

1. 跨平台应用

由于使用 Java 进行开发，Android 系统继承了 Java 跨平台的优点。任何 Android 应用程序几乎无须任何修改就能运行于所有的 Android 设备，这允许各个 Android 厂商可以自行使用各种各样的硬件设备，并且可以根据硬件特点，为其开发专属的 Android 系统版本。如下图所示分别展示了目前主流厂商华为、小米和三星为自己设计的系统应用界面。

对比于 iOS 系统的封闭性，开放性的 Android 系统在使用范围上受到的限制也更小，不仅仅是手机、平版、手环可以使用 Android 系统，现在很多智能家居也使用 Android 系统。

2. 自由更换系统主题

Android 手机主题其特点类似 Windows 电脑的主题功能，使手机用户通过下载某个自己喜欢的手机主题程序就可以一次设定好相应的待机图片、屏幕保护程序、铃声以及操作界面和图标等内容，使用户可以更快捷方便地将自己心爱的手机实现个性化。目前，几乎所有 Android 系统的手机都可以通过系统默认或者使用第三方主题类软件对系统的主题进行更改。如下图所示为使用第三方主题软件为手机应用新的主题效果。

3. 丰富的应用程序

操作系统代表着一个完整的生态圈，一个孤零零的系统，即使设计得再好，没有丰富的应用程序支持，是很难大规模地流行开的。Android 由于一开始的大力推广，以及上述几项很适宜流行的特点，使得 Android 系统在初始就吸引了很多开发者，时至今日，Android 系统已经积累了相当多的应用程序，更多的应用程序使得 Android 系统更加流行，从而吸引了更多的开发者开发更多更好的应用程序，形成一个良性循环。如下图所示为 Android 系统中可以下载的应用程序展示。

4. 绚丽的界面用色

这一点还是与 Android 系统的开放性有关，由于 Android 系统的开放性，众多的厂商都可以根据自己的喜好来设计系统界面，所以界面的用色，开发商可以根据自己的喜好进行元素的色彩设计，设计者会将鲜艳而华丽的色彩用于界面设计中。如下图所示为新版 Android 系统中的应用程序界面设计，从视觉上来看，图标样式更加丰富，而且色彩饱和度也较高，具有较强的视觉冲击力。

5. 多样化的界面风格

随着 Android 手机的更新换代，Android 系统在界面的设计上也更加多样化。目前，Android 手机系统分为两种，一种是扁平化的设计风格，代表有小米；另一种则是拟物化的设计风格，代表有魅族。其中扁平化的设计，以更少的按钮和选项，使得 UI 界面变得更加干净，看起来格外整洁，从而带给用户更加良好的操作体验，如下左图所示；拟物化设计比较注重形和质感，模拟真实物体的材质纹理、质感、细节等，从而达到逼真的效果，本质上，拟物化设计更偏重于界面的美观，对于实际使用功能方面稍显薄弱，如下中图和右图所示。

3.2.2 Android 系统的适配规则

由于 Android 系统的开放性，任何用户、开发者、硬件厂商、运营商都可以对 Android 系统和硬件进行定制，这就导致了 Android 系统碎片化、机型屏幕尺寸碎片化、屏幕分辨率碎片化等问题。如下图所示，每一个矩形都代表一种机型，并且它们的屏幕尺寸、屏幕分辨率大相径庭。当 Android 系统、屏幕尺寸、屏幕密度出现碎片化时，就很容易出现同一元素在不同手机上显示不同的问题，因此，为了保证用户获得一致的用户体验效果，我们在进行界面设计时需要对各种手机屏幕进行适配。

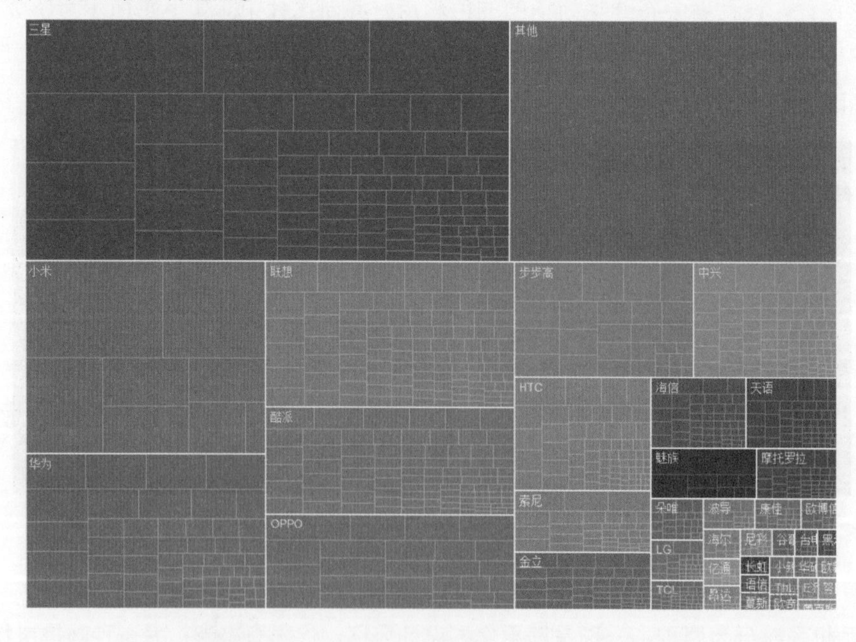

对各种手机屏幕进行适配前，我们需要先了解屏幕尺寸、屏幕分辨率、屏幕像素密度、屏幕无关像素等几个重要的概念。屏幕尺寸是指手机对角线的物理尺寸，单位为英寸（in），1 英寸 =2.54cm；屏幕分辨率是指手机在横向、纵向上的像素点数总和，单位为像

素（px），1px=1 像素点，Android 手机常见的分辨率 720px × 1280px、1080px × 1920px、1440px × 2960px 等; 屏幕像素密度是指每英寸的像素点数，单位为 dpi，像素密度 = 像素 / 尺寸，Android 手机对于每类手机屏幕大小都有一个相应的屏幕像素密度; 屏幕无关像素（density-independent pixe）叫 dp 或 dip，与终端上的实际物理像素点无关，往往是写在系统出厂配置文件的一个固定的单位，可以保证在不同屏幕像素密度的设备上显示相同的效果。

因为 UI 设计师给出的设计图是以 px 为单位的，Android 开发则是使用 dp 作为单位的，那么我们就需要进行转换。像素 =dp × 像素密度等级，即 px=dp × (dpi/160)，如下表所示。

密度类型	代表的分辨率	屏幕像素密度	换算	比例
低密度	240px × 320px	120dpi	1dp=0.75px	3
中密度	320px × 480px	160dpi	1dp=1px	4
高密度	480px × 800px	240dpi	1dp=1.5px	6
超高密度	720px × 1280px	320dpi	1dp=2px	8
超超高密度	1080px × 1920px	480dpi	1dp=3px	12

进行 Android 设备的屏幕适配操作，不是单单对各种设备的屏幕尺寸进行适配，同时，在诸多的物理尺寸的背后则是屏幕的分辨率，现在市面上占比最大的六种分辨率包含了 480px × 800px、320px × 480px、480px × 854px、540px × 960px、720px × 1280px、1080px × 1920px。在日常适配中只要做好对这几种分辨率的适配，就能很好地适配其他机型。但是在这几种分辨率的背后存在更为根本的数据是设备的屏幕像素密度，如下表所示展示了一些畅销手机的分辨率、屏幕像素密度。

手机	分辨率	尺寸（英寸）	屏幕像素密度
三星 Galaxy S9+	1440px × 2960px	6.2	531dpi
三星 Note8	1440px × 2960px	6.3	522dpi
三星 S8	1440px × 2960px	5.8	567dpi
华为 P20	1080px × 2240px	6.1	408dpi
华为 Mate8	1080px × 1920px	6	367dpi
华为 畅享 5s	720px × 1280px	5	293dpi
小米 6	1080px × 1920px	5.15	427dpi
小米 5s	1080px × 1920px	5.15	427dpi
红米 Note3	1080px × 1920px	5.5	400dpi
OPPO R15	1080px × 2280px	6.28	402dpi
OPPO R9	1080px × 1920px	5.5	400dpi
OPPO A57	720px × 1280px	5.2	282dpi
Vivo Z1	1080px × 2280px	6.26	403dpi
Vivo X9	1080px × 1920px	5.5	400dpi

虽然手机在上市时都会给出相应的屏幕像素密度，但是如果没有，也可以通过计算的方式得到。在通常情况下，一部手机的分辨率为宽 × 高，屏幕大小以寸为单位，那么它的屏幕像素计算方式则为 dpi= $\sqrt{宽^2+高^2}$ ÷ 屏幕尺寸，如下左图所示。以分辨率为 1080px × 1920px 例，屏幕尺寸为 5 英寸的话，那么 dpi 为 $\sqrt{1080^2+1920^2}$ ÷5，取整即为 440，如下图所示。

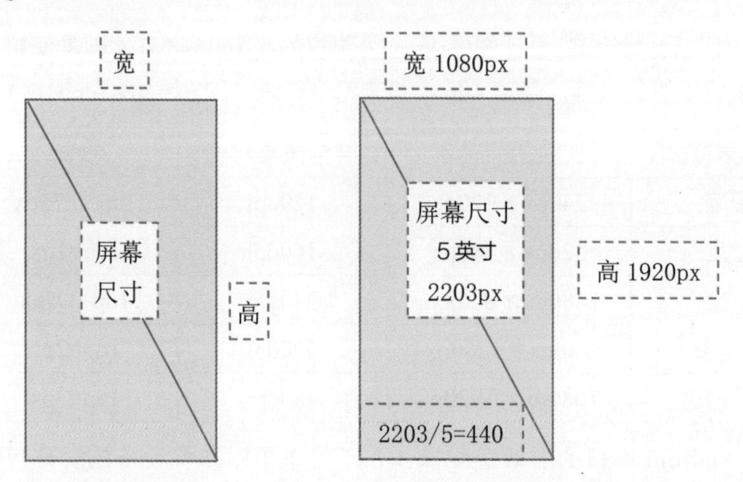

在长期的 Android 发展过程中，由于 Android 设备的增多，可以通过多种小细节来实现屏幕适配，如使用 wrap_content、match_parent、权重进行适配，使用“布局”适配，使用限定符进行适配操作等，下面就对这些进行介绍。

1. 使用 wrap_content、match_parent、权重进行适配

要确保布局的灵活性并适应各种尺寸的屏幕，可以使用 wrap_content、match_parent 和权重控制某些视图组件的宽度和高度。

使用 “wrap_content” 适配屏幕时，系统会将视图的宽度或高度设置成所需的最小尺寸以适应视图中的内容，而使用“match_parent”（在低于 API 级别 8 的级别中称为 “fill_parent ）适配屏幕时，则会展开组件以匹配其父视图的尺寸。如果使用 “wrap_content” 和 “match_parent” 尺寸值而不是硬编码的尺寸，视图就会相应地仅使用自身所需的空间或展开以填满可用空间。此方法可让布局正确适应各种屏幕尺寸和屏幕方向。

2. 使用“布局”适配

Android 系统在开发时，使用的布局一般有线性布局、相对布局、帧布局和绝对布局。但我们大部分时候使用的都是线性布局、相对布局和帧布局，而绝对布局由于适配性极差，所以极少使用。

线性布局、相对布局和帧布局虽然可以根据需要进行选择，但由于线性布局无法准确地控制子视图之间的位置关系，只能简单的一个挨着一个地排列，而相对布局的子控件之间

使用相对位置的方式排列，因为讲究的是相对位置，即使屏幕的大小改变，视图之前的相对位置都不会变化，与屏幕大小无关，灵活性很强。所以，对于屏幕适配来说，使用相对布局（RelativeLayout）将会是更好的解决方案。

3. 使用限定符适配

在 Android 系统中，可以通过配置限定符使得应用程序在运行时根据当前设备的配置（屏幕尺寸）自动加载合适的布局资源。进行屏幕适配时，经常使用的限定符有尺寸（size）限定符、最小宽度（Smallest-width）限定符、屏幕方向（Orientation）限定符。

当一款应用程度显示的内容较多时，如果我们希望在较小的手机屏幕使用单面板分别显示内容，则可以使用尺寸限定符（layout-large），通过创建一个文件进行适配，如下左图所示，而文件配置如下右图所示。需要注意的是，采用尺寸限定符进行适配的方式只适合 Android 3.2 版本之前的版本。

```
res/layout-large/main.xml
```

```
1  <LinearLayout xmlns:android="http://schemas.android.com/apk/res/android"
2    android:orientation="vertical"
3    android:layout_width="match_parent"
4    android:layout_height="match_parent">
5
6    <fragment android:id="@+id/headlines"
7              android:layout_height="fill_parent"
8              android:name="com.example.android.newsreader.HeadlinesFragment"
9              android:layout_width="match_parent" />
10 </LinearLayout>
```

在 Android 3.2 及之后版本，引入了最小宽度（Smallest-width）限定符。最小宽度（Smallest-width）限定符，通过指定某个最小宽度（以 dp 为单位）来精确定位屏幕，从而加载不同的 UI 资源。例如，如果我们需要为标准 7 英寸平板电脑匹配双面板布局（其最小宽度为 600 dp）和在手机（较小的屏幕上）匹配单面板布局，解决方法就是可以使用上文中所述的单面板和双面板这两种布局。但使用 sw600dp 指明双面板布局仅适用于最小宽度为 600 dp 的屏幕，而不是使用 large 尺寸限定符，即无论是宽度还是高度，只要大于 600dp，就采用 layout-sw 600dp 目录下的布局。使用最小宽度限定符适配手机的单面板（默认）布局代码和适配尺寸为 7 英寸的平板电脑的双面板布局代码如下图所示。

```
1  <LinearLayout xmlns:android="http://schemas.android.com/apk/res/android"
2    android:orientation="vertical"
3    android:layout_width="match_parent"
4    android:layout_height="match_parent">
5
6    <fragment android:id="@+id/headlines"
7              android:layout_height="fill_parent"
8              android:name="com.example.android.newsreader.HeadlinesFragment"
9              android:layout_width="match_parent" />
10 </LinearLayout>
```

```
1  <LinearLayout xmlns:android="http://schemas.android.com/apk/res/android"
2      android:layout_width="fill_parent"
3      android:layout_height="fill_parent"
4      android:orientation="horizontal">
5      <fragment android:id="@+id/headlines"
6              android:layout_height="fill_parent"
7              android:name="com.example.android.newsreader.HeadlinesFragment"
8              android:layout_width="400dp"
9              android:layout_marginRight="10dp"/>
10     <fragment android:id="@+id/article"
11             android:layout_height="fill_parent"
12             android:name="com.example.android.newsreader.ArticleFragment"
13             android:layout_width="fill_parent" />
14 </LinearLayout>
```

屏幕方向（Orientation）限定符主要适用于根据屏幕方向进行布局的调整。例如我们需要将设置的界面效果分别以小屏幕、竖屏、单面板和小屏幕、横屏、单面板显示，在这个时候，就可以通过屏幕限定符来完成界面元素的适配。其方法为先在 res/layout/ 目录下的某个 XML 文件中定义所需要的布局类别，如单 / 双面板、是否带操作栏、宽 / 窄等，然后使用布局别名进行相应的屏幕尺寸、方向的适配。

4. 图片资源适配

图片资源适配主要是为了让图片资源在不同屏幕密度上显示相同的像素效果。如果在可以更改尺寸的组件上使用了简单的图片，可能会发现显示效果多少有些不太理想，因为系统会在运行时平均地拉伸或收缩你的图片，而在这个时候，就可以使用自动拉伸位图（nine-patch 图片）。自动拉伸位图是一种被特殊处理过的 PNG 图片，其后缀名为 .9.png，系统根据这个后缀名来区别nine-patch图片和普通的PNG图片。当你需要在一个控件中使用nine-patch图片，如 android:background="@drawable/button" 时，系统就会根据控件的大小自动地拉伸你想要拉伸的部分，其中会指明可以拉伸以及不可以拉伸的区域。

应用自动拉伸图片虽然可以快速地进行图像适配处理，但一些图片通过自动拉伸适配却不一定能达到较理想的效果，此时，可以根据手机的像素密度进行手动缩放调整。如下图所示为各目录图片在不同像素密度手机上的缩放比例。

目录密度	ldpi	mdpi	hdpi	xhdpi	xxh
drawable	0.75	1	1.5	2	3
drawable-ldpi	1	4/3	2	8/3	4
drawable-mdpi	0.75	1	1.5	2	3
drawable-hdpi	0.5	0.75	1	4/3	2
drawable-xhdpi	3/8	9/16	3/4	1	1.5
drawable-xxhdpi	0.25	3/8	0.5	2/3	1
px/dp	0.75	1	1.5	2	3

5. 使用 dimens 适配

dimens 适配是 Android 系统中官方建议的屏幕适配方式，主要是根据不同的分辨率在工程的 res 文件夹下建立不同的尺寸文件夹，每个文件夹下都建立 dimens.xml 文件，然后根据不同的尺寸在 dimens.xml 文件夹中分别计算配置不同的 dp 或者 sp 单位。在开发中发现，Android 系统的屏幕适配需要用到很多尺寸，每个尺寸都要建立 dimens.xml 文件，如下图所示。

在使用 dimens.xml 文件进行适配之前，我们需要先了解文件中的 sw 是什么意思，sw 全称为 small width，即最小宽度，也就是说，不管我们的手机是横屏还是竖屏的，屏幕可展示的最小边都是不变的，如 1080px × 1920px，其最小边固定为 1080px。

因为手机尺寸太多，所以有时候，我们不得不在不同屏幕大小下使用一些不同的值，这时用 dimens.xml 文件就很方便了。那么，什么手机选用什么 dimen.xml 文件呢？以 1080px × 1920px 分辨率，屏幕大小为 5.5 英寸的手机为例。通过计算得出手机 dpi 为 400，denity 为 2.5，就是 1dp=2.5px。由于 dimens 是按照最小边大于哪个值就找哪个值，而 1080/2.5=432，432>360，432<480，所以选择 sw360dp 的 dimens.xml 文件进行适配。

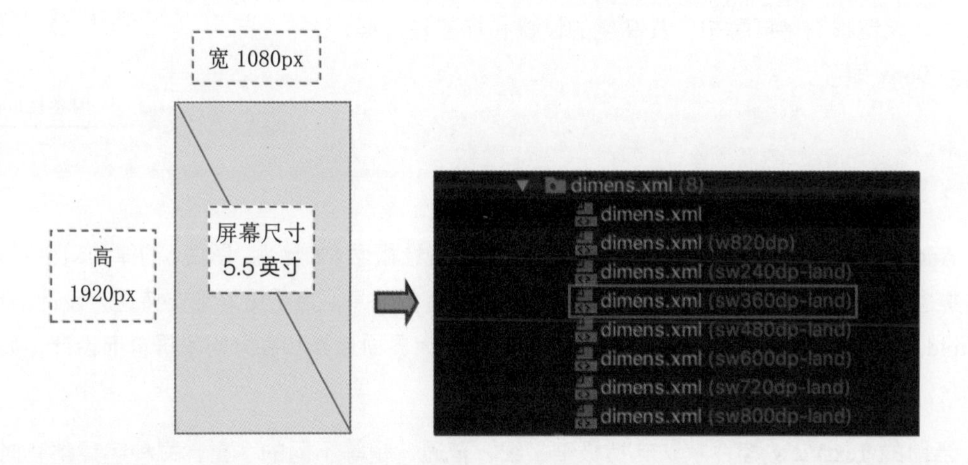

如下表所示为 Android 系统的 dimens 适配方案表，表中展示了在不同分辨率下的屏幕尺寸、屏幕像素，以及计算出的像素密度、比值等参数。

像素密度等级	屏幕像素	屏幕尺寸	真实像素密度	理论像素密度	限定符	比值
1mdpi 075	240px×320px	2.7	140.55	120	w320dp	1.17125
Mdpi 1	320px×480px	3.2	180.27	160	w320dp	1.1267
hdpi 1.5	480px×800px	3.4	274.39	160	w320dp	1.1433
xhdpi 1.5	720px×1280px	4.65	315.6	320	w360dp	0.9862
xxhdpi 1.5	1080px×1920px	4.95	445	480	w360dp	0.927
xxxhdpi 1.5	1440px×2560px	5.96	492	640	w360dp	0.769

3.2.3 Android系统设计的规范

Android系统与iOS系统一样，在设计该系统的应用程序的界面时，也要遵循该系统的一些规范，接下来就对其度量单位、字体、颜色和图标的设计规范进行讲解。

1. 尺寸及分辨率

虽然目前市场上主流的Android手机有720px×1280px、720px×1440px、1080px×1920px、1080px×2280px等多种不同的分辨率，但在设计时大多可以选择720px×1280px这个尺寸作为标准，再通过适配规则对界面元素进行适配调整，以满足不同的屏幕尺寸。

Android系统中的App界面设计和iOS系统的基本相同，同样也由状态栏、导航栏、标签栏以及中间的内容区域组成，以最为常用的720px×1280px的尺寸为例，这些元素的尺寸规范如右图所示。最近出的Android手机几乎都去掉了实体键，把功能键移到了屏幕中，其高度的设置和标签栏一样，设置为96px即可。

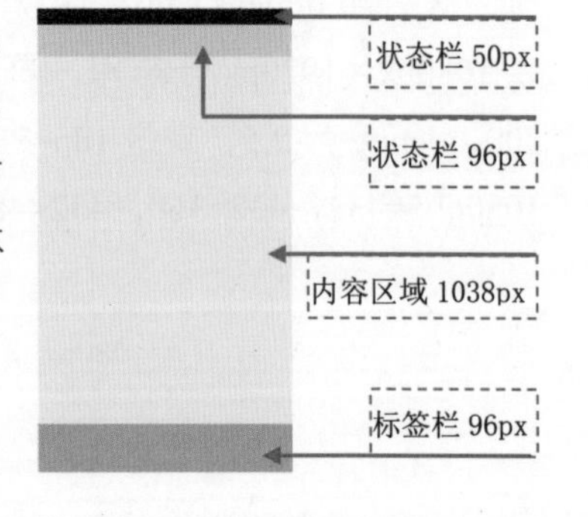

2. 字体设计规范

Android系统的设计语言继承了许多传统排版设计概念，如比例、留白、韵律和网格对齐。这些概念的成功运用，使得用户能够快速理解屏幕上的信息。为了更好地支持这一设计语言，Android系统引入了全新的Roboto字体家族，它专为界面渲染和高分辨率屏幕而设计，如下图所示。

当前的TextView控件默认支持极细、细、普通、粗等不同的字重，每种字重都有对应的斜体。另有Roboto Condensed这一变体可供选择，同样的，它也具有不同的字重和对应的斜体。

在 Android 系统中，不同的主题界面中的文字颜色也会显示出不同的色彩。但是，不管什么样的字体颜色，它都以最大限度地提高文字的辨识度为目的，避免因为色彩、明度之间太近接近而无法看清的情况，如下图所示为 Android 系统中的深色主题和浅色主题中的文字颜色显示效果。

为不同控件引入字号上的反差，有助于营造有序、易懂的排版效果，但在同一个界面中使用过多不同的字号则会造成混乱。Android 设计框使用有限的几种字号，用户可以在“设置”界面中调整整个系统的字号。为了支持这些辅助特性，字体的像素应当设计成与大小无关，称为 sp，排版时也应当考虑到这些设置。如下图所示为 Android 系统中不同字号的显示效果。

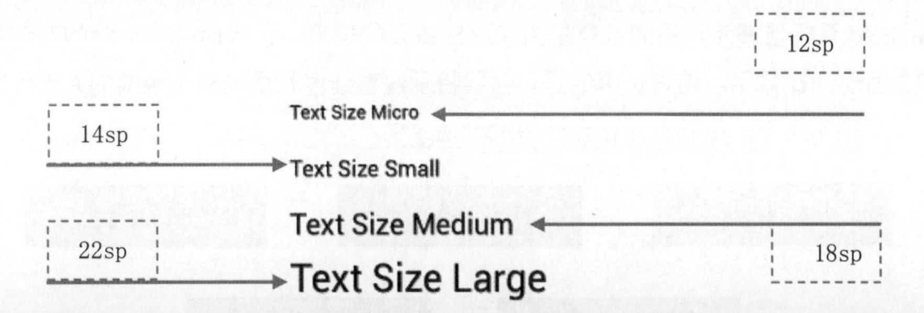

技巧技示：字号的换算

在 Android 开发中，字号的单位是 sp，非文字的尺寸单位用 dp，但是我们在设计稿用的单位是 px，所以需要了解这些单位的换算方法。dp 和 px 的换算公式 dp × ppi/160 = px，对于 160ppi 的屏幕，换算为 1dp × 160ppi/160=1px；而 320ppi 的屏幕，则为 1dp × 320ppi/160 =2px。

在界面中，无论设置何种字号，都要以用户能看清楚为目标，如果只是一味地为了界面好看而选用的不合适的字号，这样的界面效果虽然具有一定的美观性，但是却失去了应用程序最终的使用目的。如下表所示为用户体验调查中可接受的字号。

		可接受下限（80%用户可接受的下限）	见小值（50%以上用户认为偏小）	舒适值（用户认为最适合）
Android 高分辨率 480px×800px	长文本	21px	24px	27px
	短文本	21px	24px	27px
	注释	18px	18px	21px
Android 低分辨率 320px×480px	长文本	14px	16px	18px~20px
	短文本	14px	14px	18px
	注释	12px	12px	14px~16px

3. 色彩运用规范

无论是 iOS 系统，还是 Android 系统，在对系统界面进行创作时，都对其色彩运用有一定的规定，不同的系统所规定的色彩也是不同的。由于 Android 系统的色彩是从当代建筑、路标、人行横道以及运动场馆等获取灵感的，由此引发出大胆的颜色表达。如下图所示为 Android 系统中的色彩运用规范。

#33B5E5	#AA66CC	#99CC00	#FFBB33	#FF4444
#0099CC	#9933CC	#669900	#FF8800	#CC0000

Android 系统强调使用不同颜色是为了突出重要的信息，设计时选择适合的颜色，并且提供不错的视觉对比效果。值得一提的是，需要特别注意红色和绿色对于色弱的人士可能无法分辨，如下图所示为不同色彩在按钮设计中的表现效果。

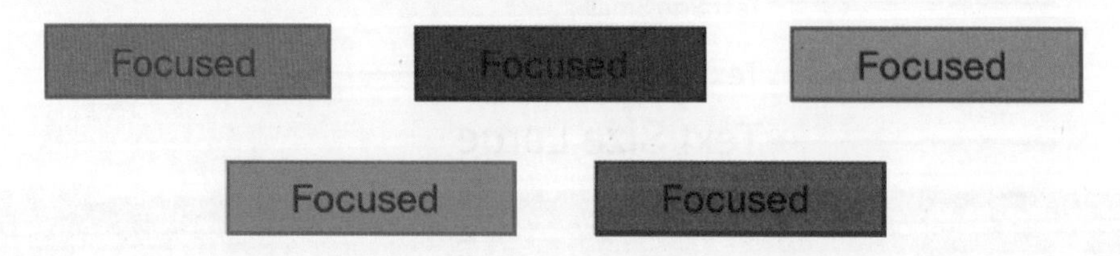

蓝色是 Android 系统的调色板中的标准颜色，为了让界面的颜色丰富起来，并且表现出界面元素之间的对比和层次，系统又专门为每一种颜色设定了相应的深色版本以供使用，如下图所示。

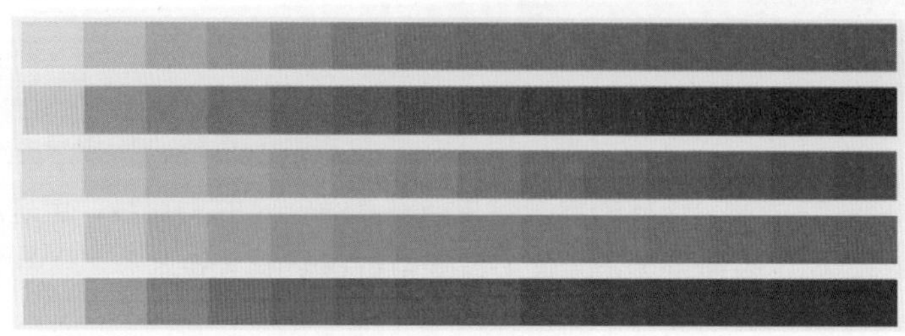

4. 图标设置规范

图标就是一个表示应用程序功能和内容的，并为操作、状态和应用程序提供第一印象的小幅图片。Android 系统中的图标分为启用图标、操作栏图标、小下文图标和系统知识图标。每种图标在不同的屏幕大小中，其尺寸大小也是有一定的要求的，如下图所示展示了不同屏幕大小中的图标设置尺寸。

屏幕大小	启动图标	操作栏图标	上下文图标	系统知识图标
320px × 480px	48px × 48px	32px × 32px	16px × 16px	24px × 24px
480px × 800px	72px × 72px	48px × 48px	24px × 24px	36px × 36px
720px × 1280px	48px × 48px	32px × 32px	16px × 16px	24px × 24px
1080px × 1920px	144px × 144px	96px × 96px	48px × 48px	72px × 72px

3.2.4 Android 系统界面设计实战

前面我们对 Android 系统中的界面特点、设计规范进行了详细讲解，下面通过一个案例来分析这些特点、设计规范在具体案例中的应用和表现效果，下面先观察界面整体效果。

1. 使用样式丰富效果

由于本案例是为 Android 系统设计的 App 界面，因此在设计时就要遵循该系统的设计规范和设计特点。鉴于 Android 系统强大的包容性和较为自由的设计风格，可以在设计中为界面元素添加多种不同视觉效果的特效，例如添加描边、阴影、发光、浮雕等效果，让界面元素呈现的效果更加具有视觉冲击力，同时表现出较强的立体感和质感。

以本案例中的标题栏为例，如下图所示讲解了该元素制作的大致过程，通过“图层样式”的添加和编辑，让原本平淡无奇的形状变得更加生动、精致。

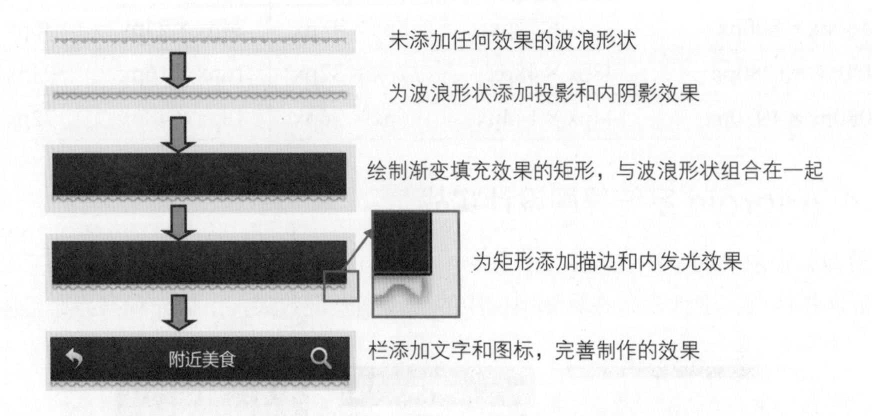

2. 配色更绚丽

在本案例中，由于是为某美食 App 设计的界面效果，所以根据 Android 系统的配色特点和规范，在界面中使用了鲜艳的红色和橙色。通过这种暖色调搭配的方式，使画面给人以艳丽、饱满、热情的感觉，并且让界面的色彩与表现的主题更一致，也更能激发使用者的食欲，如下图所示。

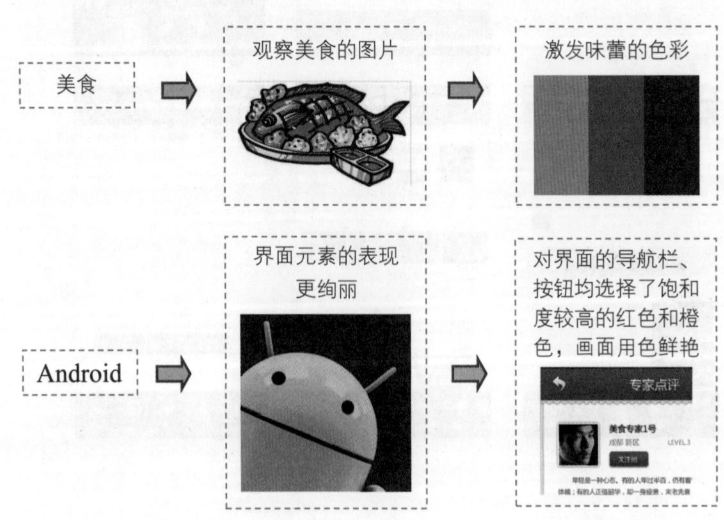

第 4 章 移动 UI 界面中的常用元素设计

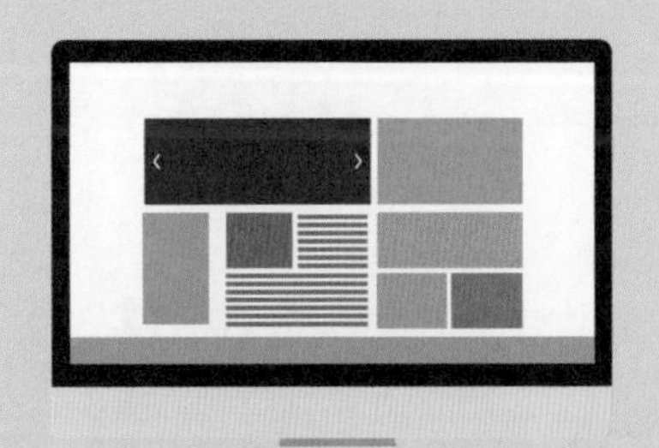

一个完整的 App 的界面中往往会包含多个不同的基本元素，这些元素在不违反设计规范和原则的情况下，通过有序、合理的搭配组合才能构建出界面精美、功能分区清晰的 App 界面。本章将通过小案例的方式对移动 UI 界面的图标、按钮、开关、进度条等常用元素的设计要点及处理技巧进行讲解，为设计移动 UI 界面奠定基础。

4.1 图标

在 App 应用程序逐步占领移动设备主导地位的背景下，触屏式界面设计取代了烦琐的按键设计，图形化界面已成为触屏界面的主要特征。图标不仅是界面中最重要的信息传播载体，更是界面设计中最主要的内容。图标是指具有明确指代含义的计算机图形，包含了拟物化风格和扁平化风格。

4.1.1 拟物化的图标设计

拟物化设计就是追求模拟现实物品的造型和质感，通过叠加高光、纹理、材质、阴影等各种效果对实物进行再现。拟物化设计能降低用户去了解如何使用产品时需要的认知负担，用户只需要看一遍，就能知道这是一款关于什么内容的应用程序，以及如何使用它等。

素　材：无

源文件：随书资源 \04\ 源文件 \ 拟物化的图标设计 .psd

软件功能应用：圆角矩形工具，“投影”“斜面和浮雕”图层样式，横排文字工具

● **设计要点**

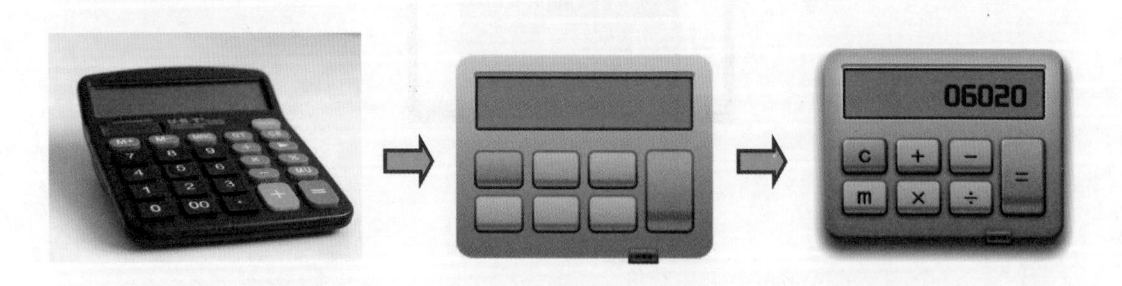

以具体的实物对象为创作原型，对其进行创意构思。

利用纯色和渐变填充相结合的方式绘制出图标的形状。

对图形应用投影、图案叠加等样式增强其立体感和质感。

● 步骤详解

步骤 01 新建文档，创建新图层，设置前景色为 R:36、G:36、B:44，按下 Alt+Delete 组合键，填充图层，通过双击图层，打开“图层样式”对话框，在对话框中选择并设置“图案叠加”样式，为背景叠加图层效果。

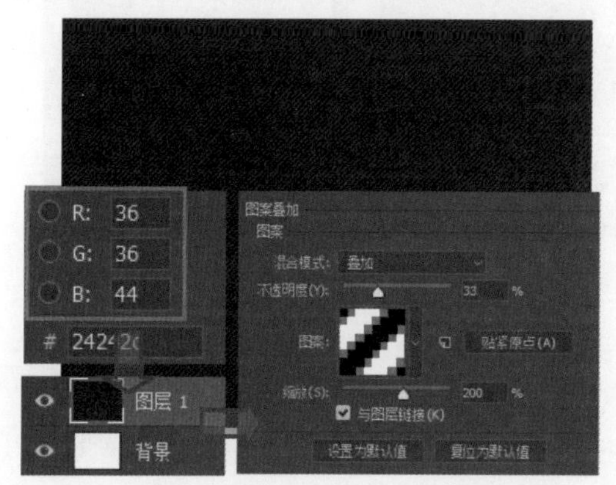

步骤 02 新建“图标 1”图层组，选择“圆角矩形工具”，设置填充色为 R:205、G:103、B:81，“半径”为 20 像素，使用“圆角矩形工具”在背景中单击并拖动鼠标，绘制一个圆角矩形。

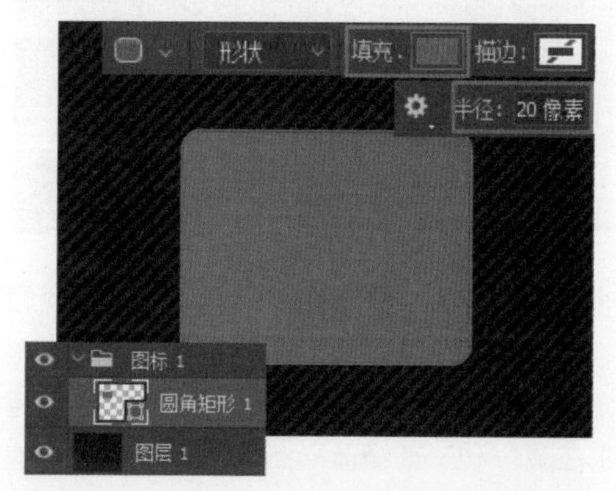

步骤 03 双击“圆角矩形 1”形状图层，打开“图层样式”对话框，在对话框中勾选并设置“投影”样式，为绘制的圆角矩形添加投影效果。

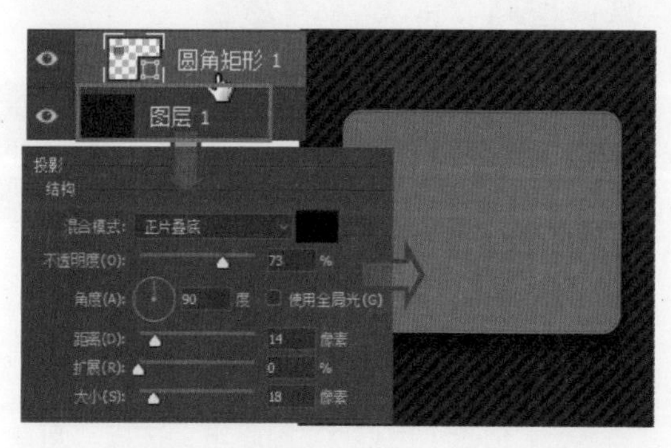

步骤 04 复制圆角矩形并删除“投影”样式，使用“直接选择工具”单击图形上的锚点，调整锚点和曲线，更改图形外观，然后在选项栏中重新设置填充颜色。

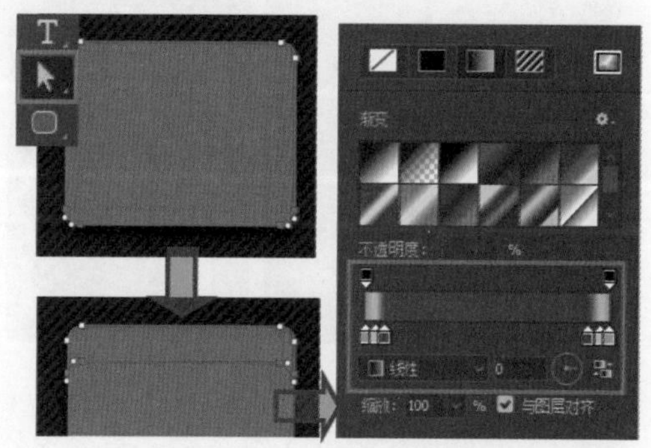

步骤 05 再次复制圆角矩形，将其移到最上层，使用“直接选择工具”更改图形外观，然后使用选项栏中的“填充”选项，调整图形的填充颜色，得到不同颜色的图形效果。

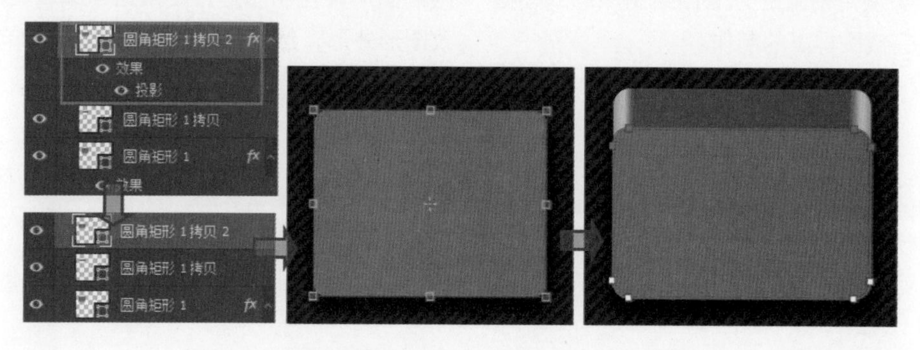

步骤 06 使用“路径选择工具”选中变形后的图形，打开“填充”选项面板，在面板中单击“渐变”按钮，更改填充颜色，为图形填充渐变颜色。

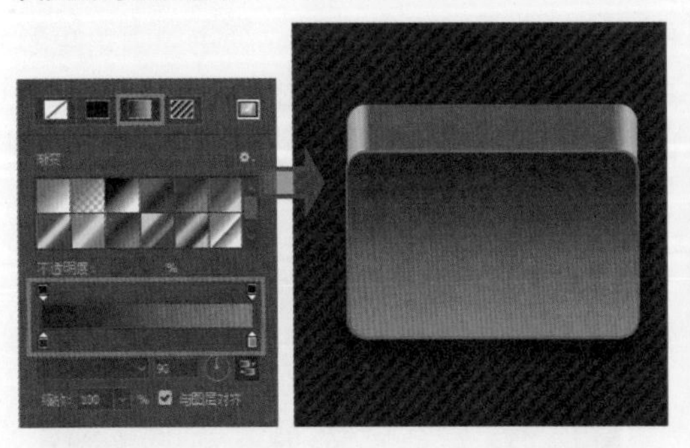

步骤 07 选择“矩形工具”，在选项栏中设置填充颜色，在圆角矩形框一侧绘制矩形，并将绘制的矩形复制后移到另一侧，得到对称的图形。

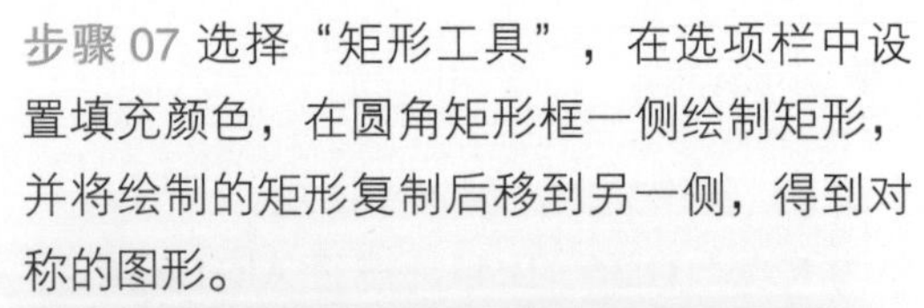

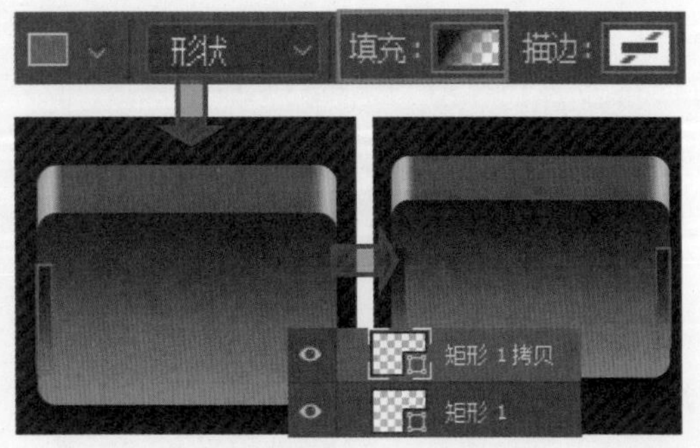

步骤 08 选择“圆角矩形工具”，在选项栏中更改填充颜色，绘制一个颜色更深的圆角矩形，创建“组 1”图层组，结合“圆角矩形工具”和“直接选择工具”等绘制浅色的琴键图形。

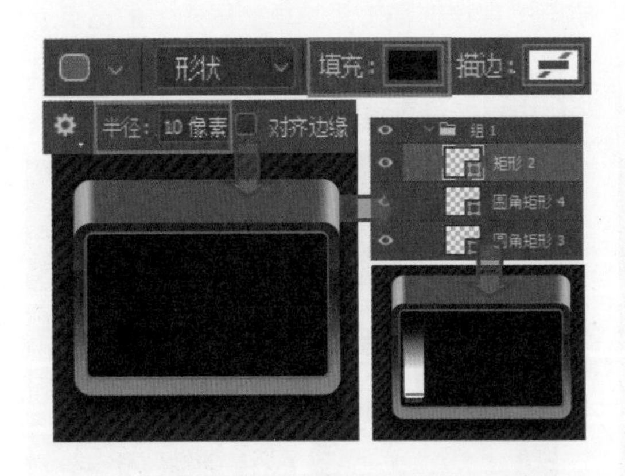

步骤 09 选中最上方的矩形图形，执行“滤镜 > 模糊 > 高斯模糊”菜单命令，弹出提示对话框，单击对话框中的“转换为智能对象”按钮，将其转换为智能对象，并在“高斯模糊”对话框中设置选项，模糊图形。

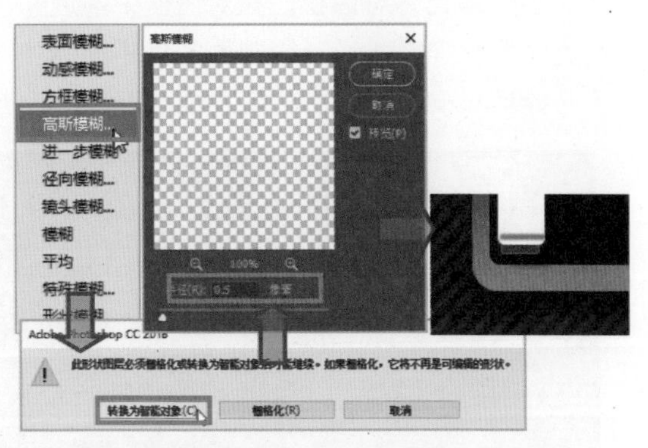

步骤 10 连续按下 Ctrl+J 组合键，复制多个白色的琴键图形，将这些图形移到合适的位置，然后使用相同的方法，绘制深色的琴键图形，完成图标 1 的制作。

步骤 11 创建“图标 2”图层组，选择“圆角矩形工具”，在选项栏中设置好填充颜色，绘制图形，复制图形，使用路径编辑工具更改图形外形，然后根据需要调整填充颜色。

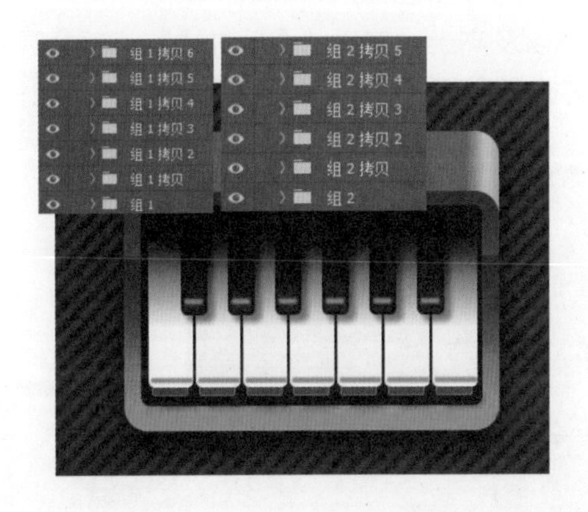

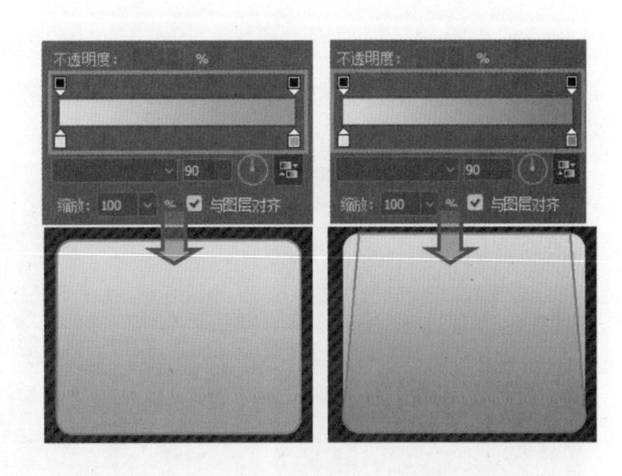

步骤 12 分别双击图层，打开“图层样式”对话框，在对话框中为底层的圆角矩形设置“投影”样式，为上一层修改后的图形设置“内阴影”和“图案叠加”样式，增强图形的质感和立体感。

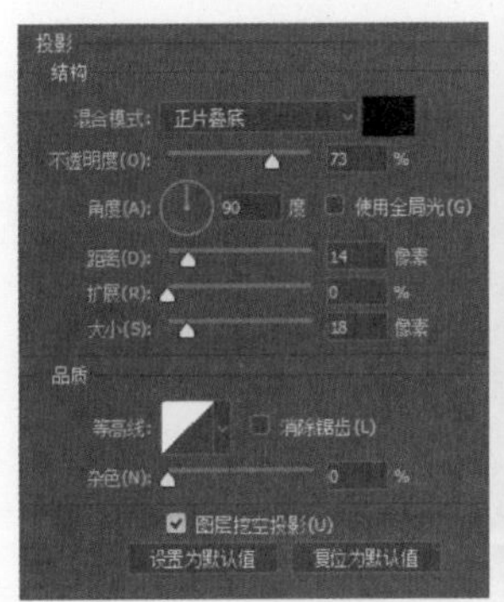

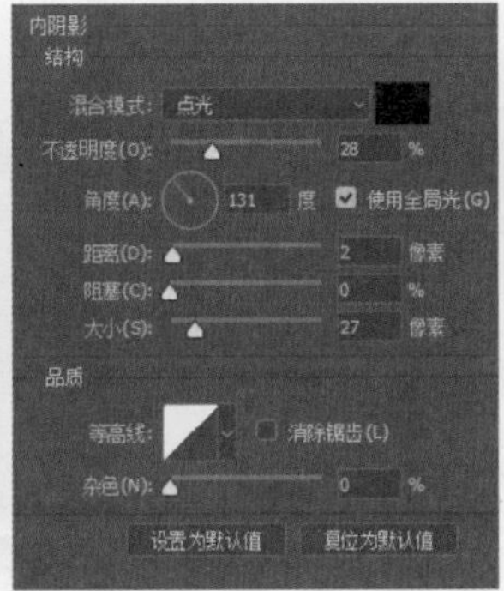

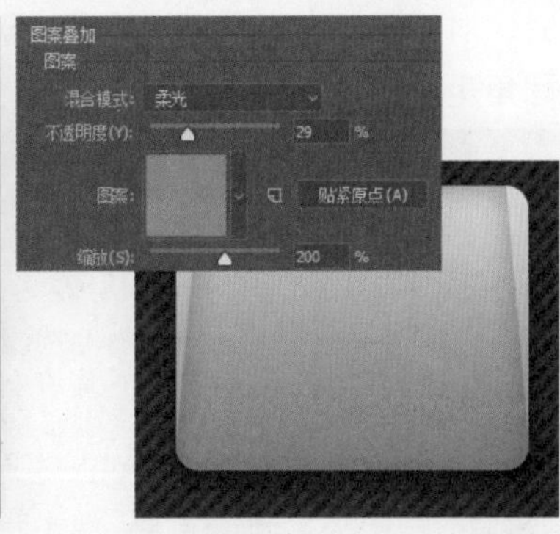

步骤 13 选择“矩形工具”，分别在选项栏中设置填充和描边选项，然后在图标左上角位置绘制出两个不同大小和颜色的矩形，选取上层的矩形，利用“高斯模糊”滤镜，模糊图形。

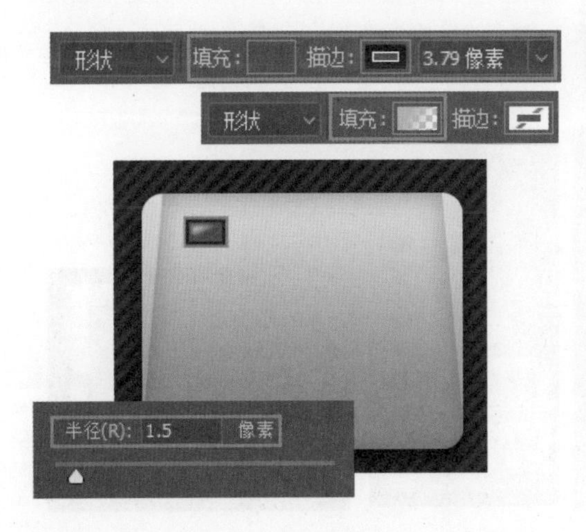

步骤 14 选择“椭圆工具”，在选项栏中设置填充颜色，在图标中间位置绘制圆形，然后单击“路径操作”按钮，在展开的列表中选择“排除重叠形状”选项，在已有圆形中间位置绘制，创建圆形图形。

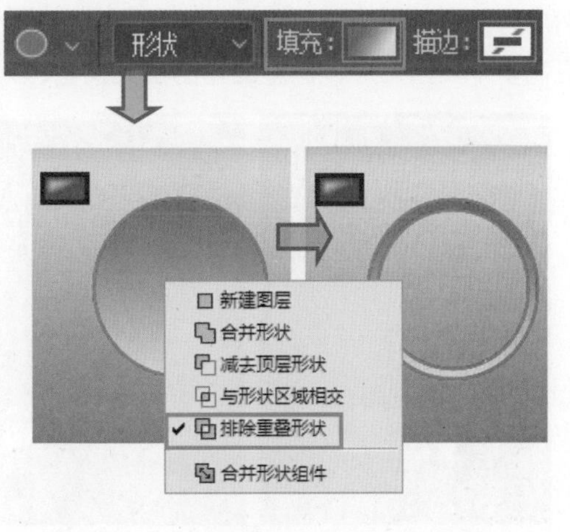

步骤 15 继续使用“椭圆工具”绘制相机图标细节以及高光，使用“图层样式”为部分圆形添加外发光、内阴影等样式，最后根据需要降低部分圆形的透明度，得到更有层次感的图标。

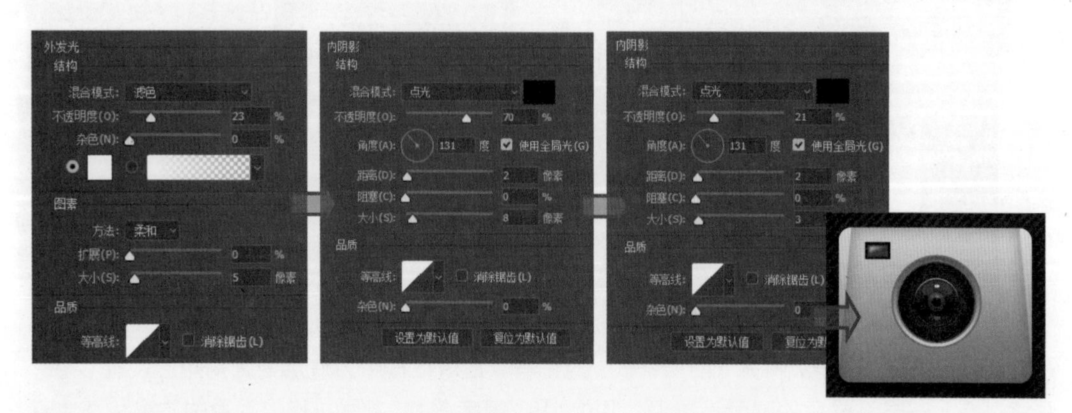

步骤 16 创建“图标 3”图层组，使用“圆角矩形工具”绘制所需图形，双击图形，打开“图层样式”对话框，在对话框中设置“斜面和浮雕”“内阴影”“投影”等图层样式，修饰绘制的圆角矩形。

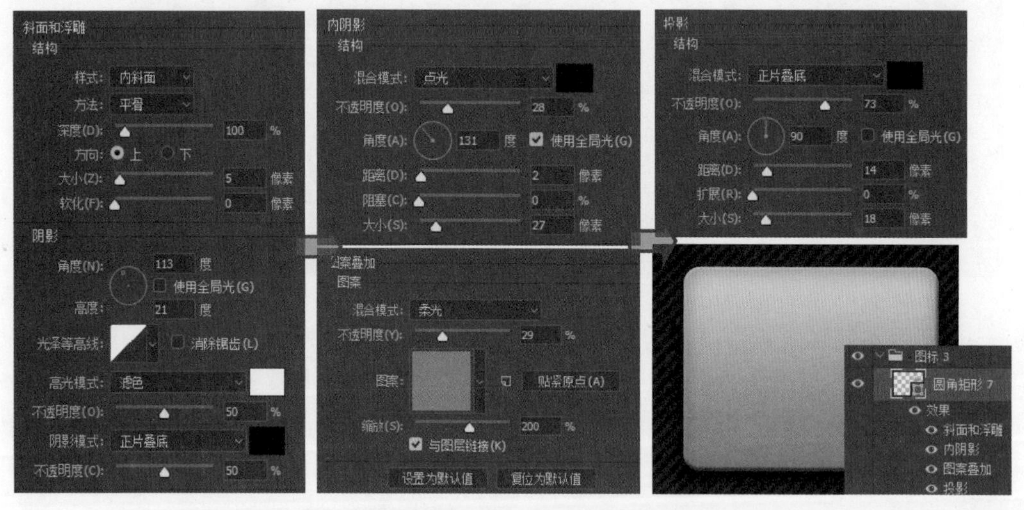

步骤 17 使用“钢笔工具”和“圆角矩形工具”在已绘制的圆角矩形中间再绘制更多图形，然后为绘制的圆形矩形添加“外发光”“斜面和浮雕”“投影”等样式，多次按 Ctrl+J 组合键，复制多个圆角矩形，调整图角的填充颜色、大小和位置等，制作成计算器效果。

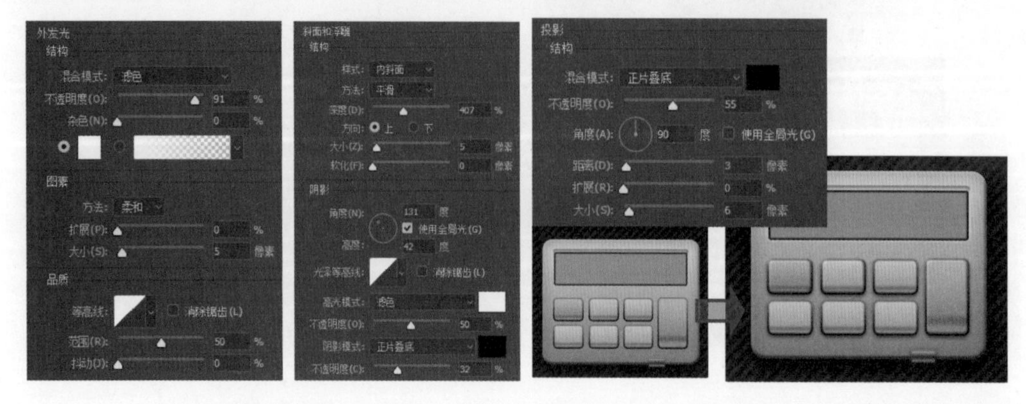

步骤 18 选择“椭圆工具”在计算器的下方绘制出所需的圆形，按两次 Ctrl+J 组合键，复制圆形，将其移到合适的位置，选择“横排文字工具”，在制作的计算器上方单击并输入所需的文字。

步骤 19 分别单击文本图层，打开“图层样式”对话框，在对话框中设置“斜面和浮雕”“阴影”样式，应用设置的样式修饰输入的文字。

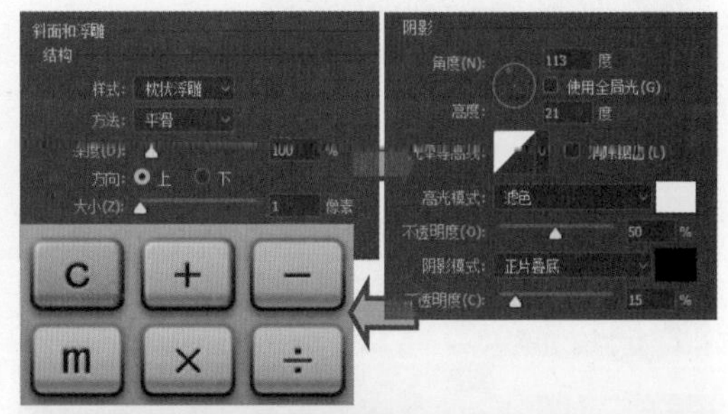

步骤 20 创建“图标 4”图层组，使用“圆角矩形工具”绘制出所需的电视形状，接着双击形状图层，打开“图层样式”对话框，在对话框中设置“投影”样式，修饰绘制的图形。

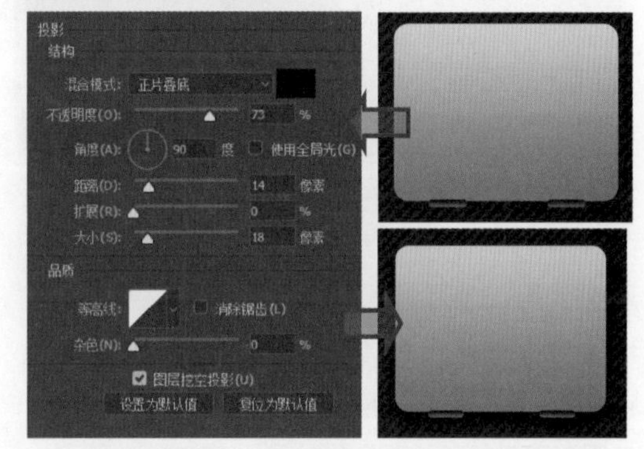

步骤 21 使用“钢笔工具”绘制出所需图形，双击形状图层，打开“图层样式”对话框，在对话框中单击并设置“斜面和浮雕”样式，再勾选并设置“等高线”样式，按 Ctrl+J 组合键，复制图形，为复制图形添加“内阴影”样式，使用“钢笔工具”再绘制图形，执行“滤镜 > 模糊 > 高斯模糊”菜单命令，在打开的对话框中设置“半径”选项，模糊图形。

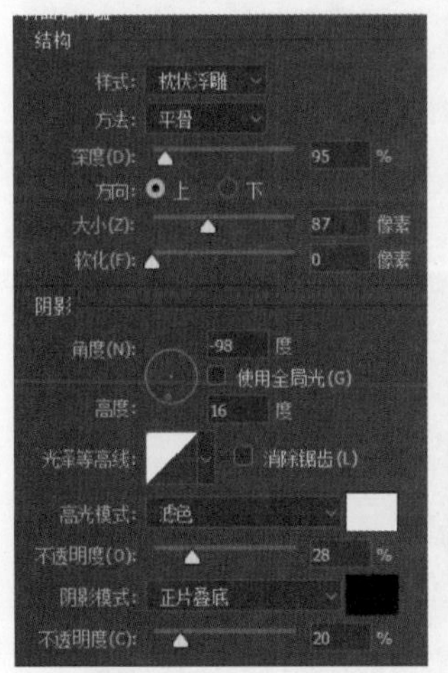

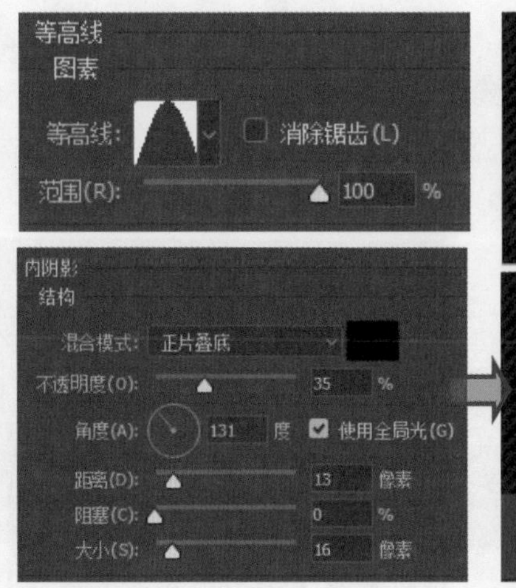

步骤 22 创建“图标 5”图层组，使用“圆角矩形工具”绘制图形，多次按 Ctrl+J 组合键，复制图形，调整其大小后，使用路径编辑工具对“圆角矩形 13 拷贝 2”和“圆角矩形 13 拷贝 3”的外形进行调整，制作信封效果。

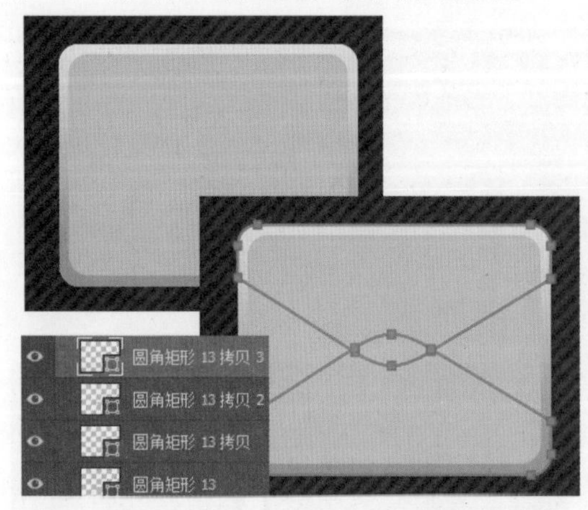

步骤 24 使用“矩形工具”绘制图形，并为绘制的图形填充所需的颜色，然后将这些图形合并为一个图层，按下 Ctrl+T 组合键，在选项栏中设置参数，旋转图像，最后创建剪贴蒙版，隐藏多余的部分，添加邮戳图案。

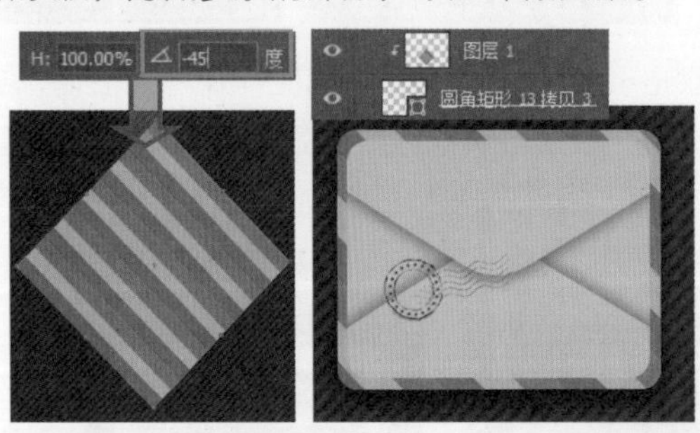

步骤 23 分别双击“圆角矩形 13 拷贝 2”和“圆角矩形 13 拷贝 3”图层，打开“图层样式”对话框，在对话框中设置“投影”样式，分别为图形设置合适的投影角度，为信封图形添加“投影”样式。

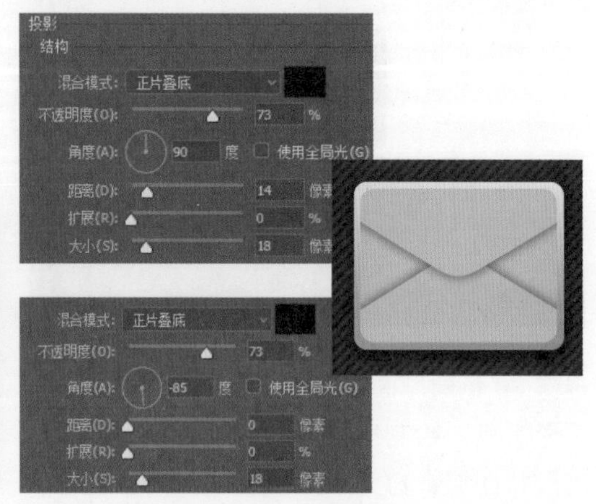

步骤 25 创建“图标 6”图层组，使用“圆角矩形工具”绘制出所需的日历形状，选择“圆角矩形 7”图层下的图层样式，复制样式，将复制的样式粘贴到“圆角矩形 14”图层中，加强图标立体感。

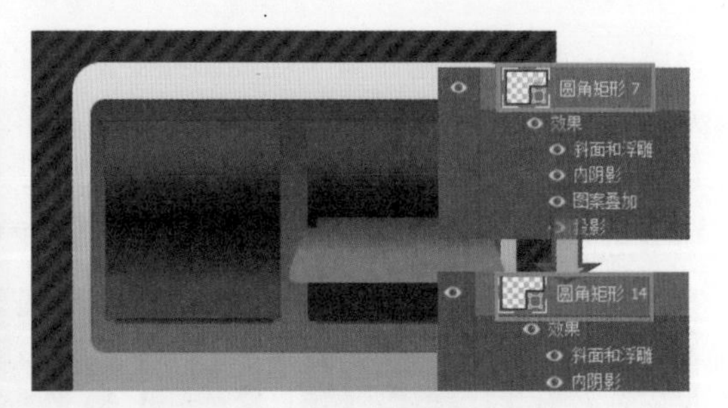

步骤 26 删除“圆角矩形 14”图层下方的“图案叠加”样式，然后选中其他的图形，分别双击图层，在打开对话框中设置“斜面和浮雕”和“投影”图层样式，修饰图形。

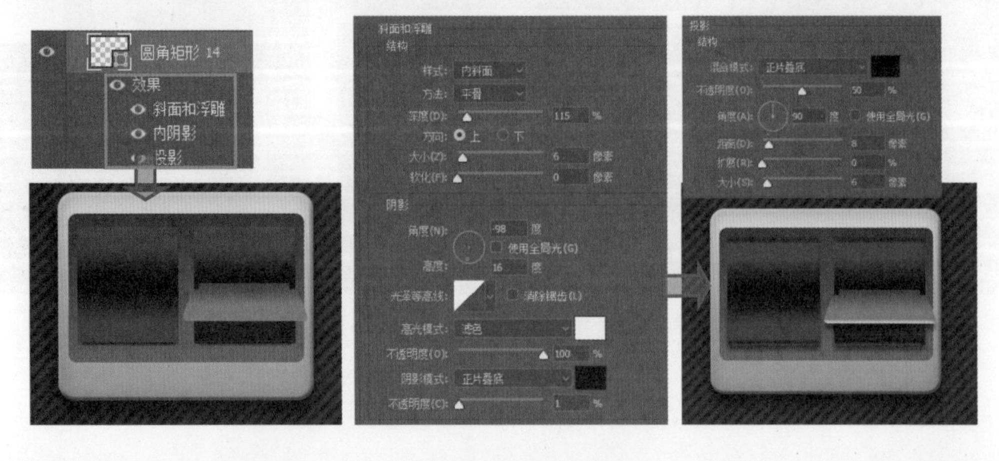

步骤 27 创建“组 4”图层组，使用“圆角矩形工具”在图层组中绘制出多个同等大小的白色圆角矩形，然后复制图层组，将复制的图层组中的图形移到画面中不同的位置。

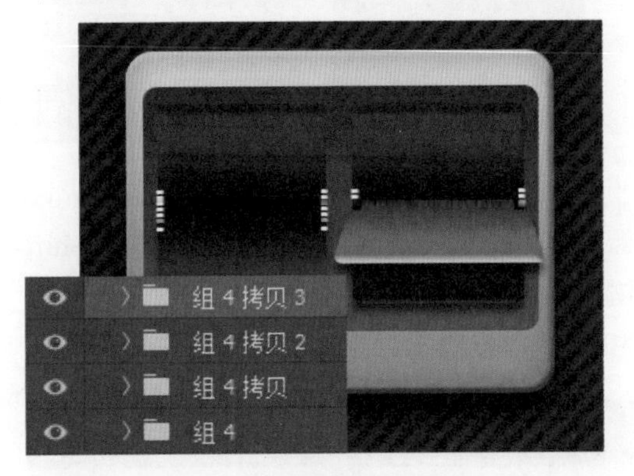

步骤 28 使用“横排文字工具”在图标上方输入文本内容，然后创建图层蒙版，把多余的文字隐藏，创建更有立体透视感的文字，添加合适的文字，完成图标的制作。

4.1.2 扁平化图标的设计

扁平化设计就是摒弃以上对高光、阴影等效果的追求，通过抽象、简化、符号化的设计元素来表现，在 App 中采用一种更加轻量化的美学，使界面更简单，让用户更容易获取核心信息。

素　材：无

源文件：随书资源 \04\ 源文件 \ 扁平化的图标设计 .psd

软件功能应用：圆角矩形工具，钢笔工具，横排文字工具，直接选择工具

● 设计要点

遵循系统图标的设计规范，使用线形渐变对图标的背景进行填充。

融入现实中的场景或者实物，对其进行联想和简化处理。

利用不同的纯色或渐变颜色填充图形进行堆叠，打造扁平化风格的图标。

● 步骤详解

步骤 01 在 Photoshop 中创建一个新的文档，选择"圆角矩形工具"，在选项栏中单击"填充"按钮，在展开的面板中单击"渐变"按钮，设置渐变颜色，输入"半径"为 100 像素，应用"圆角矩形工具"绘制所需图形。

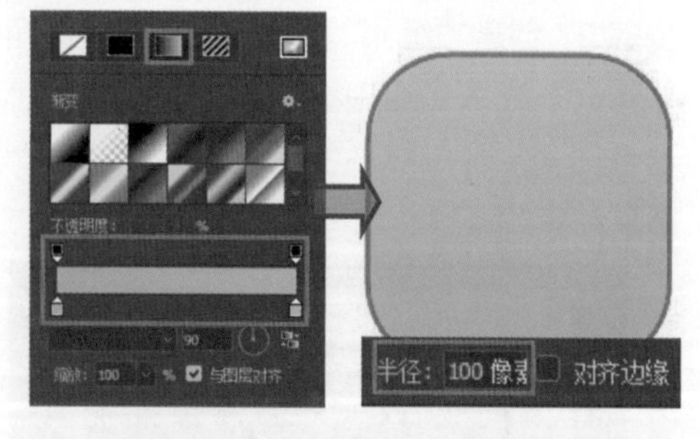

步骤 02 继续使用"圆角矩形工具"绘制稍小一些的图形，然后在选项栏中单击纯色按钮，再单击下方的白色色块将填充颜色更改为白色，在图像窗口中查看结果。

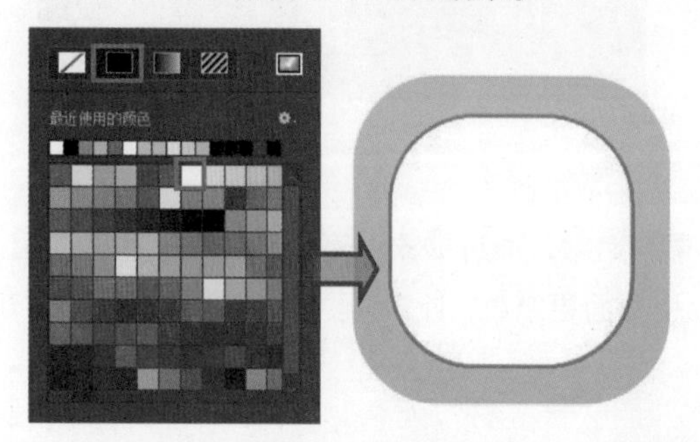

步骤 03 选择"直线工具"，在选项栏中设置线条的填充颜色和粗细，然后按下 Shift 键不放，在白色图形中间位置绘制一条水平和垂直的直线。

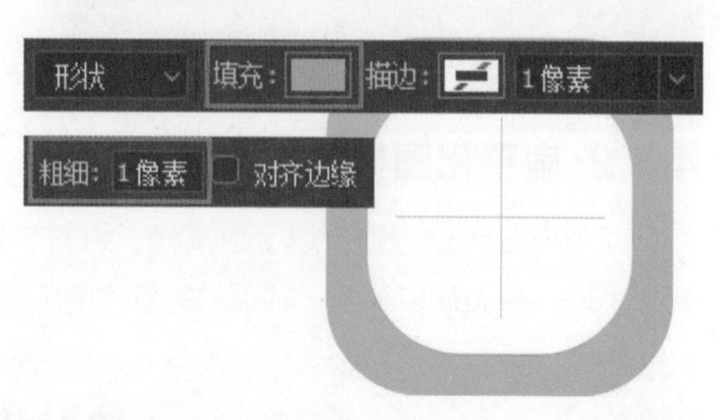

步骤 04 打开"字符"面板，在面板中设置文字属性，使用"横排文字工具"在图标中间输入所需文字，然后打开"字形"面板，双击面板中的乘号和除号字形，载入计算符号。

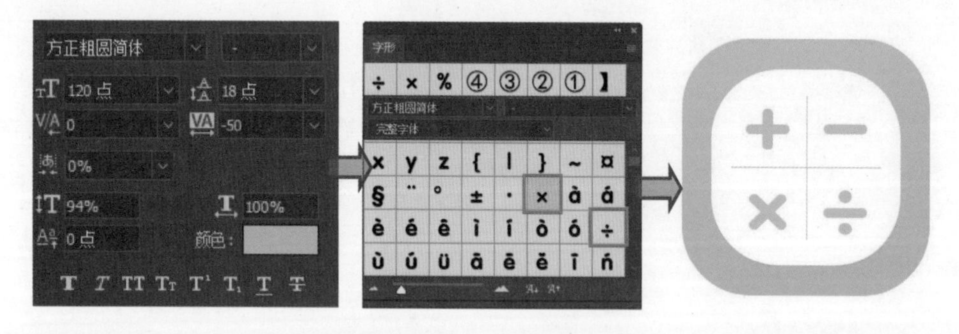

步骤 05 使用"圆角矩形工具"绘制出所需的形状，在该工具的选项栏中设置填充的颜色，作为云图标的背景。

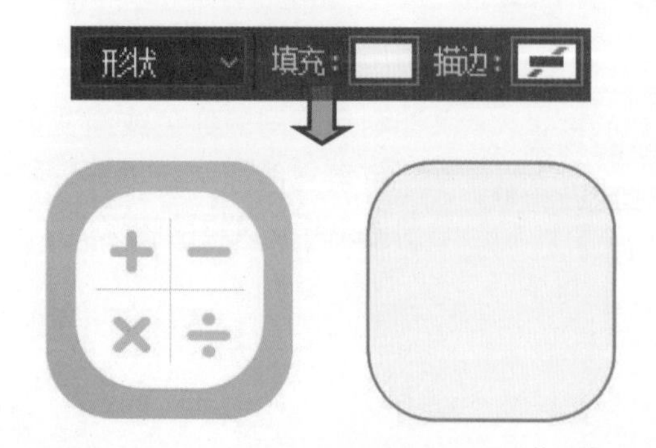

步骤 06 使用"椭圆工具"绘制一个圆形，适当调整其大小，放在合适的位置，然后在选项栏中设置图形的填充和描边颜色。

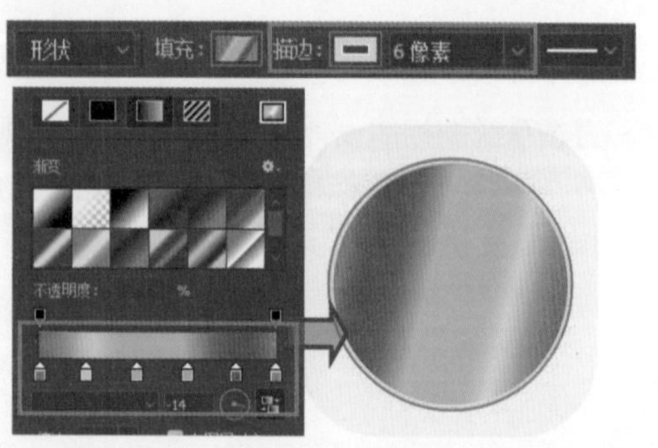

技巧技示：选择工具模式

使用“圆角矩形工具”“椭圆工具”绘图时，需要在选项栏中选择工具模式。Photoshop 中提供了“形状”“路径”和“像素”3 种工具模式，只有选择“形状”工具模式时，才能在单独的图层中创建形状。

步骤 07 使用“椭圆工具”在渐变的圆形中间再绘制一个浅灰色的圆形，选择“自定形状工具”，在“形状”拾色器中选择“雨滴”形状，在圆形上方绘制图形。

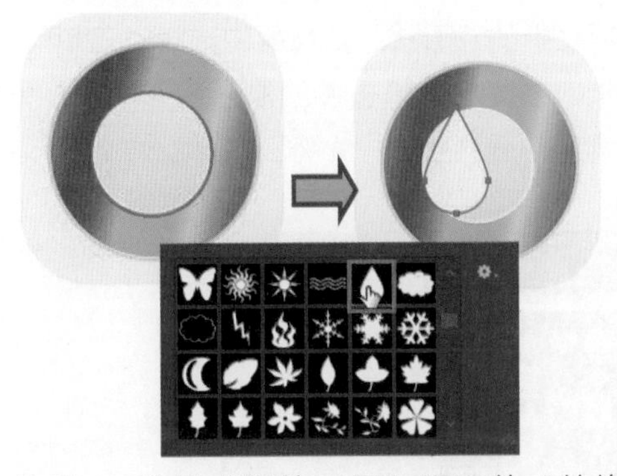

步骤 08 选择“椭圆工具”，单击选项栏中的“路径操作”按钮，在展开的列表中选择“排除重叠形状”选项，在雨滴图形位置绘制一个小圆，然后使用“移动工具”选择图形并对其进行旋转操作。

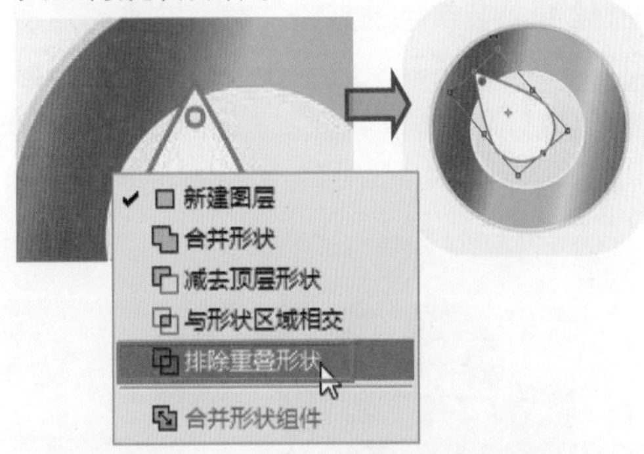

步骤 09 选择“钢笔工具”组下的“转换点工具”，将鼠标光标放在直角锚点位置，单击并拖动鼠标，转换锚点，得到更平滑的转角效果。

步骤 10 使用“椭圆工具”在雨滴图形上再绘制一个圆形，打开“图层样式”对话框，在对话框中设置“投影”样式选项，为圆形添加“投影”样式。

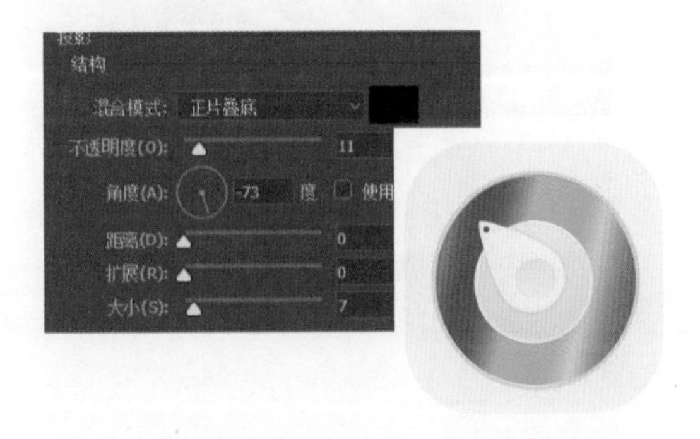

步骤 11 选择“圆角矩形工具”，在其选项栏中设置渐变颜色，使用此工具绘制一个蓝色渐变圆角矩形，然后在选项栏中更改填充颜色，继续使用该工具在中间绘制一个白色的图形，在图像窗口中可以看到绘制结果。

步骤 12 使用“钢笔工具”绘制出所需的形状，然后单击“自定形状工具”，打开“形状”拾色器，单击“箭头 2”形状，在灰色的图形上方单击并拖动鼠标，绘制出 3 个同等大小的箭头图形。

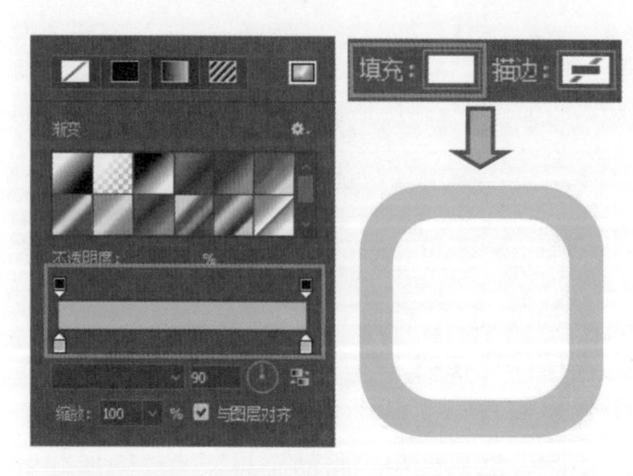

步骤 13 使用“直线工具”在箭头图形中间位置绘制一条灰色的直线，然后在直线左侧再使用“椭圆工具”绘制 3 个白色的小圆形加以修饰。

步骤 15 选择“圆角矩形工具”，在该工具的选项栏中设置填充的颜色，绘制圆角矩形并应用设置的颜色填充图形，作为天气图标的背景。

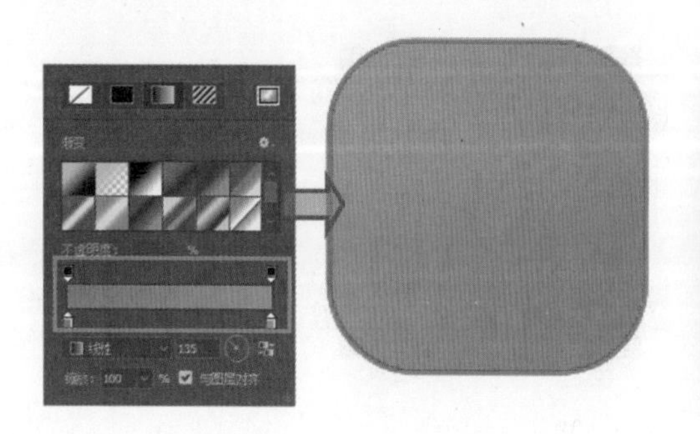

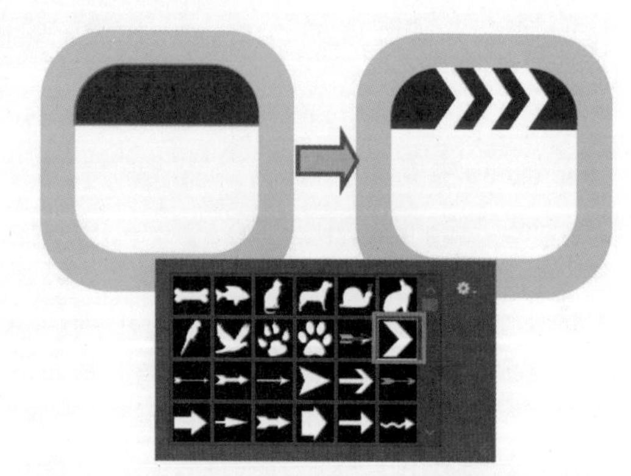

步骤 14 再次选择“自定形状工具”，在其选项栏中的“形状”拾色器中选择“三角形”形状，在图标上单击并绘制三角形图形，为其填充合适的颜色，并将三角形旋转 90 度。

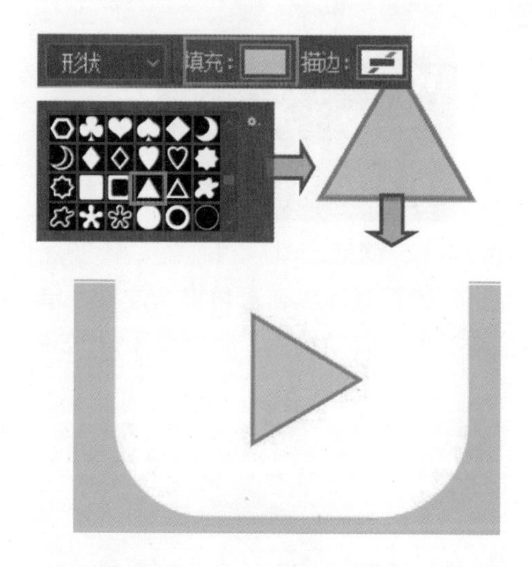

步骤 16 选择“自定形状工具”，在选项栏中设置填充的颜色，在“形状”拾色器中选择“八角星”形状，在背景中单击并拖动鼠标，绘制出太阳形状。

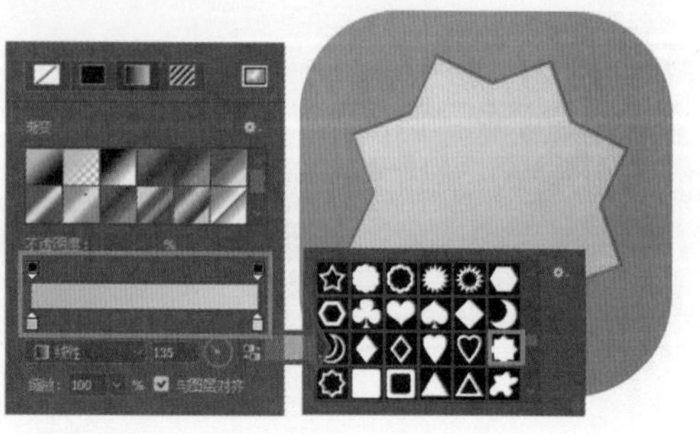

步骤 17 选择“椭圆工具”，单击选项栏中的“路径操作”按钮，在展开列表中单击“排除重叠形状”选项，使用“椭圆工具”在图形中间绘制两个圆形，制作镂空的效果。

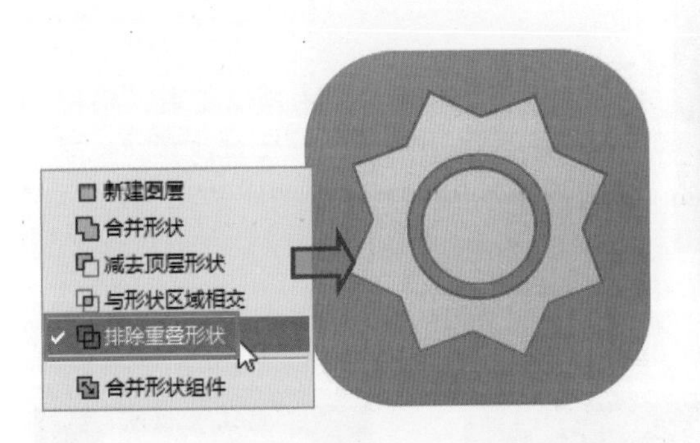

步骤 18 使用“钢笔工具”绘制出白色的云朵形状，然后双击形状图形，在打开的“图层样式”对话框中设置“投影”样式，对绘制的云朵形状进行修饰。

步骤 19 参考前面的图标绘制方法，利用软件中的形状工具绘制出文件和设置图标形状，为其分别填充适当的颜色。

步骤 20 在“背景”图层上方创建“图层 1”图层，将前景色设置为蓝色，按下 Alt+Delete 组合键，为图标设置背景。

4.2 按钮

按钮是一个最为普通的设计元素，无论在 Android 系统，还是在 iOS 系统的界面，都会不可避免地出现按钮。按钮可以说是移动 UI 界面中最为常见的控件，它降低了用户识别上的负担，并且具备多种状态，能够传达更具体的信息。几乎所有界面上都会出现按钮，而且按钮的外形和质感也是千变万化的。

4.2.1 突显状态的按钮设计

由于按钮是用户执行某项操作时所接触的对象，在操作中会需要一定的反馈，让用户明白发生了什么，因此，在进行按钮设计时大多需要制作出多种不同的状态。一般情况下，没有被按下并依然在等待用户触碰时的外观为“默认”或“正常”状态；当手指悬浮停靠在按钮上时的外观为“触碰”或“等待”状态；而当手指按下按钮时的外观则为“按下”状态。设计不同状态的按钮时，可以通过颜色、阴影等呈现不同的效果。

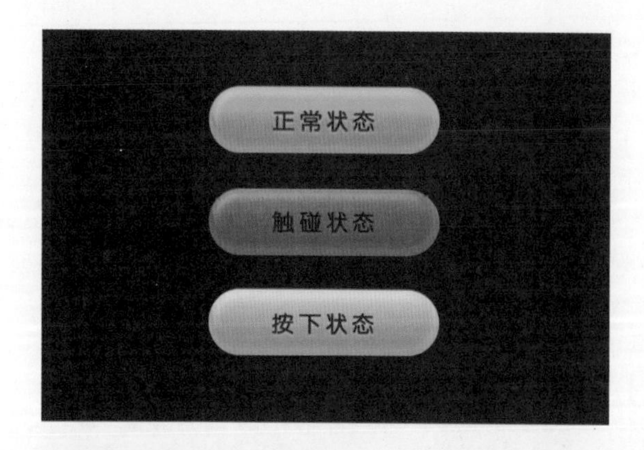

素　材： 无

源文件： 随书资源 \04\ 源文件 \ 突显状态的按钮设计 .psd

软件功能应用： 圆角矩形工具，横排文字工具，“光泽”“等高线”“斜面和浮雕”图层样式

● 设计要点

根据要表现的按钮风格，绘制出圆角矩形的按钮图形。

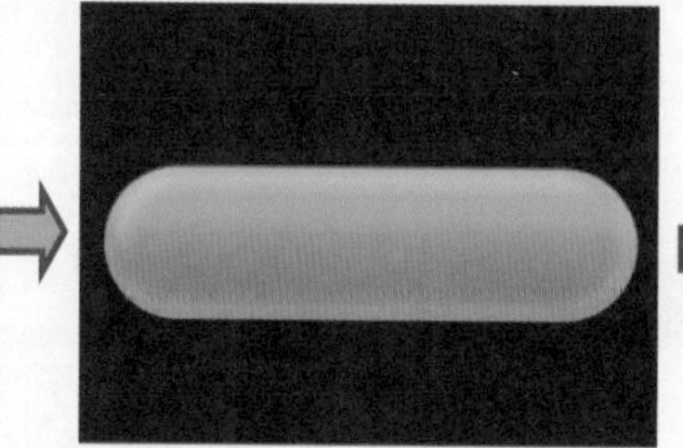

对图形应用“斜面和浮雕”“光泽”等图层样式增强其立体感和质感。

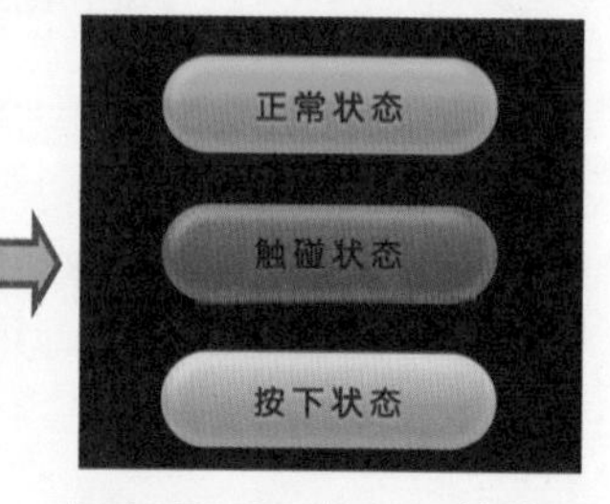

为表现不同状态下的按钮效果，对图形的颜色进行更改。

● 步骤详解

步骤 01 执行“文件>新建”菜单命令，打开“新建文档”对话框，在对话框中设置各选项，设置后单击“创建”按钮，新建文件，并使用设置的填充色填充背景。

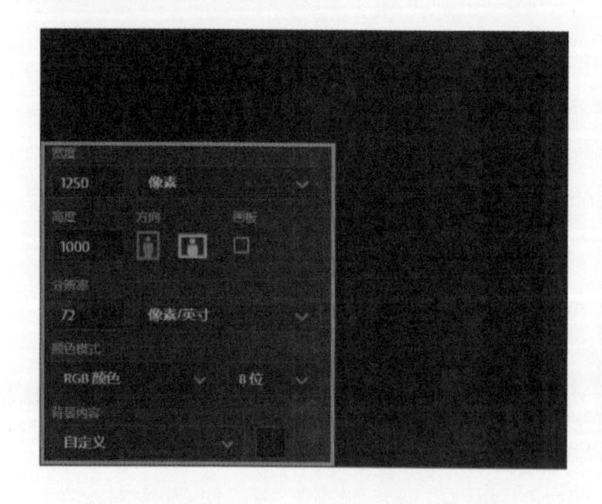

步骤 02 选择“圆角矩形工具”，单击选项栏中的“填充”按钮，在展开的面板中设置填充颜色，输入“半径”为 180 像素，在画面中绘制一个圆角矩形。

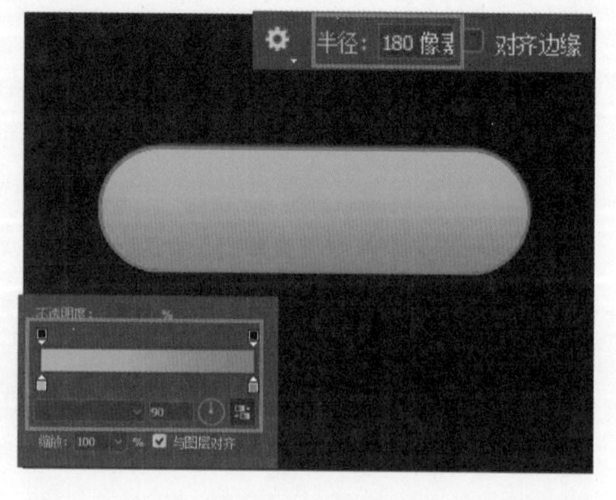

步骤 03 双击形状图层，打开“图层样式”对话框，在对话框中单击并设置“斜面和浮雕”“等高线”和“光泽”样式，为图形添加样式，在图像窗口中可以看到编辑后的效果。

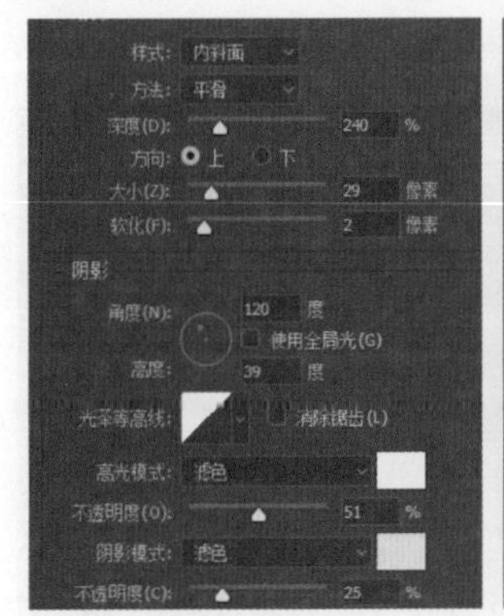

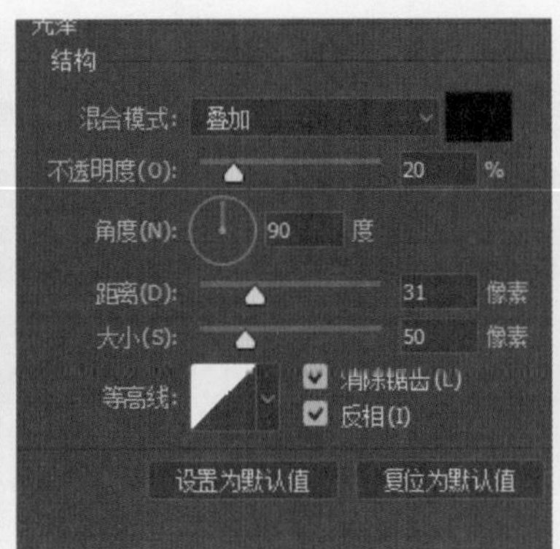

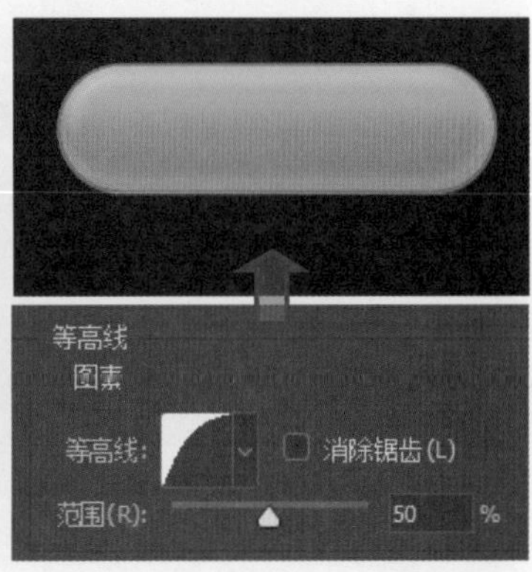

步骤 04 按下 Ctrl+J 组合键，复制图层，应用“直接选择工具”选中复制的图形，单击“填充”按钮，在展开的面板中更改图形的填充颜色，然后向下移动图形。

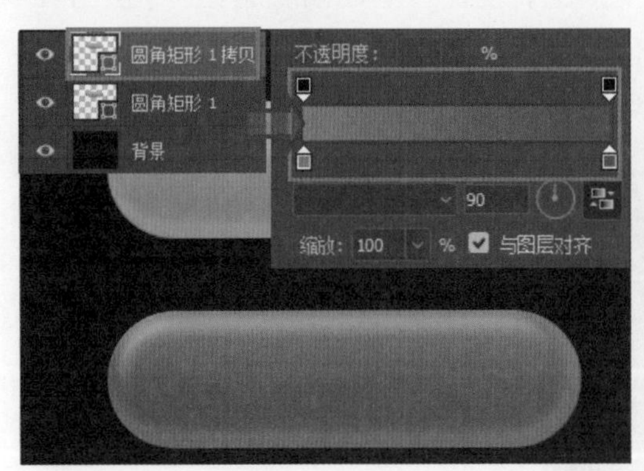

步骤 05 按下 Ctrl+J 组合键，再次复制图层，使用“直接选择工具”选中复制的图形，单击“填充”按钮，在展开的面板中更改图形的填充颜色，将图形移到合适的位置。

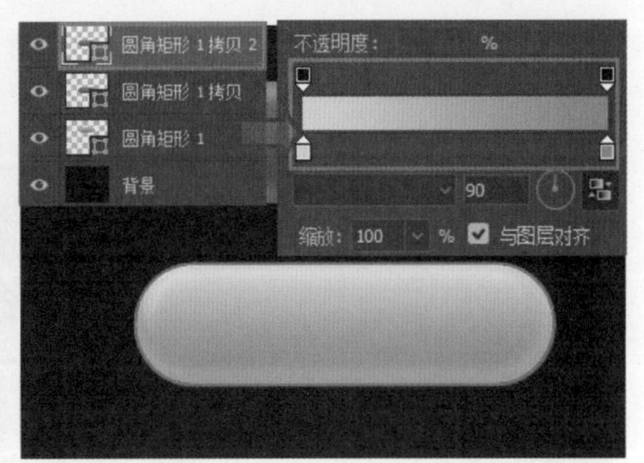

步骤 06 选择“横排文字工具”，在适当的位置单击，输入所需的文字，然后打开“字符”面板对文字的属性进行设置。

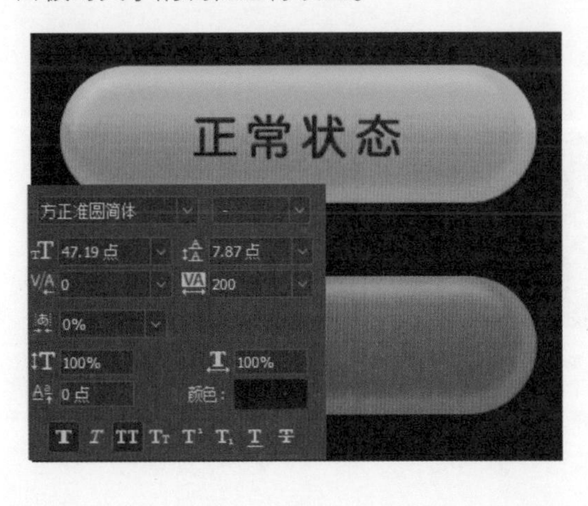

步骤 07 双击文字图层，打开“图层样式”对话框，在对话框中设置“投影”样式，为文字添加投影效果。

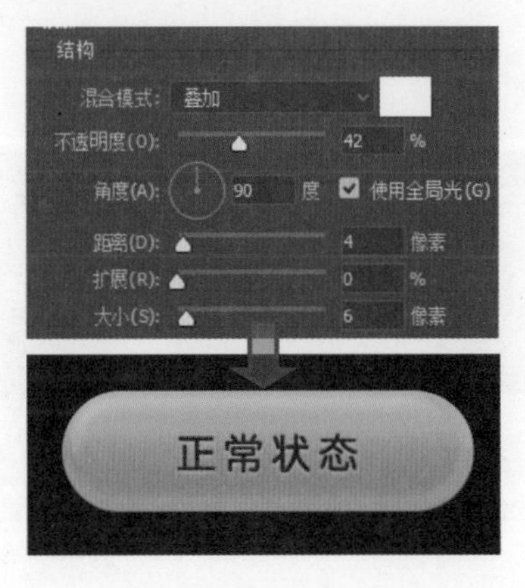

步骤 08 继续使用“横排文字工具”在下面的两个按钮图形上方单击，输入相应的文字，表现按钮的状态。

步骤 09 通过执行“拷贝图层样式”和“粘贴图层样式”命令，复制图层样式到新输入的文字上，完成按钮的制作。

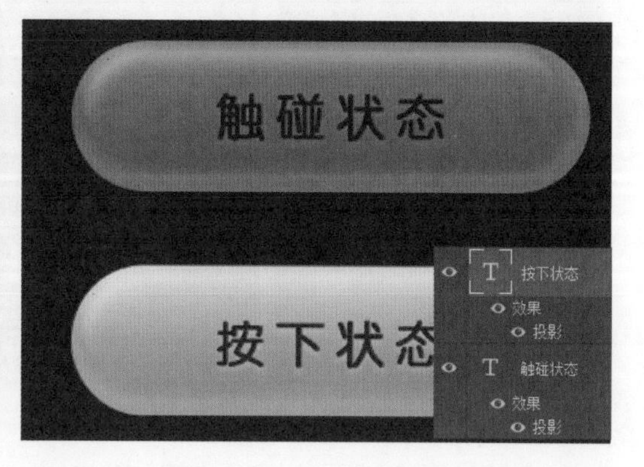

4.2.2 皮革质感的按钮设计

绝大多数的按钮都会采用用户所熟悉的按钮样式，但在一些 UI 界面中，为了突出其个性化效果，会在按钮中对按钮的质感进行创意化设计。如下所示的案例中，所设计的按钮为皮革质感效果，通过在绘制的图形上使用“图案叠加”图层样式赋予了按钮逼真的质感。

素 材：无

源文件：随书资源 \04\ 源文件 \ 皮革质感的按钮设计 .psd

软件功能应用：圆角矩形工具，钢笔工具，“图案叠加”“内阴影”“斜面和浮雕”图层样式

● 设计要点

使用绘图工具绘制图形，创建按钮的基本外观形态。

利用“斜面和浮雕”“投影”和“图案叠加”等图层样式，增强按钮立体感和纹理质感。

在按钮上方添加相应的文字加以说明，使用“斜面和浮雕”“投影”图层样式增强文字的立体感。

● **步骤详解**

步骤 01 新建文档，单击“创建新图层”，新建“图层 1”图层，设置前景色为 R:50、G:50、B:20，按下 Alt+Delete 组合键，为图层填充颜色。

步骤 02 双击“图层 1”图层，打开“图层样式”对话框，在对话框中单击“图案叠加”样式，并在右侧设置样式选项，为背景叠加皮革纹理效果。

步骤 03 选择“矩形选框工具”，在选项栏中设置“羽化”值为 260 像素，在画面中单击并拖动鼠标，绘制选区，按下 Ctrl+Shift+I 组合键，反选选区。

步骤 04 设置前景色为黑色，执行“图层 > 新建填充图层 > 纯色”菜单命令，新建“颜色填充 1”调整图层，填充选区内的图像，为图像添加晕影效果。

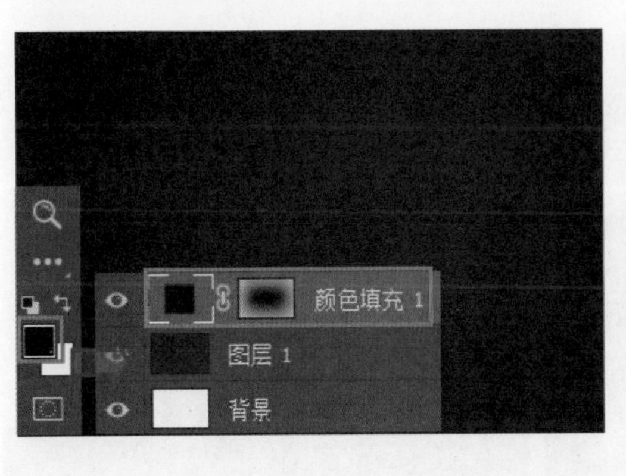

步骤 05 新建“按钮 1”图层组，选择“圆角矩形工具”，设置填充色为黑色，“半径”为 30 像素，在画面中单击并拖动鼠标，绘制圆角矩形图形。

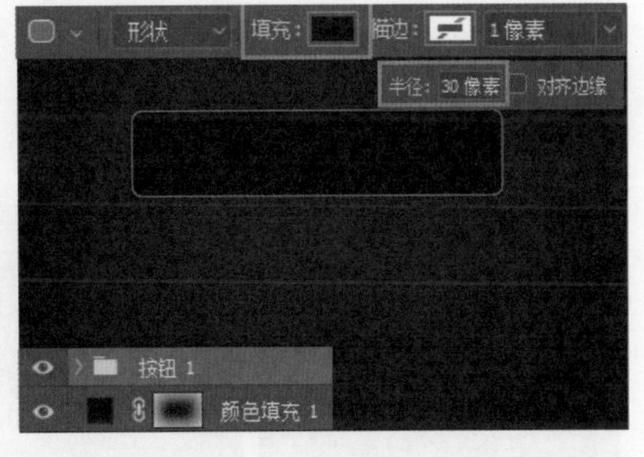

步骤 06 双击“圆角矩形 1”图层，打开“图层样式”对话框，在对话框中单击并设置“斜面和浮雕”“图案叠加”和“内阴影”样式，为图层添加样式，在图像窗口中可以看到编辑后的效果。

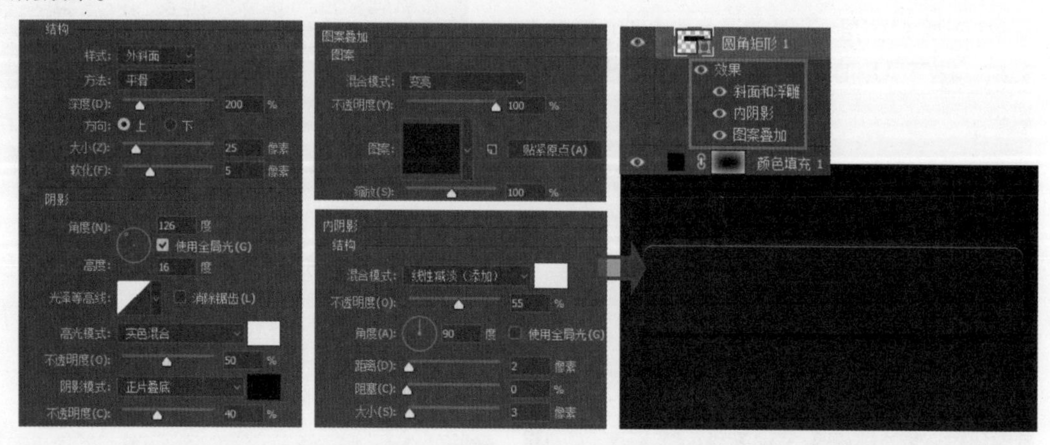

步骤 07 使用“圆角矩形工具”再绘制一个圆角矩形，更改其填充颜色，得到“圆角矩形 2”形状图层，接着双击图层，打开“图层样式”对话框，在对话框中重新设置“斜面和浮雕”“图案叠加”“内阴影”和“内发光”样式，设置后单击“确定”按钮，在图像窗口中可以看到添加样式后的效果。

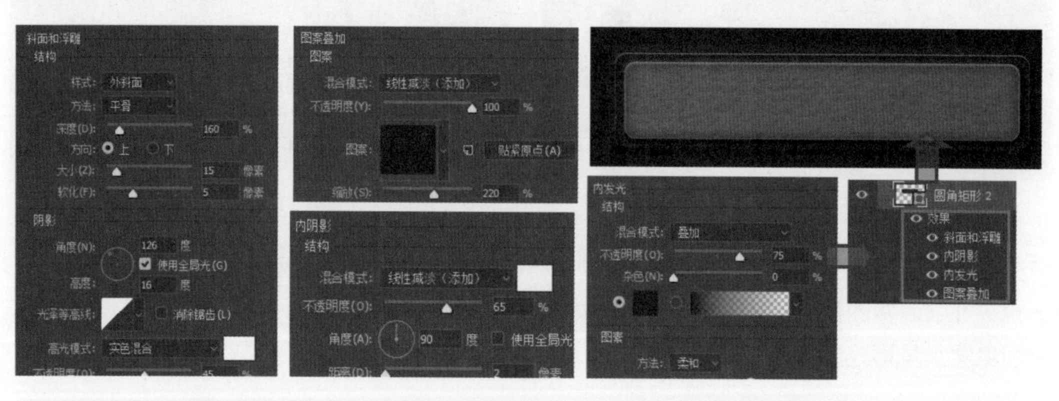

步骤 08 使用“圆角矩形工具”再绘制一个圆角矩形，更改其填充颜色，创建“圆角矩形 3”形状图层，然后双击图层，打开“图层样式”对话框，在对话框中设置“描边”“内阴影”和“渐变叠加”图层样式选项，为图形添加样式效果。

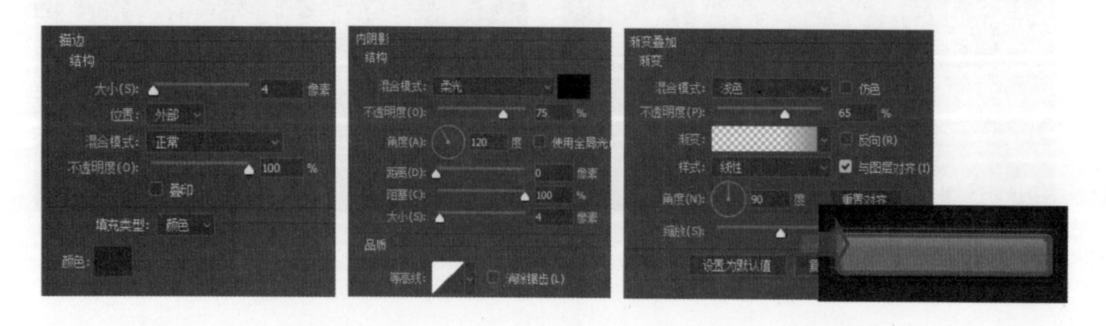

步骤 09 在“图层”面板中选中“圆角矩形 3”图层，将图层的“填充”值设置为 0%，降低透明度，并显示图层中已添加的图层样式。

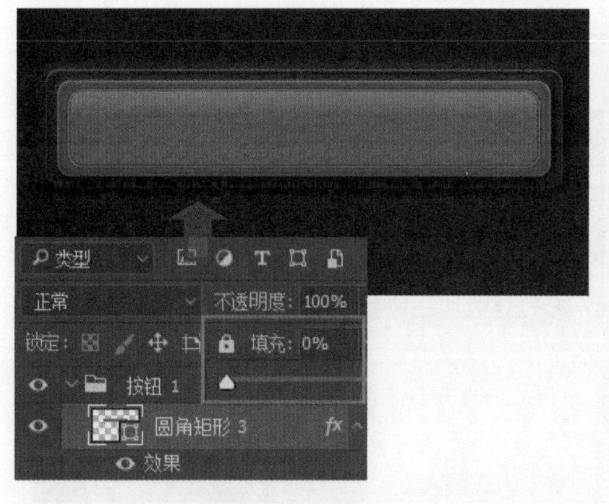

步骤 10 选择“横排文字工具”，在绘制的按钮图形中间单击，输入所需文字，然后打开“字符”面板，在面板中对字体、字号等属性进行设置。

步骤 11 双击文字图层，打开“图层样式”对话框，在对话框中设置“斜面和浮雕”“投影”样式，为文字图层添加设置的样式，在图像窗口中可以看到添加样式后的文字效果。

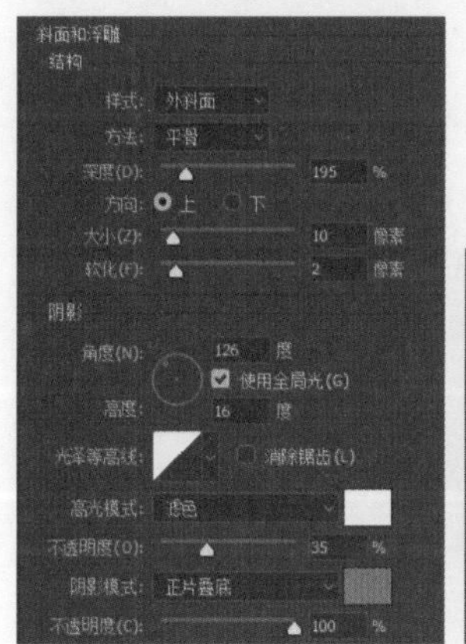

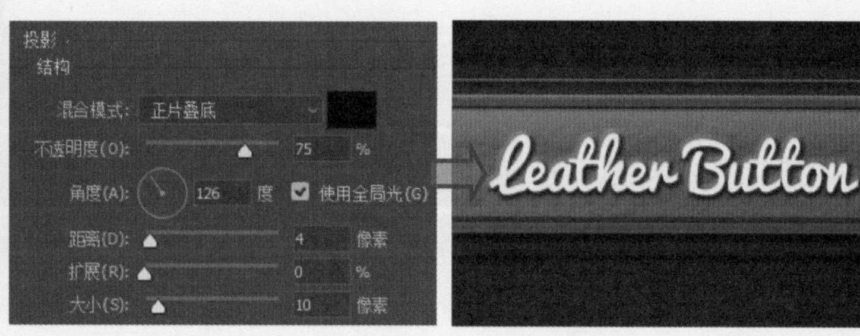

步骤 12 按下 Ctrl+J 组合键，复制图层组，创建“按钮 1 拷贝”图层组，选中该图层组中的“圆角矩形 1”图层，隐藏下方的“图案叠加”样式。

步骤 13 选择“钢笔工具”，在按钮右侧绘制图形，并利用“图层样式”为该图层添加“描边”“内阴影”“内发光”“图案叠加”和“投影”样式。

步骤 14 按下 Ctrl+J 组合键，复制图层，创建“形状 1 拷贝”图层，调整图层样式以及图形的大小，得到叠加的图形效果，再使用“钢笔工具”绘制一个箭头图形，为其设置合适的样式。

步骤 15 单击“调整”面板中的“亮度 / 对比度”按钮，创建“亮度 / 对比度 1”调整图层，打开“属性”面板，在面板中设置“亮度”为 25，“对比度”为 45，调整图像对比，完成按钮的制作。

4.3 开关

在应用程序中，开关的主要作用是开启或关闭某项功能或者设置，由于开关的外形一般较为小巧，所以设计起来会比其他控件更加有难度。用户通过开关控件对当前的操作进行选择，移动 UI 界面设计中包含了复选框、单选按钮和 ON/OFF 开关 3 种类型开关。

4.3.1 拟物效果的开关设计

拟物效果的开关按钮无论是在 iOS 系统还是 Android 系统中都较为普遍。拟物效果的开关按钮设计，可以更好地展示按钮的开关状态，并且能降低用户去了解使用产品时需要的认识负担。在设计拟物效果的开关时，可以充分利用样式进行表现，为对象添加投影、发光等效果，以体现其立体感。

素　材：无

源文件：随书资源 \04\ 源文件 \ 拟物效果的开关设计 .psd

软件功能应用：椭圆工具，直接选择工具，“内阴影”“内发光”“斜面和浮雕”图层样式

● 设计要点

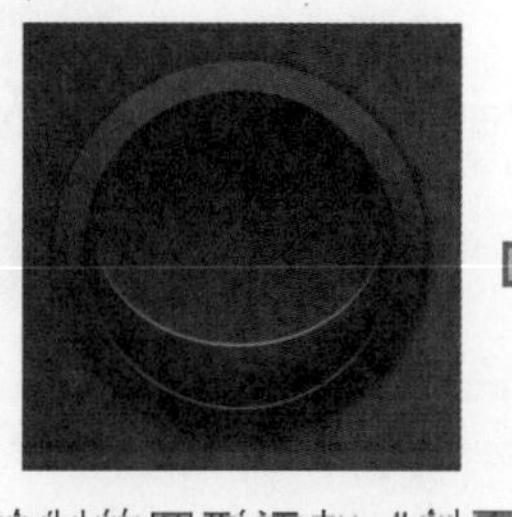

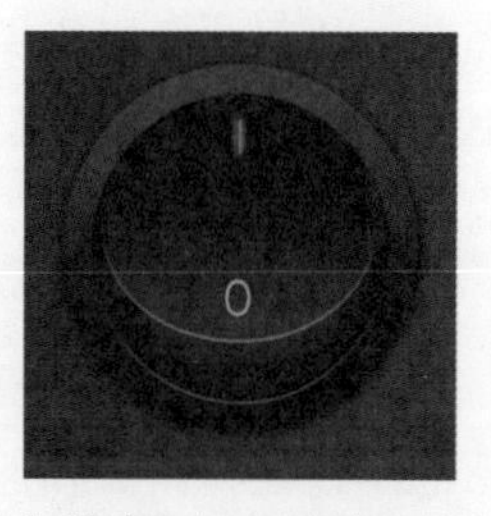

以实物开关按钮作为创作的原型，对其进行创意构思，利用矢量绘画工具绘制出图形，构建按钮图形。

为绘制的图形添加“斜面和浮雕”“内投影”“外发光”等图层样式，赋予图形立体感，模拟逼真的按钮效果。

在按钮上方添加文字，对文字也应用相似 的样式，表现按钮的开关状态。

● 步骤详解

步骤 01 创建新文件，新建图层并填充合适的颜色，双击图层，打开“图层样式”对话框，在对话框中设置“图案叠加”样式，在图像上叠加纹理效果。

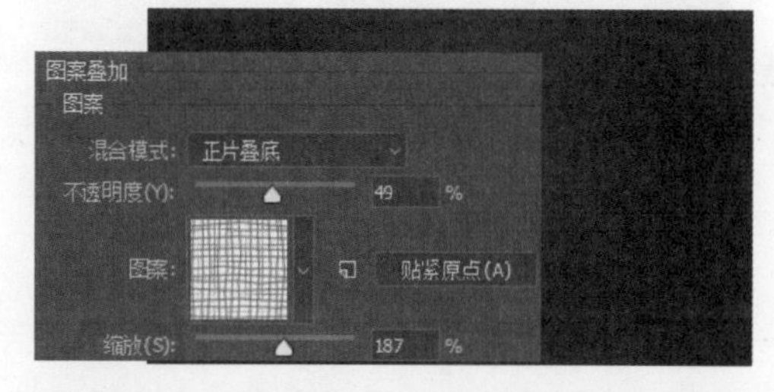

步骤 02 创建图层组，选择“椭圆工具”，设置填充颜色，按下 Shift 键不放，在画面中单击并拖动鼠标，绘制圆形，得到“椭圆 1”图层。

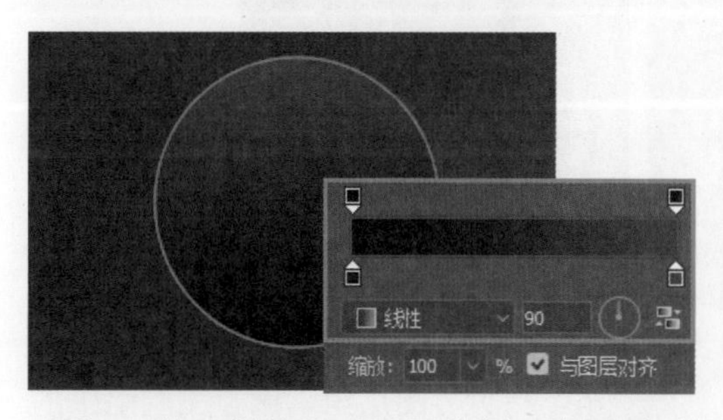

步骤 03 双击图层，打开“图层样式”对话框，在对话框中设置“投影”样式，为图形添加投影，在图像窗口中查看添加投影后的圆形效果。

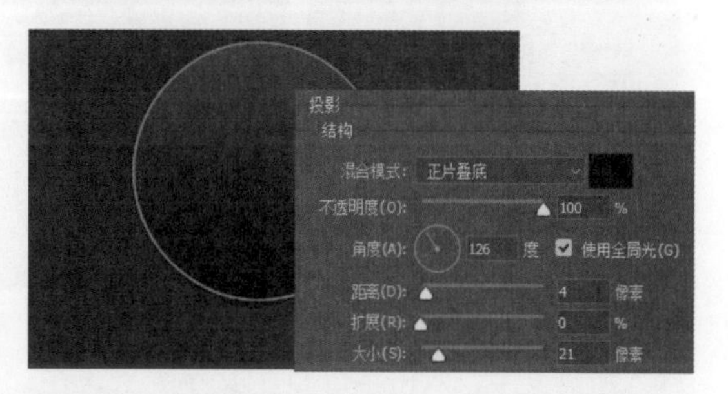

步骤 04 使用“椭圆工具”再绘制一个圆形，并为其填充合适的颜色，双击图层，打开“图层样式”对话框，在对话框中设置“斜面和浮雕”“内发光”和“内阴影”样式，设置后单击“确定”按钮，在图像窗口中查看应用样式后的效果。

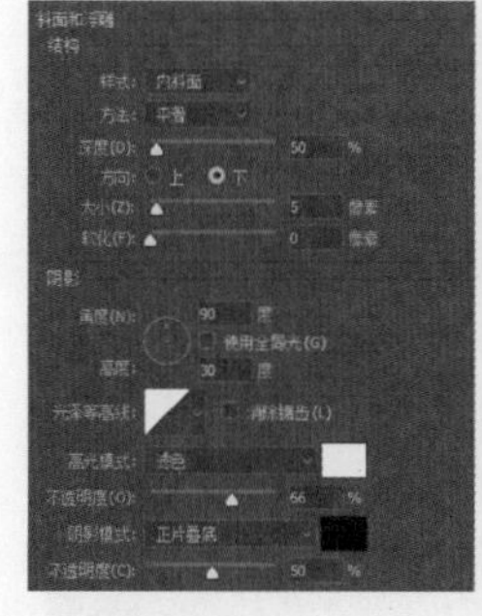

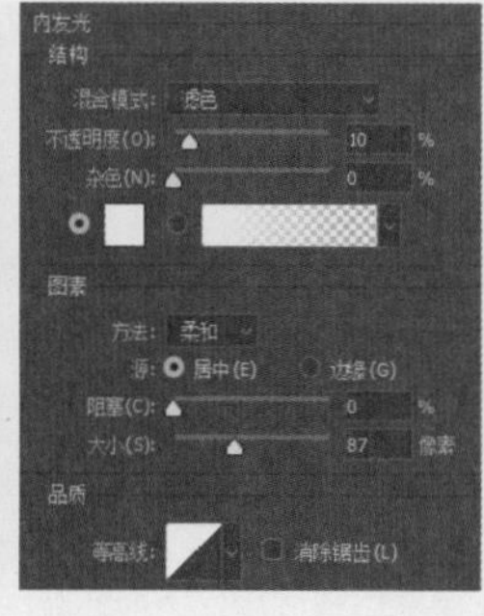

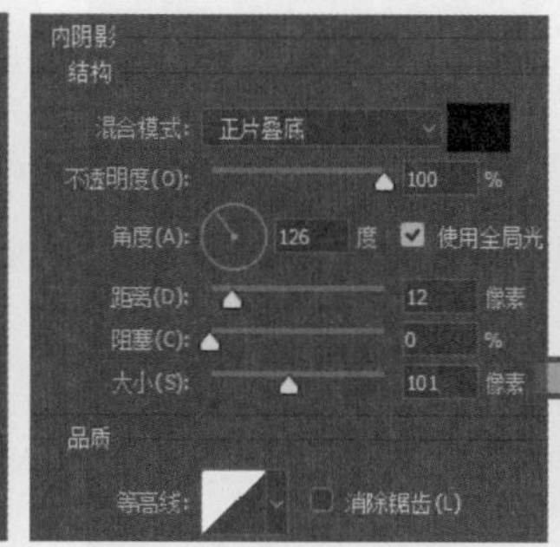

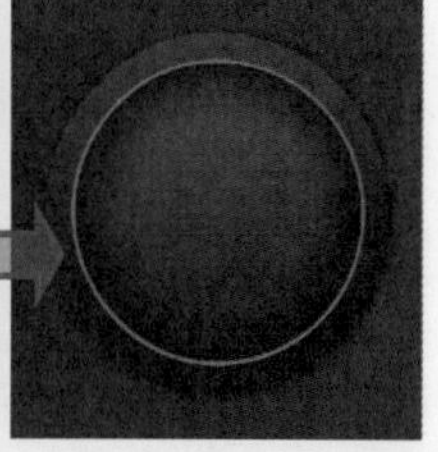

步骤 05 使用“椭圆工具”在已经绘制的圆形上方再绘制一个椭圆图形，并为其填充合适的颜色，使用“直接选择工具”单击椭圆图形上的锚点，调整路径描边和曲线，更改图形的外观形状。

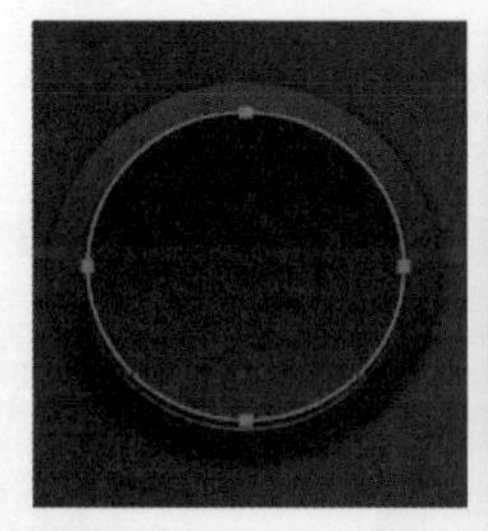
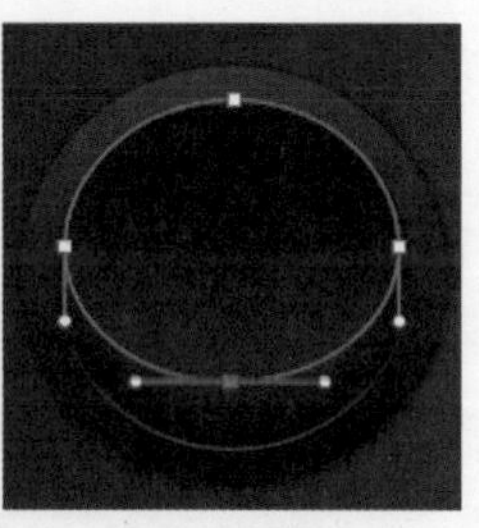

步骤 06 双击图层，打开“图层样式”对话框，在对话框中设置“斜面和浮雕”样式，在图像窗口中查看应用样式后的效果。

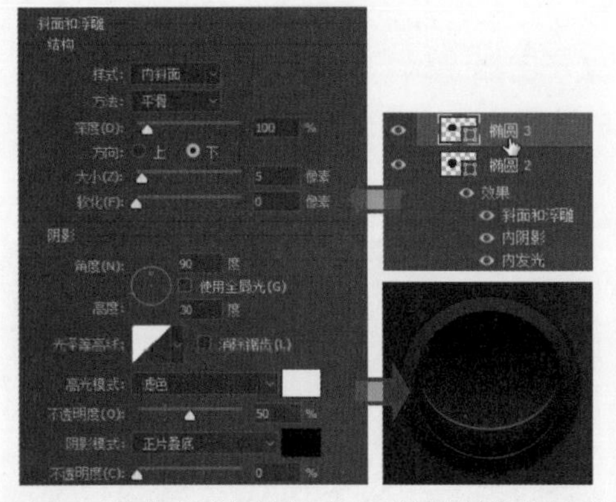

步骤 07 使用“横排文字工具”在图形上方输入所需文字，然后打开“字符”面板，在面板中设置文字属性。

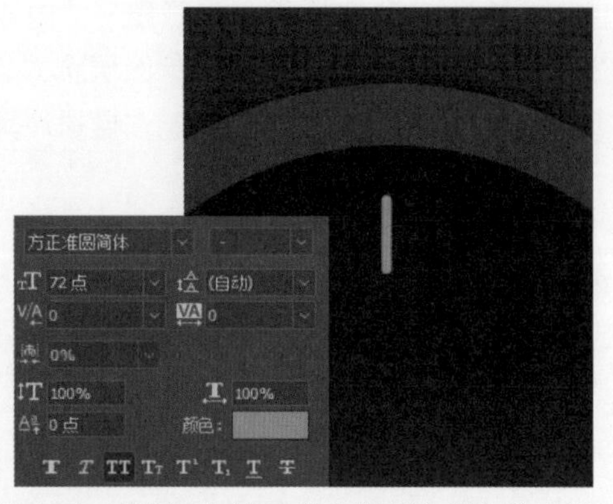

步骤 08 双击文字图层，打开“图层样式”对话框，在对话框中设置“内阴影”“外发光”和“投影”样式，利用设置的图层样式对文字进行修饰，在图像窗口中可以看到编辑后的文字效果。

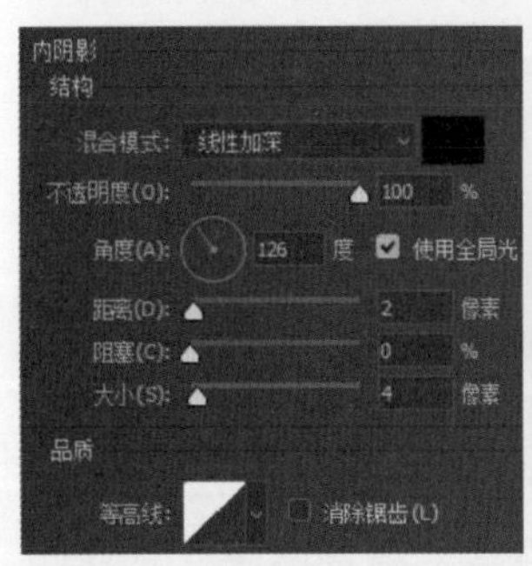

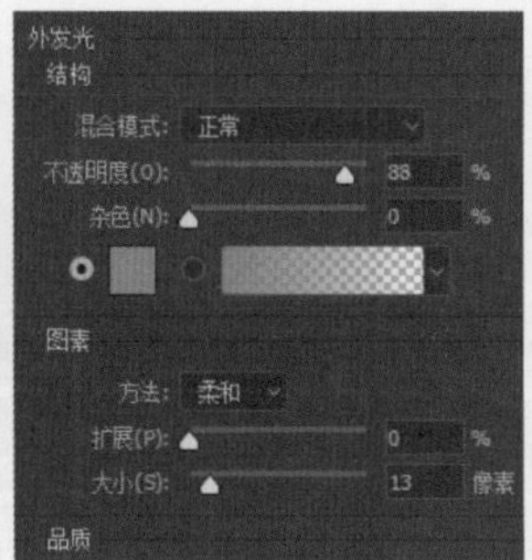

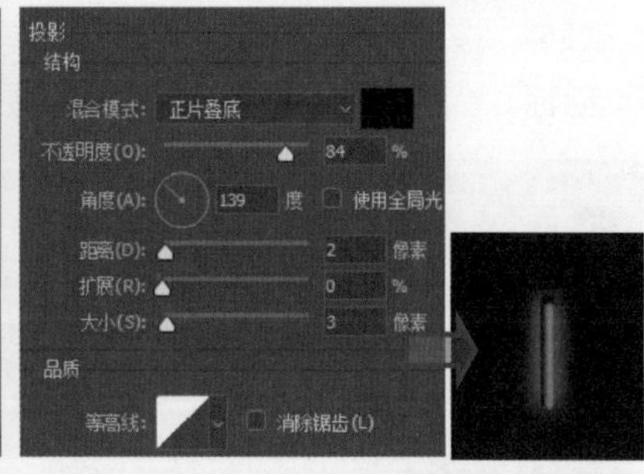

步骤 09 使用“横排文字工具”在图形下方输入所需文字，双击字母 O 的文字图层，在打开的“图层样式”对话框中设置“投影”图层样式，为文字添加投影。

步骤 10 按下 Ctrl+J 组合键，复制图层组，创建“组 1 拷贝”图层组，调整图层组中的图形和文字位置，并适当更改样式效果，完成开关的制作。

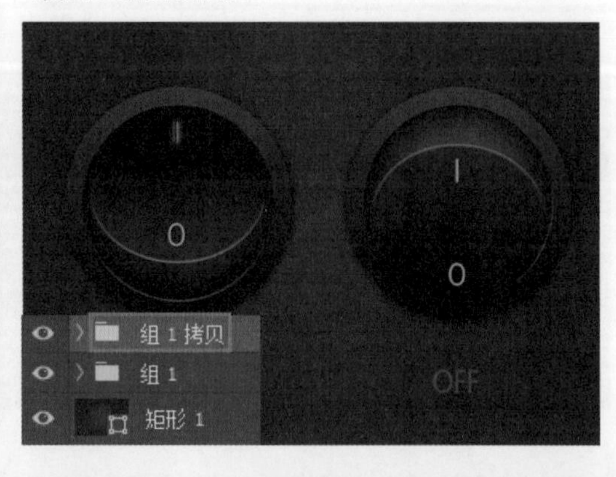

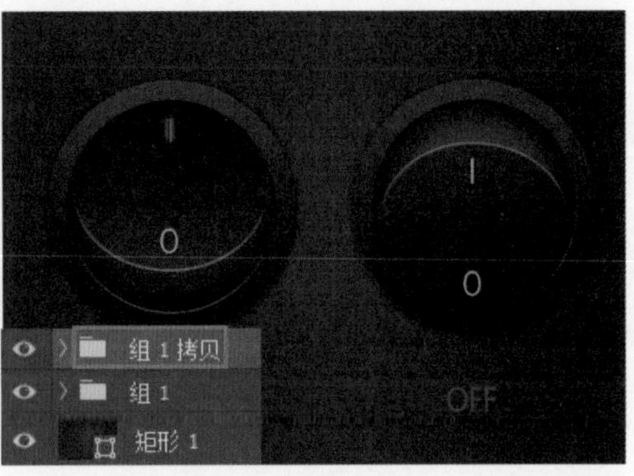

4.3.2 层次分明的开关设计

在设计开关时，除了要着重表现开关的外观形态，同时也需要借助相应的样式突出开关的立体感与质感，尤其对 Android 系统而言。要制作出层次分明的开关按钮，需要使用不同的图形加以组合，并为这些图形填充不同的颜色，通过叠加表现层次感，再使用图层样式修饰图形，加强其立体感。

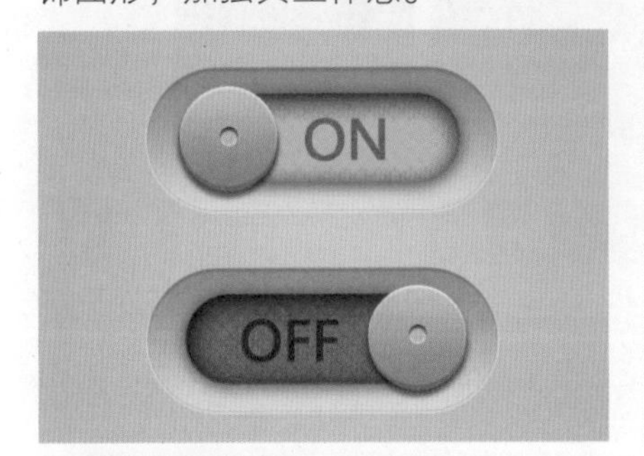

素　材：无

源文件：随书资源\04\源文件\层次分明的开关设计.psd

软件功能应用：圆角矩形工具，椭圆工具，“描边”“投影”“内阴影”“斜面和浮雕”“图案叠加”图层样式

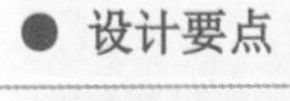

● 设计要点

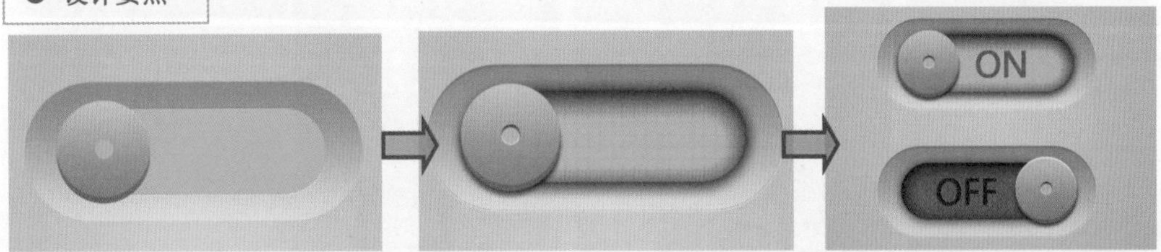

根据要表现的按钮形状，绘制出相应的图形，用不同颜色的色块堆叠出按钮外观。

通过“内阴影”“投影”等图层样式，增强界面元素的层次感，展示出逼真的视觉效果。

变换按钮的颜色，根据按钮的开关状态，再添加文字，模拟出真实开关在开启、关闭时的外观变化。

● 步骤详解

步骤 01 新建文档，创建新图层，设置前景色为 R:220、G:229、B:232，背景色为 R:199、G:203、B:205，选择“渐变工具”，在选项栏中选择“从前景色到透明度渐变”，单击“径向渐变”按钮，从画面中间向外侧拖动，填充渐变颜色。

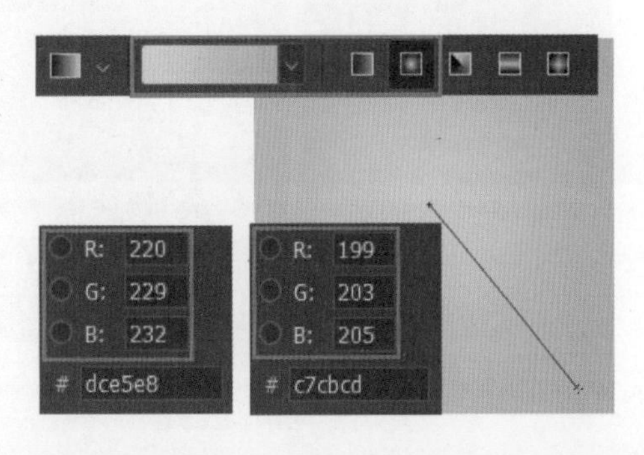

步骤 02 选择“圆角矩形工具”，单击选项栏中的“填充”按钮，在展开的面板中设置渐变颜色，输入“半径”为 150 像素，新建“开启”图层组，在画面中单击并拖动鼠标，绘制圆角矩形。

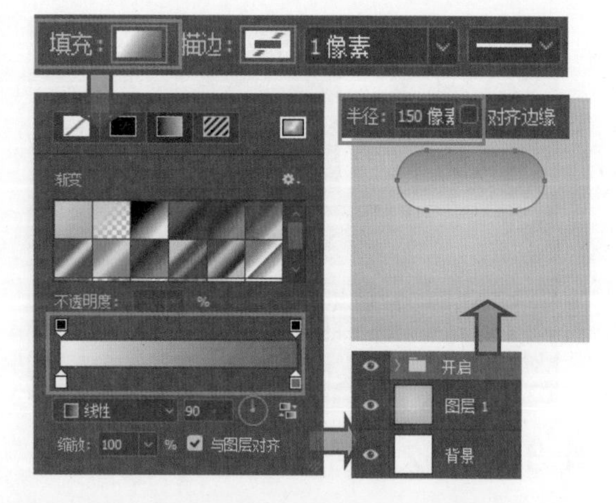

步骤 03 双击形状图层，打开“图层样式”对话框，在对话框中设置“描边”“内阴影”和“投影”图层样式，对绘制的图形进行修饰，在图像窗口中查看应用图层样式后的效果。

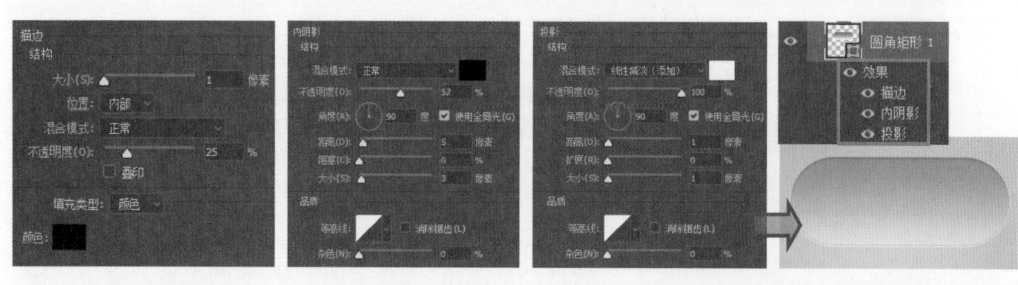

步骤 04 使用“圆角矩形工具”再绘制一个图形，在选项栏中将填充色更改为绿色后，双击图层，打开“图层样式”对话框，在对话框中设置“内阴影”“图案叠加”和“投影”样式，为图形添加样式效果。

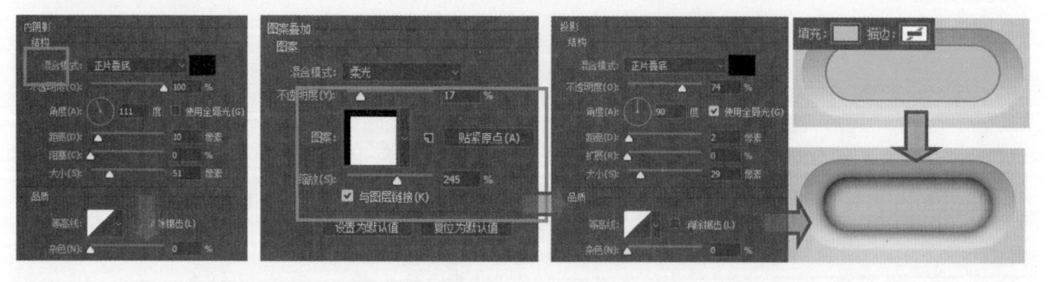

步骤 05 右击“圆角矩形 2”图层下方的图层样式，在弹出的快捷菜单中执行“创建图层”命令，分离图层和图层样式。

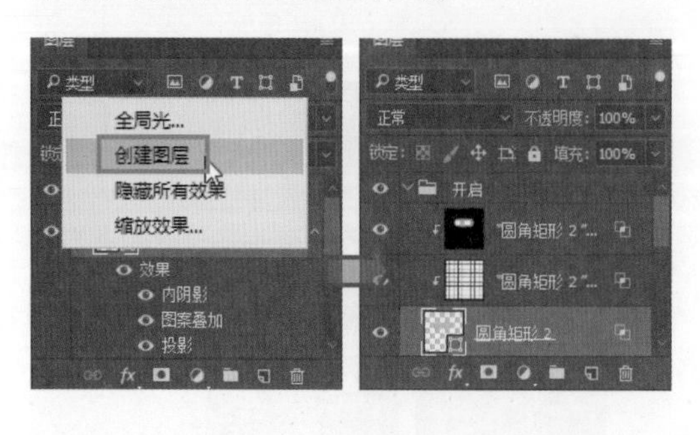

步骤 06 选择图案叠加样式图层，按下 Ctrl+T 组合键，打开自由变换编辑框，在选项栏中设置旋转角度为 45 度，旋转图像。

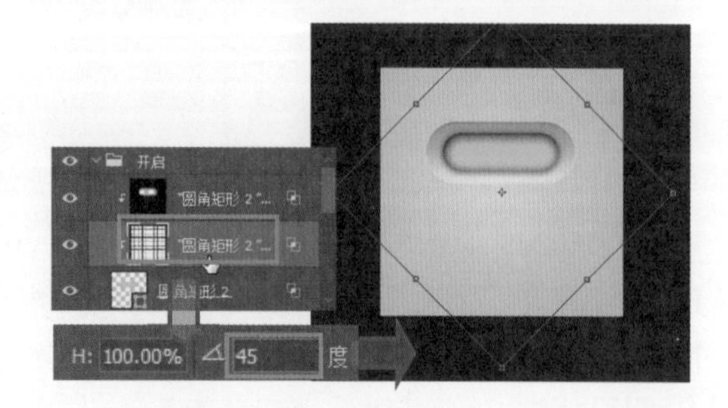

步骤 07 使用“椭圆工具”在画面中绘制一个圆形，并设置合适的填充颜色，然后双击图层，打开“图层样式”对话框，设置“内阴影”样式，修复绘制的圆形。

步骤 08 按下 Ctrl+J 组合键，复制图层，创建“椭圆 1 拷贝”图层，选中复制的圆形图层，在选项栏中更改填充颜色，然后利用“变换”命令调整圆形大小。

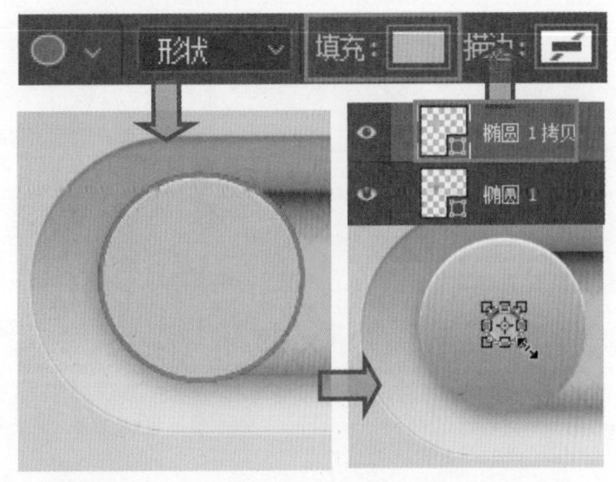

步骤 09 双击“椭圆 1 拷贝”图层，打开“图层样式”对话框，在对话框中设置“内阴影”和“内发光”样式，在图像窗口可查看添加样式后的图形效果。

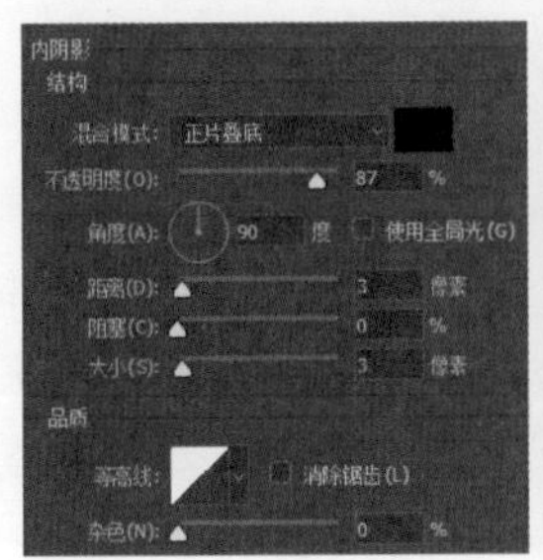

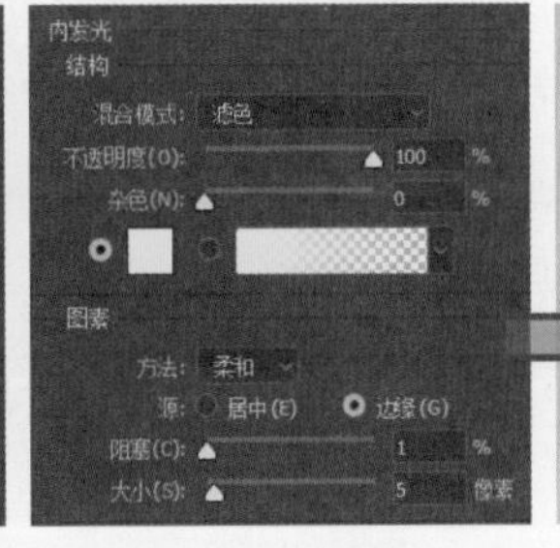

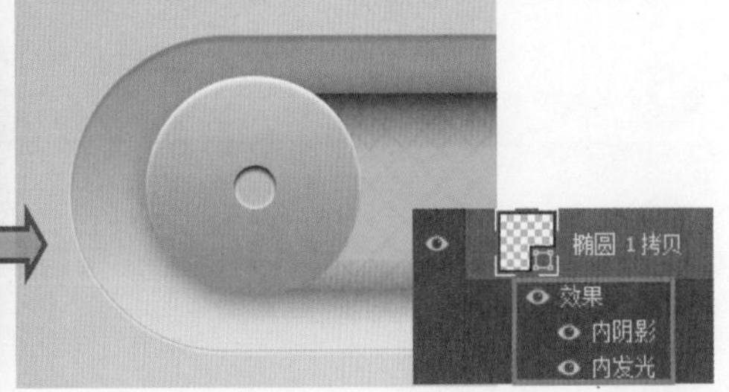

步骤 10 按下 Ctrl+J 组合键，再次复制圆形，调整图形的位置，打开“图层样式”对话框，在对话框中设置“投影”样式，使用“横排文字工具”在图形中间输入文字 ON。

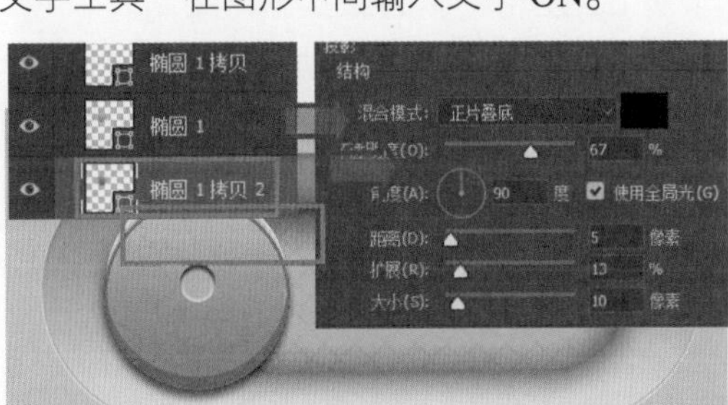

步骤 11 按下 Ctrl+J 组合键，复制“开启”图层组，将复制的图层组命名为“关闭”，然后向下移至所需位置，最后调整按钮的颜色和文字内容，完成开关按钮的设计。

4.3.3 单选和复选开关设计

单选和复选开关在界面中也是比较常见的，在系统中默认了一些简单的单选或复选开关，而在为不同的UI界面设计单选或复选开关时，可以对其进行一些创意化的设计，如更改开关的颜色，为开关添加投影、阴影样式。

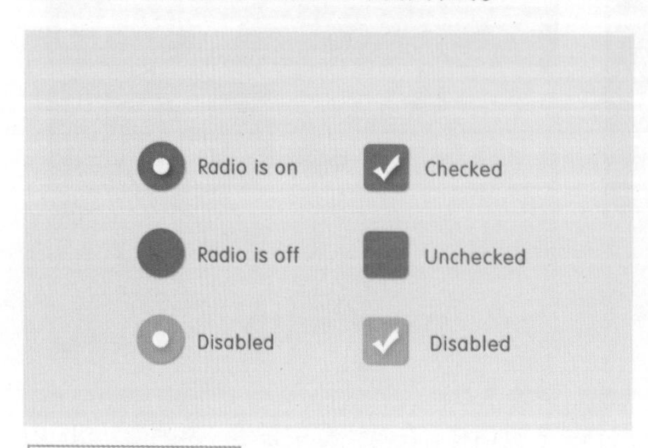

素 材：无

源文件：随书资源\04\源文件\单选和复选开关设计.psd

软件功能应用：圆角矩形工具，椭圆工具，自定形状工具，"投影"图层样式

● 设计要点

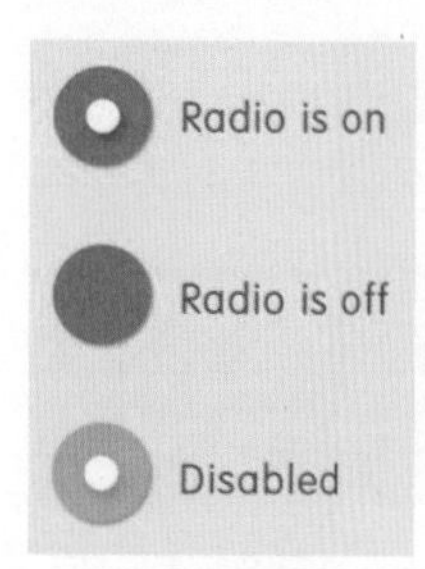

单选开关，在圆圈中显示圆点，再通过圆点的颜色变化来表现开关在开启、关闭和禁用时的效果。

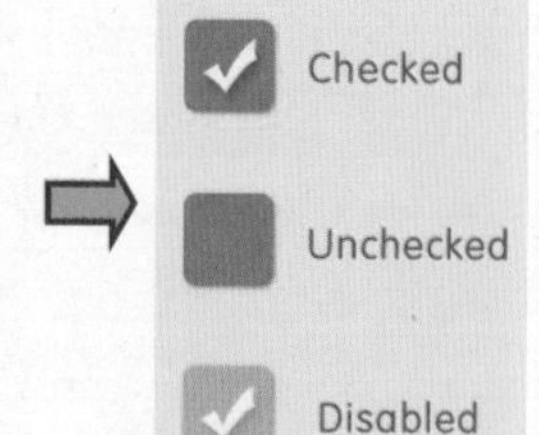

复选开关，在方框中打钩选择，通过方框中勾选符号的颜色和是否显示勾选符号来表现不同状态下的复选框效果。

● 步骤详解

步骤01 创建新文件，新建"组1"图层组，然后选择"椭圆工具"，设置合适的填充颜色，按下Shift键单击并拖动鼠标，绘制圆形图形。

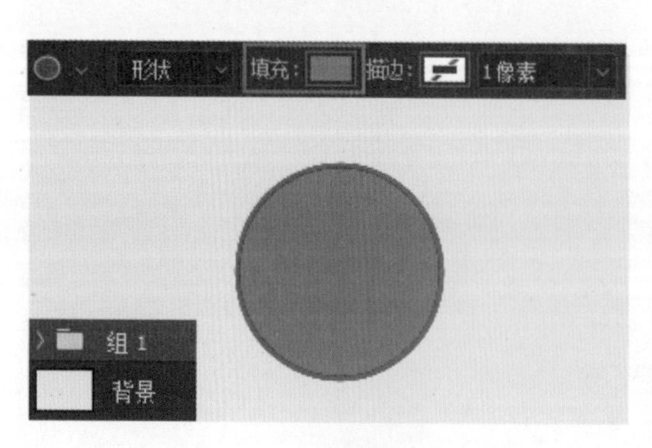

步骤02 使用"椭圆工具"再绘制一个白色的圆形，使用"移动工具"同时选中两个圆形，单击选项栏中的"垂直居中对齐"和"水平居中对齐"按钮，对齐图形。

步骤 03 双击白色圆形所在图层，打开“图层样式”对话框，在对话框中单击并设置“投影”图层样式，为图形添加投影效果。

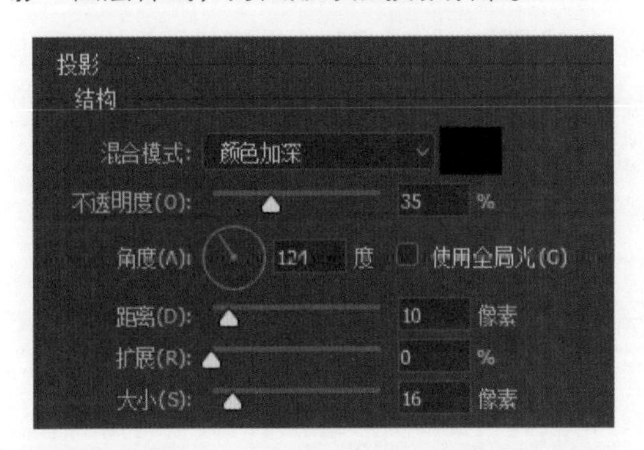

步骤 04 选择“横排文字工具”，在绘制的图形右侧输入所需文字，然后打开“字符”面板，设置文字属性。

步骤 05 连续按下 Ctrl+J 组合键，复制两个图层组，得到“组 1 拷贝”和“组 1 拷贝 2”图层组，分别调整图层组中的图形和文字文本内容。

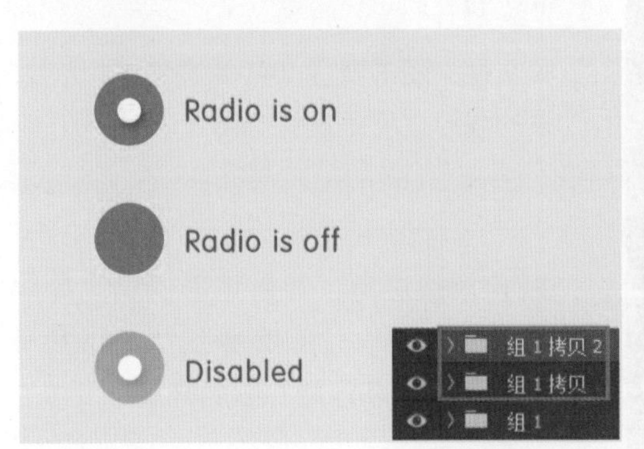

步骤 06 新建“组 2”图层组，选择“圆形矩形工具”，在选项栏设置“半径”为 15 像素，按下 Shift 键单击并拖动鼠标，绘制一个圆角矩形。

步骤 07 选择“自定形状工具”，单击“形状”拾色器中的“复选标记”形状，在圆角矩形中间位置绘制图形，然后将“组 1”中的“椭圆 2”图层中的“投影”图层样式复制到“形状 1”图层下方。

步骤 08 使用“横排文字工具”在绘制的图形右侧输入所需的文字，然后连续按下 Ctrl+J 组合键，复制图层组，创建“组 2 拷贝”和“组 2 拷贝 2”图层组，更改图层组中的图形和文本内容。

4.4 进度条

在应用程序的操作中，对于完成部分可以确定的情况下，使用确定的指示器能让用户对某个操作所需要的时间有个快速了解，这种指示器我们称之为进度条。进度条显示的类型有两种，一种是线形进度条，另一种是圆形进度条，我们可以使用其中任何一种来指示确定性和不确定性的操作。

4.4.1 发光效果的线形进度条设计

线形进度条应始终从 0%标记到 100%，并且永远不会返回变成更小的值，当指示器达到 100%时，也不会返回到 0%再重新开始。有的线形进度条会将加载信息的百分比显示出来，有的则只包含一个进度条，用户只能通过观察线形长短大致猜测加载进度。我们常用的播放器的播放进度条就是最常见的一种线形进度条。

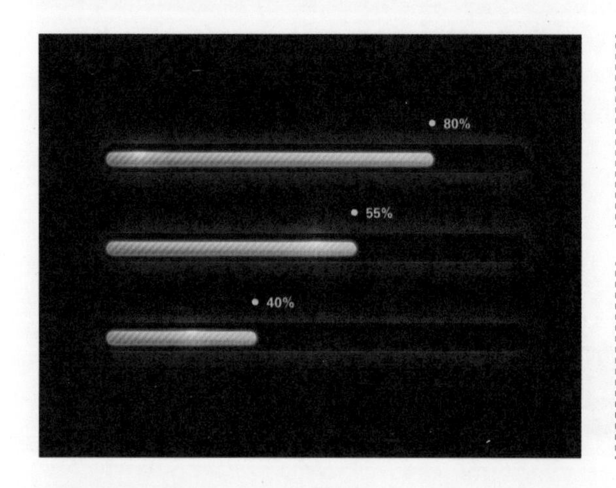

素　材：无

源文件：随书资源 \04\ 源文件 \ 发光效果的线形进度条设计 .psd

软件功能应用：圆角矩形工具，直接选择工具，“图案叠加”“外发光”“斜面和浮雕”图层样式

● 设计要点

创建线形的图形，使用渐变色对进度条图形进行颜色的填充。

利用“外发光”“投影”等图层样式让进度条的层次丰富起来，呈现出立体的效果，其表现效果更加逼真。

在进度条图形上方输入加载信息的值，以精确的数值方便用户了解加载进度。

● 步骤详解

步骤 01 新建文档，创建新图层，设置前景色为 R:17、G:17、B:17，按下 Alt+Delete 组合键，填充图层，通过双击图层，打开“图层样式”对话框，设置“图案叠加”样式。

步骤 02 新建“进度条 1”图层组，选择“圆角矩形工具”，在选项栏中设置合适的填充色，输入“半径”为 150 像素，在画面中单击并拖动鼠标，绘制圆角矩形。

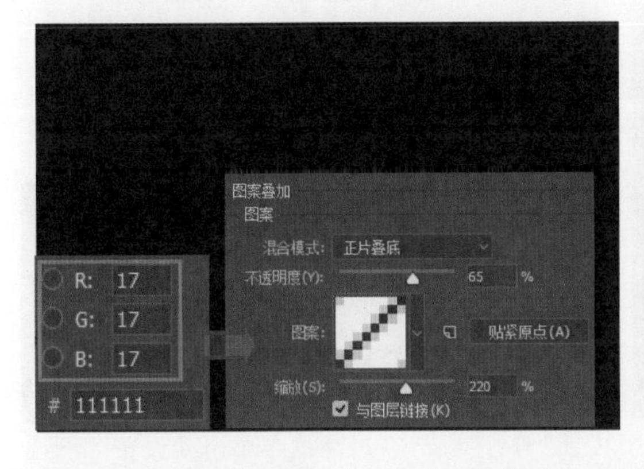

步骤 03 双击形状图层，打开“图层样式”对话框，在对话框中设置“外发光”和“投影”图层样式，为“圆角矩形 1”图层添加样式，在图像窗口中查看添加样式后的图形效果。

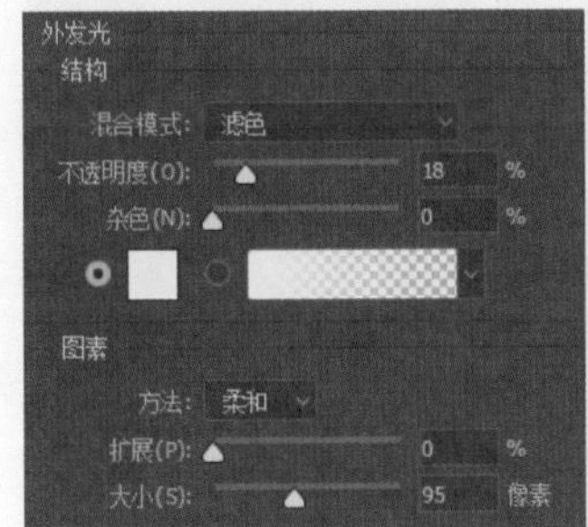

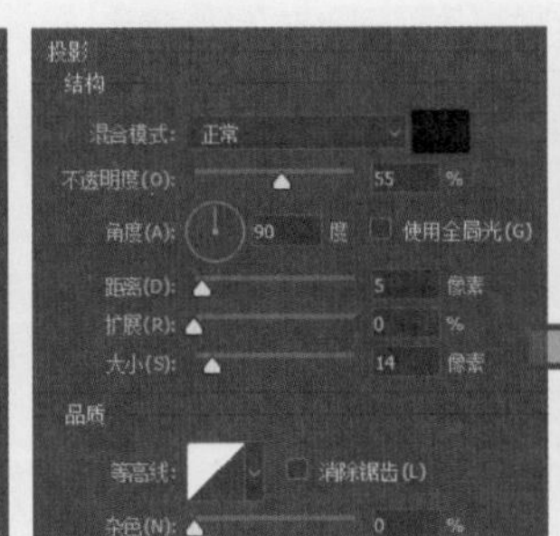

步骤 04 使用“圆角矩形工具”再绘制一个同等大小的图形，得到“圆角矩形 2”形状图层，使用“直接选择工具”选中图形，单击选项栏中的“填充”按钮，在展开的面板中设置渐变颜色填充图形。

步骤 05 双击“圆角矩形 2”形状，打开“图层样式”对话框，在对话框中单击并设置“描边”和“投影”图层样式。

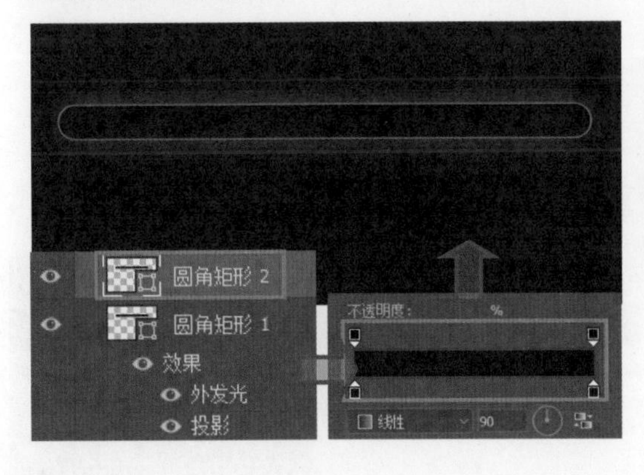

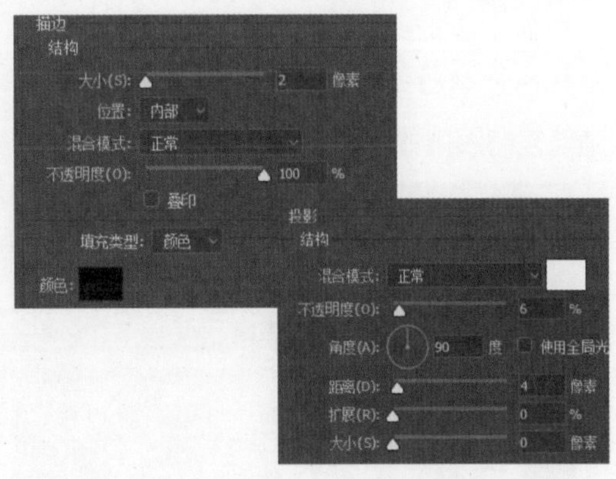

步骤06 单击“内发光”图层样式，在展开的选项卡中设置样式选项，设置后单击“确定”按钮，返回图像窗口，查看应用样式后的图形效果。

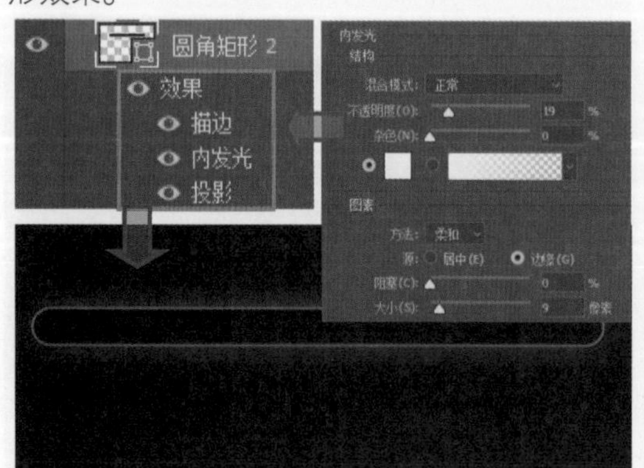

步骤07 选择“圆角矩形工具”，单击选项栏中的“填充”按钮，在展开的面板中设置填充颜色，在画面中单击并拖动鼠标，绘制图形得到“圆角矩形3”图层。

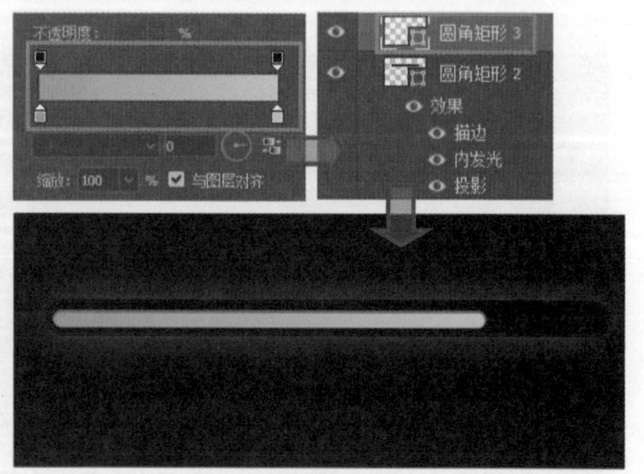

步骤08 双击“圆角矩形3”图层，打开“图层样式”对话框，在对话框中单击并设置“斜面和浮雕”“内阴影”“描边”和“外发光”样式，利用设置的样式修饰图形，在图像窗口中查看设置后的效果。

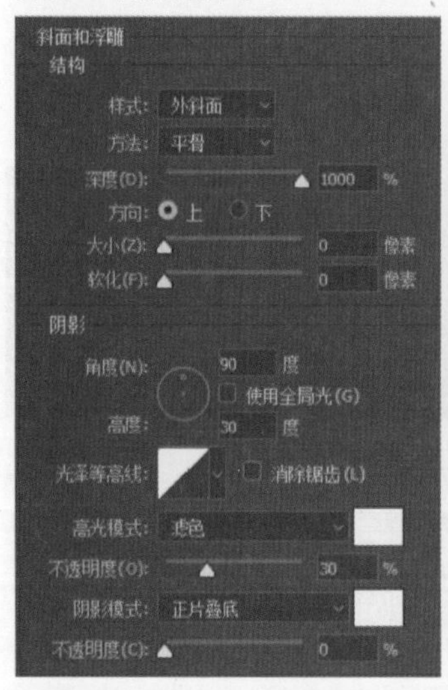

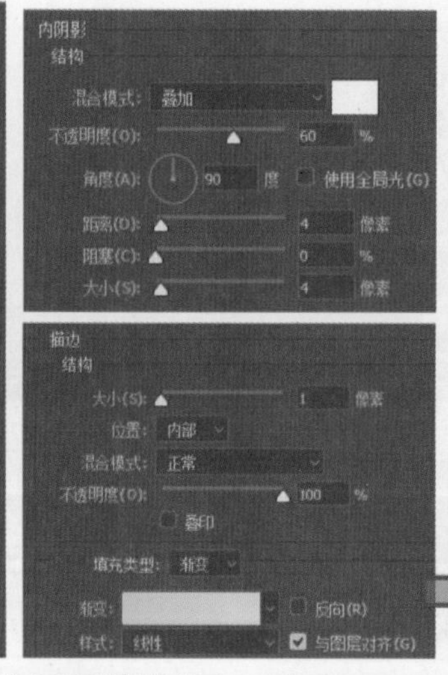

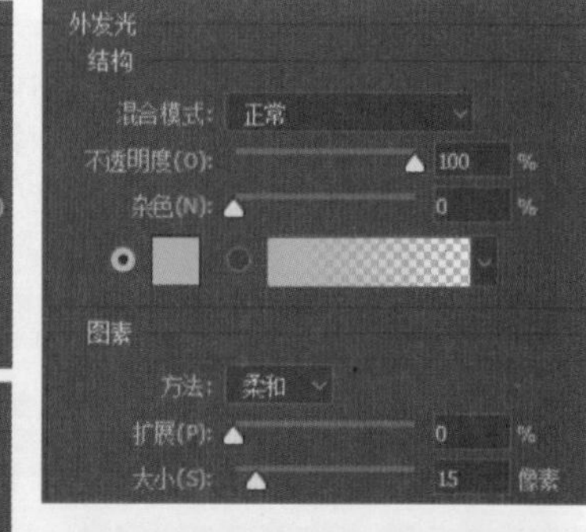

步骤09 按下Ctrl+J组合键，复制图层得到“圆角矩形3拷贝”图层，右击此图层，在弹出的快捷菜单中执行“清除图层样式”命令，清除复制图层的样式。

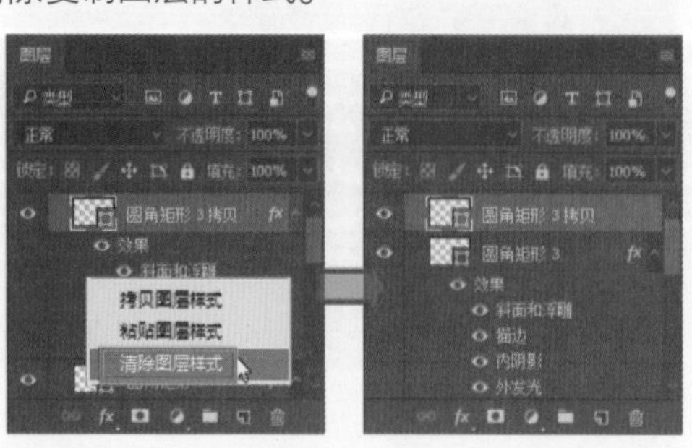

步骤10 双击“圆角矩形3拷贝”图层，打开“图层样式”对话框，在对话框中单击“斜面和浮雕”“阴影”图层样式，在展开的选项卡中设置选项。

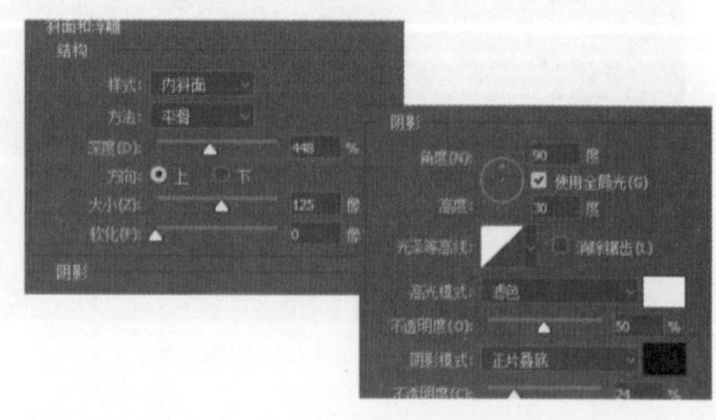

步骤 11 单击“图案叠加”样式，在展开的选项卡中单击并设置样式选项，设置后单击“确定”按钮，对图形应用新的图层样式效果。

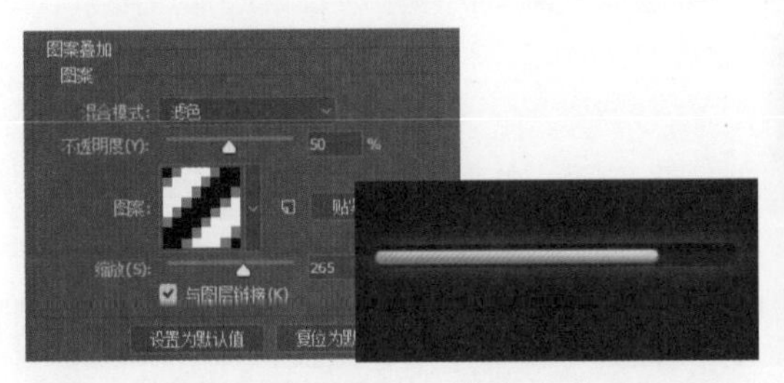

步骤 12 选择“椭圆工具”，在选项栏中设置填充颜色后，按下 Shift 键不放，单击并拖动鼠标，绘制一个圆形。

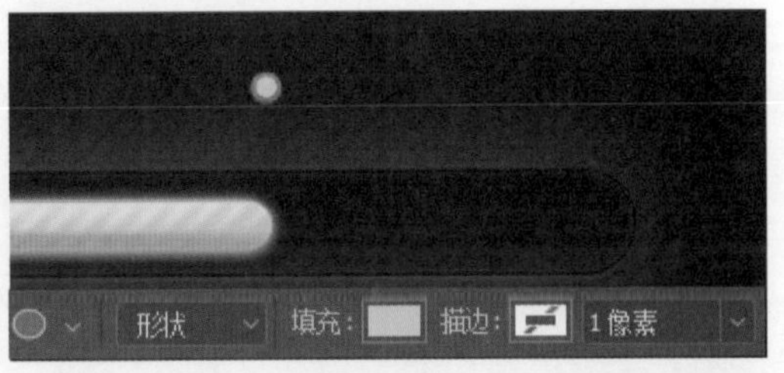

步骤 13 选择工具箱中的“横排文字工具”，在适当的位置单击，输入所需的文字，然后打开“字符”面板，对文字的属性进行设置。

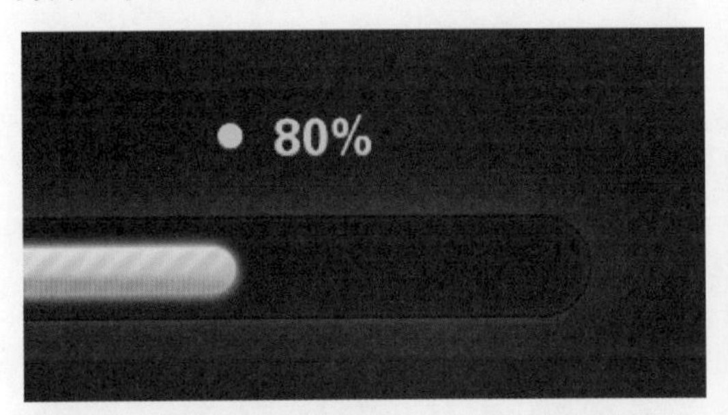

步骤 14 选中“进度条 1”图层组，按下 Ctrl+J 组合键，复制图层组，向下移到图层组中的图形和文本对象。

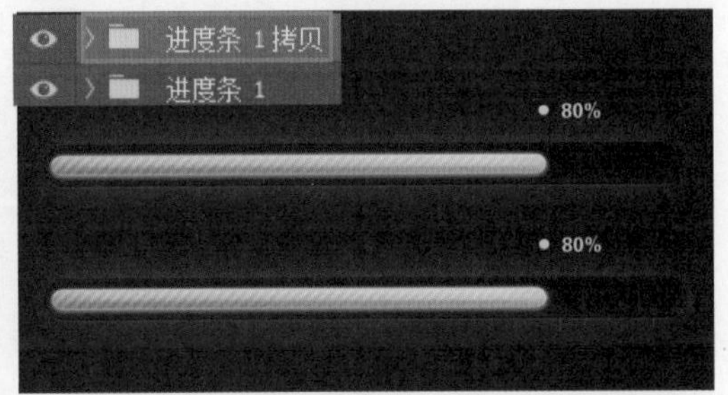

步骤 15 按下 Shift 键不放，使用“直接选择工具”选中图形右侧的锚点，按下键盘中的向左方向箭头，调整图形外观。

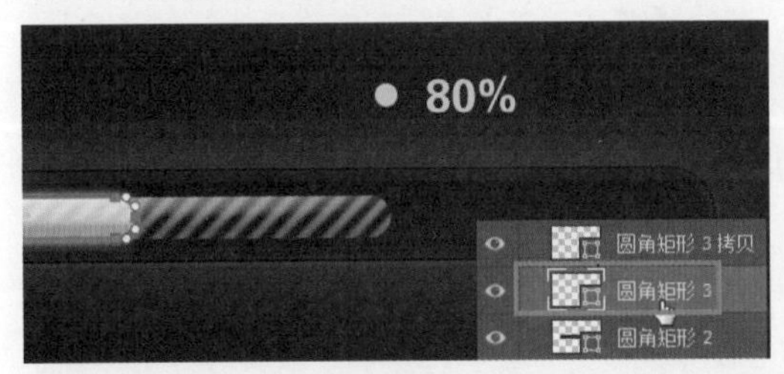

步骤 16 使用相同的方法，选择“圆角矩形 3 拷贝”图层，调整图层中图形的外观，然后根据进度条长短更改数据。

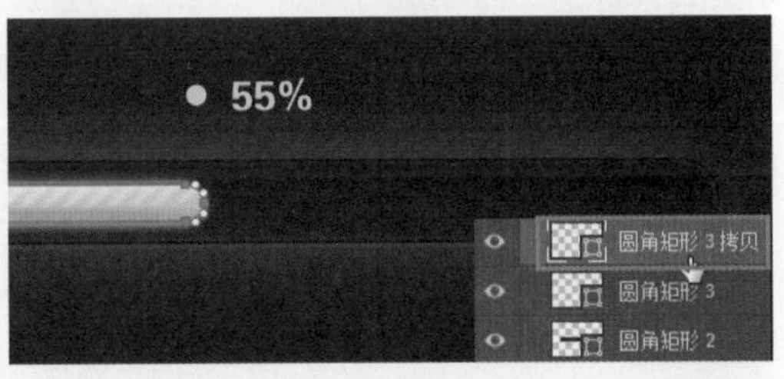

步骤 17 按下 Ctrl+J 组合键，复制图层组，创建“进度条 1 拷贝”图层组，根据需要调整进度条的长度和数据。

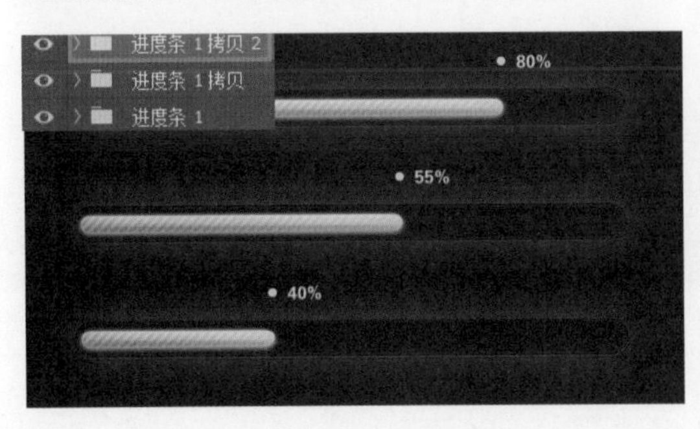

步骤 18 载入“光晕”画笔，新建“图层 2”图层，设置混合模式为“叠加”，“不透明度”为 70%，在进度条上单击，添加高光效果。

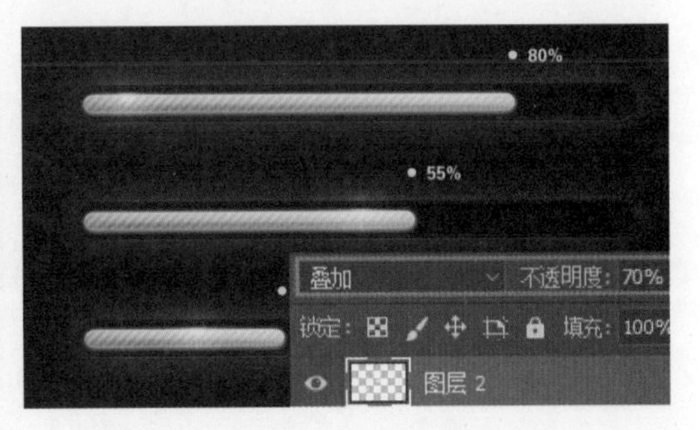

4.4.2 清新风格的圆形进度条设计

圆形进度条的设计可以为一个简单的圆形，也可以将它与有趣的图标或者刷新图标结合在一起使用，它的设计相比线形进度条显得更加丰富。下面案例中所设计的圆形进度条，通过利用图层样式，呈现出更丰富的层次感。

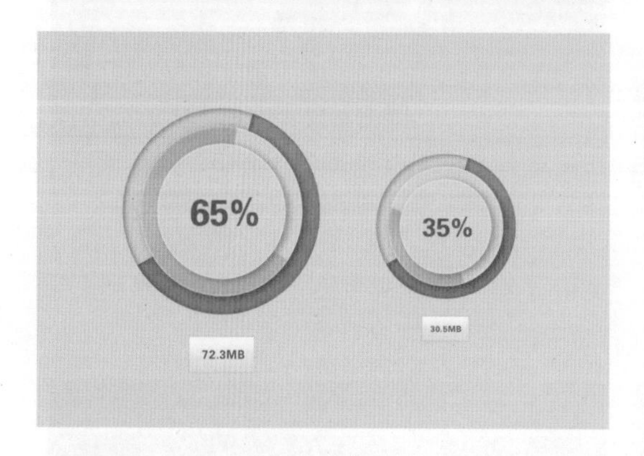

素　材：无

源文件：随书资源 \04\ 源文件 \ 清新风格的进度条设计 .psd

软件功能应用：圆角矩形工具，直线工具，直接选择工具，“内投影”“内发光”图层样式

● 设计要点

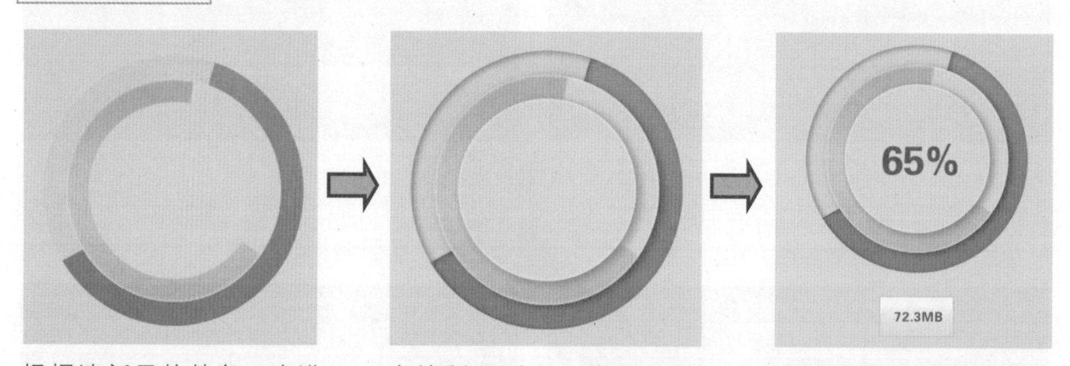

根据清新风格特色，在进度条上，用比较清新靓丽的黄色和淡红色填充进度条图案。

在绘制图形上，使用“内阴影”“投影”等样式制作内陷的效果，得到更有层次感和立体感的图形。

通过在圆形进度条的中间和下方输入精确的参数值，便于用户通过进度条即时查看运行的进度。

● 步骤详解

步骤 01 执行“文件 > 新建”菜单命令，在打开的“新建文档”对话框中指定新建文档的宽度、高度与背景颜色，设置后单击“创建”按钮，创建新文档，并将背景设为浅灰色效果，单击“创建新组”按钮，新建图层组。

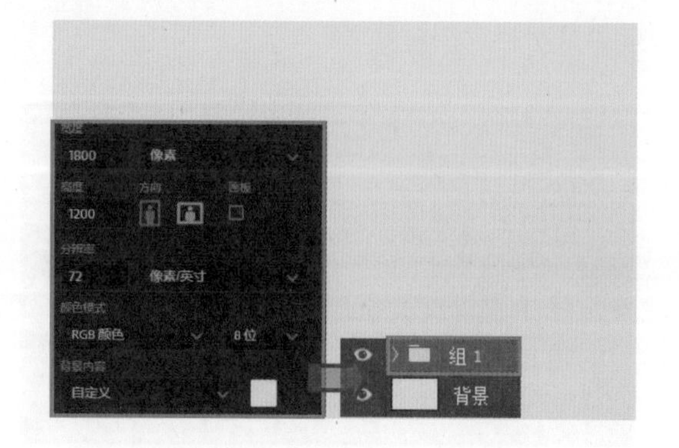

步骤 02 选择“椭圆工具”，在选项栏中设置填充颜色，按下 Shift 键单击并拖动鼠标，绘制圆形，双击形状图层，打开“图层样式”对话框，设置“内阴影”样式，修饰图形。

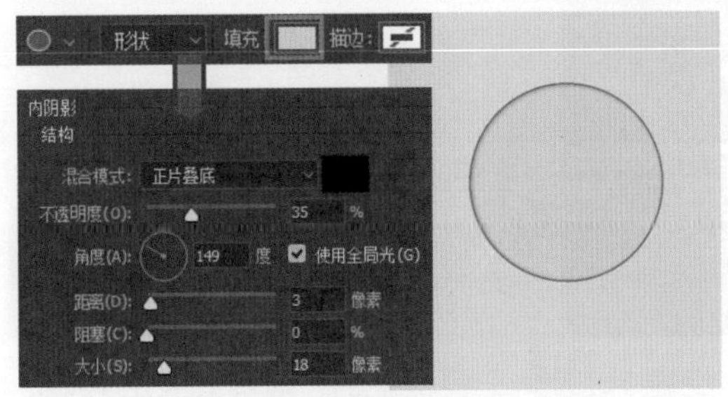

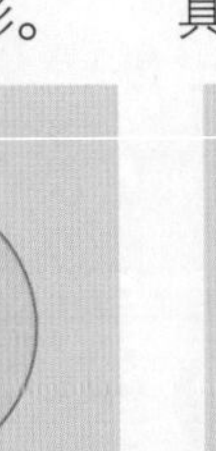

步骤 03 按下 Ctrl+J 组合键，复制图层，使用“直接选择工具”选中复制的圆形，并删除路径上的一些锚点，然后使用“转换点工具”调整图形。

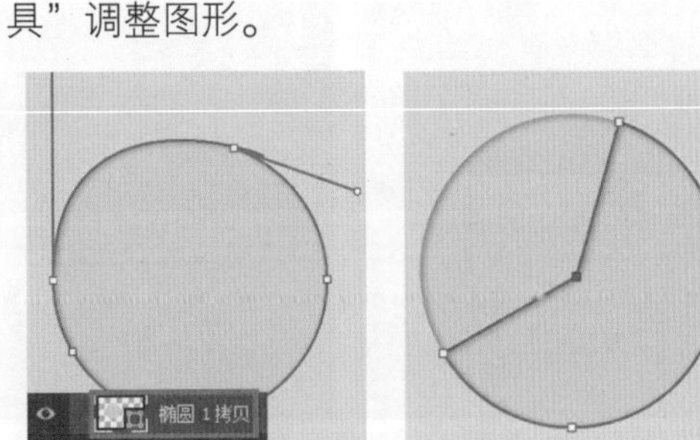

步骤 04 单击选项栏中的“填充”按钮，在展开的面板中单击“渐变”按钮，然后在下方设置要填充的渐变颜色，更改图形的填充颜色。

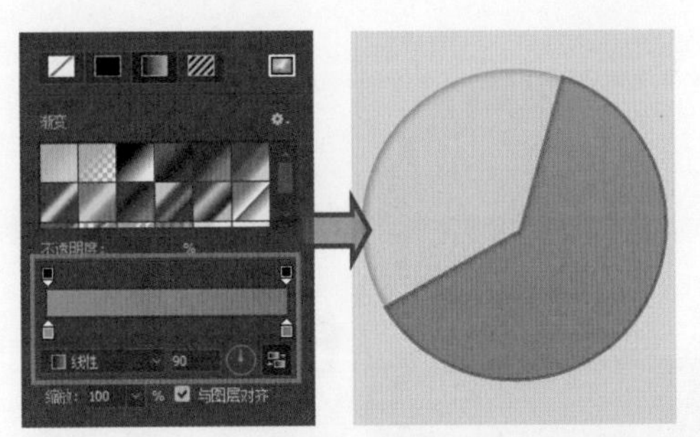

步骤 05 使用“椭圆工具”再绘制一个灰色圆形，使用“移动工具”同时选中两个圆形，单击选项栏中的“垂直居中对齐”按钮和“水平居中对齐”按钮，对齐图形。

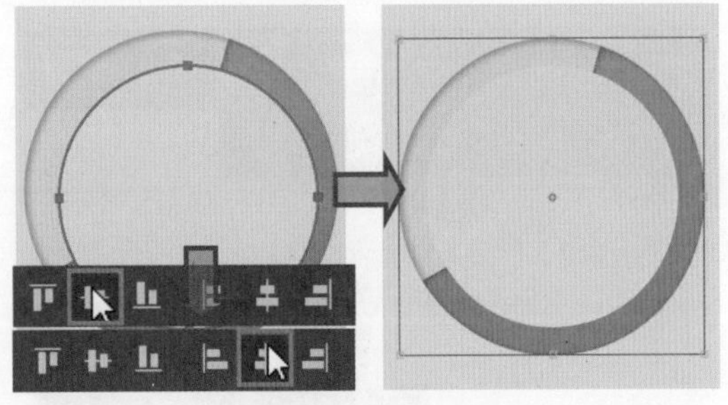

步骤 06 双击“椭圆 2”图层，打开“图层样式”对话框，在对话框中单击“内发光”和“投影”图层样式，在展开的选项卡中设置样式选项，在图像窗口中查看编辑后的效果。

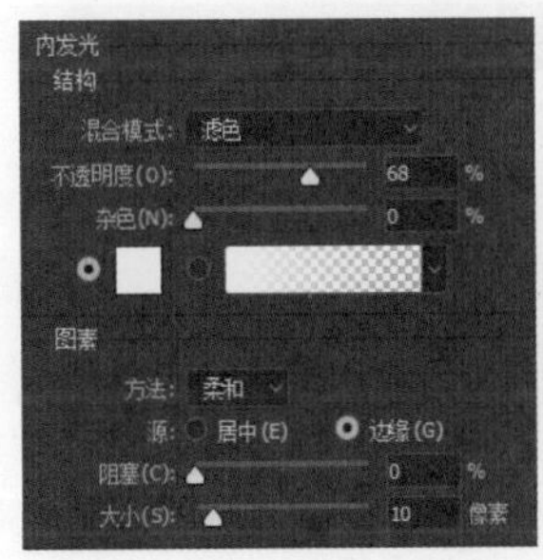

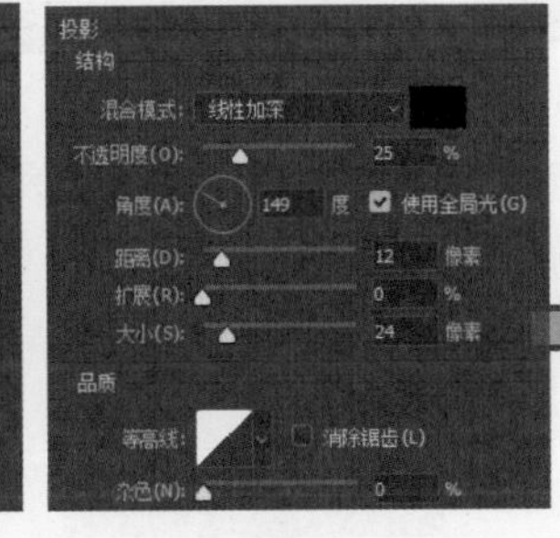

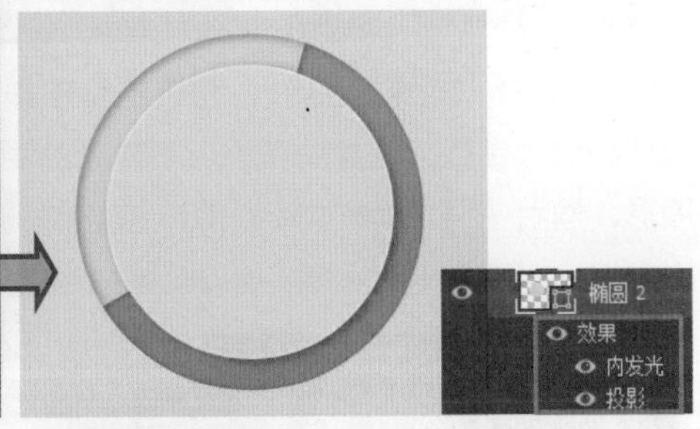

步骤 07 按下 Ctrl+J 组合键，复制图层，得到“椭圆 2 拷贝”图层，结合路径编辑工具调整图形，将其转换为半圆效果，再根据需要重新设置填充颜色。

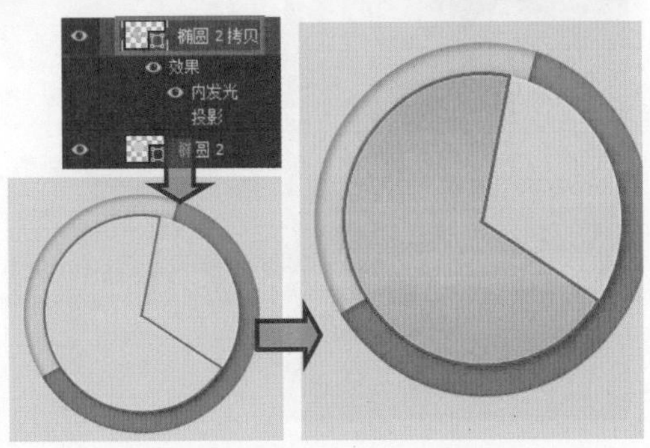

步骤 08 使用“椭圆工具”再绘制一个更小的圆形，得到“椭圆 3”图层，双击图层，打开“图层样式”对话框，在对话框中单击“内发光”和“投影”图层样式，并在展开的选项卡中设置样式选项，为图形添加内发光和投影效果。

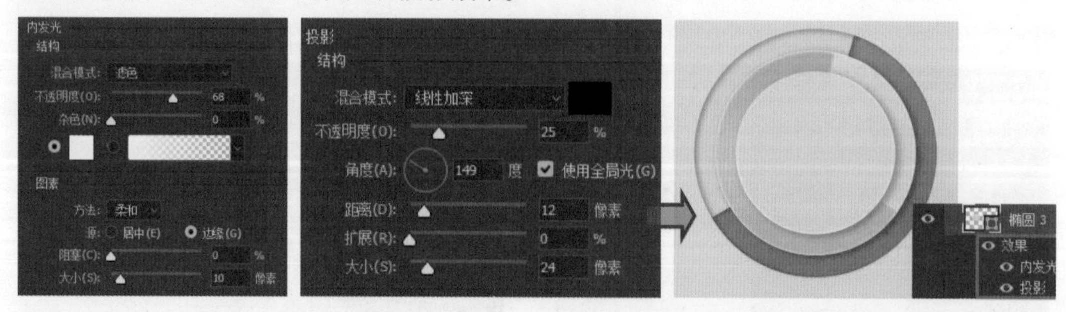

步骤 09 选择“直线工具”，在选项栏中设置填充颜色和粗细值，设置后在圆形周围绘制多条直线，在“图层”面板中得到“形状 1”图层，将此图层的混合模式更改为“柔光”，“不透明度”为 50%。

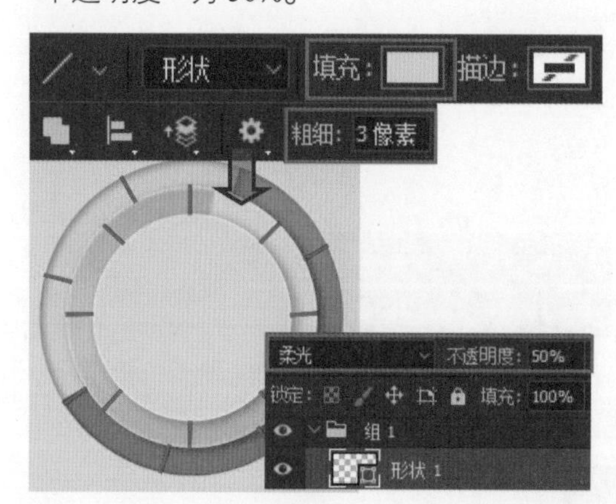

步骤 10 选择工具箱中的“横排文字工具”，在适当位置单击，输入所需的文字，然后打开“字符”面板，在面板中对文字的属性进行设置。

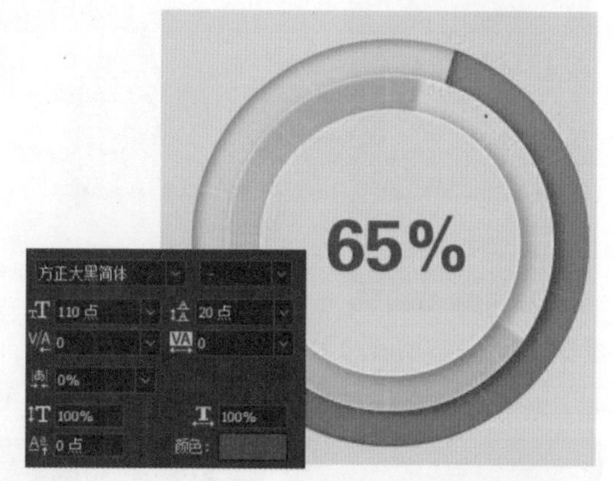

步骤 11 选择“矩形工具”，在选项栏中填充颜色和描边颜色，设置后在圆形下方绘制矩形图形，然后使用“横排文字工具”在绘制的矩形中间输入所需文字。

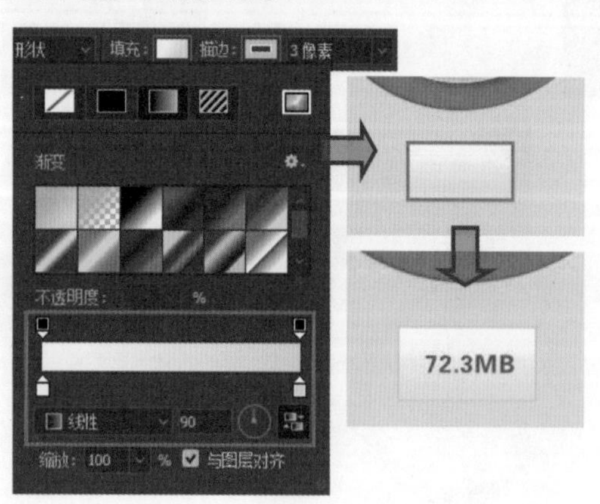

步骤 12 选择“组 1”图层组，按下 Ctrl+J 组合键，复制图层组，按下 Ctrl+T 组合键，打开自由变换编辑框，缩放图层组中的图形和文字，然后根据需要做适当调整。

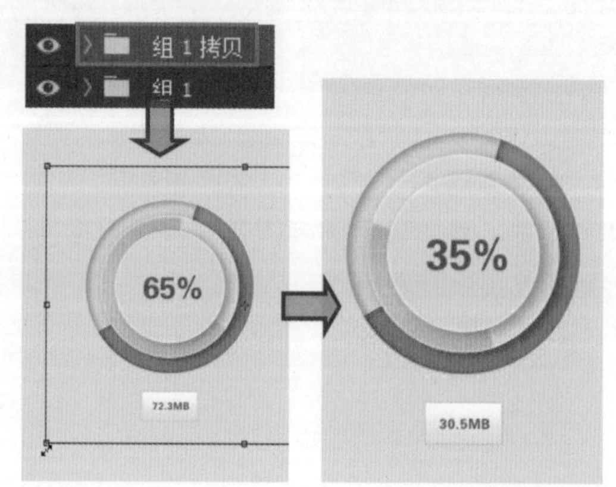

4.5 搜索栏

当用户在某个界面中查找信息时，就会使用搜索栏。搜索栏是一个 App 比较重要的组成部分，用户只需要在搜索栏中输入相关的信息并单击搜索按钮，就能根据输入的信息快速搜索到相关的内容并定位至该内容上。搜索栏一般由一个文本框和一个搜索按钮组成，并且可以根据界面效果对搜索栏进行艺术化处理。

4.5.1 扁平化的搜索栏设计

扁平化风格的搜索栏是最为普遍的，它以整洁、美观的形象更容易受到用户的青睐。如下所示的案例中，就是采用扁平化风格设置出的搜索栏，通过调整其图形的填充和描边色展示搜索栏在激活和未激活状态时的不同效果。

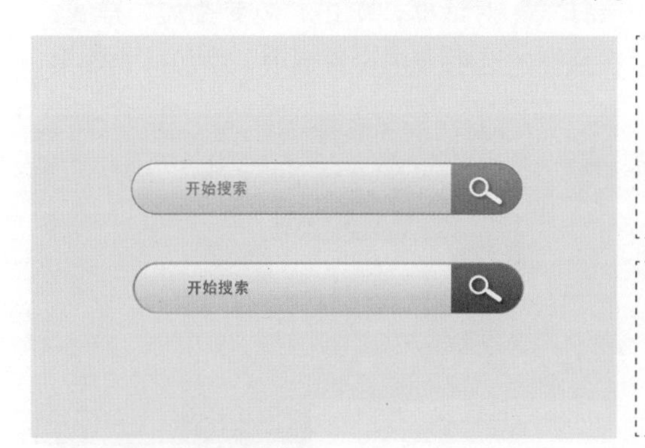

素　材：无

源文件：随书资源 \04\ 源文件 \ 扁平化的搜索栏设计 .psd

软件功能应用：圆角矩形工具，自定形状工具，“内阴影”“投影”“描边”图层样式

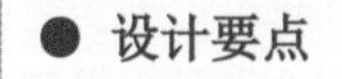

● 设计要点

绘制出搜索栏中整体外观，利用不同的色块划分搜索栏中的文本框区域和搜索按钮位置。

在搜索栏的右侧色块中间绘制搜索按钮，添加“投影”样式，展现逼真的投影效果。

对文本框、文本以及搜索图标背景的颜色进行一定更改，展开不同状态下的搜索效果。

● 步骤详解

步骤 01 创建新文件，选择“圆角矩形工具”，单击选项栏中的“填充”按钮，在展开的面板中设置填充颜色，然后调整半径值，使用“圆角矩形工具”绘制一个圆角矩形。

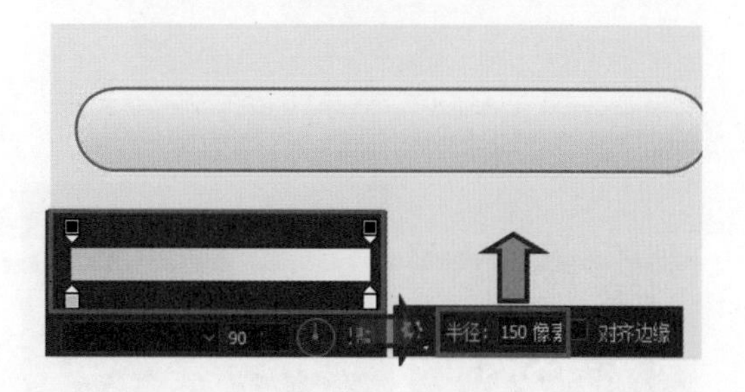

步骤 02 双击“圆角矩形 1”图层，打开“图层样式”对话框，在对话框中单击“内阴影”“投影”和“描边”图层样式，在展开的选项卡中设置样式选项，添加样式，在图像窗口中查看应用样式的效果。

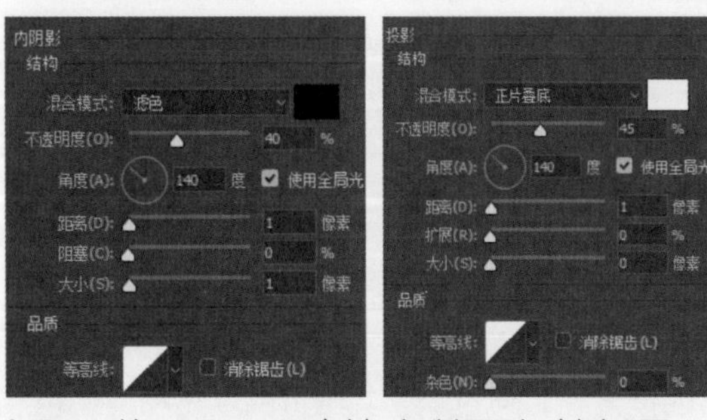

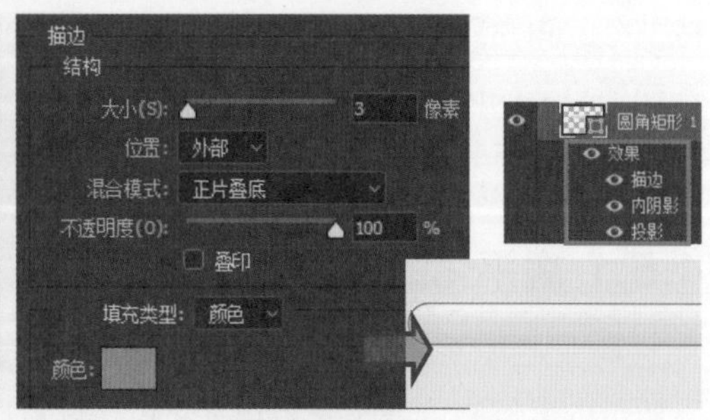

步骤 03 按下 Ctrl+J 组合键，复制图形，创建“圆角矩形 1 拷贝”图层，在选项栏中更改图形填充颜色，再结合路径编辑工具调整图形。

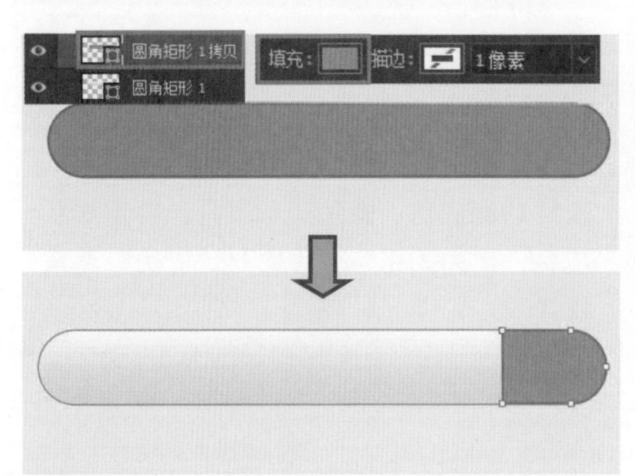

步骤 04 双击“圆角矩形 1 拷贝”图层，打开“图层样式”对话框，单击“渐变叠加”样式，在展开的选项卡中设置选项，添加样式效果。

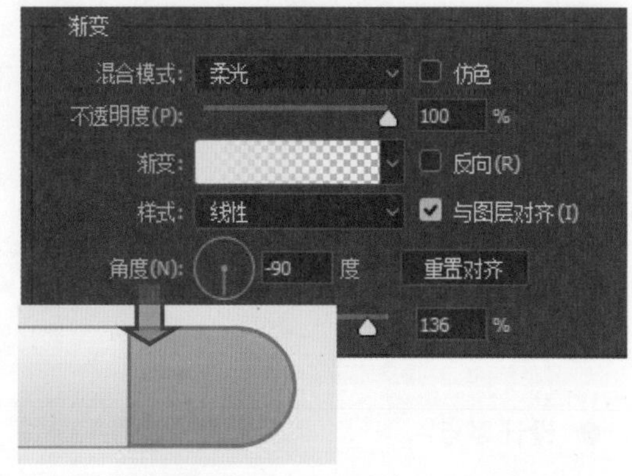

步骤 05 选择“自定形状工具”，单击“形状”拾色器中的“搜索”形状，在蓝色的图形上绘制搜索图形，双击形状图层，打开“图层样式”对话框，设置“投影”样式修饰图形。

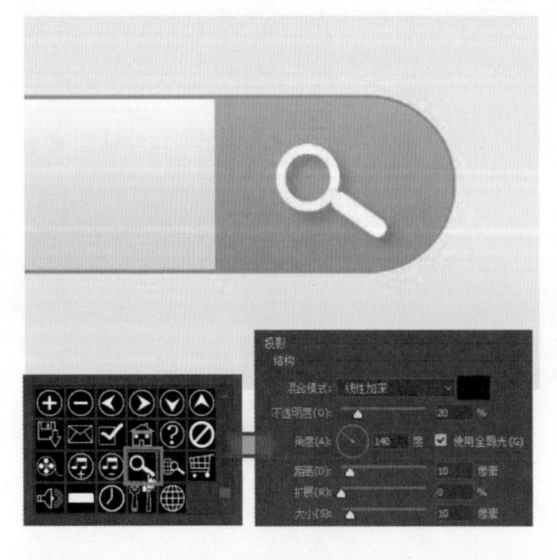

步骤 06 选择“横排文字工具”，在图形左侧单击输入所需文字，然后复制图形，将右侧的图形更改为灰色，制作出未选中的搜索栏效果。

4.5.2 布纹材质的搜索栏设计

随着 App 应用程序的不断开发和发展，搜索栏设计也是越来越别出心裁。如下面所设计的这个搜索栏，在设计的时候，使用图案叠加的方式，为搜索栏叠加图案样式，使其呈现出布纹质感。

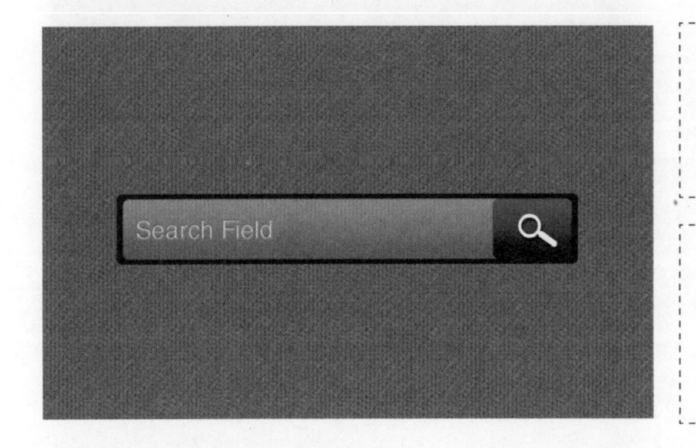

素　材：无

源文件：随书资源 \04\ 源文件 \ 布纹材质的搜索栏设计 .psd

软件功能应用：圆角矩形工具，“投影”“斜面和浮雕”图层样式，横排文字工具

● 设计要点

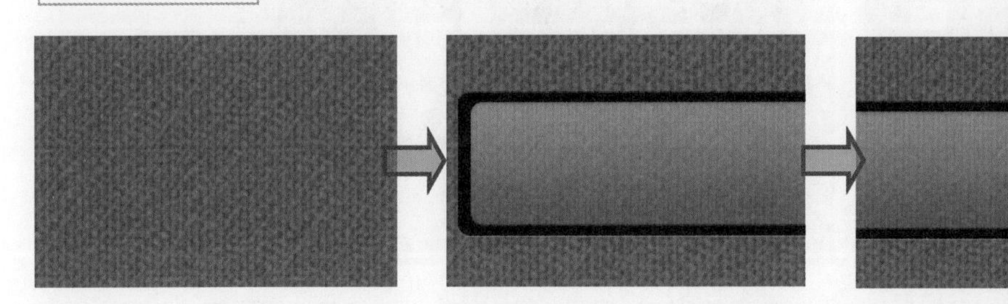

为形成统一的风格，先在背景中叠加布纹图案效果。

绘制搜索栏图形，并对图形使用“投影”“图案叠加”等样式丰富搜索效果。

在搜索栏的右侧绘制搜索按钮，用醒目的白色提醒用户单击。

● 步骤详解

步骤 01 新建文档，创建新图层，设置前景色为 R:127、G:124、B:128，按下 Alt+Delete 组合键，填充图层。

步骤 02 双击图层，打开“图层样式”对话框，单击对话框中的“图案叠加”样式，并设置要叠加的样式选项，应用样式效果。

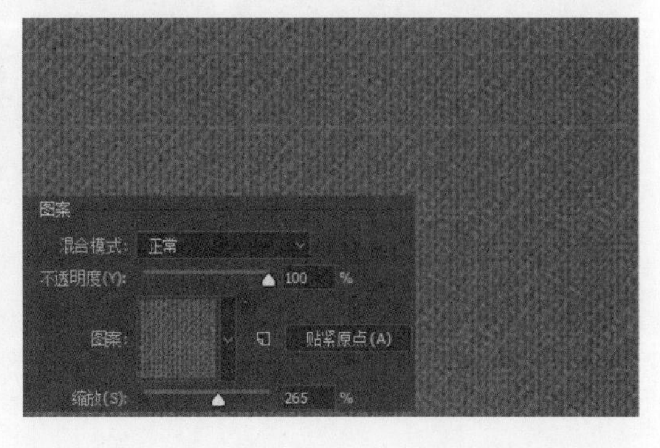

步骤 03 选择“圆角矩形工具”，在选项栏中设置填充颜色和半径选项，设置后在图像中绘制一个圆角矩形。

步骤 04 在“图层”面板中选择“圆角矩形 1”图层，设置此图层的混合模式为“柔光”，混合图像。

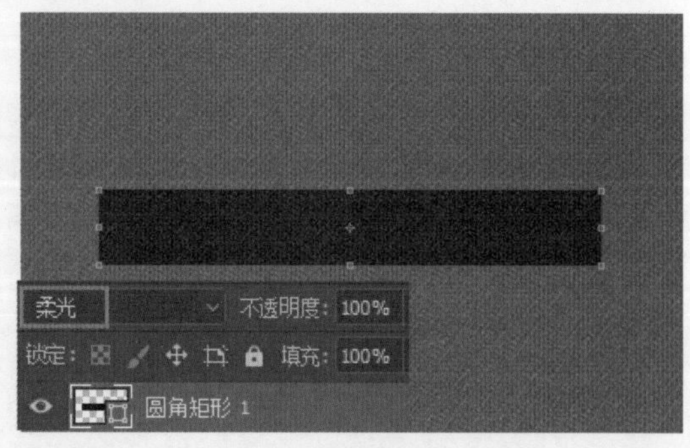

步骤 05 双击“圆角矩形 1”形状图层，打开“图层样式”对话框，在对话框中单击“投影”和“颜色叠加”图层样式，在展开的选项卡中设置样式选项，为图形添加样式效果。

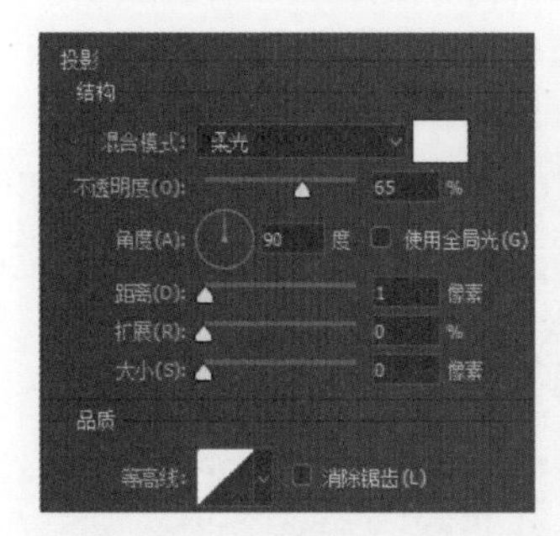

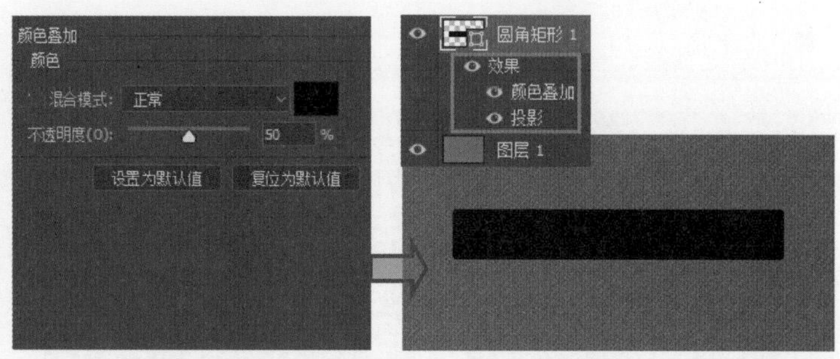

步骤 06 再次绘制圆角矩形，得到“圆角矩形 2”图层，双击该图层，打开“图层样式”对话框，在对话框中单击“内阴影”“渐变叠加”和“图案叠加”图层样式，并设置样式选项，添加样式效果。

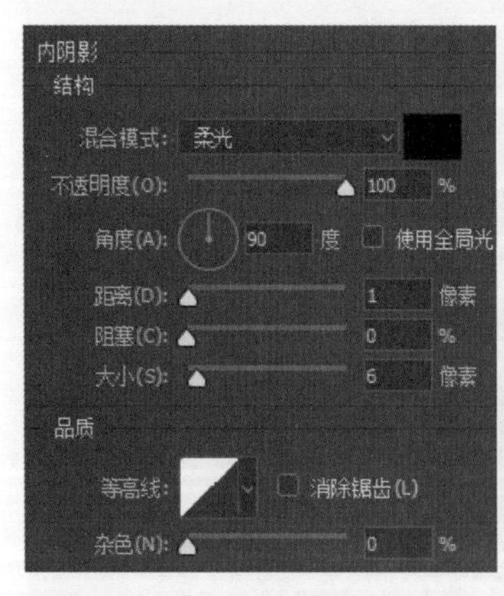

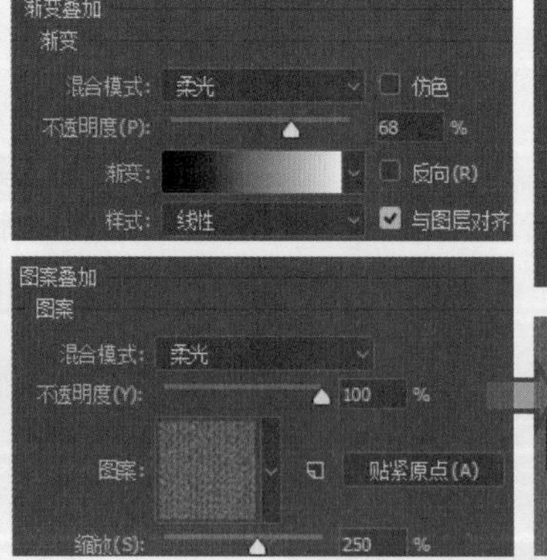

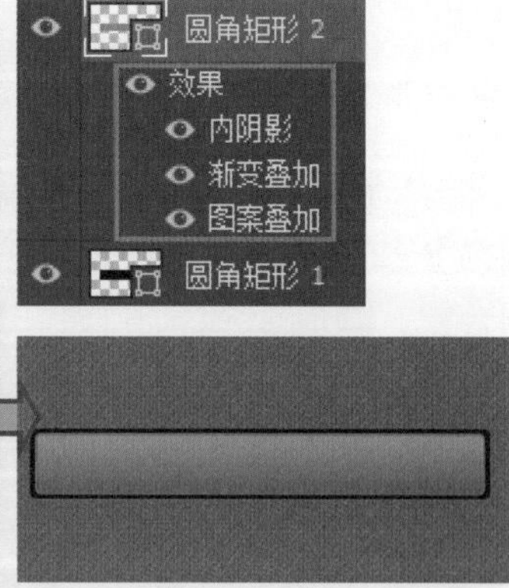

步骤 07 使用“圆角矩形工具”在图形右侧绘制一个较小些的圆角矩形，在“图层”面板中选中“圆角矩形 3”图层，将此图层的混合模式更改为“柔光”，混合图像。

步骤 08 双击“圆角矩形 3”图层，打开“图层样式”对话框，在对话框中单击“投影”和“颜色叠加”图层样式，在展开的选项卡中设置样式选项，应用样式效果。

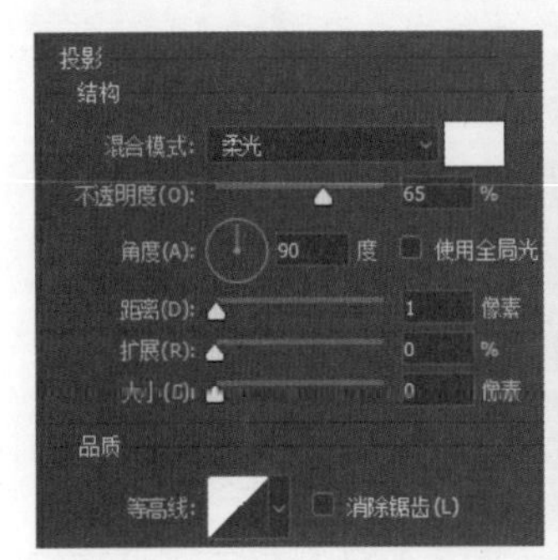

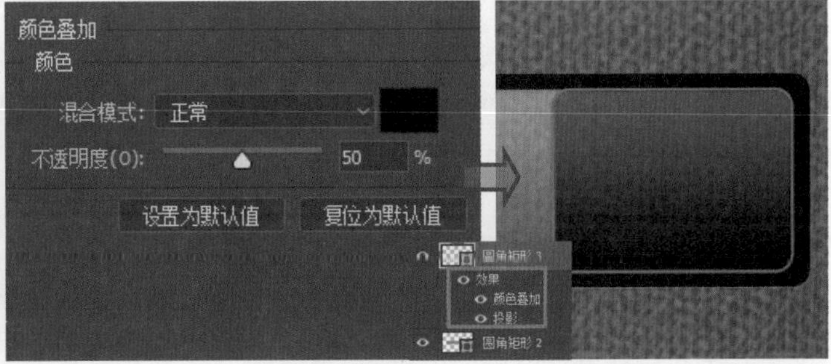

步骤 09 选择“自定形状工具”，在“形状”拾色器中单击“搜索”形状，然后使用“自定形状工具”在绘制的圆角矩形中间位置绘制搜索图形，得到“形状 1”图层。

步骤 10 双击“形状 1”图层，打开“图层样式”对话框，在对话框中单击“投影”图层样式，在展开的选项卡中设置样式选项，为图形添加投影。

步骤 11 选择“横排文字工具”，在画面中单击，输入所需文字，然后打开“字符”面板，在面板中调整输入文字的属性，选中文字图层，将图层的“不透明度”设置为 80%，降低透明度效果。

步骤 12 双击文字图层，打开“图层样式”对话框，在对话框中单击“斜面和浮雕”样式，在展开的选项卡中选择“枕状浮雕”，增强文字的立体感。至此，完成搜索栏的设计。

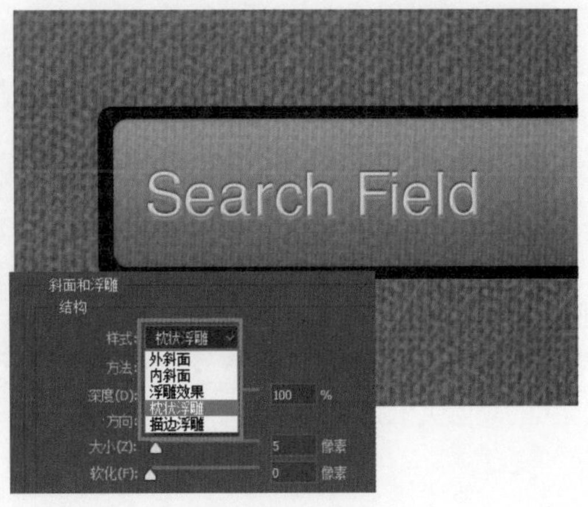

4.6 列表框

列表框作为一个单一的连续元素并用垂直排列的方式显示多行条目，在移动UI的界面设计中，列表框通常用于数据、信息的展示与选择。列表框最适合应用于显示同类的数据类型或者数据类型组，比如图片和文本，目标是区分多个数据类型的数据或单一类型的数据特性，使得用户理解起来更加简单。

4.6.1 整洁风格的列表框设计

整洁风格的列表框大多不会使用各种丰富的样式进行表现，而是通过绘制基础的图形，并为其填充不同的颜色以呈现出整洁、美观的画面效果。如下所示就是整洁风格的列表框的设计效果。

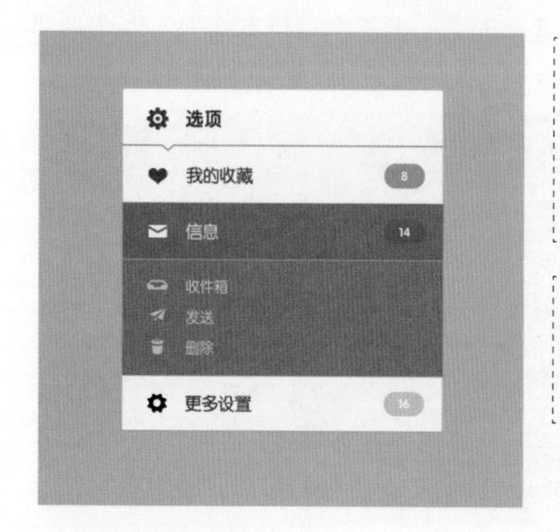

素　材：无

源文件：随书资源\04\源文件\整洁风格的列表框设计.psd

软件功能应用：圆角矩形工具，"投影""斜面和浮雕"图层样式，横排文字工具

● 设计要点

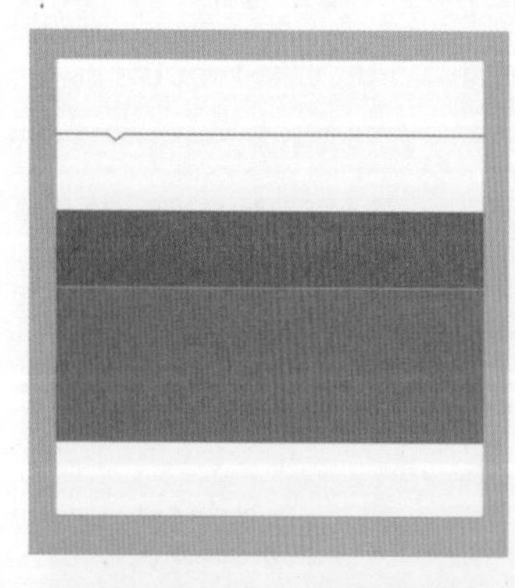

使用不同颜色的矩形对列表框进行布局，通过对比较大的颜色突出列表内容。

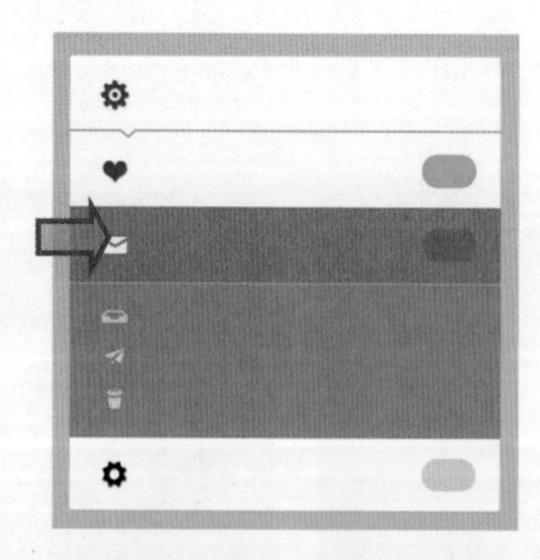

在列表框每一栏都添加对应的信息图标，对图标进行对齐操作，给人以工整的印象。

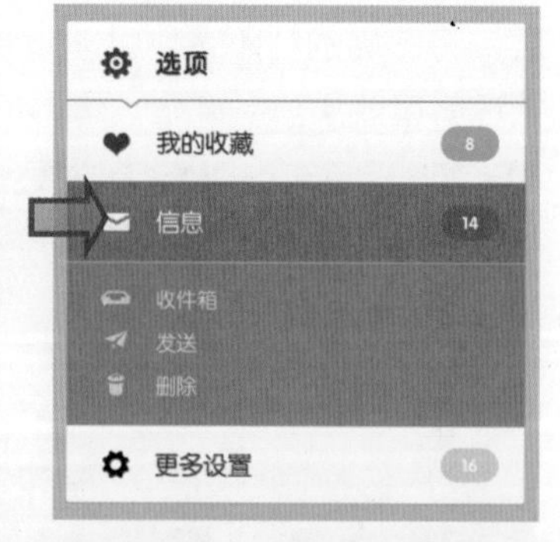

为了方便用户更能了解各列表栏中的内容，在图标右侧添加文字加以补充说明。

● 步骤详解

步骤 01 新建文档，选择“圆角矩形工具”，设置“半径”为 5 像素，在文档中间绘制图形，然后双击图层，在打开的对话框中设置“投影”图层样式，修饰绘制的图形效果。

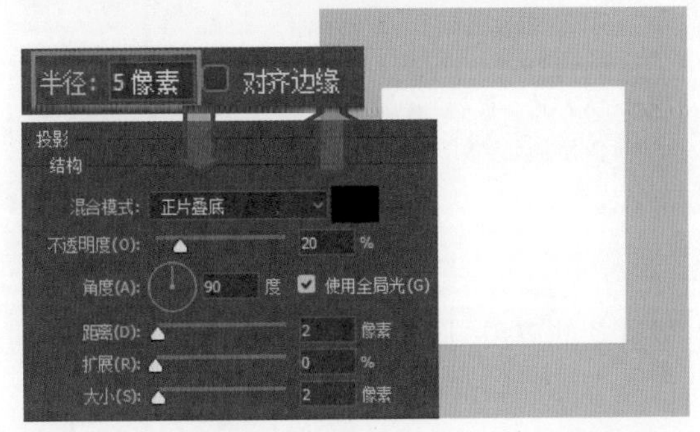

步骤 02 分别将前景色设置为 R:222、G:79、B:55 和 R:231、G:96、B:73，选择“矩形工具”，在白色的图形中间绘制两个不同颜色的矩形图形。

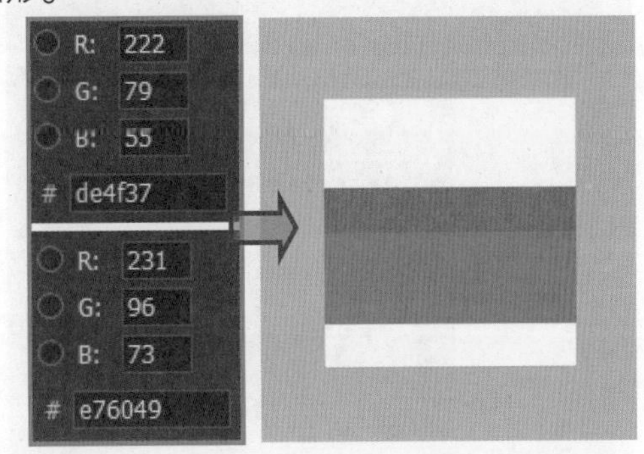

步骤 03 设置前景色为 R:162、G:162、B:162，选择“直线工具”，设置“粗细”为 3 像素，在画面中绘制一条直线，接着使用“直接选择工具”修饰曲线形状。

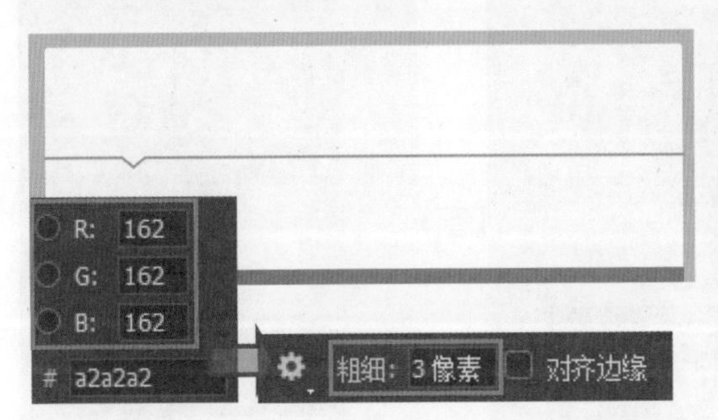

步骤 04 使用“直线工具”在橙色的图形中间位置再绘制一条白色的线条，打开“图层”面板，选中线条所在的“形状 2”图层，将“不透明度”调整为 50%。

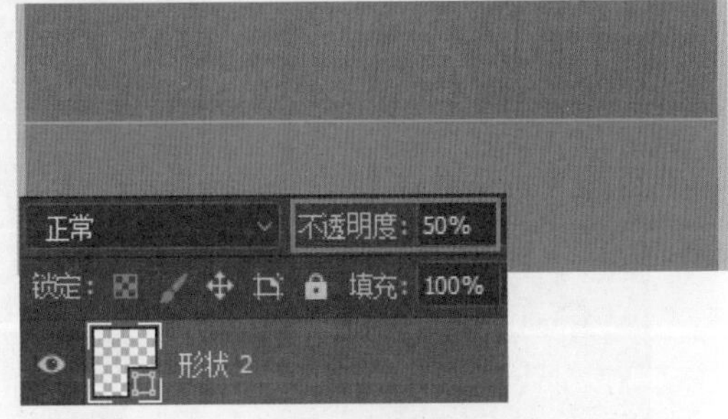

步骤 05 结合“钢笔工具”和“圆角矩形工具”绘制所需的图形和图标，分别填充适当的颜色。

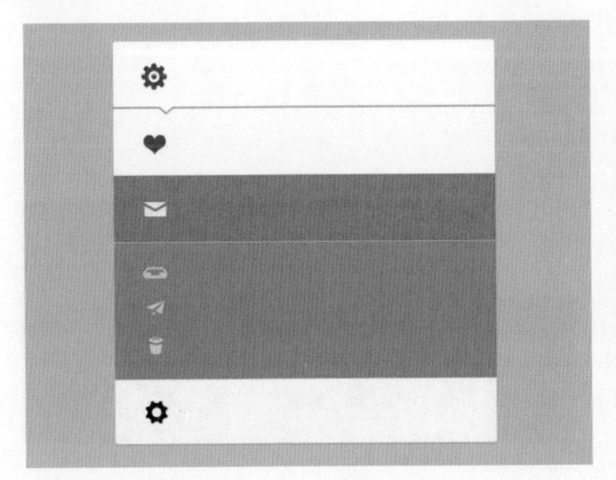

步骤 06 使用“横排文字工具”在图形旁边输入所需的文字，结合“字符”面板，调整文字，完成列表框的设计。

4.6.2 暗色冷酷风格的列表框设计

暗色冷酷风格的表现，在设计时首先需要确定其色调风格为暗色调风格，为突出列表框中的列表项在不同状态下的效果，可以为其指定不同的颜色，通过颜色的对比便于用户随时了解列表项状态。

素　材： 无

源文件： 随书资源\04\源文件\暗色冷酷风格的列表框设计.psd

软件功能应用： 圆角矩形工具，“投影”“斜面和浮雕”图层样式，横排文字工具

● **设计要点**

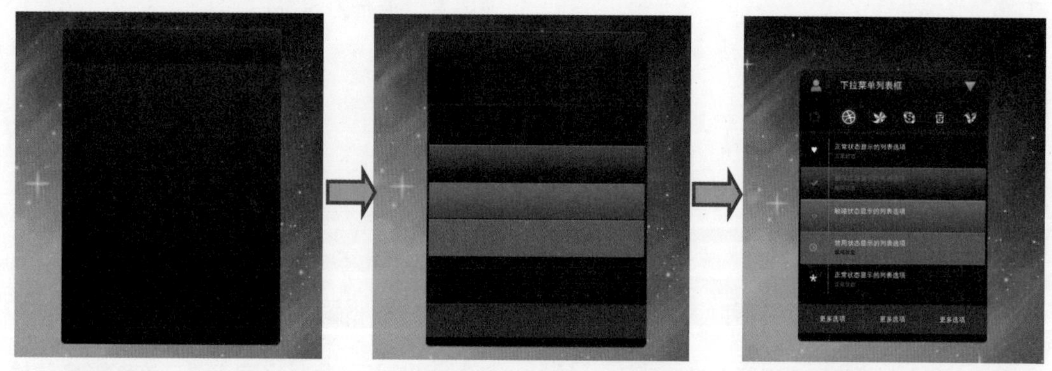

使用圆角矩形工具绘制图形，并为图形填充灰色渐变颜色，定义列表框风格。

在背景上绘制出稍窄一些的矩形，为矩形填充不同的颜色以突出不同状态下的列表项。

为完善效果，在每个列表栏中添加图标和文字，对列表信息状态加以说明。

● **步骤详解**

步骤 01 打开随书资源\04\素材\02.jpg素材文件，选择“圆角矩形工具”，设置填充颜色和半径值，在打开的图像中绘制圆角矩形图形。

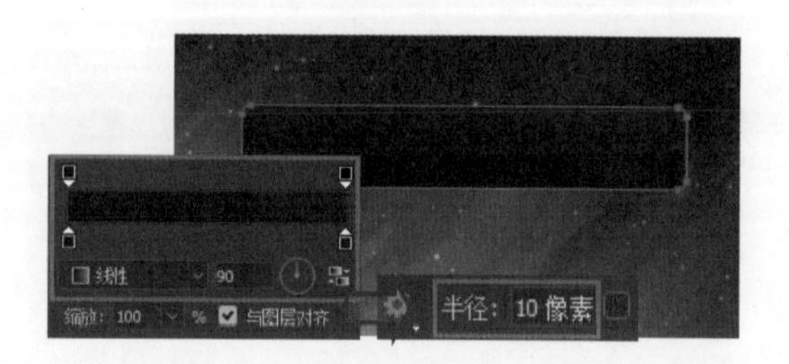

步骤 02 双击“圆角矩形 1”形状图层，打开“图层样式”对话框，在对话框中单击并设置“内阴影”选项，修饰图形效果，再使用路径编辑工具将圆角矩形左下角和右下角转换为直角效果。

步骤 03 使用相同的方法，再绘制一个圆角矩形，并为其填充合适的颜色，接着将圆角矩形的左上角和右上角转换为直角效果，使用“矩形工具”在圆角矩形上方绘制几个矩形，分别选择合适的颜色。

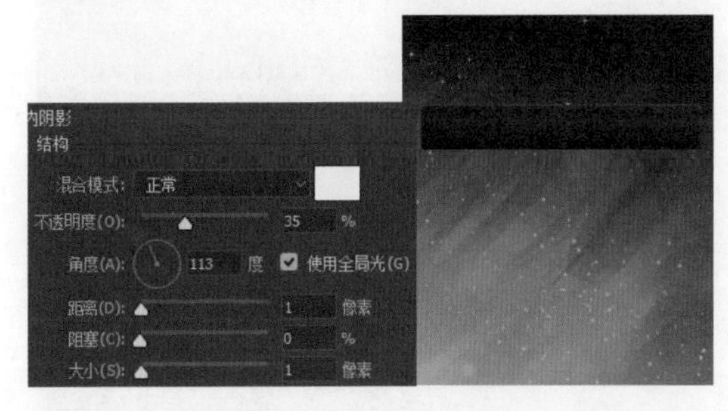

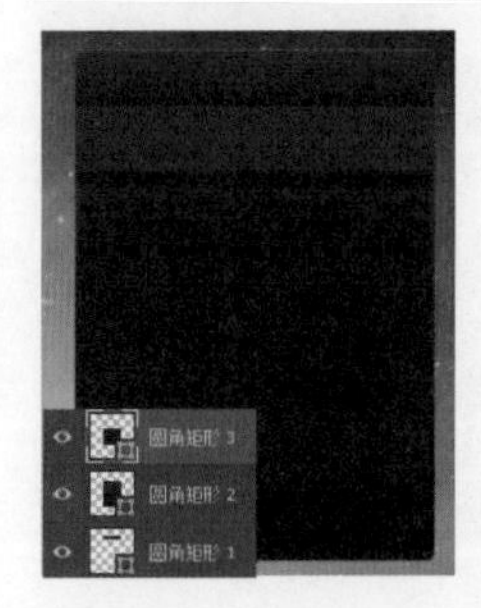

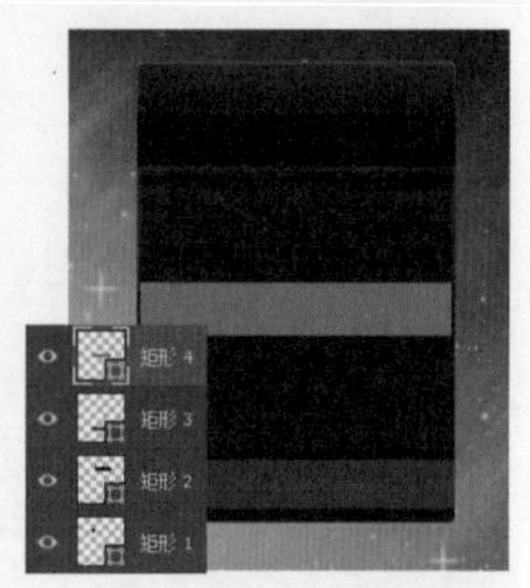

步骤 04 选择其中一个矩形图形，并双击形状图层，打开“图层样式”对话框，在对话框中单击并设置“图案叠加”图层样式，修饰图形。

步骤 05 按下 Ctrl+J 组合键，复制图层，创建“矩形 4 拷贝”和“矩形 4 拷贝 2”图层，分别选择复制的矩形图形，更改图形的填充颜色。

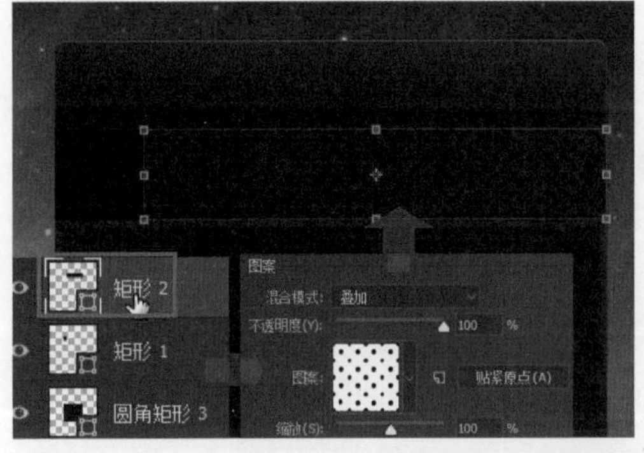

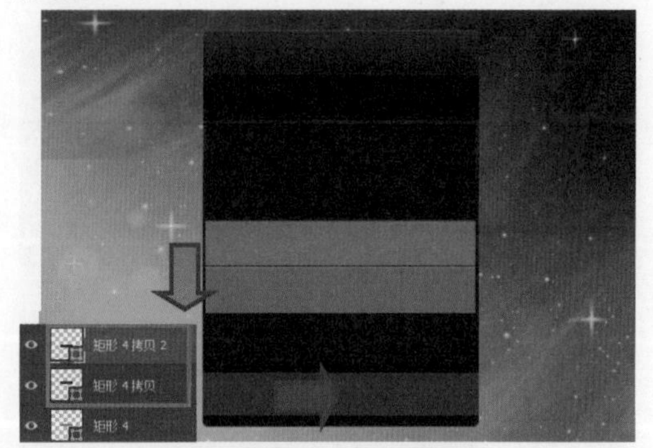

步骤 06 双击“矩形 4”形状图层，打开“图层样式”对话框，在对话框中单击并设置“内阴影”“渐变叠加”和“外发光”图层样式，在图层中添加多种样式效果。

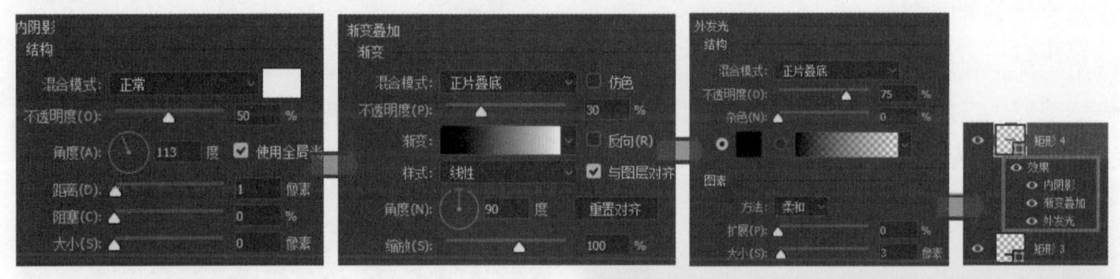

步骤 07 采用相同的方法，分别双击“矩形 4 拷贝”和“矩形 4 拷贝 2”图层，利用“图层样式”功能，为图层中的图形设置类似的样式效果。

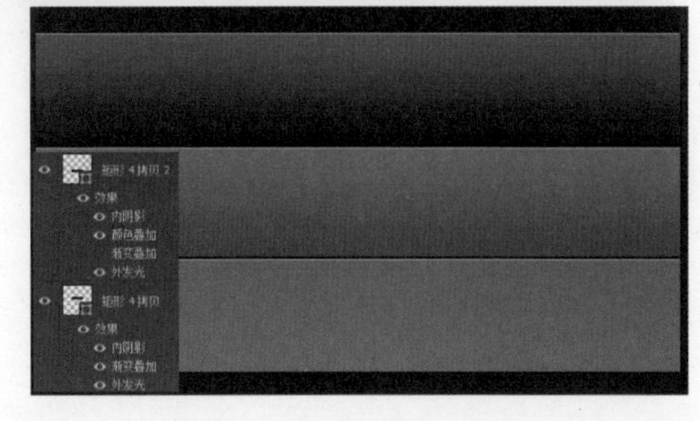

步骤 08 选择“直线工具”，在选项栏中设置填充色为 R:85、G:85、B:85，“粗细”为 2 像素，按下 Shift 键不放，单击并拖动鼠标，绘制两条垂直的直线。

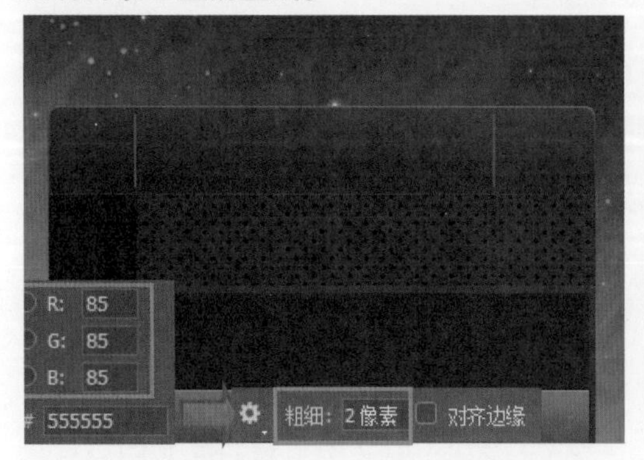

步骤 09 为直线所在图层添加图层蒙版，选择“渐变工具”，在选项栏中设置渐变颜色和渐变类型等选项，从直线中间向外拖动渐变，制作渐隐的线条效果。

步骤 10 使用“钢笔工具”绘制出所需的图标形状，分别填充适当的颜色，并以“垂直居中对齐”和“水平居中对齐”的方式进行排列。

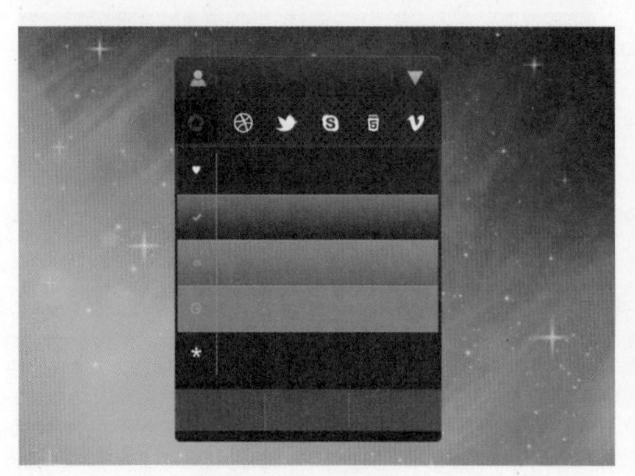

步骤 11 双击“形状 7”图层，打开“图层样式”对话框，在对话框中单击“外发光”图层样式，在展开的选项卡中设置选项，应用样式修饰图形。

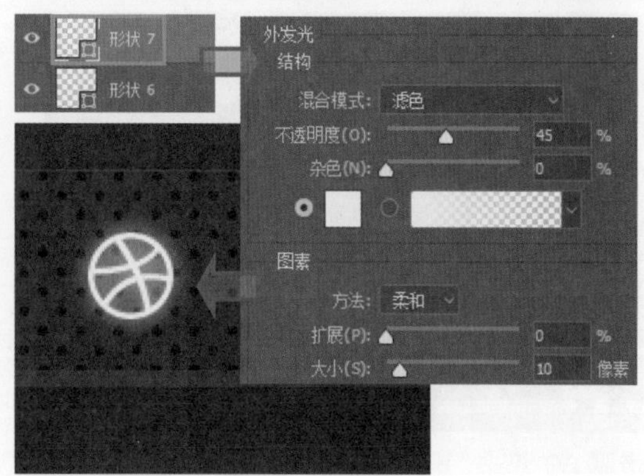

步骤 12 双击“形状 8”图层，打开“图层样式”对话框，在对话框中单击“渐变叠加”图层样式，在展开的选项卡中设置样式选项，修饰图形。

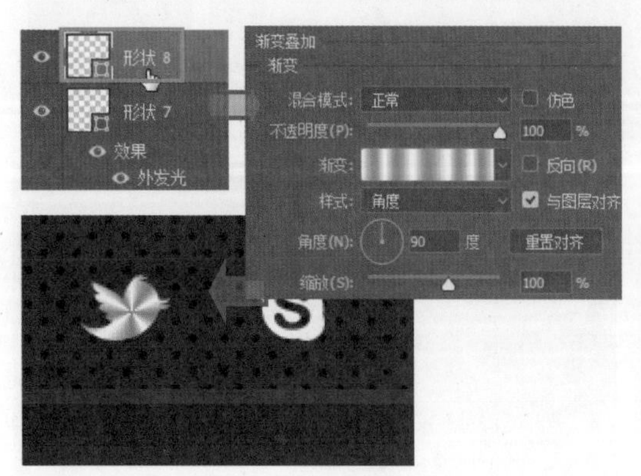

步骤 13 通过右击图层，在展开的快捷菜单中执行“拷贝图层样式”和“粘贴图层样式”命令，将上一步设置的“渐变叠加”图层样式应用于更多的图形上，最后添加文字效果。

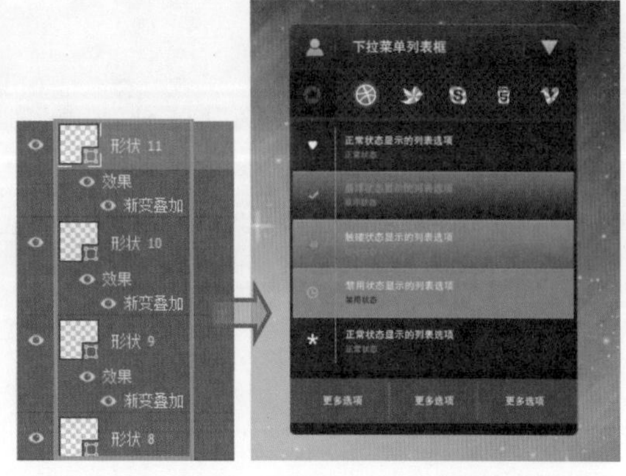

4.7 标签栏

标签栏提供了页面的切换、功能入口以及界面导航的功能。使用标签栏将大量关联的数据或选项划分成更容易让用户理解的分组，使其在不需要切换出上下文的情况下，能有效地进行内容导航和内容组织。标签栏可分为单行文字的标签、单行与双行文字混合设计的标签、单行文字与图标组合设计的标签等多种样式。

4.7.1 线形风格的标签栏设计

在设计标签栏时，经常会采用线形风格进行展示。在设计线形风格的标签栏时，只需要根据分类项目的多少，绘制出相应的图形，然后通过去除图形填充色并设置合适的描边，就得到线形风格效果的画面。

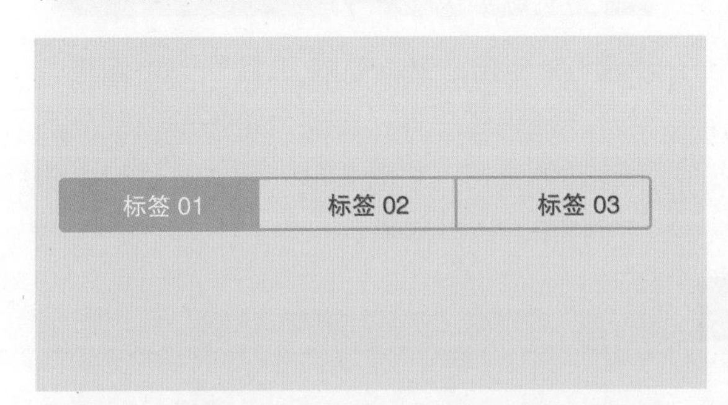

素 材：无

源文件：随书资源 \04\ 源文件 \ 线形风格的标签栏设计 .psd

软件功能应用：圆角矩形工具，“投影”图层样式

● 设计要点

使用“圆角矩形工具”先绘制基础图形，并为其填充合适的颜色。

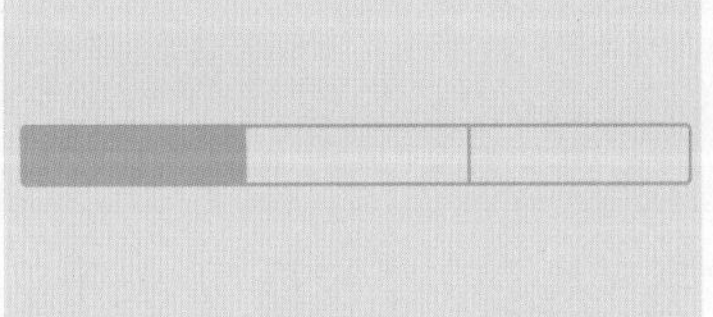

复制图形，调整其位置和外观轮廓，去除填充色并设置合适的描边项。

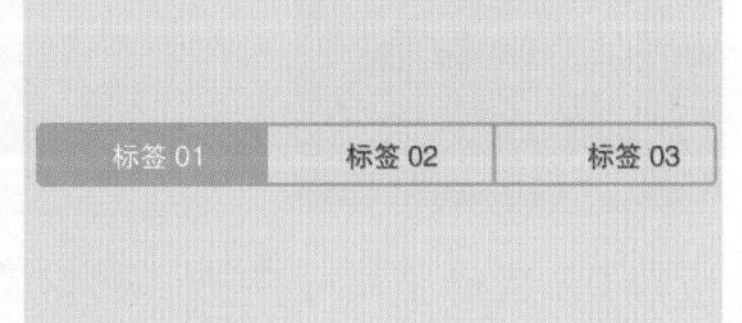

在图形上输入分类项目信息，完善画面效果。

● 步骤详解

步骤 01 创建新图层，将前景色设置为 R:238、G:238、B:238，按下 Alt+Delete 组合键，将背景填充为浅灰色。

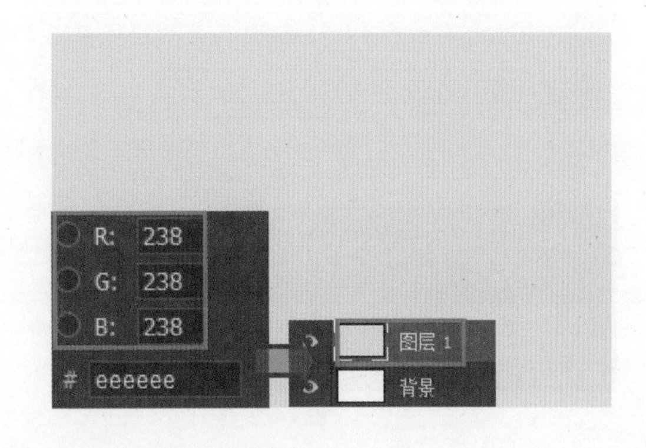

步骤 02 选择“圆角矩形工具”，在选项栏中设置填充色和半径选项，然后在背景中绘制蓝色的圆角矩形图形。

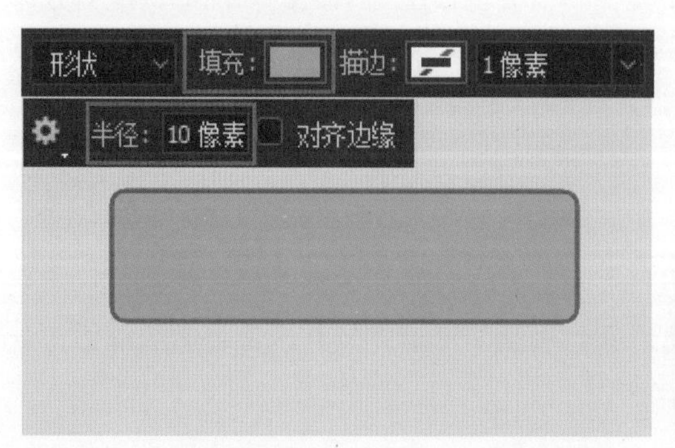

步骤 03 连续按下 Ctrl+J 组合键，复制图形，将复制的图形向右移到合适的位置上，单击“移动工具”选项栏中的“顶对齐”按钮，对齐图形。

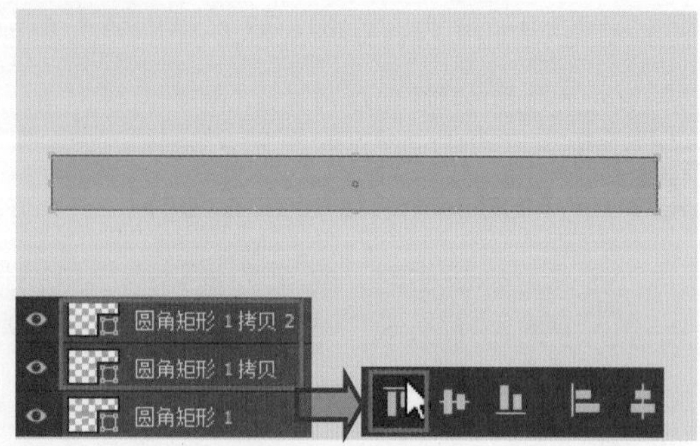

步骤 04 选中右侧的两个图形，在选项栏中更改填充和描边属性，将填充设置为无颜色，描边色更改为与前面填充颜色相同的蓝色，描边粗细设为 5 像素。

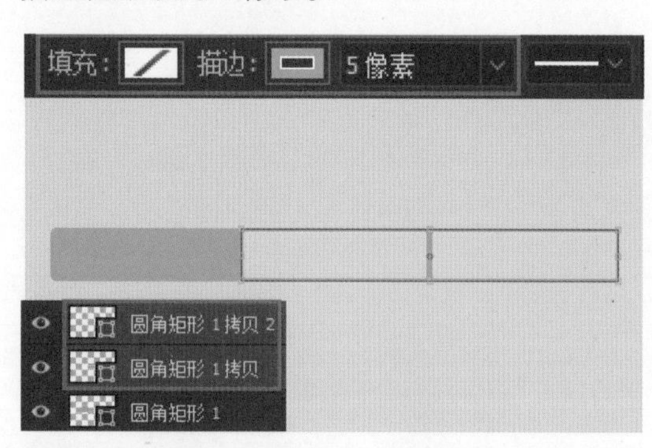

步骤 05 使用“直接选择工具”选中图形，结合路径编辑工具，将圆角矩形的一部分圆角转换为直角，更改图形外观，应用相同的方法转换为图形效果。

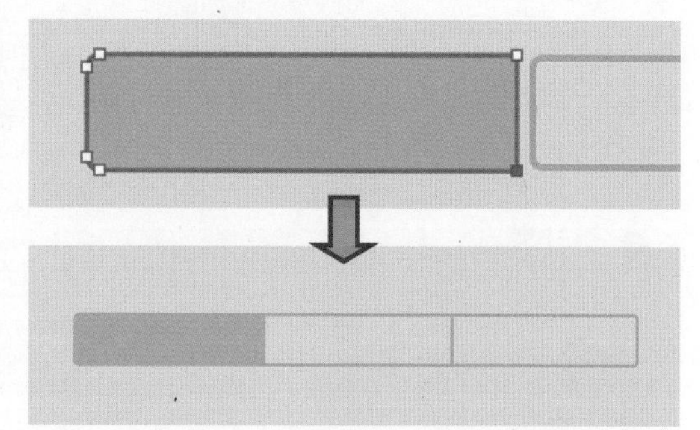

步骤 06 选择工具箱中的“横排文字工具”，在适当的位置单击，输入所需的文字，打开“字符”面板对文字的属性进行设置，在图像窗口中可以看到编辑后的效果。

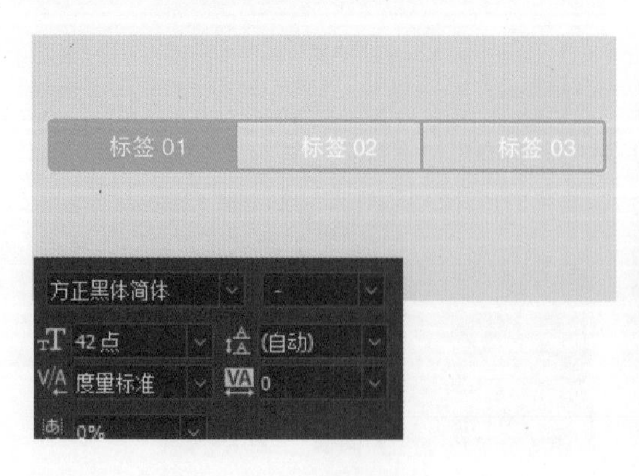

步骤 07 使用“横排文字工具”在输入的文字上单击并拖动鼠标，选中文字“标签 02”和“标签 03”，打开“字符”面板，在面板中对文字的颜色进行设置，更改颜色效果。

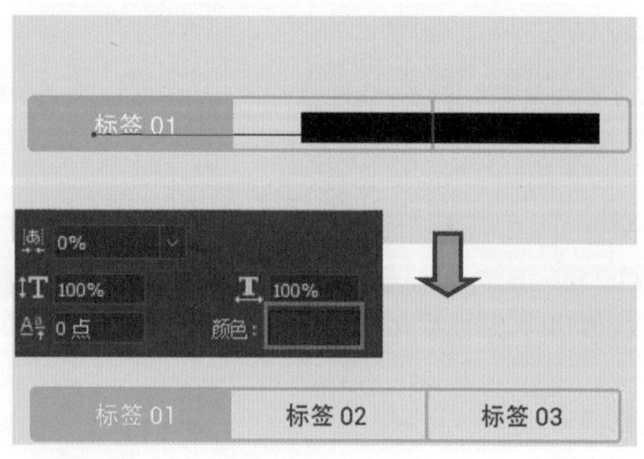

4.7.2 组合式标签栏的设计

标签栏的设计除了必要的分组模块，在标签栏两侧有时也会添加一些相应的操作按钮进行组合式设计，如用户账户、搜索按钮等。将标签栏与导航图标结合起来，更方便用户快速找到需要的信息，在如下所示的组合式标签栏中，通过对图形使用了“内阴影”图层样式，使标签栏中的选项呈现出立体的视觉效果。

素　材：无

源文件：随书资源 \04\ 源文件 \ 组合式标签栏的设计 .psd

软件功能应用：圆角矩形工具，“内阴影”图层样式，横排文字工具

● 设计要点

对标签的底纹进行处理，利用“内阴影”样式表现处于选中状态下的效果。

在标签栏上输入对应的标签分类，为了统一风格，将输入的文字也添加上投影。

在标签栏两侧分别绘制导航按钮，并为按钮设置与主标签相同的样式，统一元素设计风格。

● 步骤详解

步骤 01 新建文档，创建新图层并填充合适的颜色，双击图层，打开“图层样式”对话框，在对话框中单击并设置“图案叠加”样式，为背景叠加图案效果。

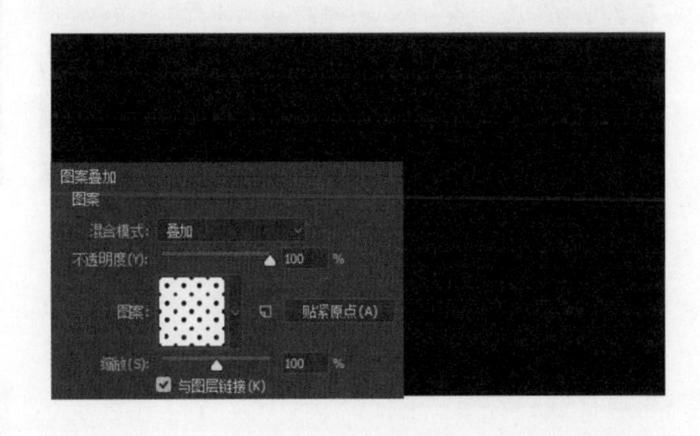

步骤02 创建图层组，选择“矩形工具”，绘制出所需形状，为其填充适当的颜色，并双击形状图层，打开“图层样式”对话框，设置“投影”样式对其进修饰，在图像窗口中可以看到编辑后的效果。

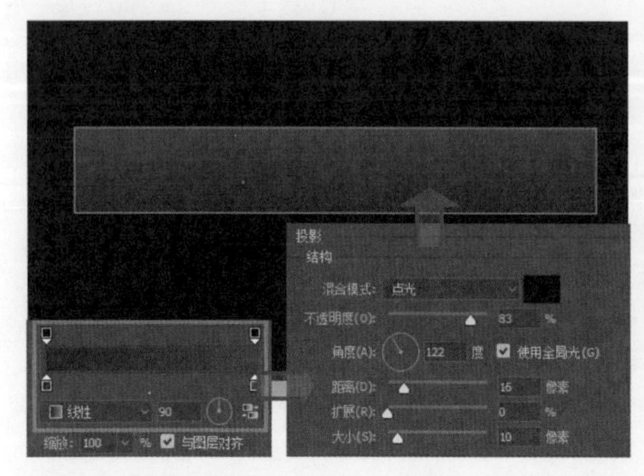

步骤03 选择工具箱中的“圆角矩形工具”，在选项栏中设置“半径”为10像素，绘制出所需形状，并设置渐变颜色填充绘制的圆角矩形图形。

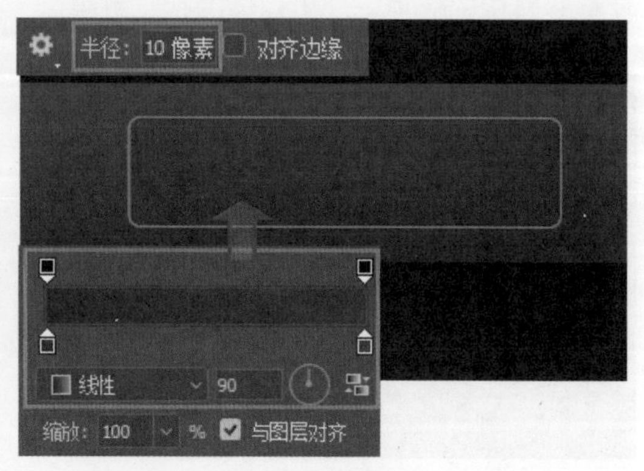

步骤04 双击“圆角矩形1”图层，打开“图层样式”对话框，在对话框中设置“描边”和“内阴影”图层样式，对其进行修饰，在图像窗口中查看添加样式后的效果。

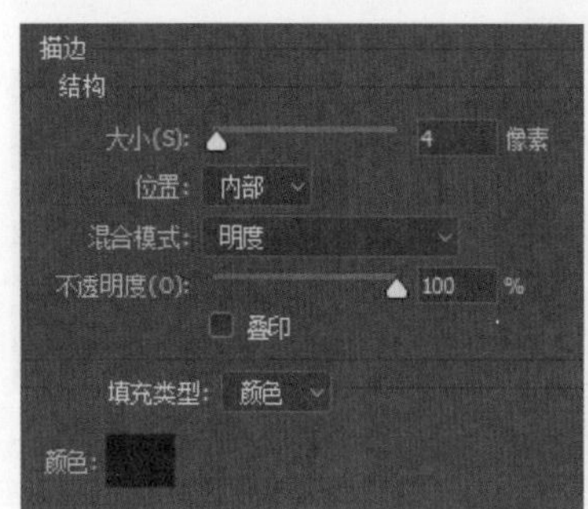

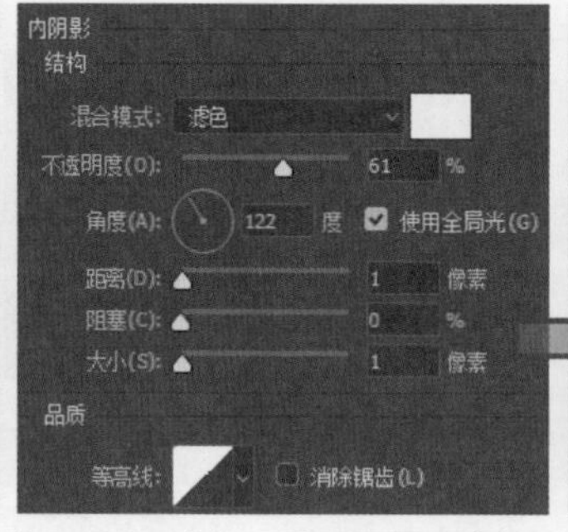

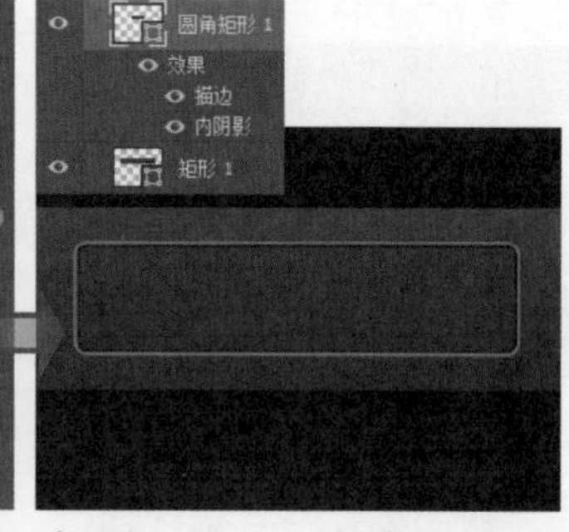

步骤05 使用“圆角矩形工具”在图形两侧绘制两个不同大小的圆角矩形，并为其添加相同的图层样式效果。

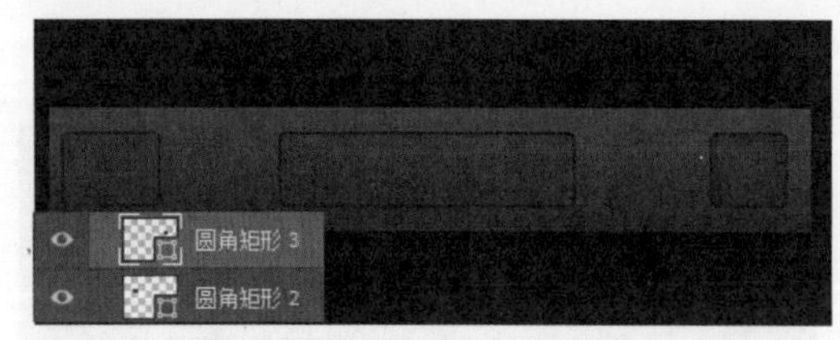

步骤06 选择“矩形工具”，在选项栏中更改填充颜色，在中间一个圆角矩形上方绘制矩形图形。

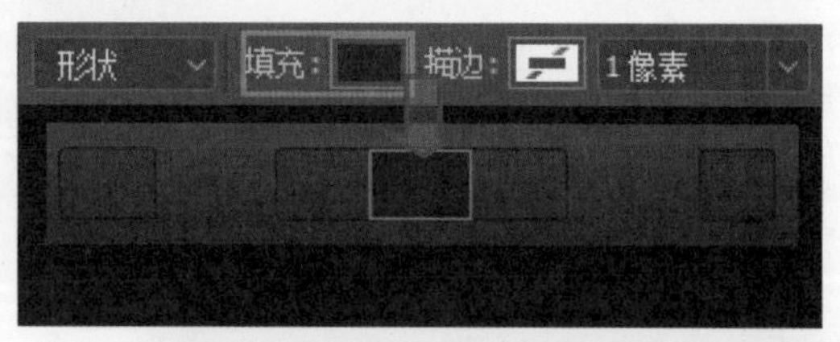

步骤07 双击矩形图形所在图层，打开“图层样式”对话框，在对话框中单击“内阴影”图层样式，在展开的选项卡中设置样式选项，修饰图形。

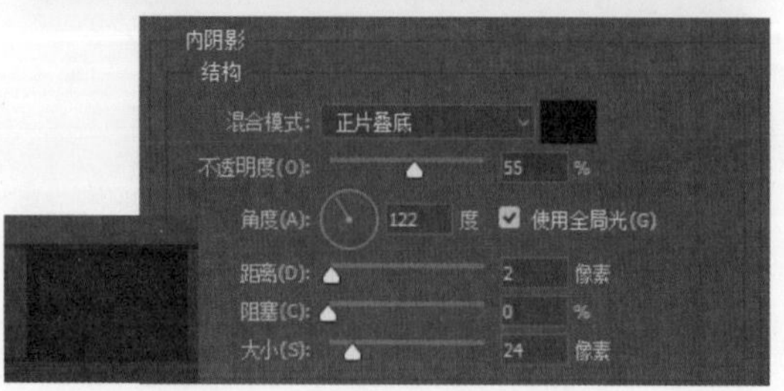

步骤 08 结合“自定形状工具”和“钢笔工具”在绘制好的圆角矩形上绘制出用户和搜索图标，双击对应的形状图层，在打开的“图层样式”对话框中单击并设置“投影”图层样式，修饰图形。

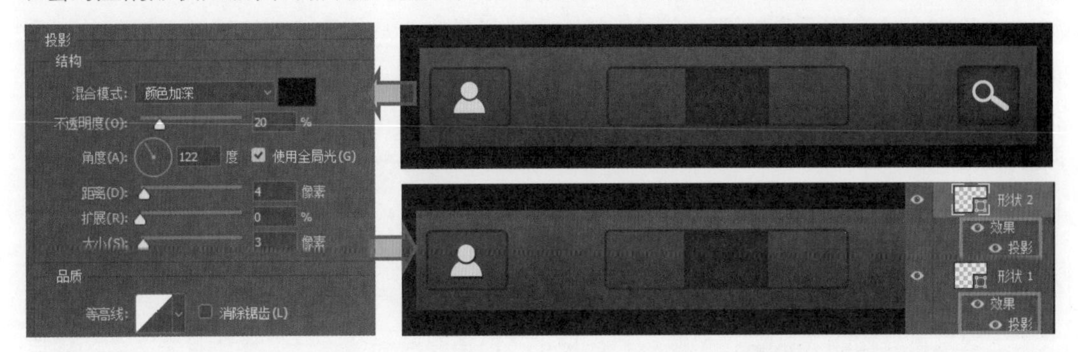

步骤 09 选择工具箱中的“横排文字工具”，在适当位置单击，输入所需文字，然后将上一步设置的“投影”图层样式复制到文字上。

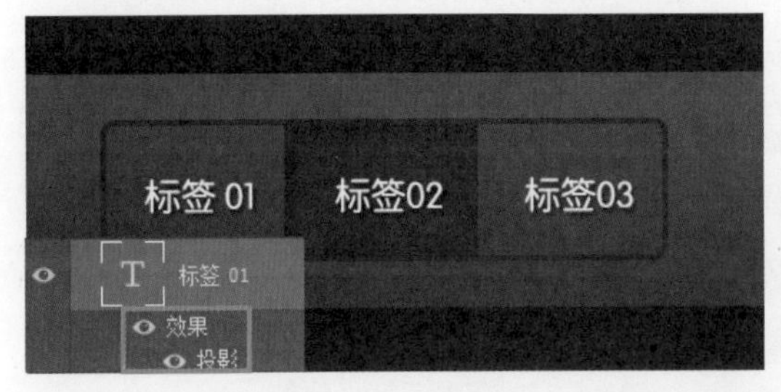

步骤 10 选择工具箱中的“直线工具”，设置“粗细”为 3 像素，在适当的位置绘制白色直线，并添加“投影”图层样式加以修饰。

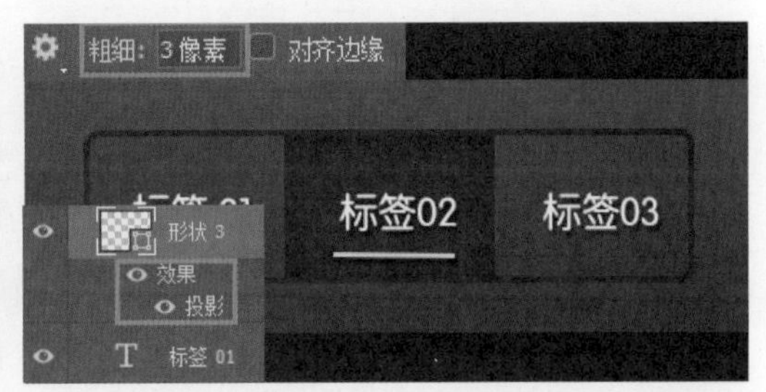

步骤 11 使用“椭圆工具”绘制一个圆形，设置合适的填充颜色填充图形，双击“椭圆 1”图层，打开“图层样式”对话框，在对话框中单击并设置“描边”“投影”图层样式，修饰图形。

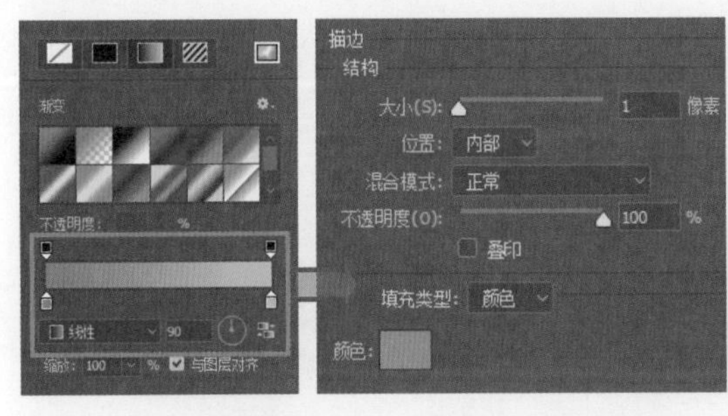

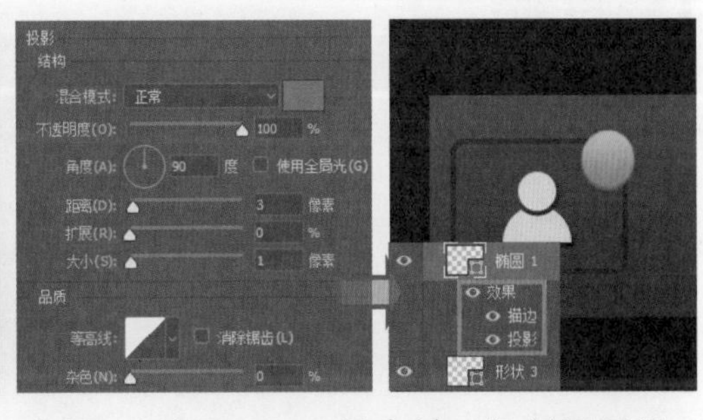

步骤 12 选择工具箱中的“横排文字工具”，在适当的位置单击，输入所需的文字。

步骤 13 按下 Ctrl+J 组合键，复制图层组，调整图层组中的图形和文本颜色。

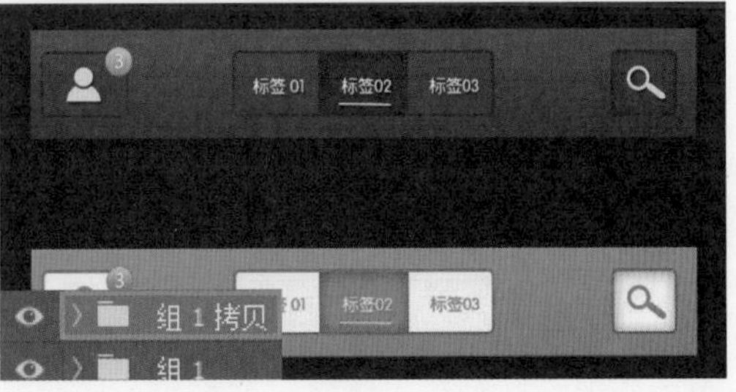

4.8 图标栏

大多数 App 底部都会带有一个图标栏。图标栏是一个从屏幕底部边缘向上滑出的一个面板，用于向用户呈现一组功能，适合有三个或三个以上的操作。在设计图标栏时，有的图标栏只使用具有较强指示作用的图标来对信息进行表现，而有的则使用图标加文字的方式进行表现，但是不管使用哪种方式，图标栏的图标都要与实际操作功能相符，并且图标栏的图标与文字风格要保持一致。

4.8.1 简单时尚的图标栏设计

本案例是为购物 App 设计的图标栏，采用了简单、时尚的设计风格。对未选中的项目使用相同宽度的线条进行描边，呈现出线形风格的图标效果，为突显图标选中时的效果，使用了对比反差较大的玫红色填充，极具视觉冲击力。

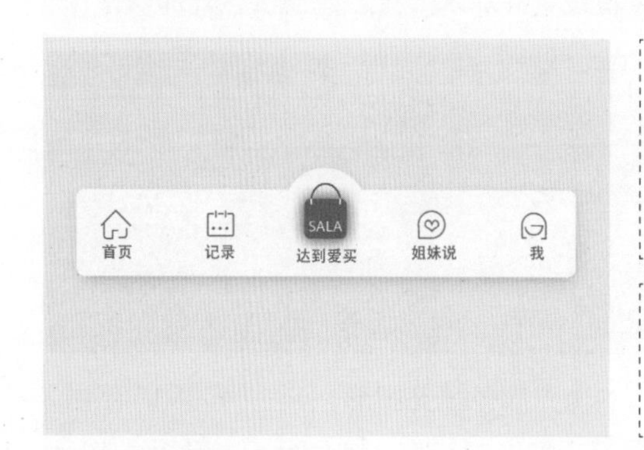

素　材： 无

源文件： 随书资源 \ 源文件 \04\ 简单时尚的图标栏设计 .psd

软件功能应用： 圆角矩形工具，“投影”“斜面和浮雕”图层样式，横排文字工具

● **设计要点**

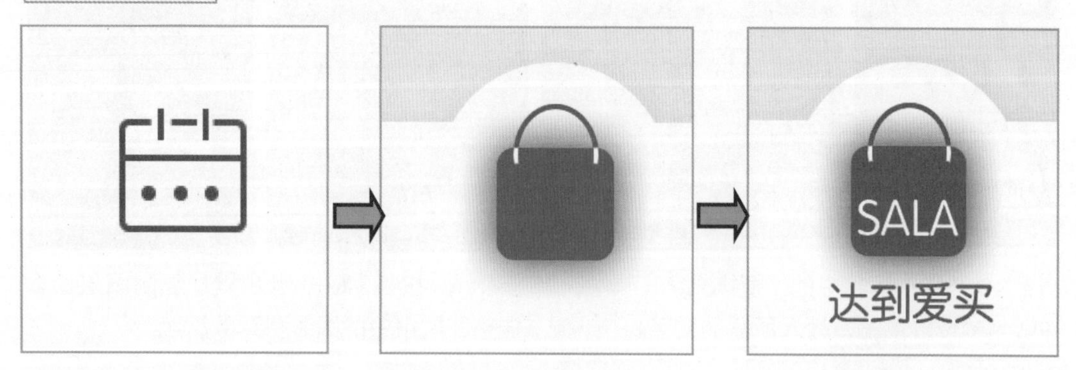

由于是为女性购物 App 设计图标栏，因此使用绘图工具绘制比较平滑的图形轮廓，并为其设置相同的描边样式。

为表现图标在触发状态时的效果变化，使用反差较大的玫红色来展示，更加符号女性用户的色彩喜好。

在字体的选择上，为了让其与图标形成更统一的视觉效果，选择同样比较平滑的圆体字来表现。

● 步骤详解

步骤 01 新建文档，选择工具箱中的“圆角矩形工具”，然后在展开的选项栏中设置填充颜色和半径选项，在画面中绘制一个圆角矩形。

步骤 02 选择“椭圆工具”，单击选项栏中的“路径操作”按钮，在展开的列表中选择“合并形状”选项，在圆角矩形中间位置绘制圆形图形。

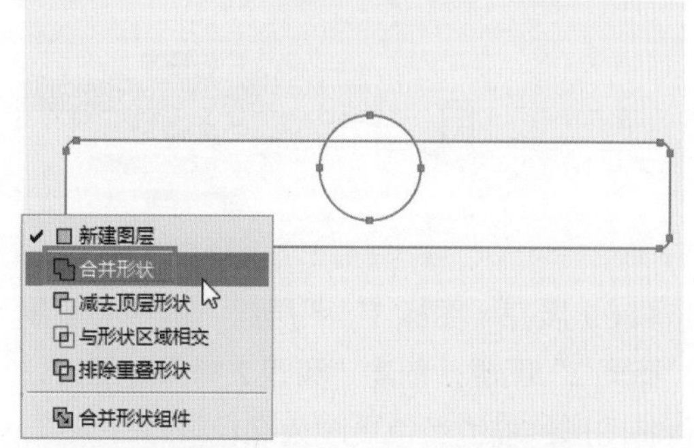

步骤 03 双击“圆角矩形 1”图层，打开“图层样式”对话框，在对话框中单击并设置“投影”图层样式，在图像窗口中查看为图形添加的“投影”效果。

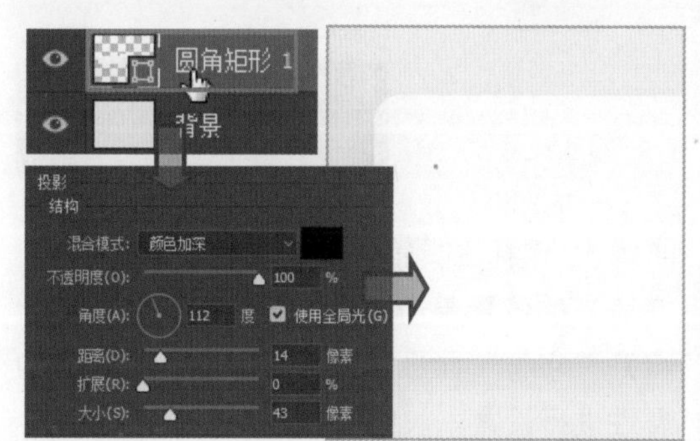

步骤 04 选择工具箱中的“钢笔工具”，在选项栏中设置工具选项，新建“图标 1”图层组，使用“钢笔工具”绘制线条图案，组合成主页图标。

步骤 05 选择工具箱中的“圆角矩形工具”，在选项栏中设置工具选项，新建“图标 2”图层组，在合适的位置单击并拖动鼠标，绘制圆角矩形。

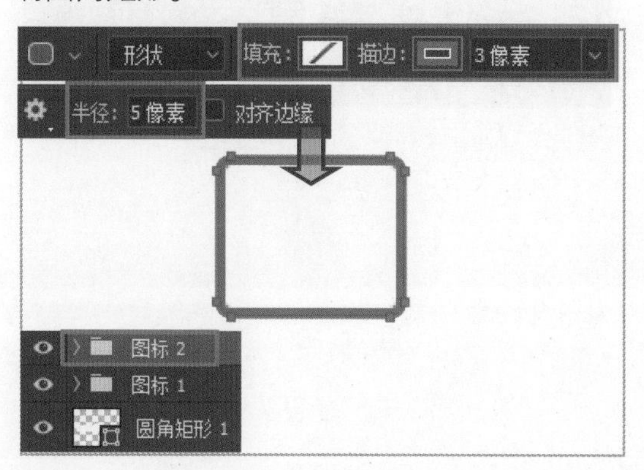

步骤 06 使用“直接选择工具”选中图形，结合路径编辑工具调整图形的外观，然后选择“直线工具”，在断开的图形上绘制两条直线。

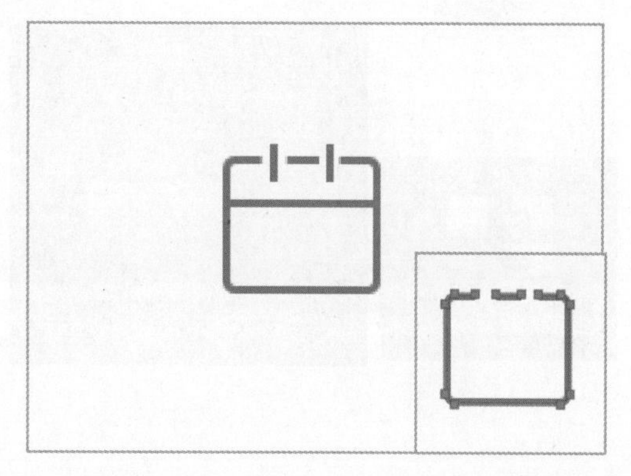

步骤 07 选择“椭圆工具”，设置填充颜色，单击“路径操作”按钮，在展开的列表中单击“合并形状”选项，在中间留白的区域绘制三个圆形。

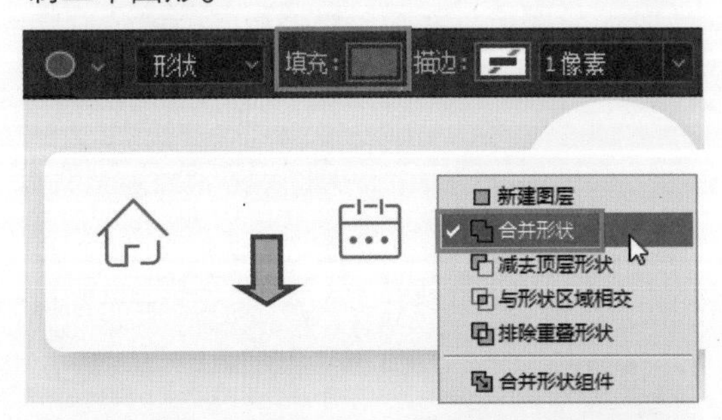

步骤 09 展开“图标 3”图层组，选择并复制“椭圆 2”图层，创建“椭圆 2 拷贝”图层，再将图形的描边颜色更改为红色。

步骤 11 双击“圆角矩形 1”图层，打开“图层样式”对话框，在对话框中单击并设置“外发光”选项，在图像窗口中查看为图形添加的外发光效果。

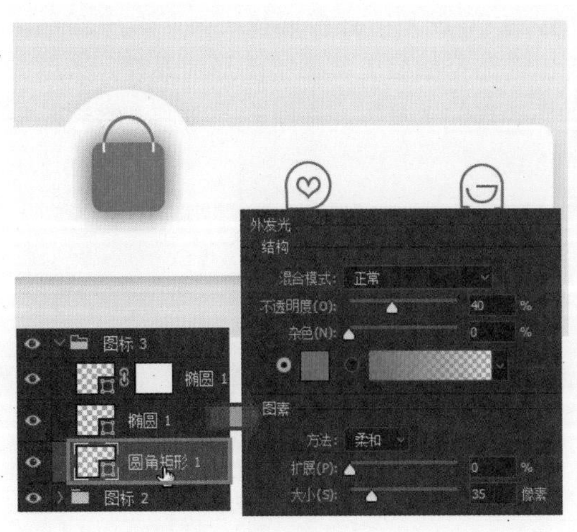

步骤 08 分别创建“图标 3”“图层 4”和“图层 5”图层组，结合“钢笔工具”和“椭圆工具”完成更多图形的绘制，并为其填充合适的颜色。

步骤 10 单击“图层”面板中的“添加图层蒙版”按钮，添加蒙版，使用黑色的“硬边圆”画笔涂抹，隐藏多余的图形。

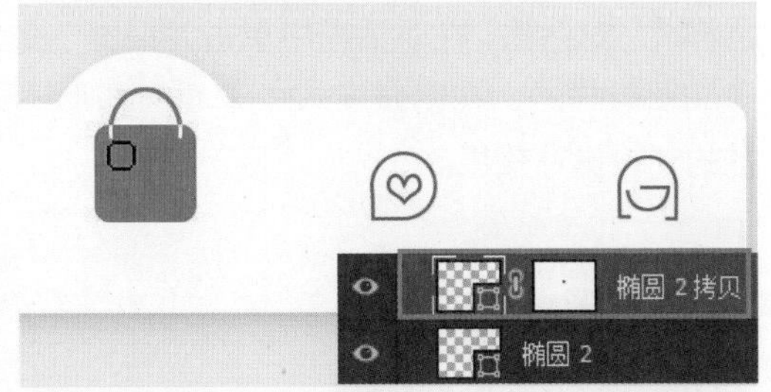

步骤 12 选择工具箱中的“横排文字工具”，在适当的位置单击，输入所需的文字，然后打开“字符”面板，在面板中分别对文字的属性进行设置。

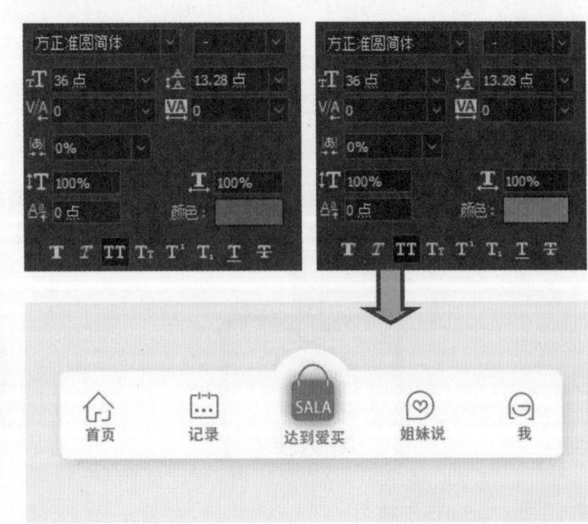

4.8.2 立体化的图标栏设计

立体化的图标栏就是通过对图标栏中的图标使用“斜面和浮雕”“图案叠加”“内阴影”等丰富的图层样式来赋予图标一定的立体感。在设计时，为了让图标呈现统一的风格，通过复制和粘贴图层样式的方式，为图标应用相同的图层样式效果。

素　材：无

源文件：随书资源 \ 源文件 \04\ 立体化的图标栏设计 .psd

软件功能应用：圆角矩形工具，片钢笔工具，“投影”“内阴影”“斜面和浮雕”图层样式

● 设计要点

使用“钢笔工具”绘制出图标栏中的图标形状，为图形填充不同的颜色，区分选中与未选中的图标效果。

对绘制图形使用用“投影”“图案叠加”“斜面和浮雕”等图层样式，使扁平化的图形呈现出立体感。

● 步骤详解

步骤 01 新建文档，创建新图层，设置前景色为 R:128、G:108、B:105，背景色为 R:90、G:68、B:64，选择“渐变工具”，在选项栏中设置工具选项，从图像中间往外侧拖动渐变，填充图像。

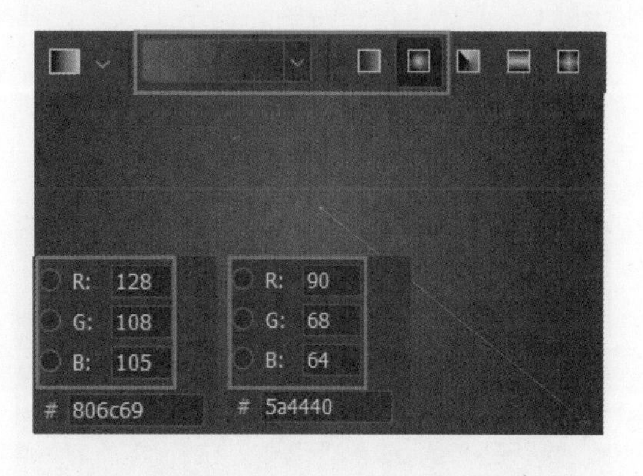

步骤 02 双击图层，打开“图层样式”对话框，在对话框中单击“图案叠加”样式，在展开的选项卡中设置样式选项，为背景添加纹理质感。

步骤 03 选择“圆角矩形工具”，在选项栏中设置填充颜色和半径选项，设置后在画面中单击并拖动鼠标，绘制一个大小适合的圆角矩形。

步骤 04 双击“圆角矩形 1”图层，打开“图层样式”对话框，在对话框中单击“斜面和浮雕”“图案叠加”“光泽”“投影”和“内阴影”图层样式，在展开的选项卡中分别设置样式选项，修饰图形。

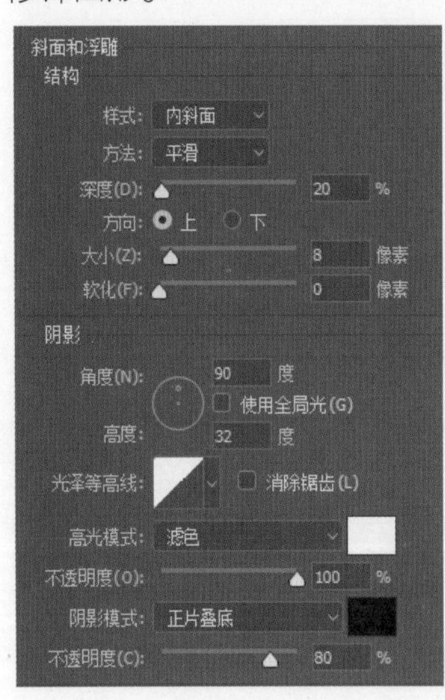

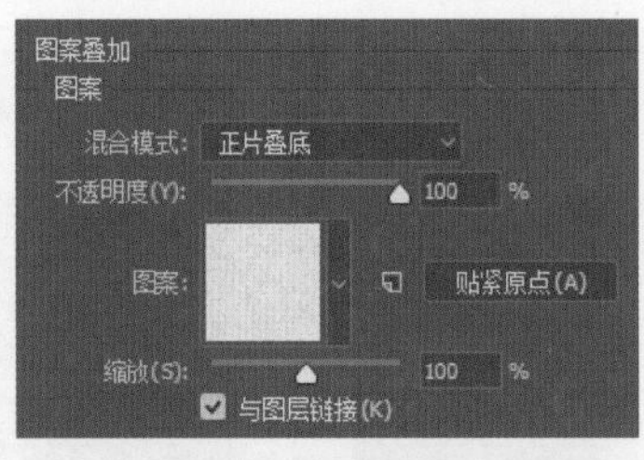

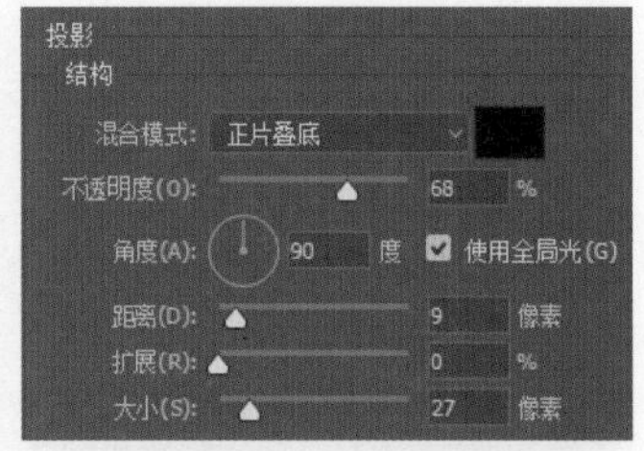

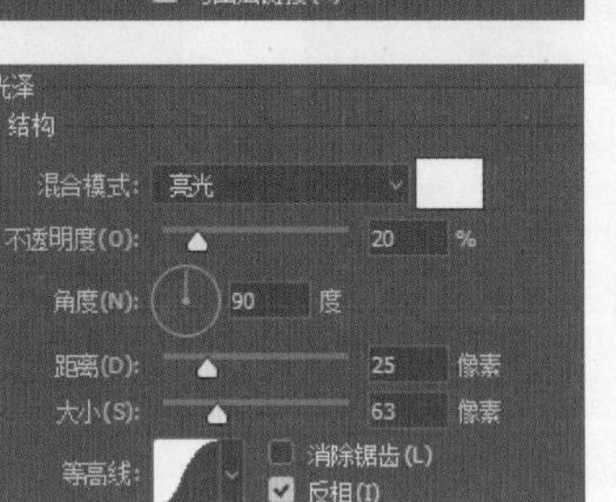

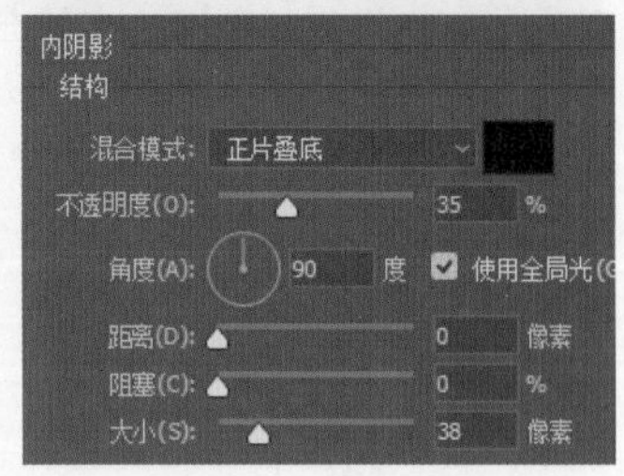

步骤 05 选择工具箱中的“钢笔工具”，在添加图层样式的圆角矩形上方绘制主页图标，并根据需要为图形填充合适的颜色。

步骤 06 选择“矩形工具”，单击选项栏中的“路径操作”按钮，在展开的列表中单击“排除重叠形状”选项，在图形中间绘制矩形，制作镂空的图案。

步骤 07 双击“形状 1”图层，打开“图层样式”对话框，在对话框中单击“内阴影”和“投影”图层样式，在展开的选项卡设置样式选项，修饰图形，增强其立体感，在图像窗口中查看设置后的效果。

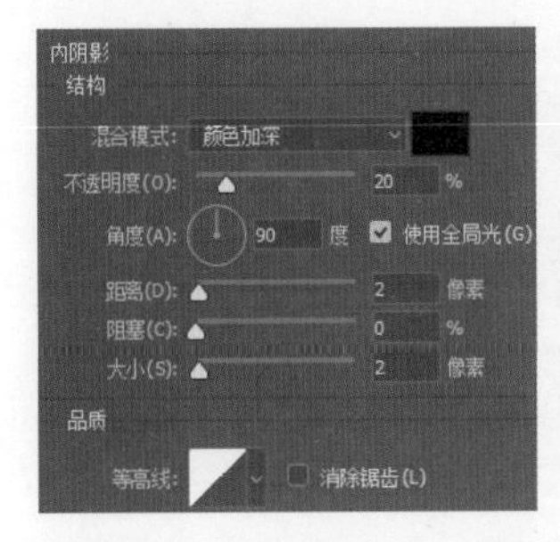

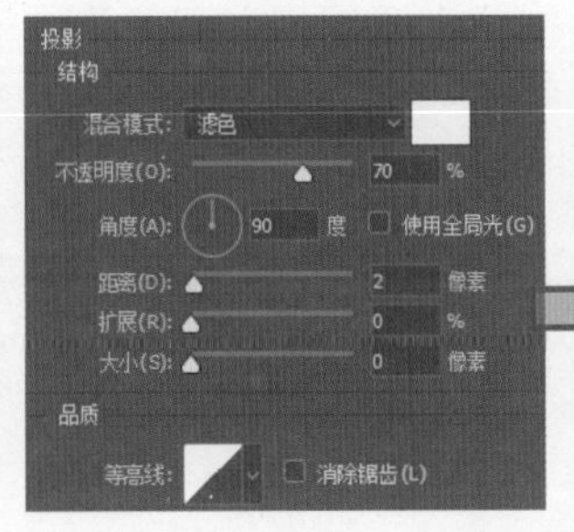

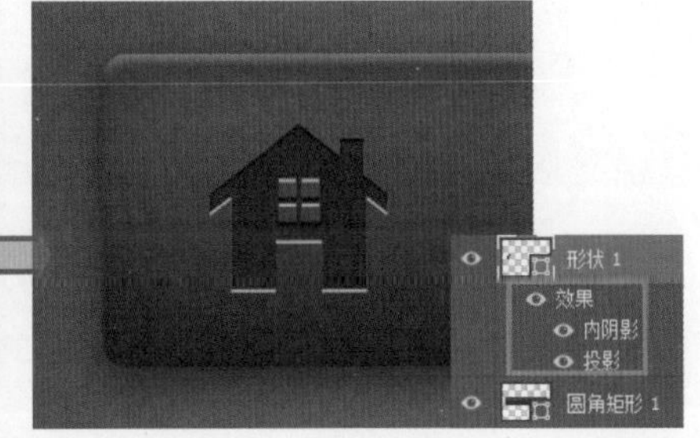

步骤 08 继续使用“钢笔工具”在画面中绘制出更多的图形，并根据需要为其填充合适的颜色。

步骤 09 右击“形状 1”图层，在弹出的快捷菜单中执行“拷贝图层样式”命令，再右击“形状 2”图层，在弹出的快捷菜单中执行“粘贴图层样式”命令，粘贴样式。

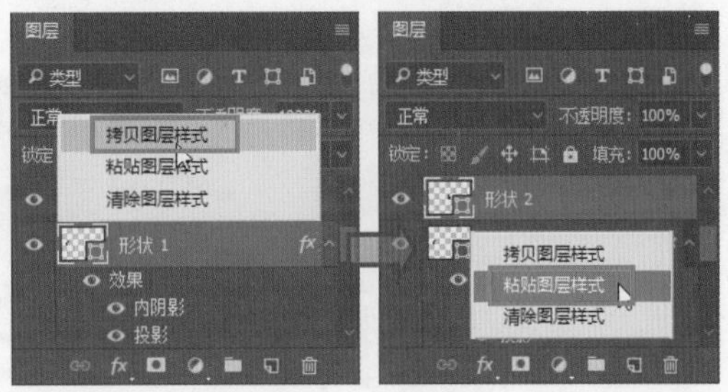

步骤 10 将在“形状 1”图层中添加的“投影”和“内阴影”图层样式粘贴到“形状 2”图层，使用相同的操作方法，完成更多图层样式的复制和粘贴操作，双击“图层”面板中的“形状 5”图层。

步骤 11 再次打开“图层样式”对话框，在对话框中分别将“投影”和“内阴影”图层样式的“不透明度”设置为 80% 和 36%，其他参数值不变，调整样式透明度，完成图标栏的设计。

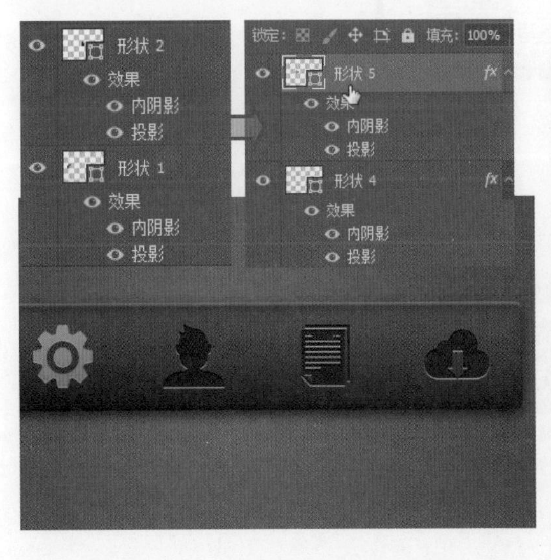

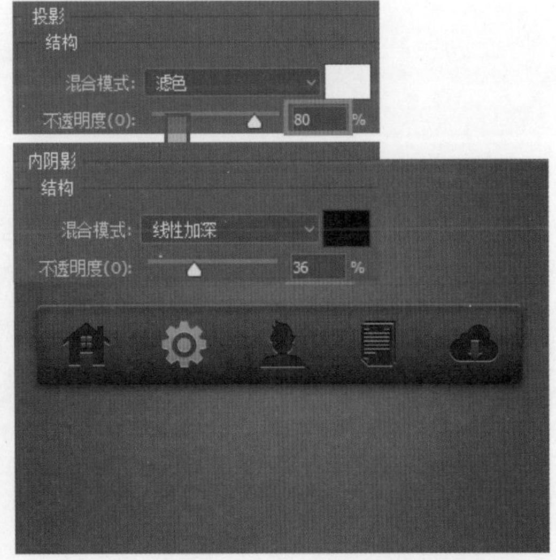

第 5 章 界面元素的组合应用

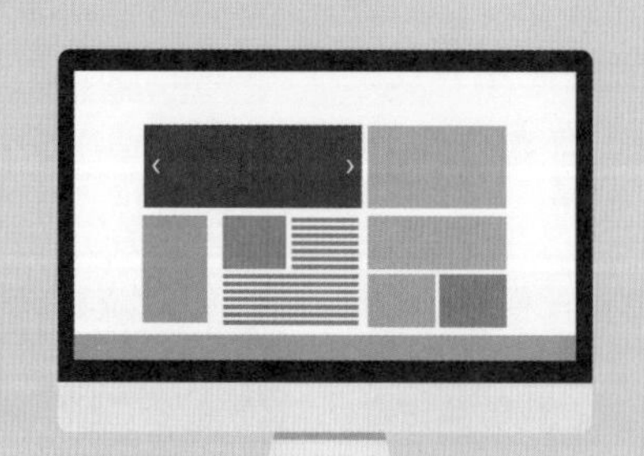

一个完整的 App 界面中往往会包含多个不同的页面，例如引导页、登录页、首页、详情页以及个人中心页面等，将这些页面组合在一起，才能得到一个完整的、具有较强操作性的 App。本章通过小案例的方式把前面学习制作的图标、按钮、进度条等元素分别应用到不同的 UI 界面中，创建完整的界面效果。

5.1 引导页设计

当第一次打开一款应用时常常会看到精美的引导页设计。引导页在视觉风格与氛围的营造上要与产品、公司形象一致，这样在用户还未使用具体产品前就能给产品定下一个对应的基调。根据不同的产品特性决定了引导页走小清新风格还是走规整、趣味性风格等。不同的风格在最终表现形式上也会有完全不同的展现方式，如插图、界面、动画等。

5.1.1 营造趣味感的引导页设计

围绕产品特性，设计趣味性的引导页会让 App 增色不少。进行引导页设计时，要让页面营造出比较活泼、富有趣味感的视觉效果，可以在界面中使用一些抽象或具象的卡通形象加以表现，利用鲜艳、多彩的颜色组合，带给用户比较愉悦的使用体验。

素　材：无
源文件：随书资源 \05\ 源文件 \ 营造趣味感的引导页设计 .psd

软件功能应用：圆角矩形工具，钢笔工具，自定形状工具，横排文字工具

● 设计要点

通过形象的插图直接告诉用户通过产品可以轻松学习并掌握 OpenStack 云计算，并且可以从中获得好处等。

在文案的处理上抓住了用户核心痛点，采用轻松活泼的语言表达方式让用户产生情感上的联系，对产品产生好感。

● 步骤详解

步骤 01 执行“文件 > 新建”菜单命令，在打开的“新建文档”对话框中单击“移动设备”标签，在展开的选项卡中单击 iPhone 6 预设，然后输入文件名，单击“创建”按钮。

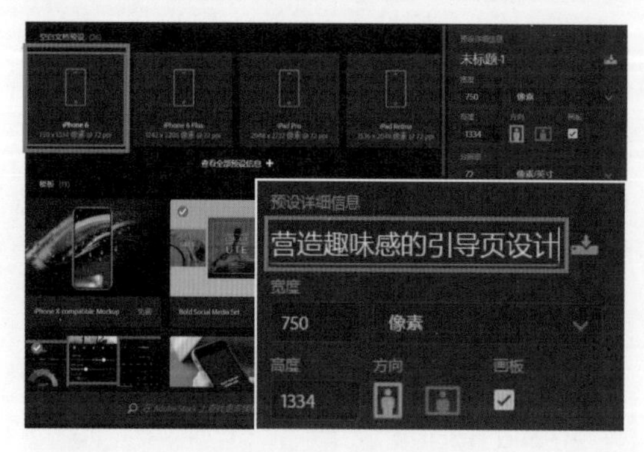

步骤 02 创建一个包含画板的文件，选择“画板工具”，依次单击画板右侧的“添加新画板”按钮，添加 3 个空白的画板。

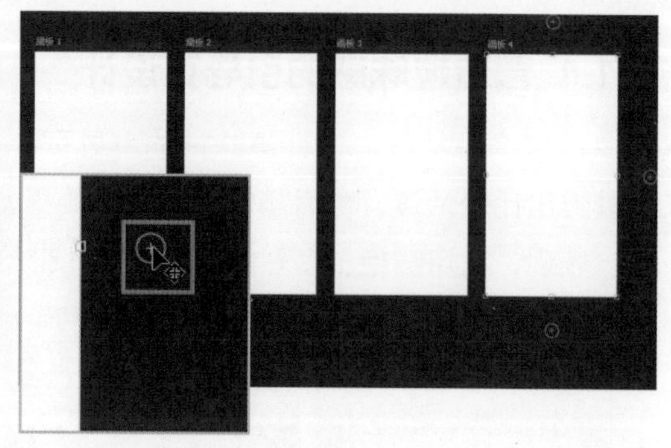

步骤 03 选择“矩形工具”，在画板 1 上方单击，打开“创建矩形”对话框，在对话框中根据画板大小，输入要新建的矩形的宽度和高度，确定设置后，绘制矩形并将其移到合适的位置上。

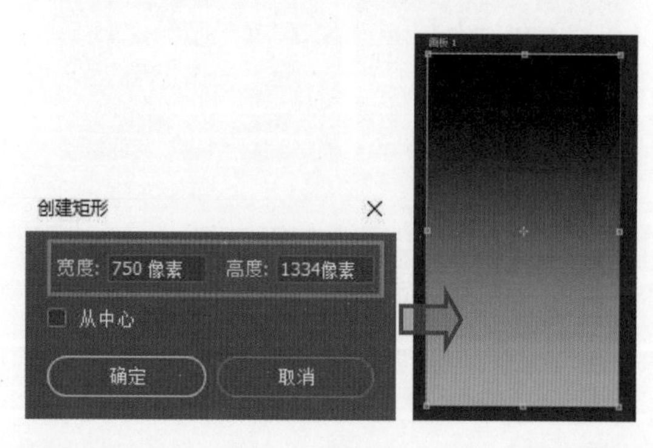

步骤 04 应用“直接选择工具”选中绘制的矩形，单击选项栏中的“填充”选项，在展开的面板中设置渐变颜色，更改已经绘制的矩形的填充颜色。

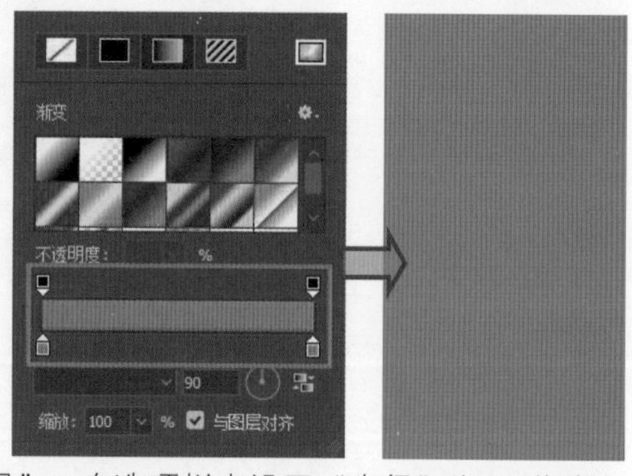

步骤 05 创建“身体”图层组，选择“圆角矩形工具”，在选项栏中设置“半径”为 30 像素，在画板中绘制图形，并为图形指定合适的填充颜色，然后将“半径”更改为 20 像素，再继续绘制另一个图形，为其填充不同的颜色。

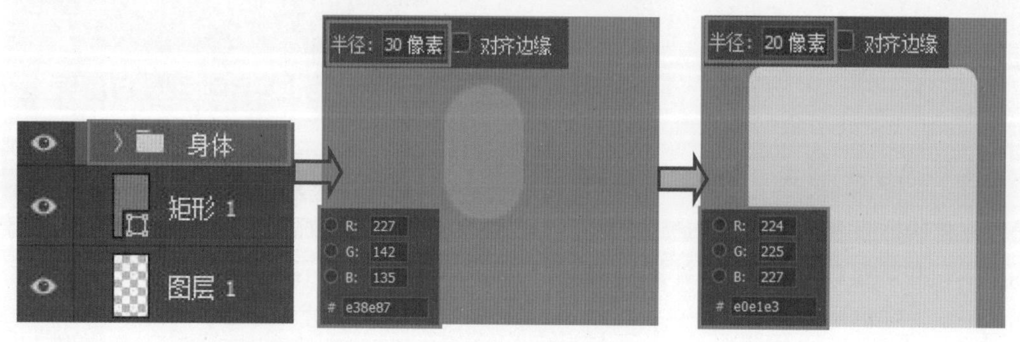

步骤 06 选择“钢笔工具”，在选项栏中设置图形的填充颜色，然后在灰色图形上方连续单击，绘制不规则图形。

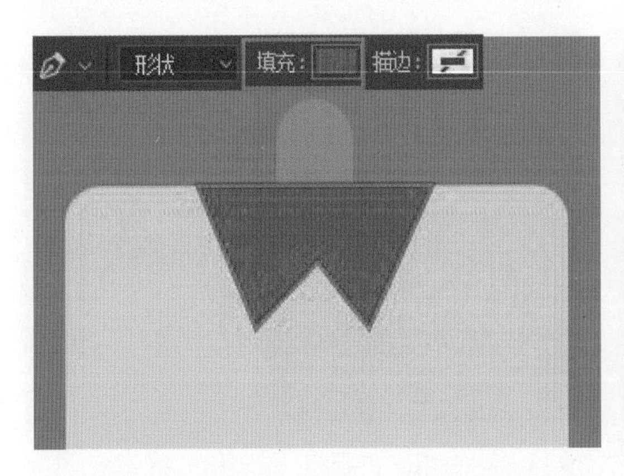

步骤 07 选择“圆角矩形工具”，调整半径大小，创建“头部”图层组，绘制一个稍大的图形，然后单击“路径操作”按钮，选择“合并形状”选项，在图形两侧分别进行绘制。

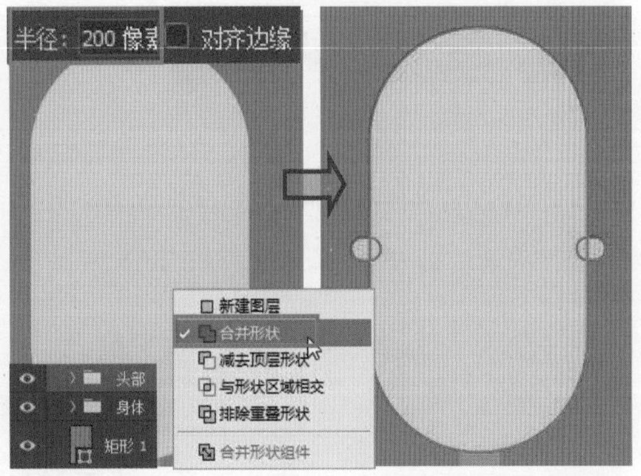

步骤 08 选择“椭圆工具”，在选项栏中设置图形并填充颜色，在画面中单击并拖动鼠标，绘制椭圆形图形，继续使用类似的方法，在画板 1 中绘制更多所需形状。

步骤 09 创建“文字”图层组，选择“横排文字工具”，在绘制好的图形上方单击输入文本内容，然后打开“字符”面板，设置文字属性。

步骤 10 使用“横排文字工具”输入另一排文字，打开“字符”面板，在面板中重新设置文字属性，设置后双击“图层”面板中的文字图层，打开“图层样式”对话框，设置“渐变叠加”样式，创建渐变的文字效果，为突出文本，使用“钢笔工具”在文字下方绘制所需形状。

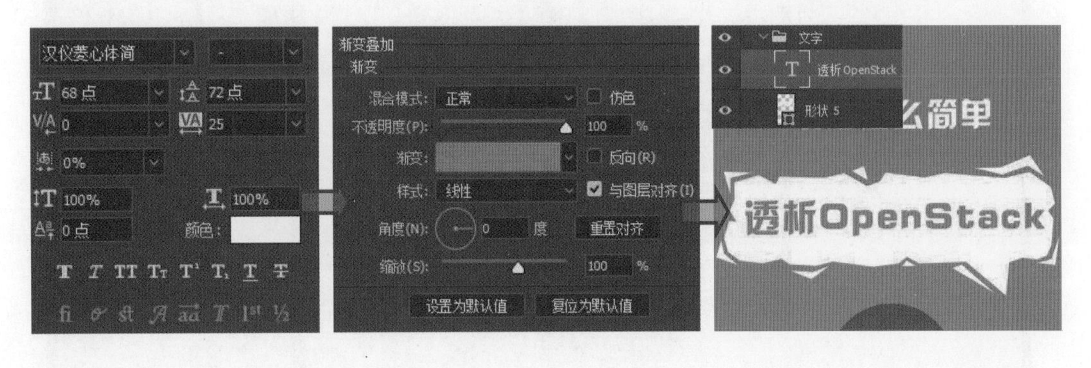

步骤 11 创建“按钮”图层组，使用“椭圆工具”在界面底部绘制 4 个圆形，使用“选择工具”同时选中这 4 个图形，单击选项栏中的“水平居中分布”按钮，均匀分布图形。

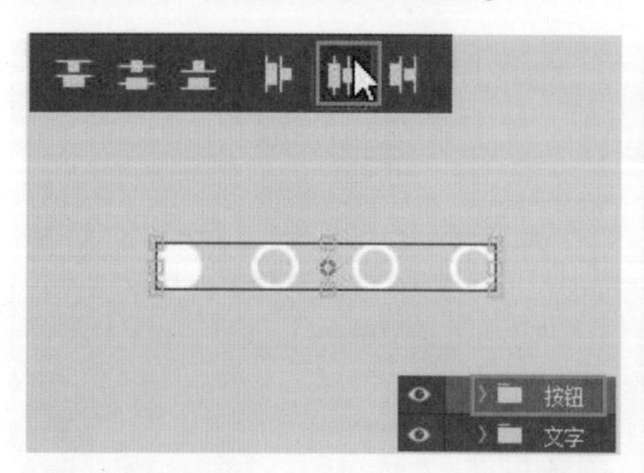

步骤 12 创建“跳过页面”图层组，使用“横排文字工具”在界面右上角位置输入文字“跳过”，然后使用“钢笔工具”在输入的文字右侧绘制箭头符号。

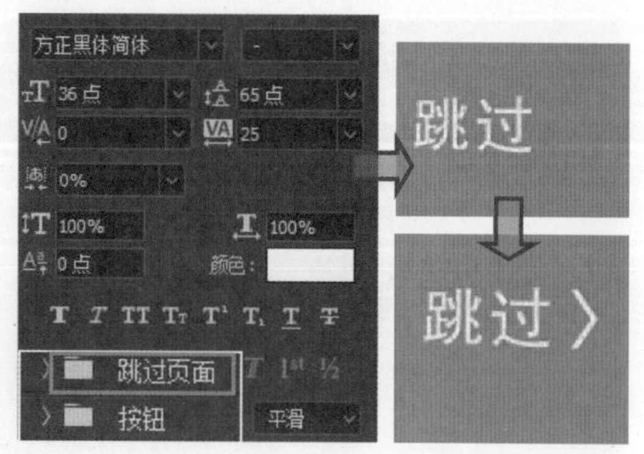

步骤 13 新建文档，创建新图层，设置前景色为 R:36、G:36、B:44，按下 Alt+Delete 组合键，填充图层，通过双击图层，打开“图层样式”对话框，在对话框中选择并设置“图案叠加”样式，为背景叠加图层效果。

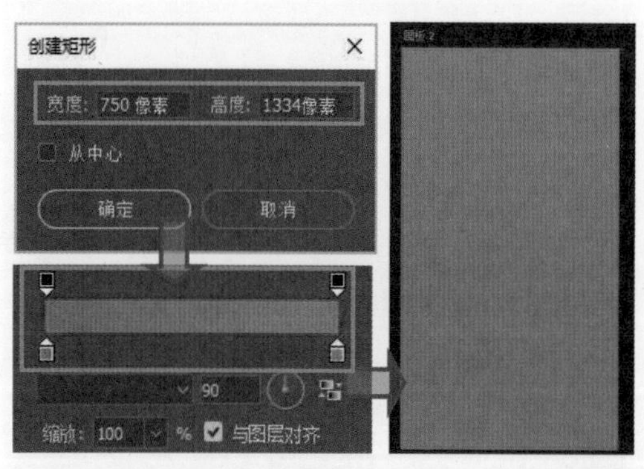

步骤 14 使用“椭圆工具”和“钢笔工具”在界面中绘制更多所需图形，将“画板 1”中的“文字”“按钮”和“跳过页面”图层组中的对象复制到“画板 2”，根据需要更改文本内容。

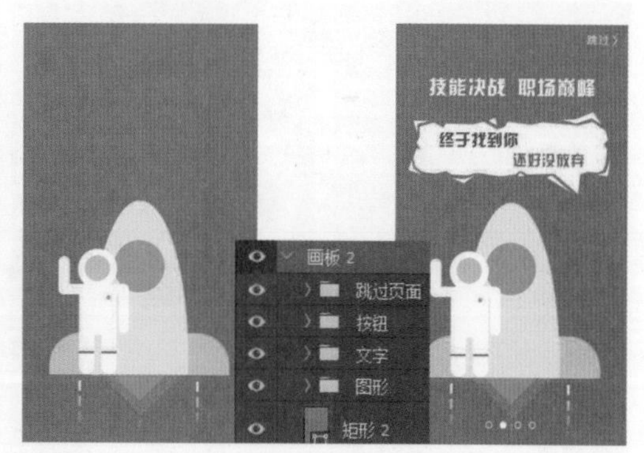

步骤 15 参考前面的界面制作的方法，绘制出另外两个引导页界面，然后在界面中添加相应的文字、按钮等，完成界面的设计，在图像窗口中可以看到完成后的效果。

5.1.2 半透明质感的引导页设计

运用高质量的位图作为背景，采用半透明的表现方式展示了背景中的内容，这样的 App 引导界面能够对外营造出一种高端的产品气质。相对于矢量图形，位图图像传达的高端、大气、沉稳的形象，更能让用户留下深刻的印象。

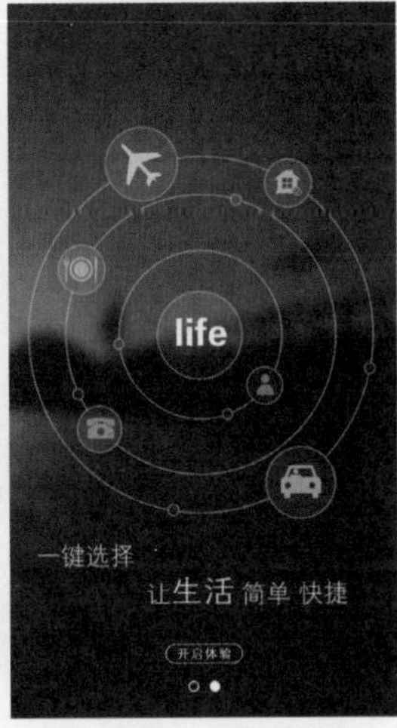

素　材：随书资源 \05\ 源文件 \01.jpg

源文件：随书资源 \05\ 源文件 \ 半透明质感的引导页设计 .psd

软件功能应用："高斯模糊" 滤镜，"色彩平衡" 命令，椭圆工具，添加锚点工具

● 设计要点

使用与主题相关的旅游类照片作为背景，通过对背景进行模糊，并以半透明的表现方式营造意境效果。

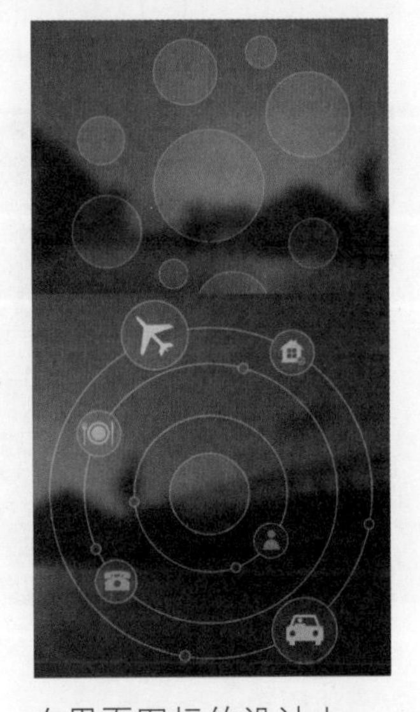

在界面图标的设计上，也采用了相同的半透明设计风格，通过图形透明度的变化，向用户展示更多的 App 功能。

遵循 iOS 系统的字体规范，使用纤细的字体设计对 App 的主要用途、功能加以说明，突出主题。

● 步骤详解

步骤 01 新建包含 2 个画板的文件，执行“文件 > 置入嵌入对象”菜单命令，将 01.jpg 素材图像置入到“画板 1”中，将图像缩放至填满整个画板为止。

步骤 02 执行“滤镜 > 模糊 > 高斯模糊”菜单命令，打开“高斯模糊”对话框，在对话框中设置选项，单击“确定”按钮，使用“高斯模糊”滤镜创建模糊的图像。

步骤 03 单击“调整”面板中的“色彩平衡”按钮，创建“色彩平衡 1”调整图层，打开“属性”面板，设置颜色值，设置后在图像窗口可查看调整颜色后的图像。

步骤 04 使用“矩形工具”绘制与画板同等大小的黑色矩形，展开“图层”面板，将“矩形 1”图层的“不透明度”设置为 50%，降低透明度效果。

步骤 05 选择“椭圆工具”，单击选项栏中的“路径操作”按钮，在展开的列表中单击“合并形状”选项，使用“椭圆工具”在界面中绘制多个不同大小的白色圆形。

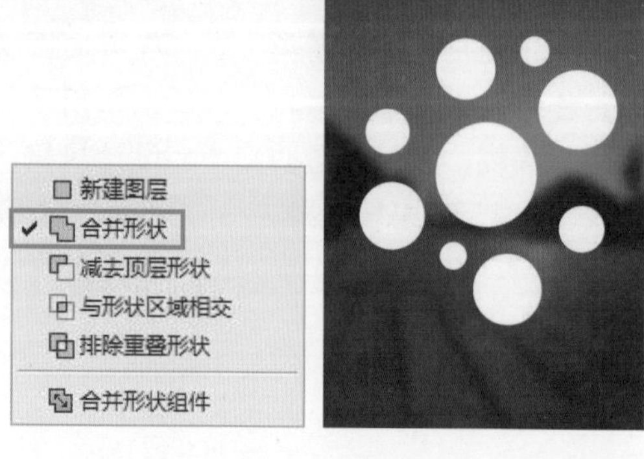

步骤 06 选中“椭圆 1”图层，将图层“不透明度”设置为 10%，按下 Ctrl+J 组合键，复制图层，创建“椭圆 1 拷贝”图层，调整透明度，然后在选项栏中设置描边颜色。

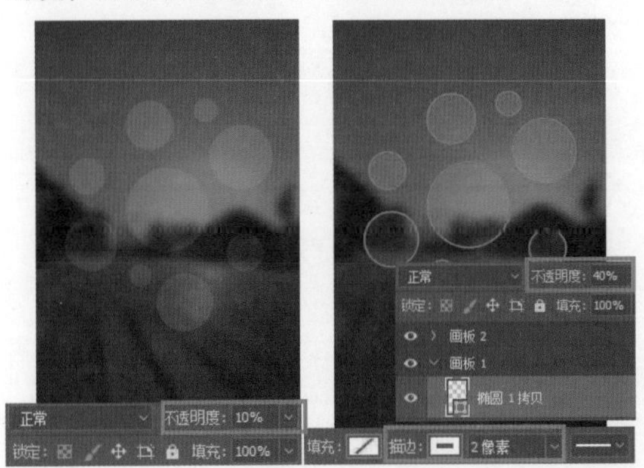

步骤 07 使用“钢笔工具”在画面中绘制钱包形状的图形，再使用“椭圆工具”绘制出一个实心和一个空心的圆形，并将绘制的圆形移到合适的位置。

步骤 08 复制“画板 1”中的“01”“色彩平衡 1”和“矩形 1”图层，将复制得到的“01 拷贝”“色彩平衡 1 拷贝”“矩形 1 拷贝”图层移到“画板 2”中。

步骤 09 使用“椭圆工具”在界面中绘制多个圆形，并根据情况调整图形的透明度，使用“添加锚点工具”在最外侧的圆形上单击，添加路径锚点。

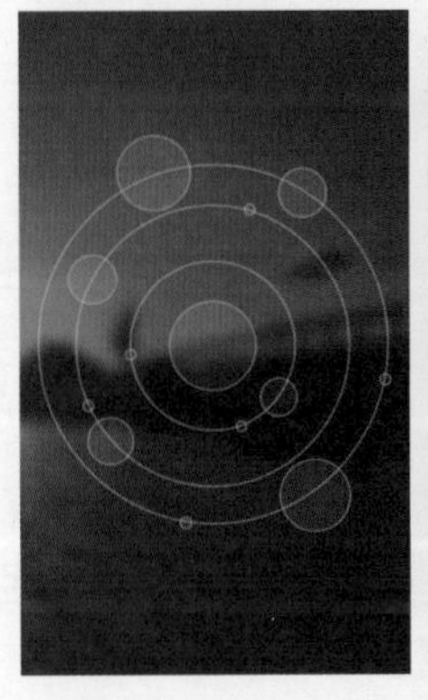
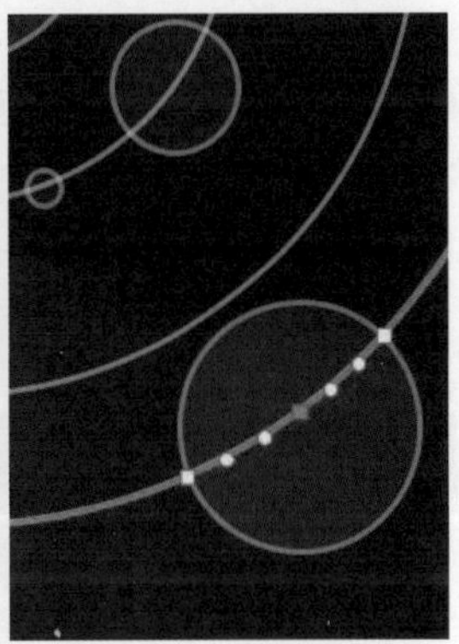

步骤 10 使用“直接选择工具”单击添加的路径锚点，按下 Delete 键，删除锚点。使用相同的方法，删除更多圆形中间的路径段。

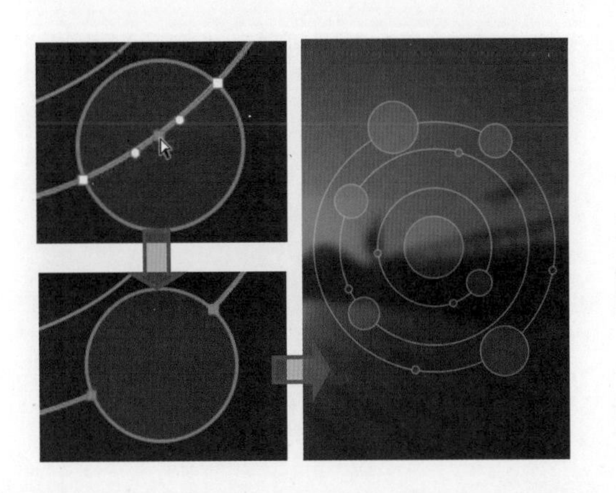

步骤 11 结合“钢笔工具”和“椭圆工具”在界面中绘制所需的形状，分别为形状设置合适的不透明度，最后使用“横排文字工具”输入文字，完成引导页的设计。

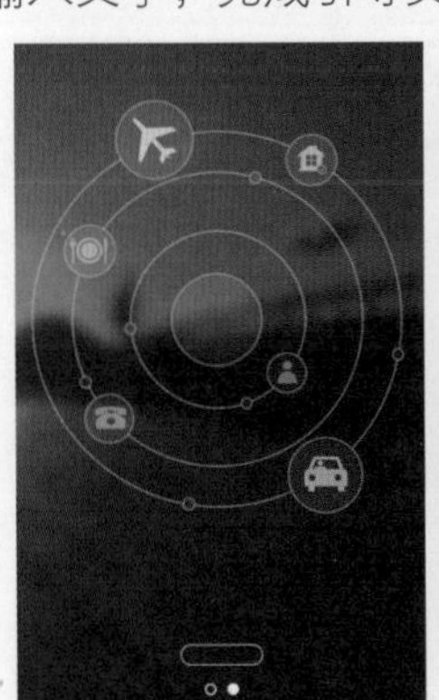
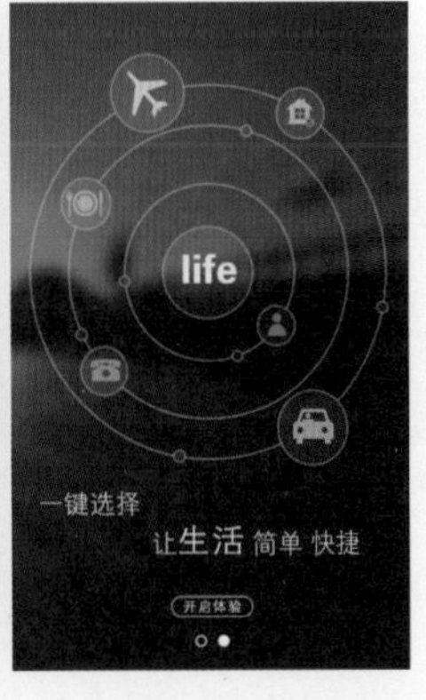

5.1.3 线形风格的引导页设计

引导页中的产品消息必须明确，设计必须能吸引人且简单易懂，因此，线形风格也成了引导页设计的趋势。这类风格的引导页设计多使用简单的线形插画和文字说明对产品的主要功能进行展示，让用户对产品的功能有一个大致的了解。

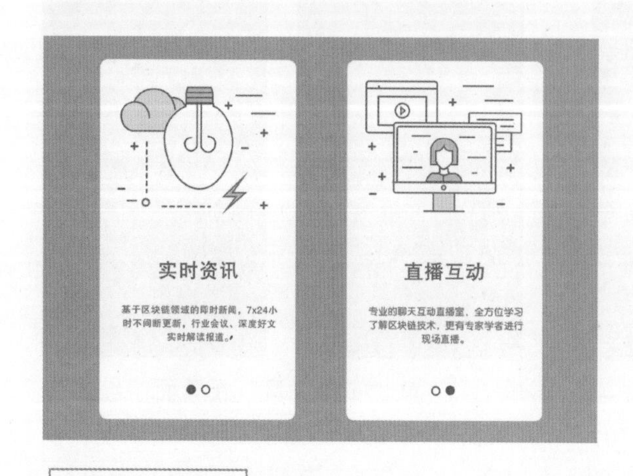

素　材：无

源文件：随书资源 \05\ 源文件 \ 线形风格的引导页设计 .psd

软件功能应用：圆角矩形工具，钢笔工具，横排文字工具

● 设计要点

实时资讯

基于区块链领域的即时新闻，7x24小时不间断更新，行业会议、深度好文实时解读报道。

使用不同长短、弯曲度的线条组合构成云朵、灯泡、显示器等与 App 相关的元素。

在紧凑的线条中加入蓝色和黄色等纯色色块，线与面的结合，使简单的画面变得生动起来。

选择工整的黑体字，采用大标题与小标题相结合方式，详细地介绍 App 包含的功能模块。

● 步骤详解

步骤 01 新建包含 2 个画板的文件，执行“文件 > 置入嵌入对象”菜单命令，将 01.jpg 素材图像置入到“画板 1”中，将图像缩放至填满整个画板为止。

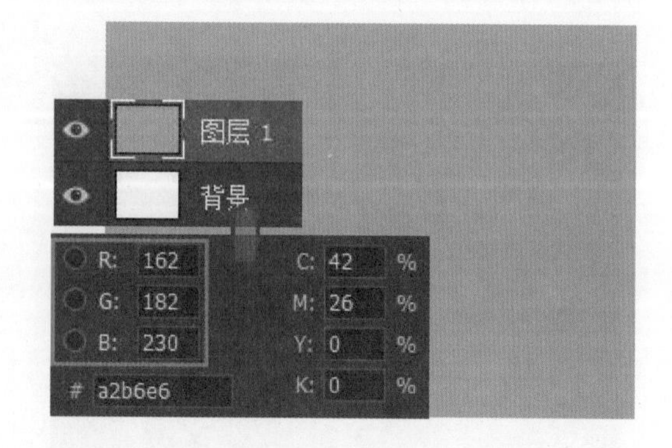

步骤 02 创建“界面 1”图层组，选择“圆角矩形工具”，在选项栏中设置“半径”值，在画面中绘制一个“宽度”为 750 像素，“高度”为 1334 像素的圆角矩形。

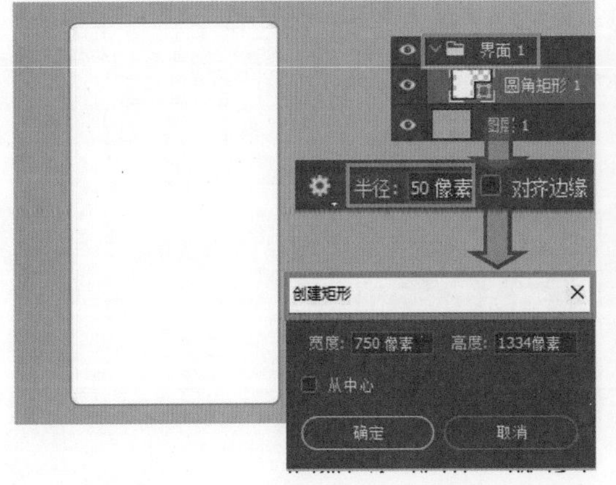

步骤 03 新建“云朵 1”图层组，选择“钢笔工具”，在显示的工具选项栏中设置填充和描边选项，然后使用“钢笔工具”在界面中绘制所需图形。

步骤 04 新建“灯泡”图层组，在“钢笔工具”选项栏中更改填充颜色，使用“钢笔工具”连续单击，绘制图形。

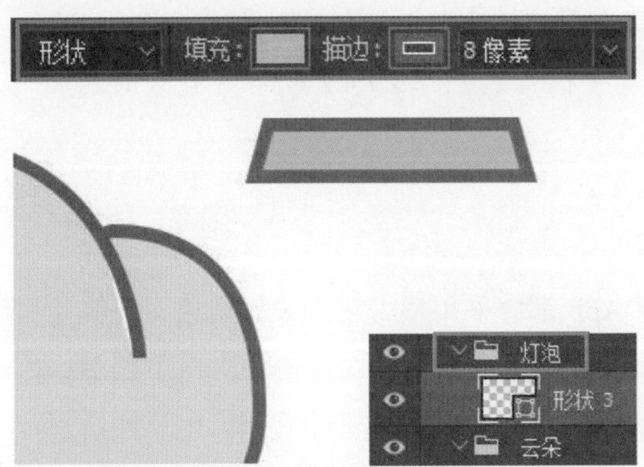

步骤 05 选择“矩形工具”，设置相同的填充和描边选项，然后在下方绘制两个同等大小的矩形。

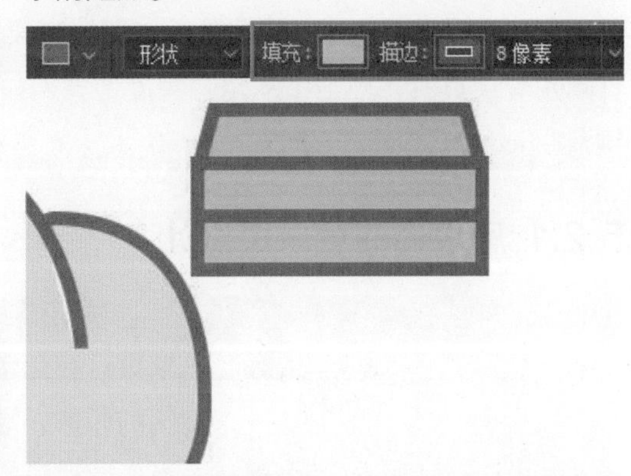

步骤 06 使用“钢笔工具”等绘图工具在界面中绘制出更多的图形，打开“字符”面板，在面板中设置好文字属性，使用“横排文字工具”在图形旁边输入加号和减号。

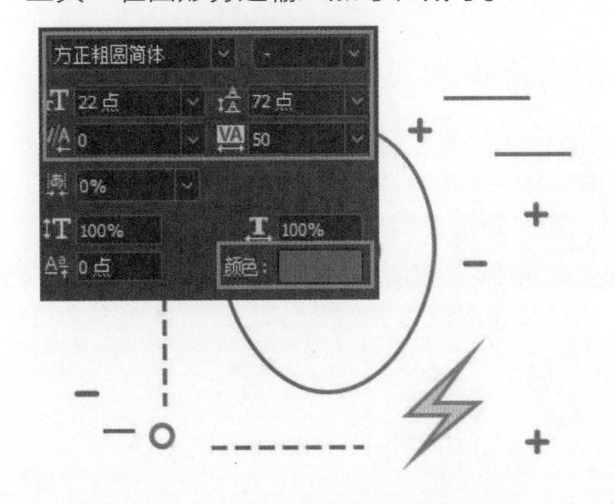

步骤 07 使用“横排文字工具”在界面下半部分输入所需文本内容，结合“字符”面板，更改输入文字的字体、字号和间距等，在图像窗口中查看设置后的效果。

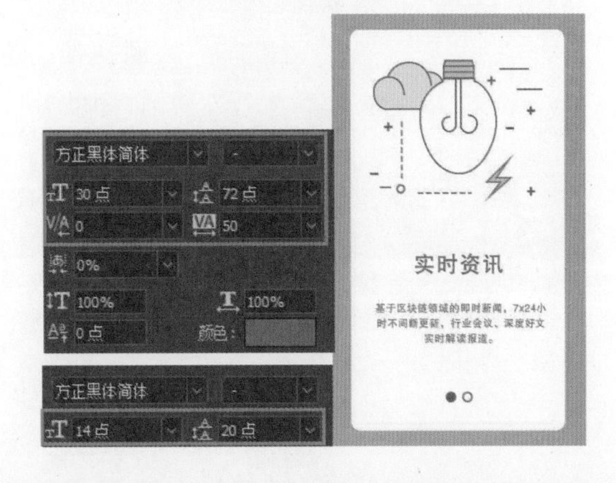

步骤 08 创建“界面 2”图层组，将“界面 1”图层组中的“圆角矩形 1”图层复制，并将复制的图层移到“界面 2”图层组中，使用“移动工具”将图形移到合适的位置上。

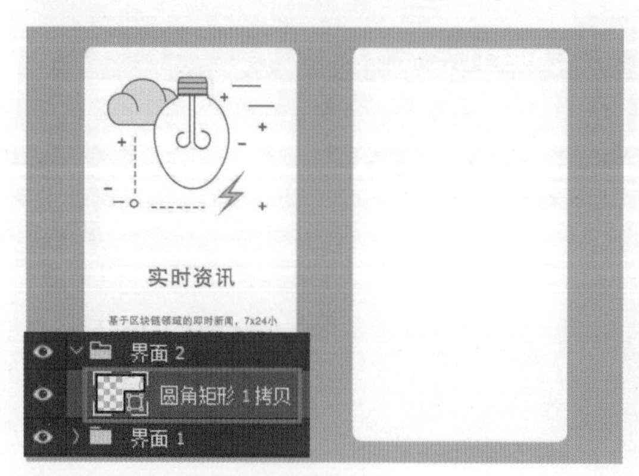

步骤 09 参考前面的图形绘制的方法和设置，绘制出界面中所需的图形，并使用“横排文字工具”在绘制的图形下方区域输入相应的文字内容。

5.2 登录页设计

注册登录流程能让用户扭头就走，也能让产品获得新用户的喜爱。一个优秀的注册登录页不但应该具有清晰的操作流程，同时还要具有良好的交互细节和美观的视觉设计。在设计用户登录页时，应当多从用户角度考虑，如对手机号码进行 3:4:4 的分布，登录时增加一键清空 icon 等。

5.2.1 扁平化的登录页设计

目前很多 App 都会采用扁平化的设计风格，尤其是登录页。在登录页中采用扁平化的设计能给人留下整洁、大气的印象，通过应用不同颜色的纯色色块进行表现，用适当变形让简单的界面布局呈现出更为丰富的视觉效果。

素　材：无

源文件：随书资源 \05\ 源文件 \ 扁平化的登录页设计 .psd

软件功能应用：圆角矩形工具，直线工具，钢笔工具，横排文字工具，“投影”图层样式。

● 设计要点

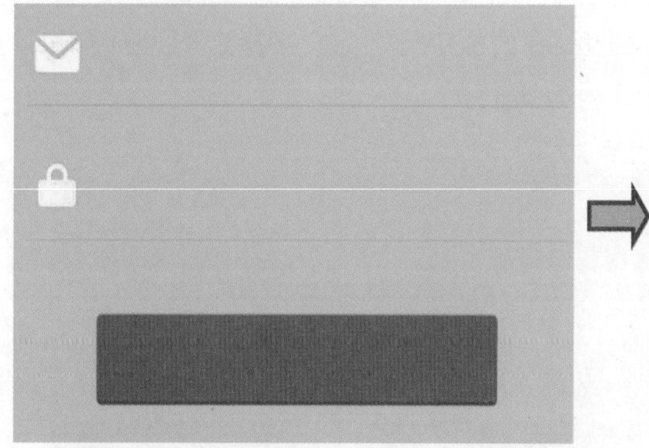

为了迎合扁平化的设计风格，在界面中无论是整个界面的布局，还是按钮的设计，均采用了纯色色块进行表现。

遵循 iOS 系统的设计规范，在界面中选用了与主题、系统一致的苹方字体，通过字体粗细的变化突出一定的层次关系。

● 步骤详解

步骤 01 创建新文档，设置前景色为 R:133、G:210、B:197，新建“图层 1”图层，按下 Alt+Delete 组合键，用设置的颜色填充图层，设置背景颜色。

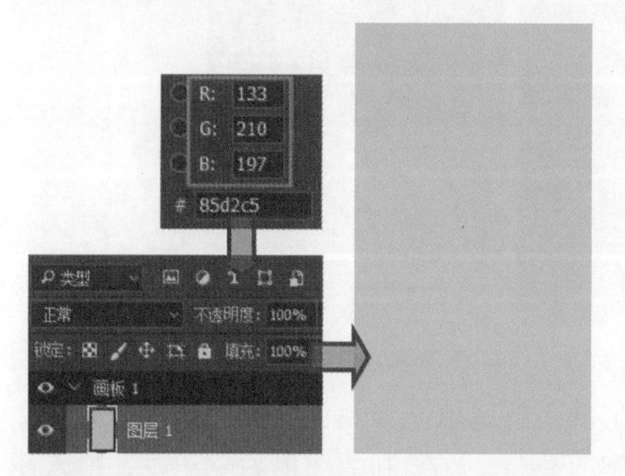

步骤 02 创建“状态栏”图层组，选择“椭圆工具”，设置图形的描边选项，然后单击“路径操作”按钮，在展开的列表中单击“合并形状”选项，在左上角位置绘制圆形。

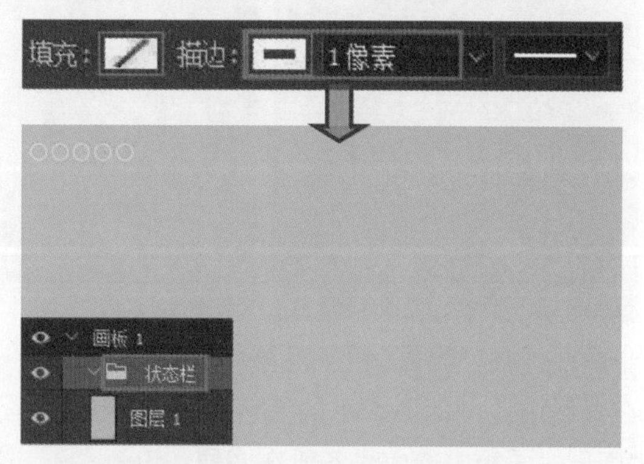

步骤 03 按下 Ctrl+J 组合键，复制“椭圆 1”图层，创建“椭圆 1 拷贝”图层，删除其中一个圆形，并在选项栏中设置填充选项。

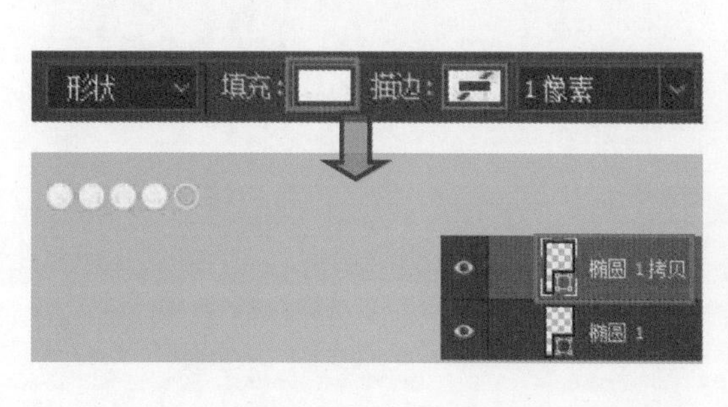

步骤 04 选择工具箱中的“钢笔工具”，在选项栏中设置工具模式和填充颜色，然后在画面中绘制图形。

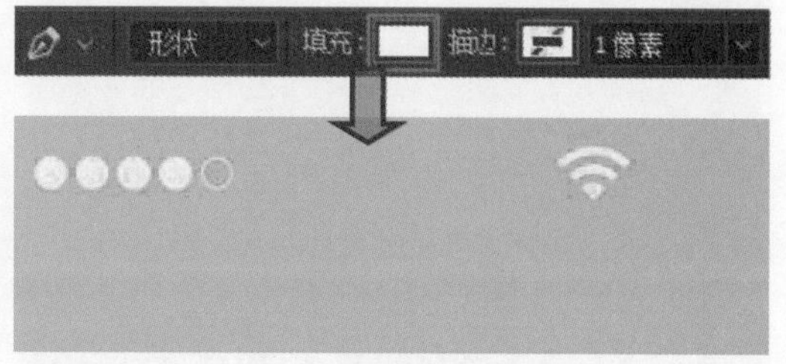

步骤 05 选择“圆角矩形工具”，在右上角位置绘制电池形状的图形，选择“横排文字工具”，在图形左侧单击并输入文字，然后在“字符”面板中设置文字属性。

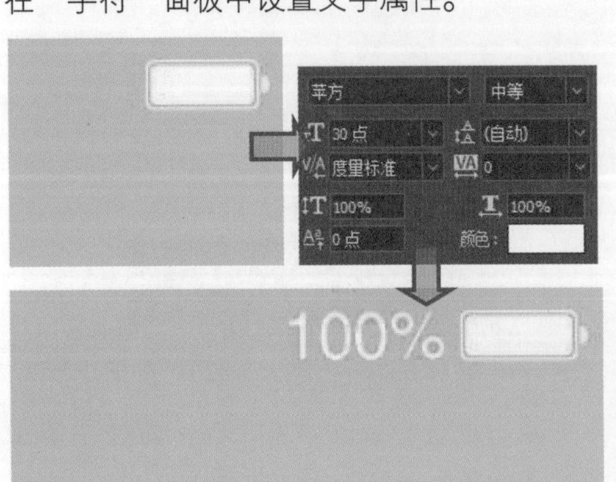

步骤 06 使用“横排文字工具”在画面中的其他位置单击，输入文字，然后打开“字符”面板，在面板中分别为文字指定不同的字体、字号等属性。

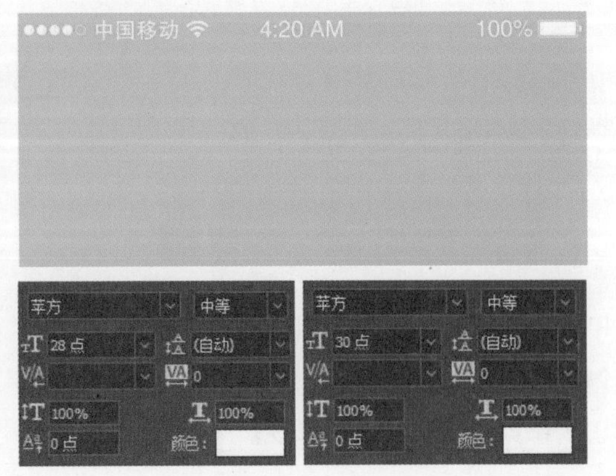

步骤 07 使用“横排文字工具”在界面中间位置单击，输入标题文字，然后在“字符”面板中调整文字属性，双击文字图层，打开“图层样式”面板，在面板中单击“投影”“内阴影”图层样式，并在展开的选项卡中设置样式选项，修饰文字效果。

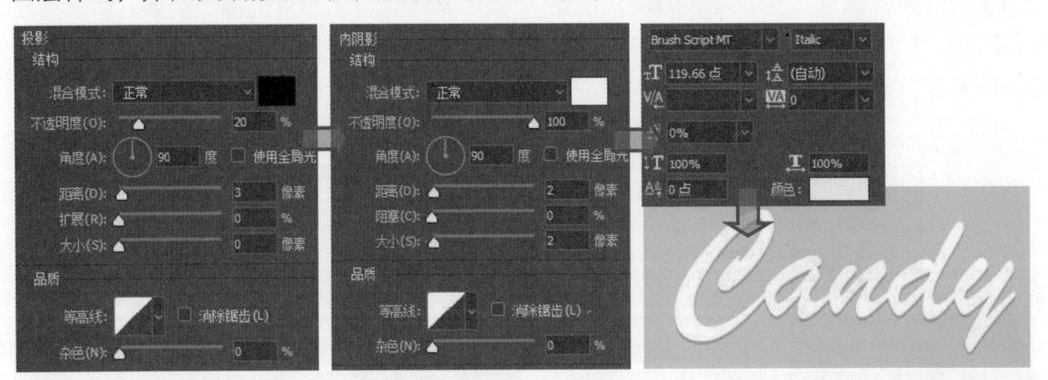

步骤 08 创建“界面”图层组，使用“直线工具”在界面中绘制两条水平的黑色线条，然后在“图层”面板中选中线条所在图层，设置“不透明度”为10%，降低透明度。

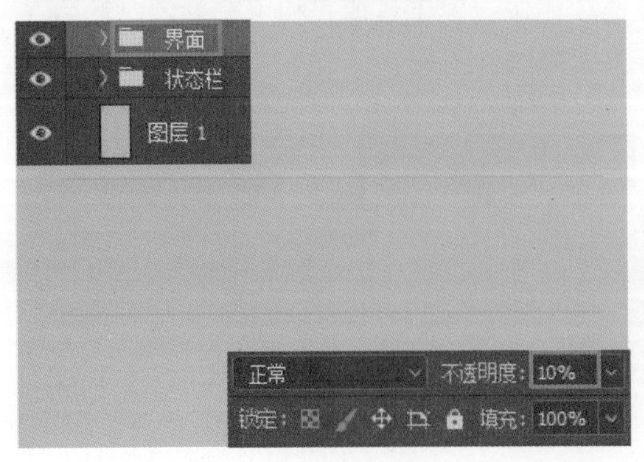

步骤 09 使用“钢笔工具”绘制出所需的图标形状，将其填充为白色，然后选择“横排文字工具”，在绘制的图形右侧单击，输入所需的文字。

步骤 10 使用“圆角矩形工具”绘制出所需的图形，设置图形填充色为 R:112、G:93、B:118，双击形状图层，打开“图层样式”对话框，单击并设置“投影”图层样式，修饰图形。

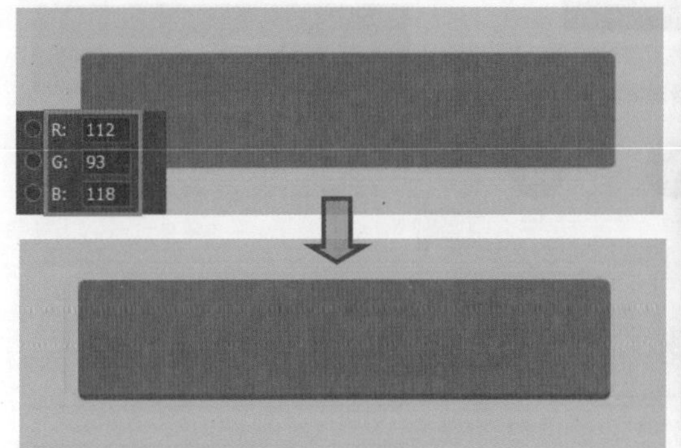

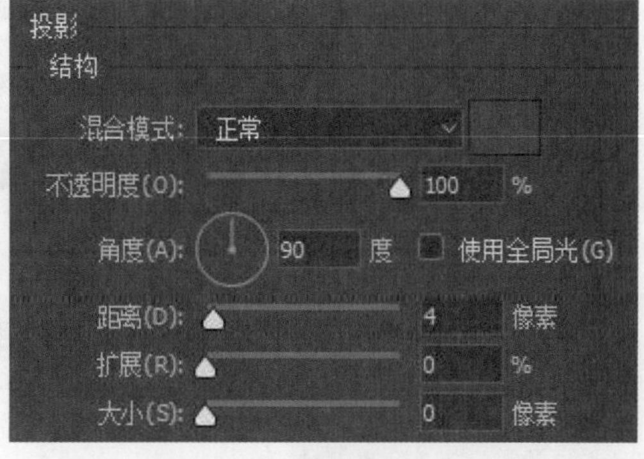

步骤 11 选择工具箱中的“横排文字工具”，在适当的位置单击，输入所需的文字，打开“字符”面板对文字的属性进行设置。

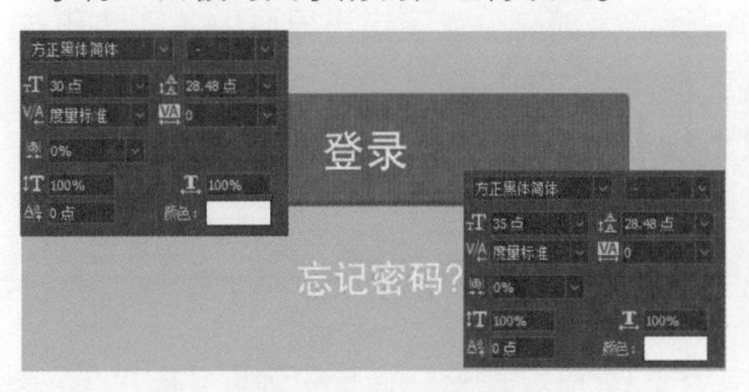

步骤 12 继续结合“圆角矩形工具”和“横排文字工具”，在界面底部完成更多图形和文字设置。

5.2.2 黑白主题的登录页设计

白色明度最高，没有色相，常给人以整洁、干净的感觉，黑色则往往给人神秘、高贵的感觉，而且可以隐藏缺陷。因此，在设计中，常用黑白风格的表现典雅、纯粹的登录页。页面中因为没有太多干扰的元素，让产品看起来整齐划一，可以在一定程度上提升用户操作的便捷性。

素　材：随书资源 \05\ 素材 \02.jpg、03.psd

源文件：随书资源 \05\ 源文件 \ 黑白主题的登录页设计 .psd

软件功能应用：圆角矩形工具，“投影”“斜面和浮雕”图层样式，横排文字工具

● 设计要点

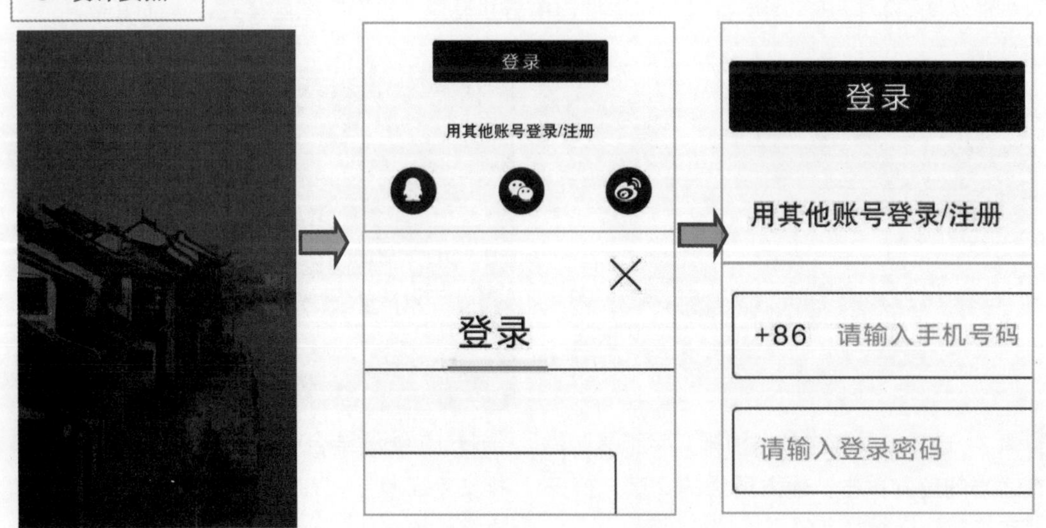

将相关素材图像添加到界面中，将彩色转换为黑白效果，定义界面的基调。

对于界面元素的设计，大部分采用黑、白、灰三种颜色，有助于人们将注意力放在界面中所要传达的色彩上。

为了突出界面中各区域和按钮的功能，在图标旁边添加相应的文字加以补充说明。

● 步骤详解

步骤 01 新建文档，执行“文件 > 置入嵌入对象”菜单命令，将 02.jpg 素材图像置入到新建的文档中，然后新建“图层 1”图层，设置前景色为黑色，按下 Alt+Delete 组合键，将图层填充为黑色。

步骤 02 在“图层”面板中选取“图层 1”图层，设置“不透明度”为 60%，降低透明度效果，单击“调整”面板中的“黑白”按钮，创建“黑白 1”调整图层，在展开的“属性”面板中设置选项，创建黑白画面效果。

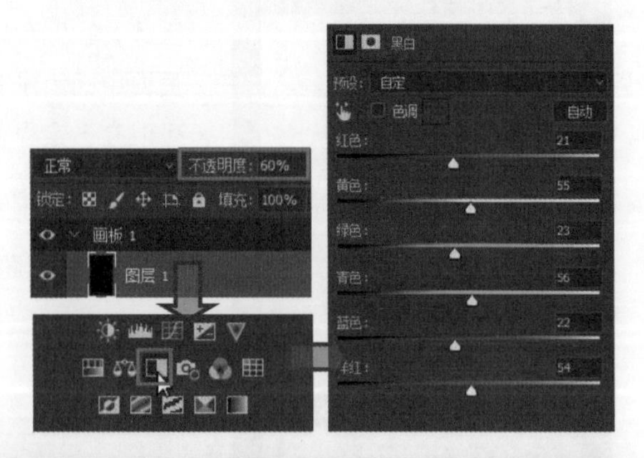

技巧技示：创建调整图层

在 Photoshop 中，可以单击“调整”面板中的按钮创建调整图层，也可以执行“图层 > 新建调整图层”菜单命令创建调整图层。

步骤 03 打开制作好的 03.psd 标题栏，将其复制到界面顶端，然后新建“登录窗口”图层组，选择“圆形矩形工具”，设置“半径”为 10 像素，在中间位置绘制白色圆角矩形。

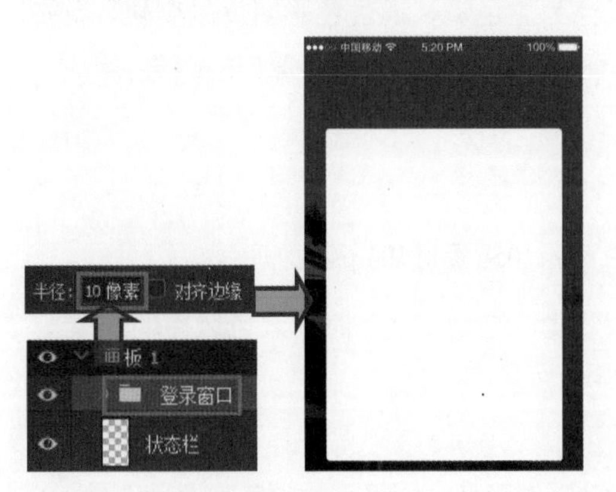

步骤 04 选择“圆角矩形工具”，在选项栏中更改描边选项，将“半径”调整为 5 像素，在画面中绘制图形，按下 Ctrl+J 组合键，复制图形，向下移到所需位置。

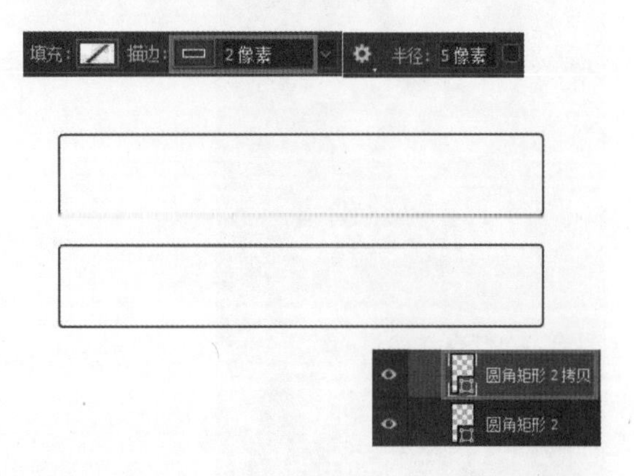

步骤 05 使用“圆角矩形工具”绘制出所需的图形，设置填充色为 R:35、G:35、B:35，去除描边色，在图像窗口中查看绘制的圆角矩形效果。

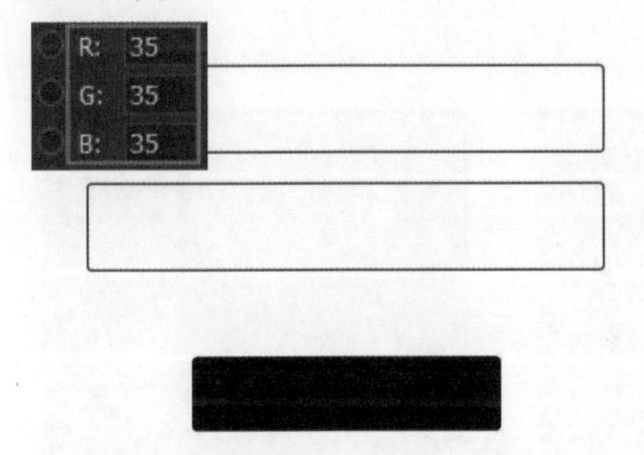

步骤 06 选取“直线工具”，分别设置填充色为 R:94、G:94、B:94，R:9、G:146、B:197，在画面中绘制出“粗细”为 2 像素和 4 像素的两条直线。

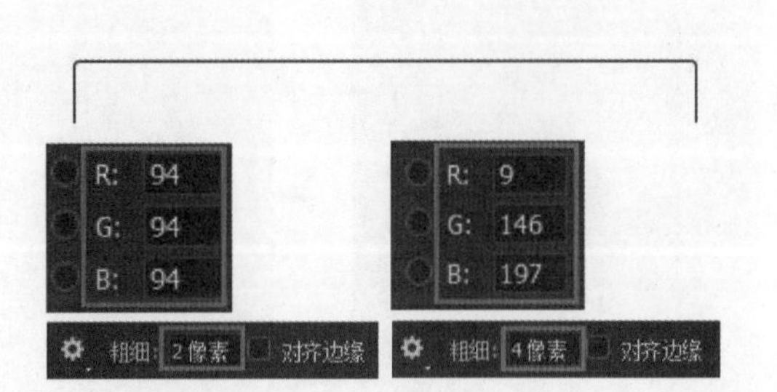

步骤 07 使用“椭圆工具”绘制出所需的图标形状，设置填充颜色为 R:35、G:35、B:35，复制圆形，并按照相同的距离排列图形，使用“钢笔工具”在圆形中间位置绘制所需图形，填充合适的颜色。

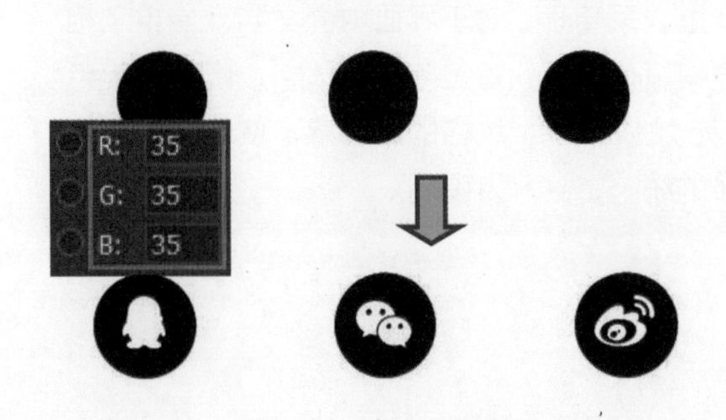

步骤 08 结合“横排文字工具”和“字符”面板，在界面中输入更多所需文字，完成登录页的设计。

5.2.3 时尚紫色风格的登录页设计

柔和的紫色融合了红色的热情洋溢和蓝色的宁静，具有一种神秘的魅力，给人留下高雅、柔美的印象。在App登录页中，以紫色为主色调，通过色彩明度的变化，营造出一种时尚而华丽的效果，给用户留下深刻的印象。

素　材：随书资源\05\素材\03.psd

源文件：随书资源\05\源文件\时尚紫色风格的登录页设计.psd

软件功能应用：矩形工具，钢笔工具，自定形状工具，横排文字工具，“渐变叠加”图层样式

● 设计要点

在界面中以紫色作为背景主色调，通过渐变颜色的叠加，使单一的色调呈现出自然、柔和的颜色过渡效果。

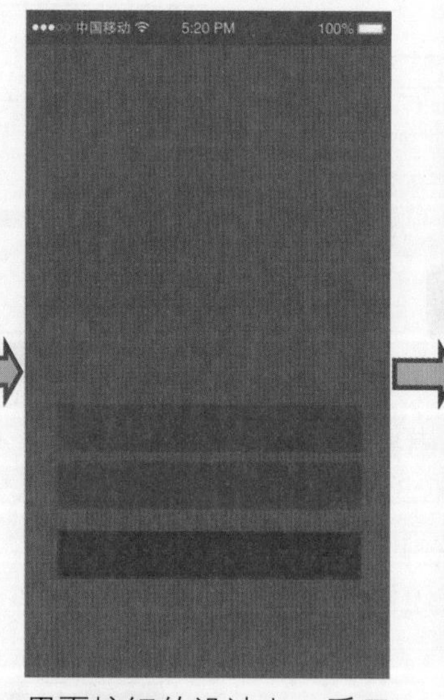

界面按钮的设计上，采用了同类色配色方案，使用更深一些的紫光加以表现，保持了画面的统一、协调感。

对于界面中的文字，使用了相对工整的黑体字，削弱了紫色风格的柔弱感，使画面显得更为硬朗。

● 步骤详解

步骤 01 新建文档，使用“矩形工具”绘制一个与文档同等大小的矩形，设置矩形填充色为 R:103、G:59、B:183，通过双击图层，打开“图层样式”对话框，在对话框中单击并设置“渐变叠加”图层样式，修饰图形。

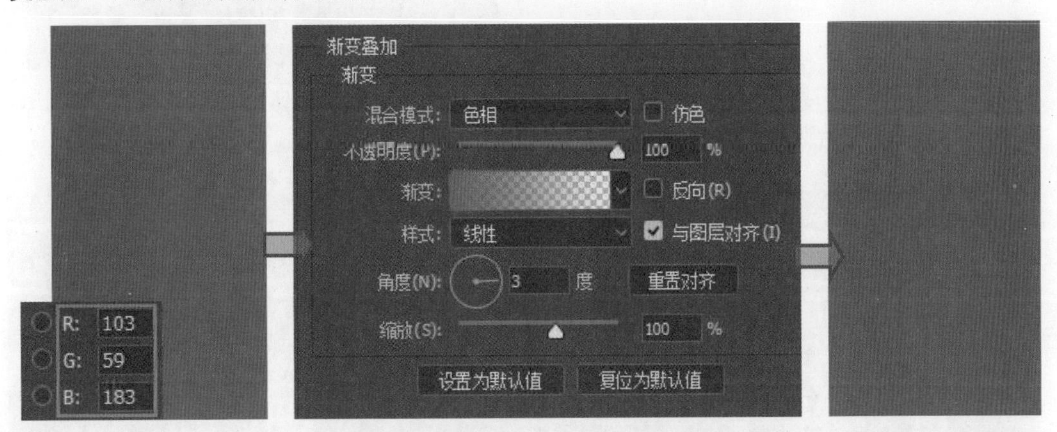

步骤 02 使用“矩形工具”再绘制一个同等宽度的矩形，将矩形填充色设置为 R:74、G:41、B:130，打开制作好的标题栏，将其复制到新绘制的矩形上方。

步骤 03 使用“矩形工具”绘制所需图形，设置图形填充色为 R:74、G:41、B:130，按下 Ctrl+J 组合键，复制图形，创建“矩形 3 拷贝”图层，将图层中的图形向下移到合适位置。

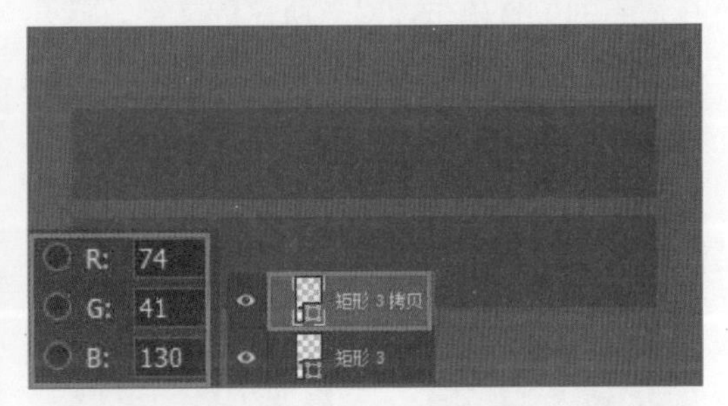

步骤 04 按下 Ctrl+J 组合键，复制图形，创建“矩形 3 拷贝 2”图层，双击图层缩览图，在打开的对话框中将填充色更改为 R:56、G:31、B:99。

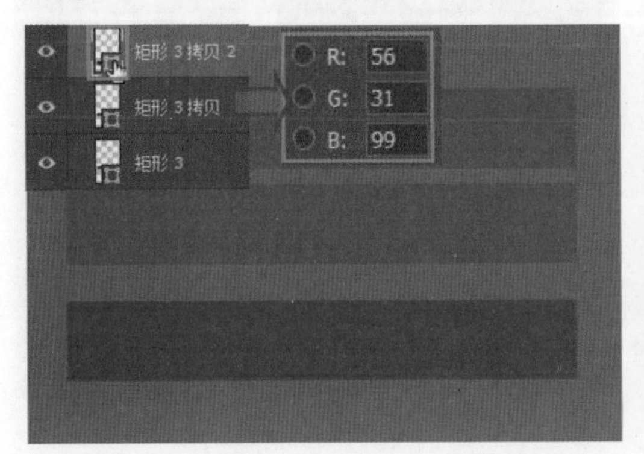

步骤 05 选择“自定形状工具”，在“形状”拾色器中单击并选择“花形装饰 4”形状，在画面中单击并拖动鼠标，绘制图形，并将图形填充色设置为白色。

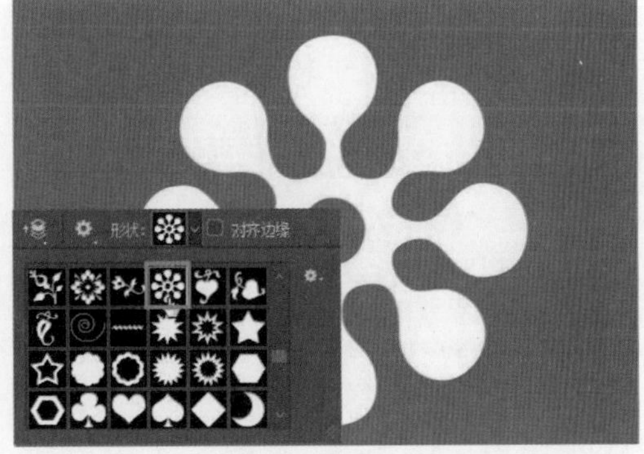

步骤06 双击形状图层，打开“图层样式”对话框，在对话框中单击并设置“投影”图层样式，为绘制的图形添加投影效果。

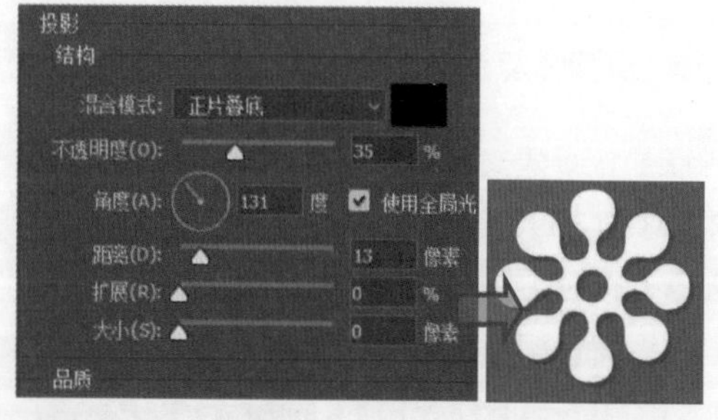

步骤07 使用“钢笔工具”绘制出所需的图标形状，将其填充色设置为白色，然后双击形状图层，打开“图层样式”对话框，在对话框中单击并设置“投影”图层样式，修饰图形效果。

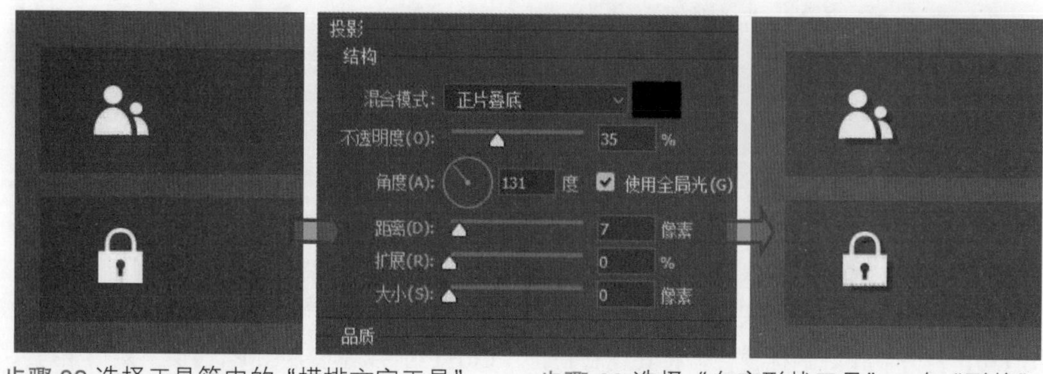

步骤08 选择工具箱中的“横排文字工具”，在适当的位置单击，输入所需的文字，打开“字符”面板对文字的属性进行设置。

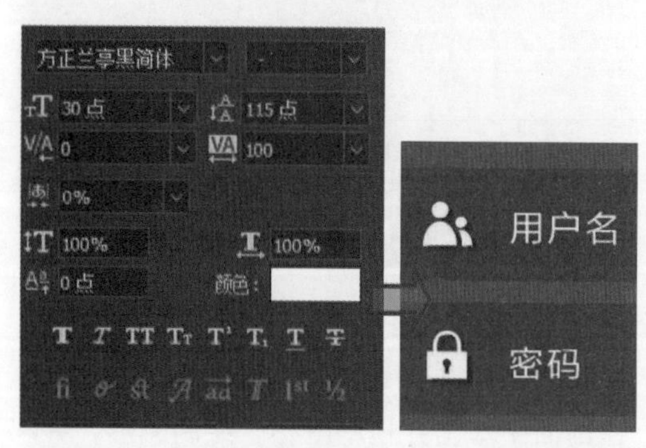

步骤09 选择“自定形状工具”，在“形状”拾色器中单击“选中复选框”形状，在画面中绘制所需图形。

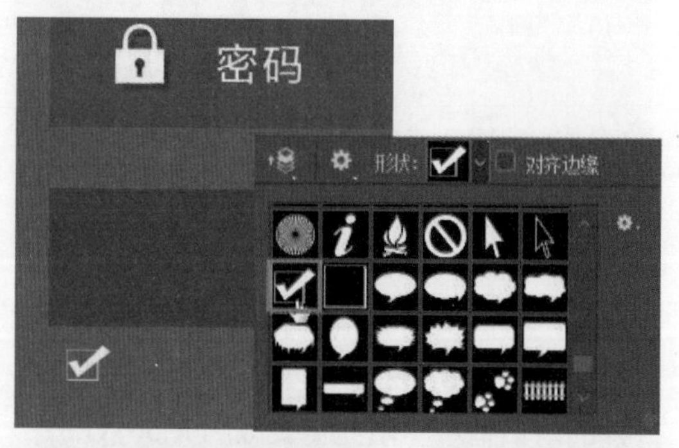

步骤10 结合“横排文字工具”和“字符”面板，在画面中输入更多的文字并设置合适的字体、字号等，完成本案例的制作。

技巧技示：打开“字符”面板组

选择“横排文字工具”，单击选项栏中的“切换字符和段落面板”按钮，可以打开“字符和段落”面板组，执行“窗口>字符”或“窗口>段落”菜单命令，则可以分别打开“字符”或“段落”面板。

5.3 首页设计

用户在启动 App 后，进入后看见的便是 App 的首页。首页是第一交互界面，可以告诉用户 App 最为核心和重要的功能，帮助用户快速了解和掌握 App，并且首页的交互体验直接影响到用户对整个 App 的后续体验。因此，首页设计不仅要能清晰展示产品核心功能、特点，更为用户提供了良好的体验。

5.3.1 甜美风格的首页设计

婚庆类 App 的界面在设计时大多会针对女性用户的喜好，采用比较甜美的设计风格。用户在打开 App 后，色彩是用户对界面的初步印象，因此，要表现甜美的设计风格，可以在界面的颜色上进行考虑，可以多选用一些比较清新、甜美的色块进行堆叠、组合，形成稳定的设计风格，再通过细节的处理，完善画面效果。

素　材：随书资源 \05\ 素材 \03、05.psd、04.jpg

源文件：随书资源 \05\ 源文件 \ 甜美风格的首页设计 .psd

软件功能应用： 圆角矩形工具，“投影”“斜面和浮雕”图层样式，横排文字工具

● 设计要点

首页中提供活动 Banner 广告，选择与 App 主题一致的婚纱照片进行展示，照片中清新、唯美的婚纱照片也更容易吸引女性用户的关注。

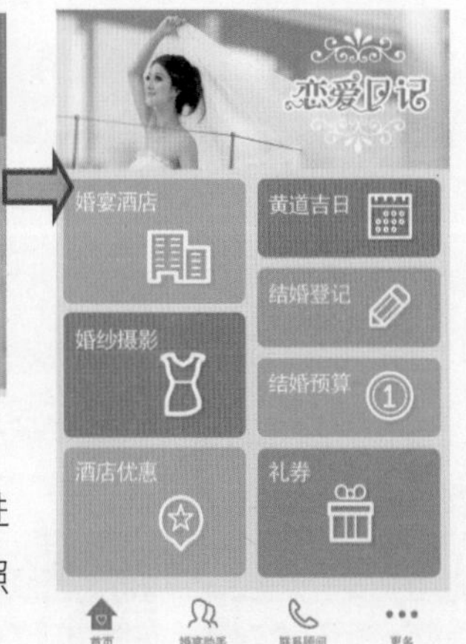

采用宫格形式的首页布局，精简首页的内容呈现，告诉用户 App 主要的一些产品和功能，以引导用户尽快进入二级页面，因此，具有一定的分流作用。

● 步骤详解

步骤 01 创建新文件，设置前景色为 R:239、G:239、B:239，按下 Alt+Delete 组合键，填充颜色，新建“标题栏”图层组，使用“矩形工具”绘制图形，设置图形填充色为 R:253、G:129、B:129。

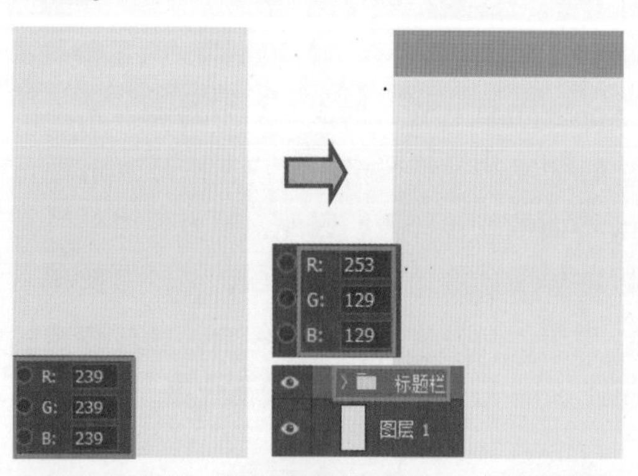

步骤 02 将制作好的素材 03.psd 文件打开并复制到粉色的矩形上方所需位置，选择工具箱中的“钢笔工具”，设置填充为无颜色，描边色为 2 像素，在标题栏下方绘制箭头符号。

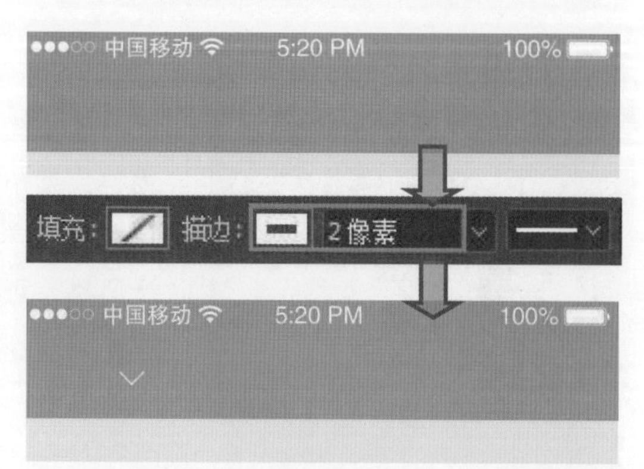

步骤 03 选择“圆角矩形工具”，在选项栏中设置填充色为 R:246、G:96、B:96，描边颜色为 R:240、G:51、B:51，“半径”为 50 像素，绘制颜色更深一些的图形。

步骤 04 选择“自定形状工具”，在“自定形状”拾色器中单击“搜索”形状，在圆角矩形左侧绘制搜索图标，将图标填充色设置为白色。

步骤 05 选择工具箱中的“横排文字工具”，在适当的位置单击，输入所需的文字，打开“字符”面板对文字的属性进行设置。

步骤 06 使用“横排文字工具”输入其他文字，打开“字符”面板对文字的属性进行设置，将文字的“不透明度”设置为 50%。

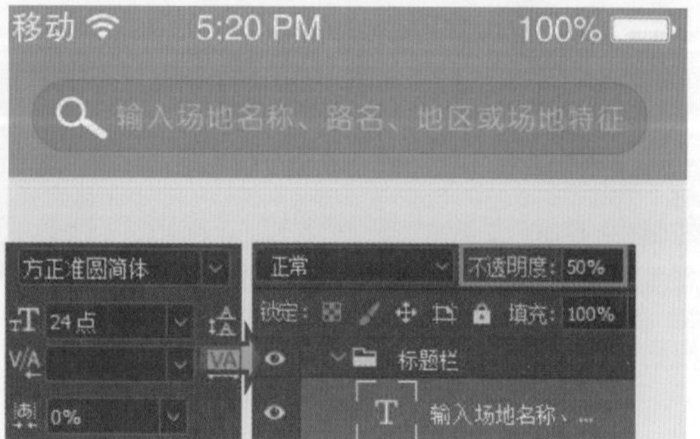

步骤 07 新建“广告区”图层组，使用“矩形工具”绘制矩形，然后执行“文件 > 置入嵌入对象”菜单命令，将 05.jpg 素材图像置入到矩形上方，按下 Ctrl+Alt+G 组合键，创建剪贴蒙版。

步骤 08 按下 Ctrl 键不放，单击“矩形 2”形状图层缩览图，载入选区，新建“曲线 1”调整图层，打开“属性”面板，在面板中选择“蓝”选项，单击并向上拖动曲线，调整图像颜色。

步骤 09 打开 05.psd 文本素材，将打开的素材复制到广告图上，双击图层，打开“图层样式”对话框，在对话框中单击并设置“描边”图层样式，修饰文字。

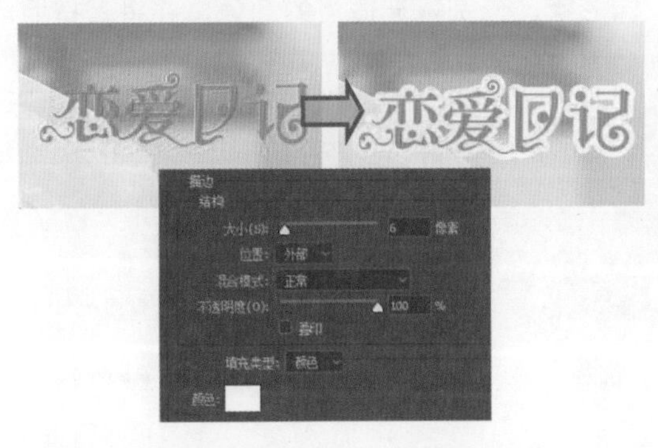

步骤 10 选择“自定形状工具”，在“自定形状”拾色器中单击“装饰 5”形状，绘制图形，按下 Ctrl+J 组合键，复制图形，并应用“垂直翻转”命令，翻转图形。

步骤 11 新建“分类导航”图层组，使用“圆角矩形工具”绘制多个图形，分别填充适当的颜色，使用“钢笔工具”在图形上绘制其他图形。

步骤 12 双击“形状 4”图层，打开“图层样式”对话框，在对话框中单击并设置“投影”图层样式，修饰图形。

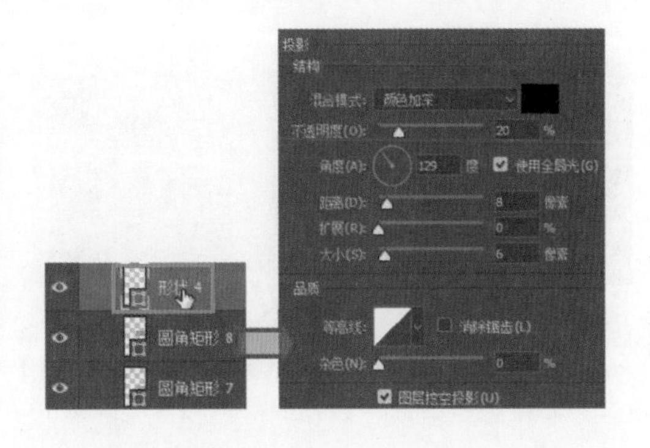

步骤 13 为“形状4”建筑图形添加“投影”效果，使用相同的方法，为圆角矩形上的其他图形也添加相同的“投影”图层样式，增强立体感。

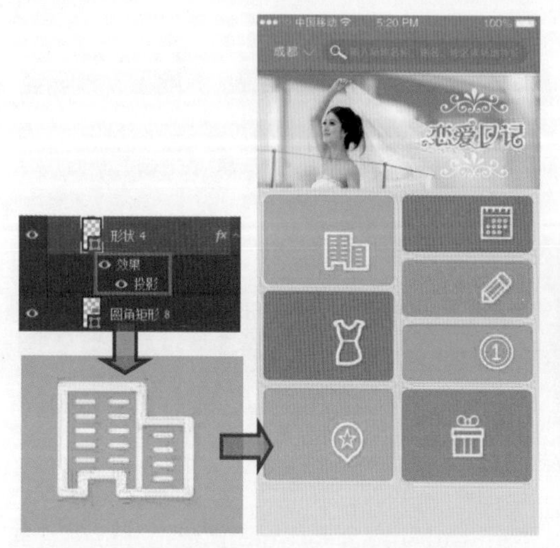

步骤 14 选择工具箱中的“横排文字工具”，在适当的位置单击，输入所需的文字，打开“字符”面板对文字的属性进行设置，在图像窗口中可以看到添加的文字效果。

步骤 15 新建“图标”图层组，使用“矩形工具”在画面底部绘制矩形，将矩形填充色设置为白色。

步骤 16 使用“钢笔工具”绘制出所需的图标形状，分别填充适当的颜色，并将其按照相同的距离进行排列。

步骤 17 选择工具箱中的“横排文字工具”，在图标下方单击，输入所需的文字，打开“字符”面板对文字的属性进行设置，在图像窗口中可以看到输入的文字效果。

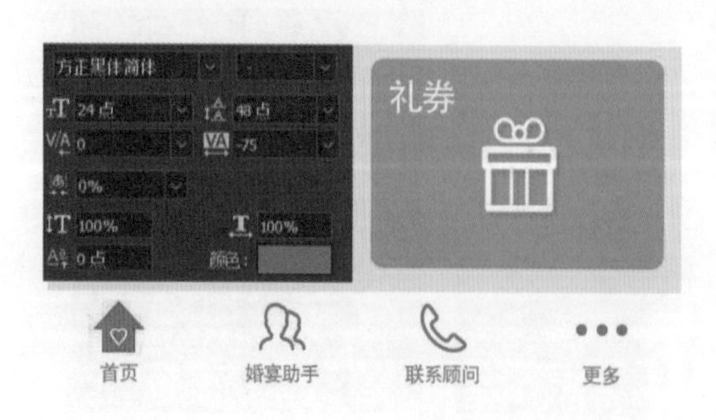

步骤 18 选择“横排文字工具”，在文字“首页”上方单击并拖动鼠标，选中文字，然后单击“字符”面板中的颜色块，在打开的对话框中设置文本颜色为 R:249、G:93、B:80。

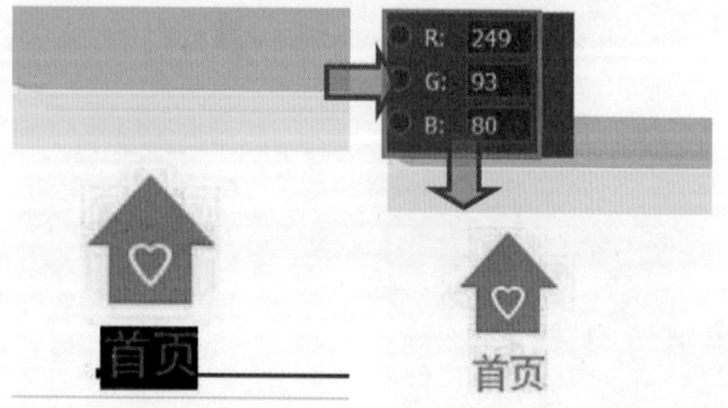

5.3.2 时尚酷炫的首页设计

移动端首页是打造消费内容的主要场景，因此，需要根据 App 的主要功能和特点安排并设计界面效果。时尚酷炫风格的首页设计是比较常见的首页表现风格，在做这类设计时，大多将界面主色定义为暗色调，再利用一些对比较大的颜色突出重要的信息。

素　材：随书资源 \05\ 素材 \03.psd、06.jpg

源文件：随书资源 \05\ 源文件 \ 时尚酷炫的首页设计 .psd

软件功能应用：圆角矩形工具，“投影”“斜面和浮雕”图层样式，横排文字工具。

● 设计要点

由于是为跑步运动 App 所做的首页设计，因此，在界面背景中选择了健美的人物进行展示，目的是刺激更多想获得完美身材的用户参加运动。

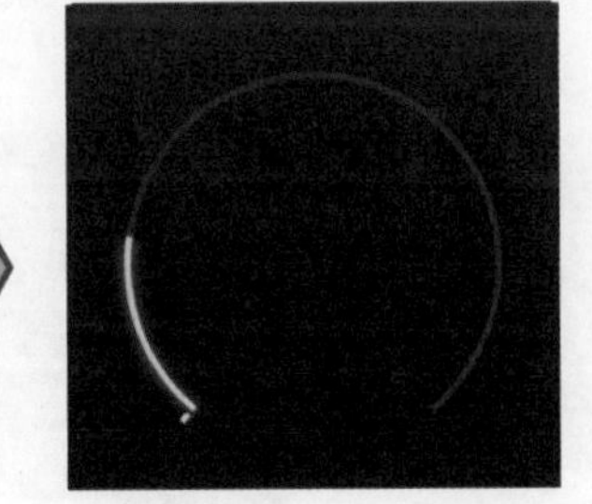

界面中圆环旋转的进度条将运动的进程清楚地展示在用户眼前，使用户能够看到已经完成的百分比，添加的外发光样式增强了设计感。

为了激励用户坚持运动并获得一定的成就感，在界面中添加了步数、公里数、消耗的卡路里等各项准确的数据，并使用醒目的黄色突显重要的数据信息。

● 步骤详解

步骤 01 新建文档，创建“渐变填充 1”图层，打开“渐变填充”对话框，在对话框中设置从 R:26、G:26、B:26 到 R:129、G:128、B:128 的颜色渐变，其他参数不变，单击“确定”按钮，填充渐变颜色。

步骤02 使用“矩形工具”在背景上方绘制一个矩形图形，执行“文件>置入嵌入对象”菜单命令，将06.jpg素材置入到矩形上，按下Ctrl+Alt+G组合键，创建剪贴蒙版。

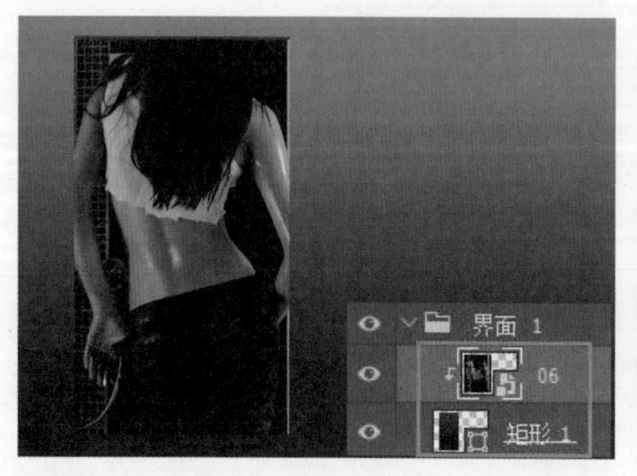

步骤03 单击“添加图层蒙版”按钮，为06图层添加蒙版，使用“渐变工具”从上往下拖动“黑，白渐变”，然后将图层“不透明度”设置为5%，降低透明度效果。

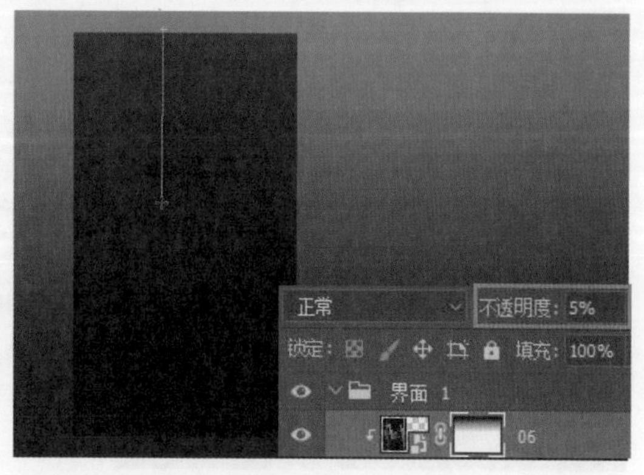

步骤04 打开03.psd标题栏素材，将其复制到处理好的背景上方，然后使用“钢笔工具”在下方绘制所需的图形，并将图形填充色设置为R:249、G:226、B:49。

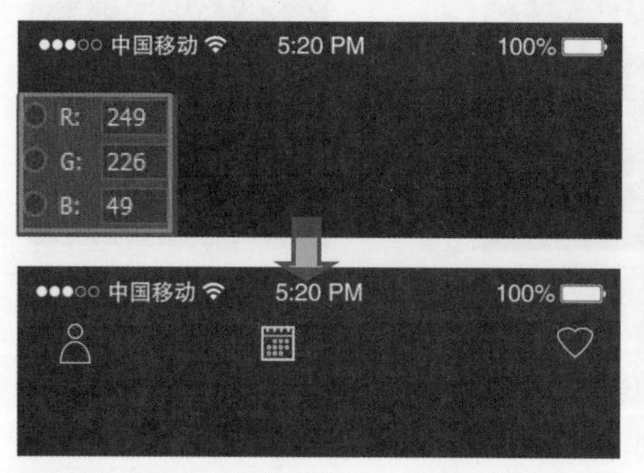

步骤05 选择工具箱中的“横排文字工具”，在适当的位置单击，输入所需的文字，打开“字符”面板，对文字的属性进行设置，在图像窗口中可以看到编辑的效果。

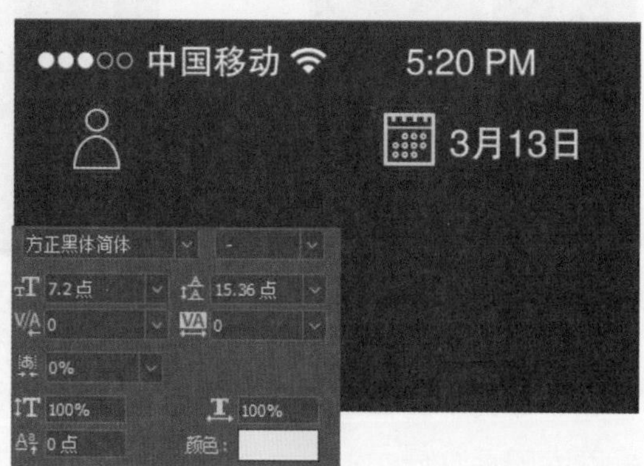

步骤06 选择“直线工具”，设置“粗细”为1像素，在画面中绘制一条水平直线，然后在直线下方使用“横排文字工具”输入所需的文字。

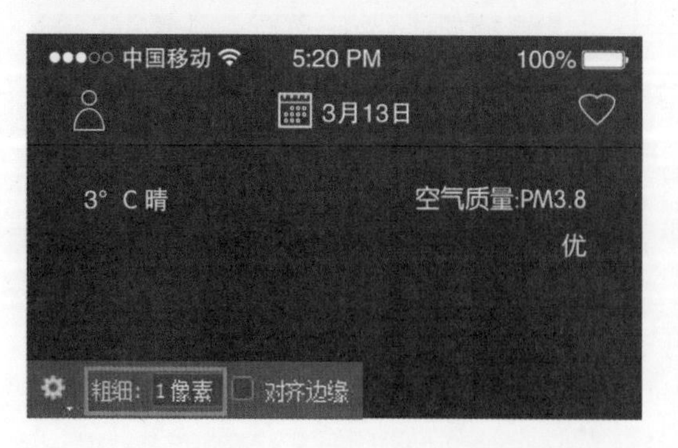

步骤07 选择工具箱中的“钢笔工具”，在文字下方绘制所需的图形，并将图形填充色设置为R:249、G:226、B:49，在图像窗口查看设置后的效果。

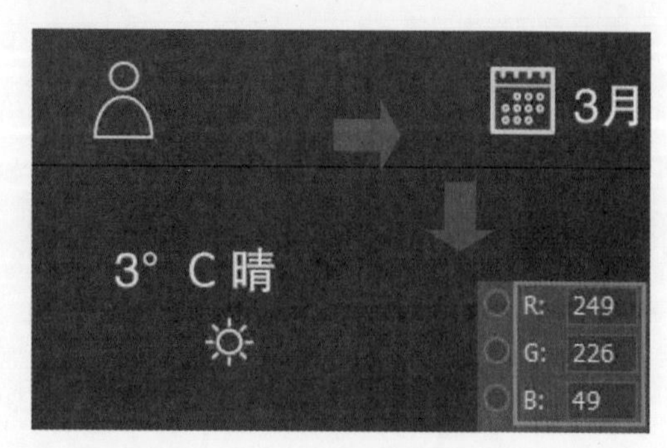

步骤 08 使用“椭圆工具”绘制圆形，设置描边色为 R:35、G:40、B:46，粗细为 10 像素，应用路径编辑工具编辑图形，将图形转换为开放路径效果。

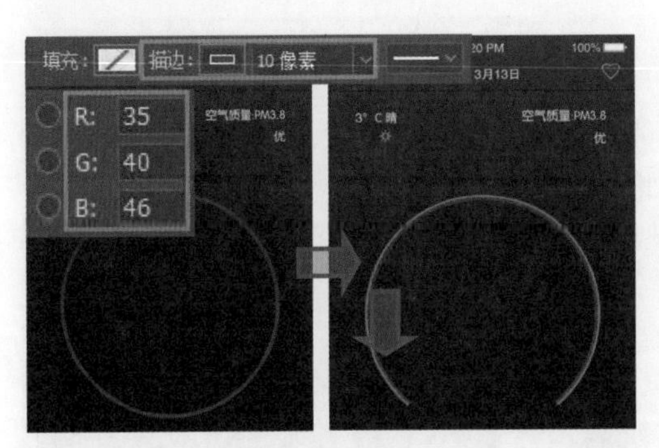

步骤 09 选择“钢笔工具”，在圆环的起始位置绘制图形，将图形填充色设置为 R:249、G:226、B:49，然后使用“横排文字工具”在图形中间输入所需文字。

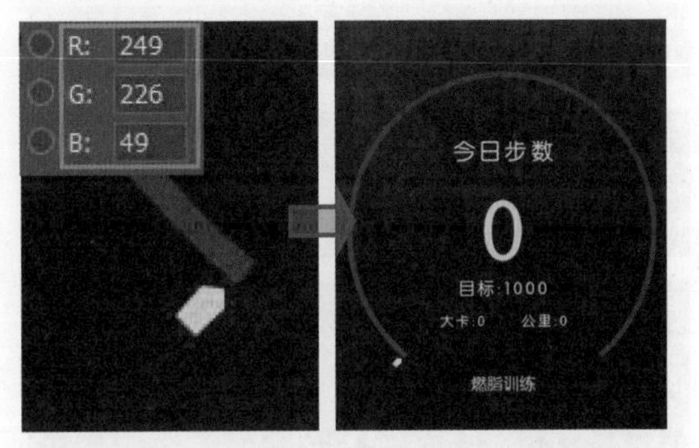

步骤 10 使用“圆角矩形工具”在文字“燃脂训练”上方绘制图形，将图形描边色设置为 R:244、G:221、B:34，粗细为 2 像素，在图像窗口中查看绘制的效果。

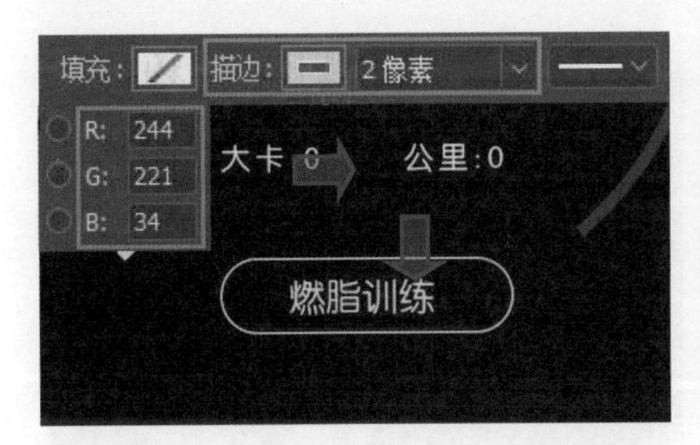

步骤 11 使用“圆角矩形工具”再绘制一个图形，将图形填充色设置为 R:28、G:28、B:28，按下 Ctrl 键不放，单击“矩形 1”图层，载入选区，单击“添加图层蒙版”按钮，为“圆角矩形 2”图层添加蒙版，隐藏图形。

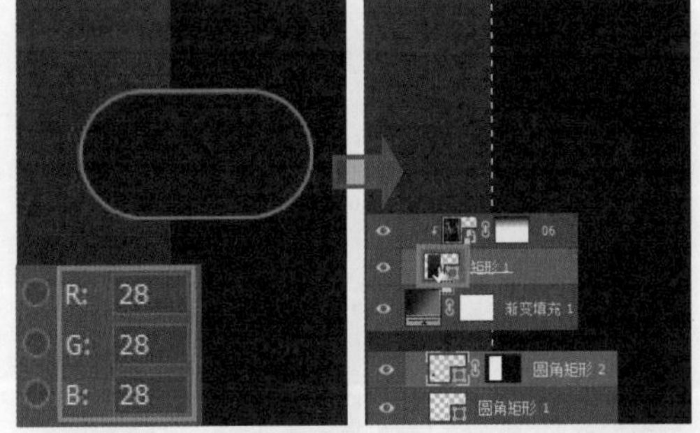

步骤 12 按下 Ctrl+J 组合键，复制“圆角矩形 2”图层，创建“圆角矩形 2 拷贝”图层，将图形移到右侧对应的位置，然后调整蒙版，在图像窗口中查看效果。

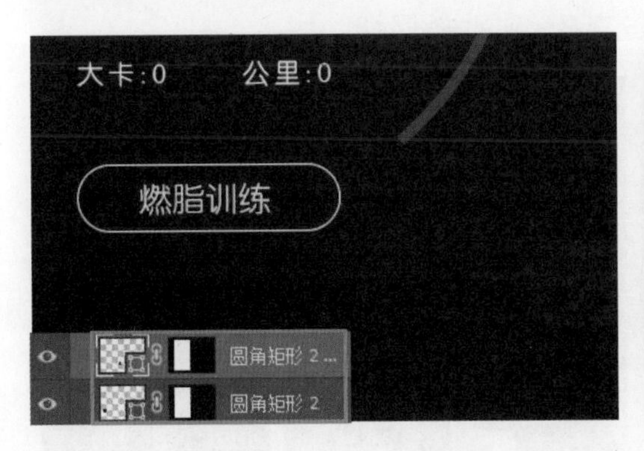

步骤 13 使用“钢笔工具”绘制出所需的图标形状，分别填充适当的颜色，并按照相应的排列方式，将所绘制的图形放到准确的位置。

步骤 14 使用“椭圆工具”在中间一个图标上绘制圆形图形，设置描边颜色为 R:204、G:204、B:204，粗细为 2 像素，使用“横排文字工具”在图标下方输入所需文字。

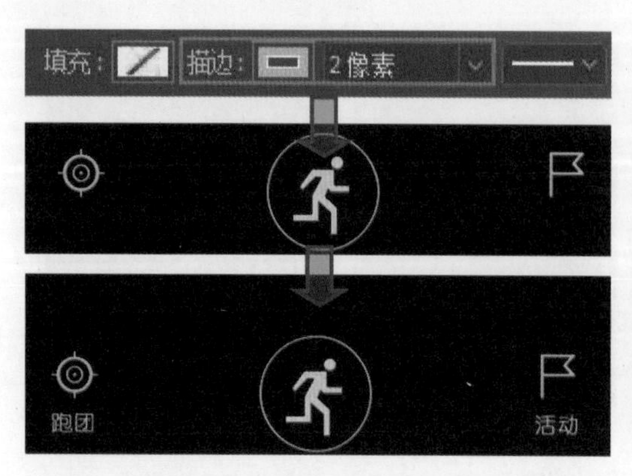

步骤 15 按下 Ctrl+J 组合键，复制“界面 1”图层组，创建“界面 1 拷贝”图层组，根据需要更改该图层组中的文字内容。

步骤 16 选择工具箱中的“多边形套索工具”，在画面中连续单击创建选区，单击“图层”面板中的“添加图层蒙版”按钮，为“椭圆 1”图层添加蒙版。

步骤 17 按下 Ctrl+J 组合键，复制图形，创建“椭圆 1 拷贝”图层，单击选项栏中的描边按钮，在展开的面板中设置颜色渐变，更改图形描边效果。

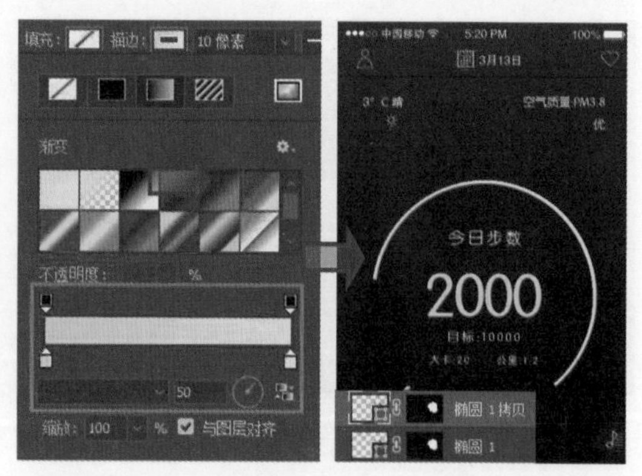

步骤 18 双击“椭圆 1 拷贝”图层蒙版缩览图，打开“属性”面板并展开“蒙版”选项，单击下方的“反相”按钮，反相蒙版，在图像窗口中查看效果。

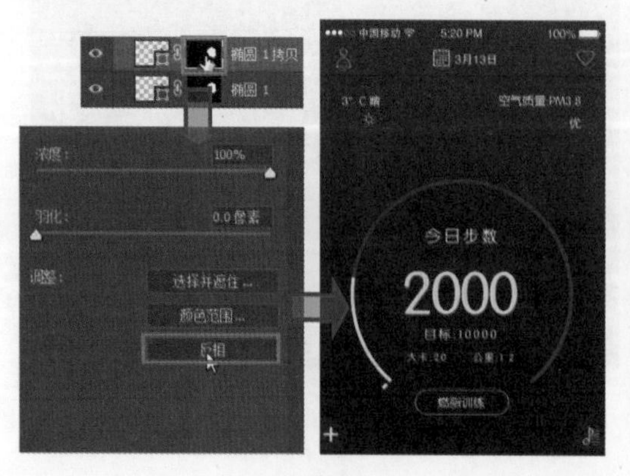

步骤 19 双击“椭圆 1 拷贝”图层，打开“图层样式”对话框，在对话框中单击并设置“外发光”图层样式，修饰图形，在图像窗口中查看添加的样式效果。

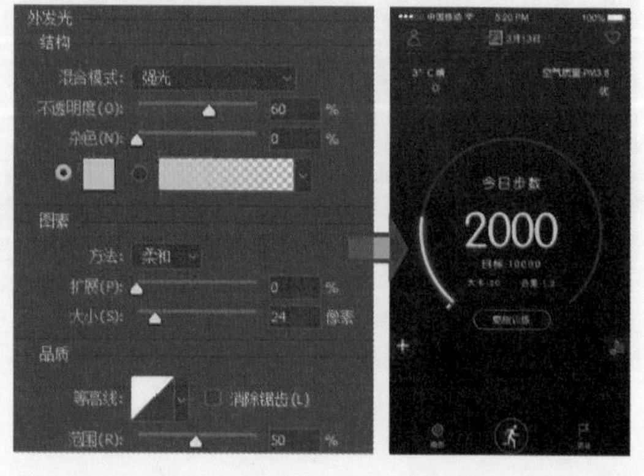

5.3.3 干净清爽的首页设计

干净清爽的 App 首页会给人带来清爽和舒服的感觉。由于手机 App 首页界面设计包含的内容较多，因此，要把界面设计得尽量整洁而又高雅，需要对界面中的内容、布局进行仔细规划，将一些无关重要的功能隐藏，用最小的篇幅展示最多的内容。

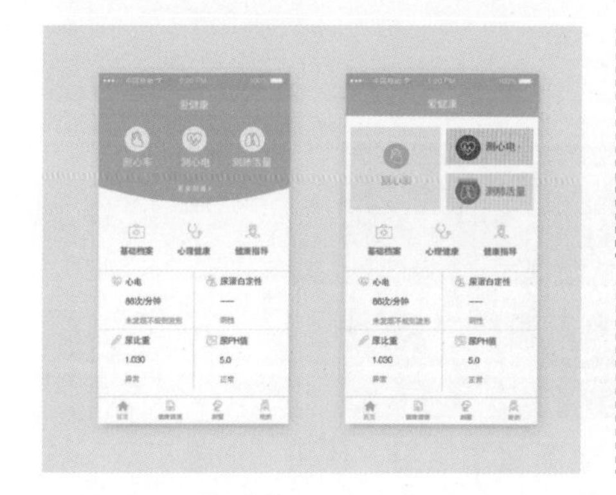

素　材：随书资源 \05\ 素材 \03.psd

源文件：随书资源 \05\ 源文件 \ 干净清爽的首页设计 .psd

软件功能应用：圆角矩形工具，“投影”“斜面和浮雕”图层样式，横排文字工具。

● 设计要点

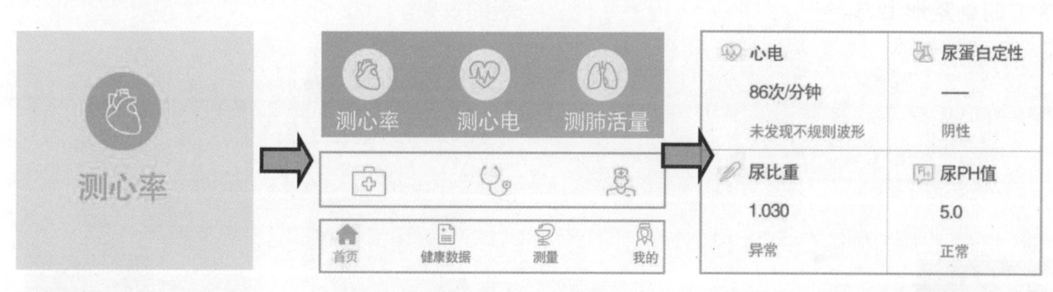

为增强用户的信任感，选择蓝色作为界面标准色，用不同深度的蓝色进行搭配，更容易给人轻松、舒适的感受。

为了使界面元素具有更强的表现力，在图标的处理上，无论是内容区域的图标还是底部导航栏中的图标，均采用了线形设计风格。

目前，部分医院就医排队、挂号时间长，针对这一痛点，在首页中设置身体健康检测功能，帮助用户随时了解身体状况。

● 步骤详解

步骤 01 新建文档，创建“颜色填充 1”图层，在打开的“拾色器（纯色）”对话框中设置填充颜色为 R:213、G:235、B:244，填充背景颜色。

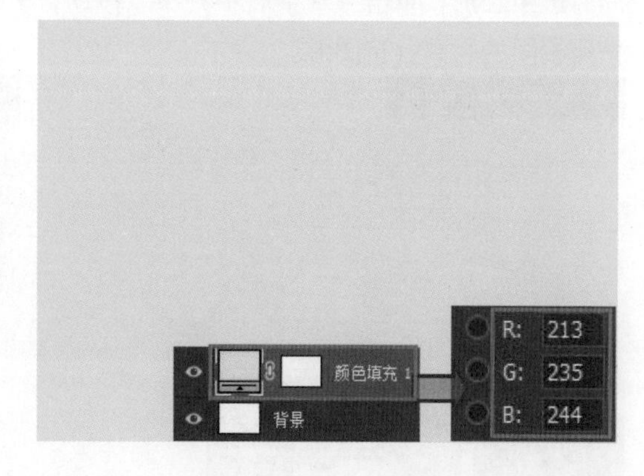

步骤 02 使用“矩形选框工具”创建一个矩形选区，新建“图层 1”图层，设置前景色为白色，按下 Alt+Delete 组合键，为选区填充颜色。

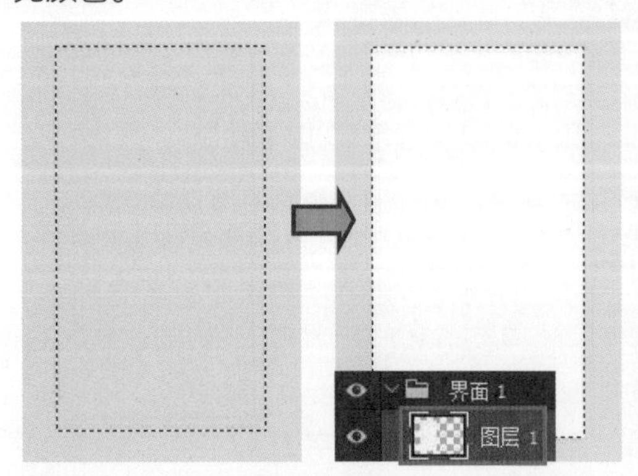

步骤 03 双击“图层 1”图层，打开“图层样式”对话框，在对话框中单击并设置“投影”图层样式，确认设置，在图像窗口查看添加的投影效果。

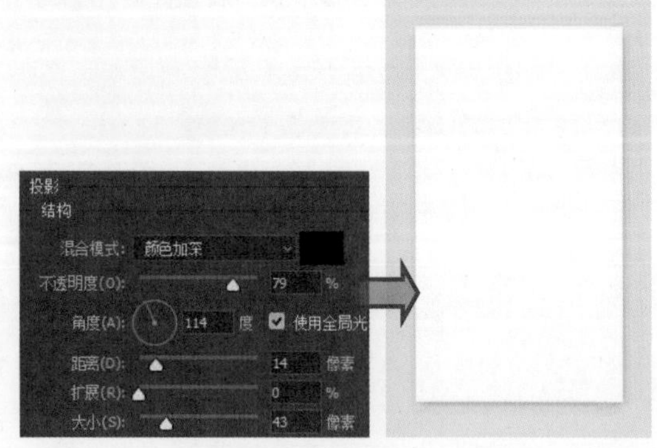

步骤 04 使用“矩形工具”在白色图像顶端绘制矩形图形，将图形填充色设置为 R:73、G:188、B:183，将制作好的 03.psd 标题栏图像复制到矩形上方。

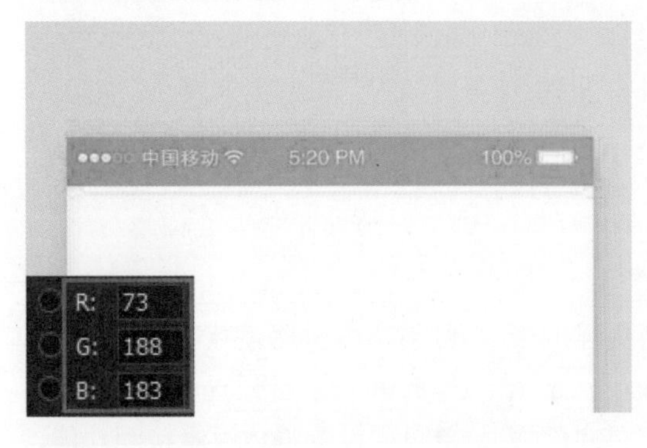

步骤 05 新建图层组，使用“钢笔工具”绘制出所需的图形，将图形的填充色设置为 R:81、G:209、B:204，在图像窗口中查看绘制的效果。

步骤 06 使用“椭圆工具”绘制圆形，设置填充色为 R:230、G:249、B:248，按下 Ctrl+J 组合键复制两个圆形，向右移到所需位置，同时选中圆形，单击“水平居中分布”按钮，按照相同的距离分布图形。

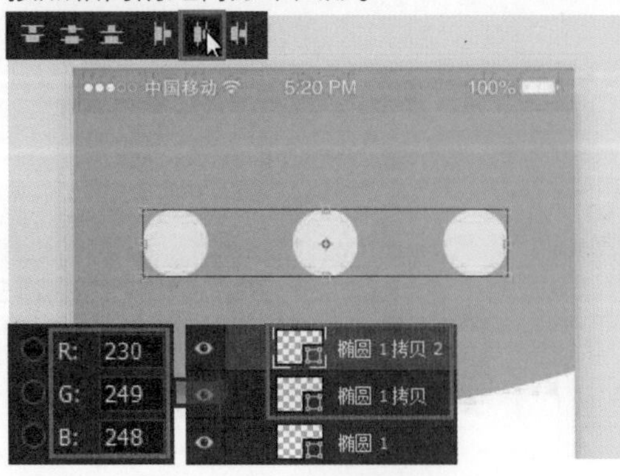

步骤 07 使用“钢笔工具”在圆形中间绘制出所需的图标形状，分别填充适当的颜色，然后将绘制的图形通过调整对话方式放置在圆形正中心位置，使用“横排文字工具”，在图标下方单击，输入所需的文字。

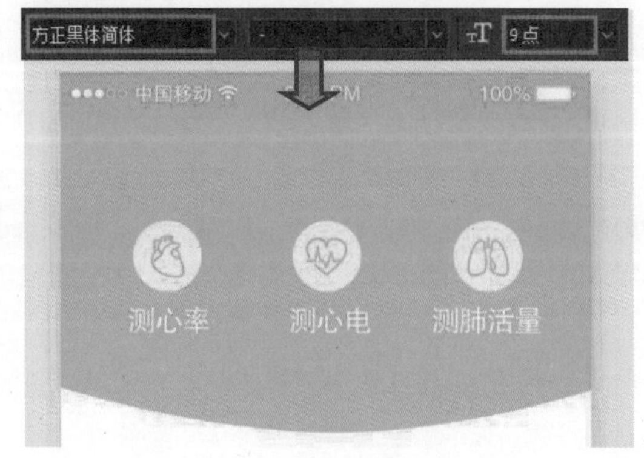

步骤 08 使用“横排文字工具”在画面中输入更多的文字，然后选择“钢笔工具”在文字“更多测量”右侧绘制箭头图形，设置填充颜色为白色。

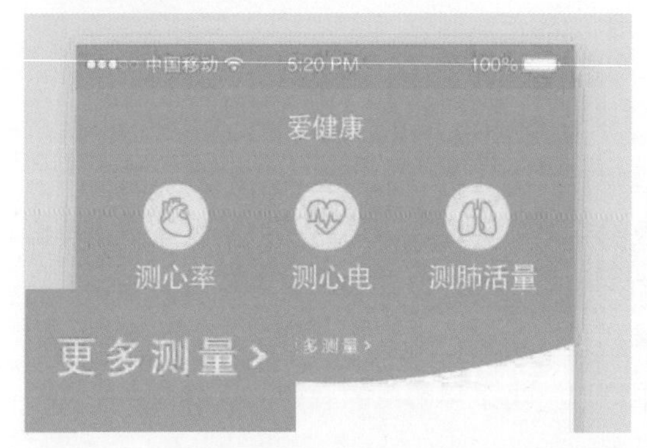

步骤 09 选择“直线工具”，单击选项栏中的“路径操作”按钮，在展开的列表中单击“合并形状”选项，设置“粗细”为 1 像素，在画面中绘制直线，对界面进行分区。

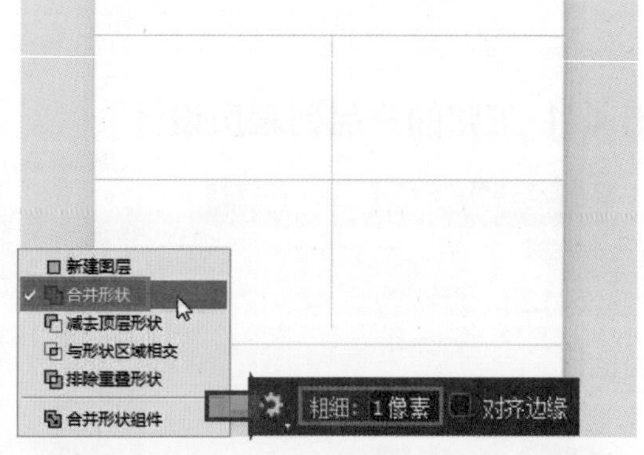

步骤 10 使用“钢笔工具”绘制出所需的图标形状，分别填充适当的颜色，然后使用“横排文字工具”在适当的位置单击，输入所需的文字。

步骤 11 按下 Ctrl+J 组合键，复制“界面 1”图层组，创建“界面 1 拷贝”图层组，将图层中的界面图向右移到适当的位置。

步骤 12 选择“界面 1 拷贝”图层组中的“形状 1”图层，利用路径编辑工具调整形状，将其转换为矩形。

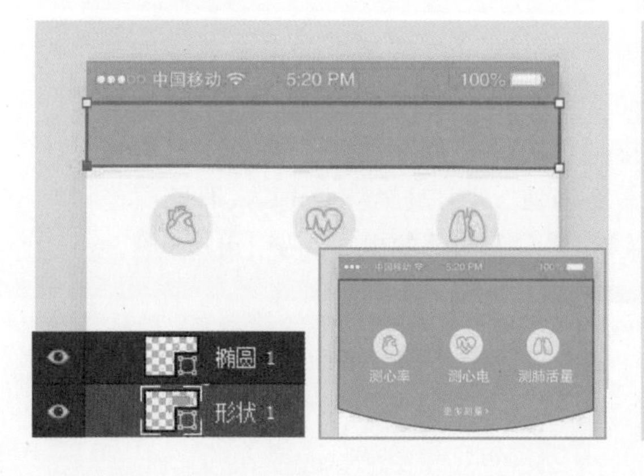

步骤 13 选择“矩形工具”在下方再绘制三个矩形，并填充合适的颜色，然后根据矩形颜色调整图标和文本颜色。

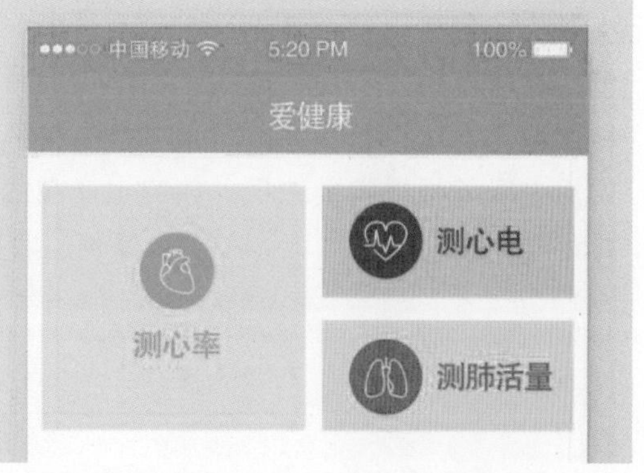

5.4 列表页设计

列表页是一个由若干可选择对象所组成的队列，具有罗列、区分功能和较强的操作性。常见的列表页形式有常规列表、图文列表、标文列表、瀑布式列表、时间轴列表、卡片式列表等。在设计时，需要根据不同内容和需求选择不同的布局形式。

5.4.1 工整的产品列表页设计

制作理财产品列表页时，需要将不同的产品特点、收益率等数据完整地呈现在用户面前，所以为了让界面呈现出更加工整的视觉效果，可以将界面中的元素进行一定的对齐处理。同时，由于产品中包含了许多数据，所以界面中可以适当采用留白的方式，缓解用户阅读的视觉疲劳感。

素　材：随书资源 \05\ 素材 \03.psd

源文件：随书资源 \05\ 源文件 \ 工整的产品列表页设计 .psd

软件功能应用：圆角矩形工具，直接选择工具，转换点工具，钢笔工具，横排文字工具

● 设计要点

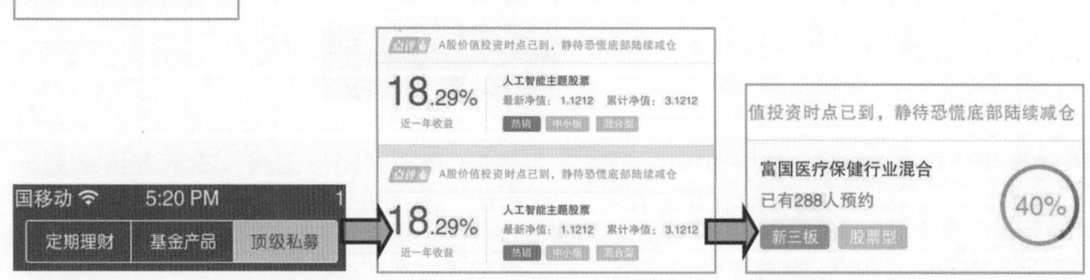

线形的标签栏设计，将大量关联的理财产品根据其特点进行分组、归类，方便用户能够根据需要选择并查看相关的产品。

在纯白色的背景下将推荐的几款理财产品一一罗列出来，工整的排列方式更能突出产品的最新净值、累计净值、收益等。

在界面中使用渐变的圆环进度条表现已经预约购买产品的用户数量，提醒用户已经有很多人有购买产品的想法，吸引用户投资。

● 步骤详解

步骤 01 新建文档，设置前景色为 R:239、G:239、B:239，按下 Alt+Delete 组合键，将“图层 1”图层填充为灰色。

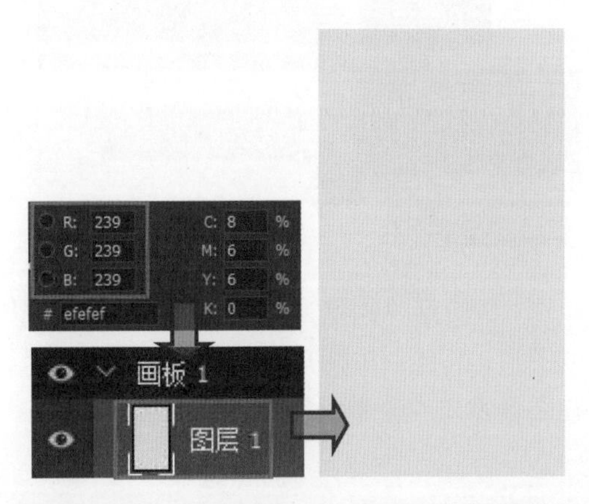

步骤 02 新建“导航栏 1”图层组，使用“矩形工具”在合适的位置绘制矩形，将矩形填充色设置为 R:214、G:63、B:43，将制作好的 03.psd 素材图像复制到矩形上方。

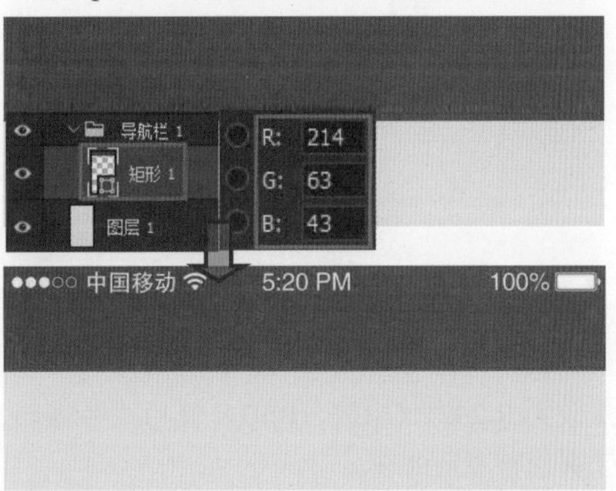

步骤 03 使用“圆角矩形工具”在标题栏下方绘制一个圆角矩形，在选项栏中将矩形描边颜色设置为 R:236、G:236、B:236，粗细为 2 像素。

步骤 04 按下 Ctrl+J 组合键，复制图形，创建“圆角矩形 1 拷贝”和“圆角矩形 1 拷贝 2”图层，同时选中图形，单击“移动工具”选项栏中的“顶对齐”按钮。

步骤 05 使用路径编辑工具，将圆角矩形的一部分圆角转换为直角效果，然后选中“圆角矩形 1 拷贝 2”图层，双击图层缩览图，打开“拾色器（纯色）”对话框，将图形填充色设置为 R:239、G:209、B:205。

步骤 06 选择工具箱中的“横排文字工具”，在适当的位置单击，输入所需的文字，打开“字符”面板对文字的属性进行设置，在图像窗口中可以看到编辑后的效果。

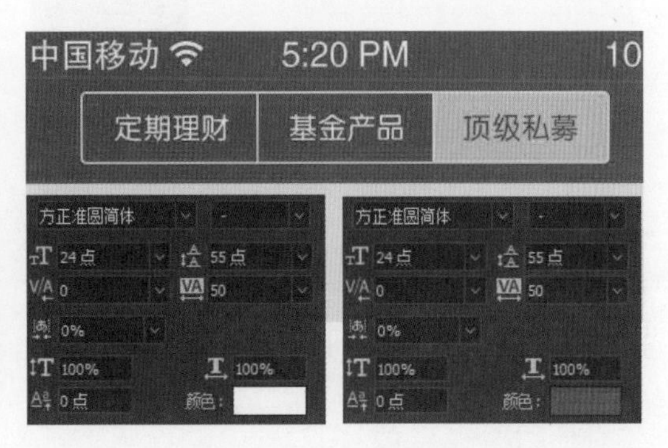

步骤 07 创建“列表 1”图层组，使用“矩形工具”在导航栏下方绘制一个矩形，将矩形填充色设置为白色，描边颜色设置为 R:229、G:229、B:229，粗细为 2 像素。

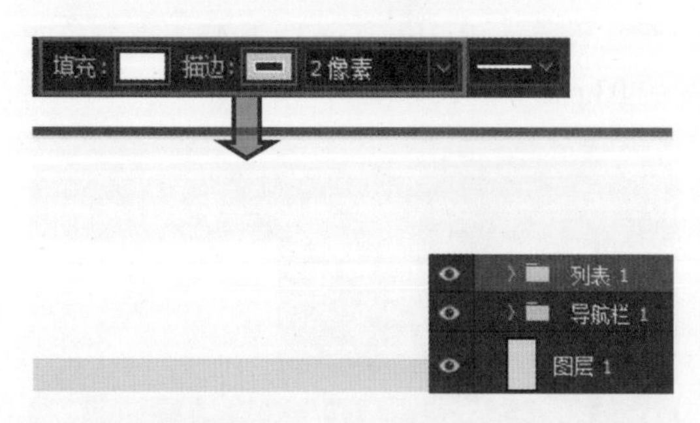

步骤 08 使用“圆角矩形工具”绘制图形，将图形填充色设置为 R:239、G:67、B:50，使用“直接选择工具”选中图形上的锚点，按下键盘中的向右方向键，调整锚点位置。

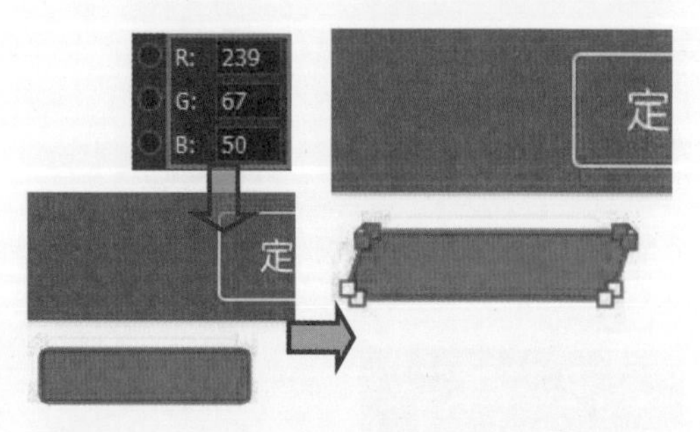

步骤 09 按下 Ctrl+J 组合键，复制图层，创建“圆角矩形 2 拷贝”图层，将图形填充色更改为 R:242、G:105、B:93，使用路径编辑工具调整图形外观。

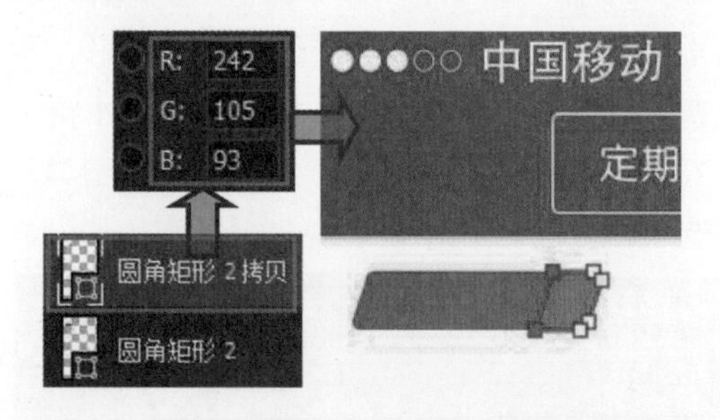

步骤 10 使用“钢笔工具”绘制出火焰形状的图形，将绘制的图形填充颜色设置为白色，在图像窗口中查看绘制的效果。

步骤 11 使用“直线工具”在白色的图形上方分别绘制一条水平和垂直的线条，并将线条填充色设置为 R:229、G:229、B:229。

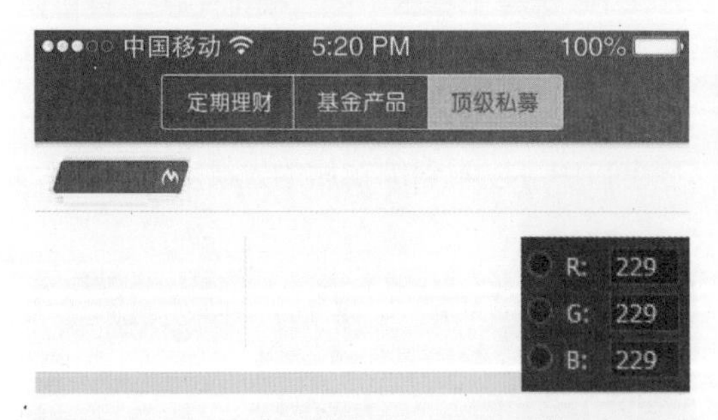

步骤 12 使用“圆角矩形工具”绘制图形，将填充色设置为 R:178、G:212、B:245，按下 Ctrl+J 组合键，复制图形，将图形填充色更改为 R:254、G:157、B:131，并移到合适位置。

步骤 13 使用“椭圆工具”绘制圆形图形，将图形描边颜色设置为 R:239、G:72、B:56，粗细为 6 像素，选中“椭圆”图层，将图层“不透明度”设置为 50%，降低透明度效果。

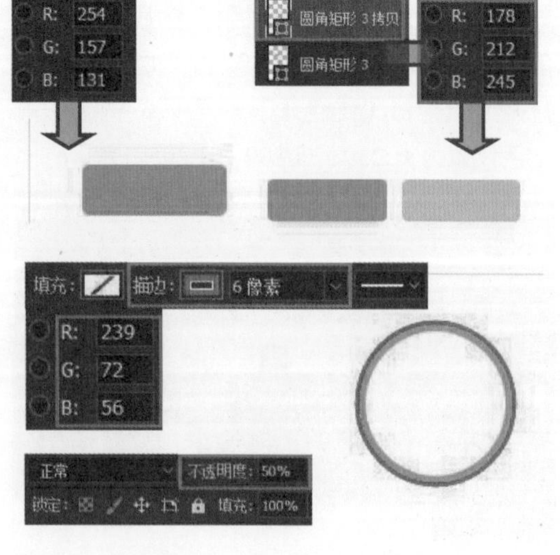

步骤 14 按下 Ctrl+J 组合键，复制图层，创建“椭圆 1 拷贝”图层，将“不透明度”设置为 100%，添加蒙版，编辑图层蒙版，创建渐变的图形。

步骤 15 选择工具箱中的“横排文字工具”，在适当的位置单击，输入所需的文字，打开“字符”面板对文字的属性进行设置，在图像窗口中可以看到编辑的效果。

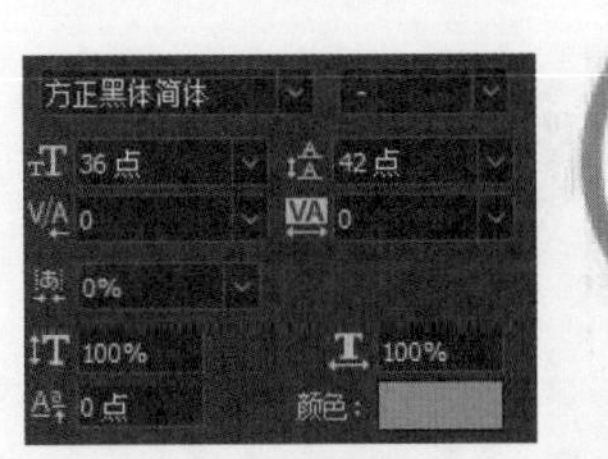

步骤 16 按下 Ctrl+J 组合键，复制“列表 1”图层组，将复制的图层组中的图形和文本对象向下移到合适的位置。

步骤 17 将图层名更改为“列表 2”，根据要表现的数据，更改图层组中的文本内容，使用同样的方法复制更多的列表信息。

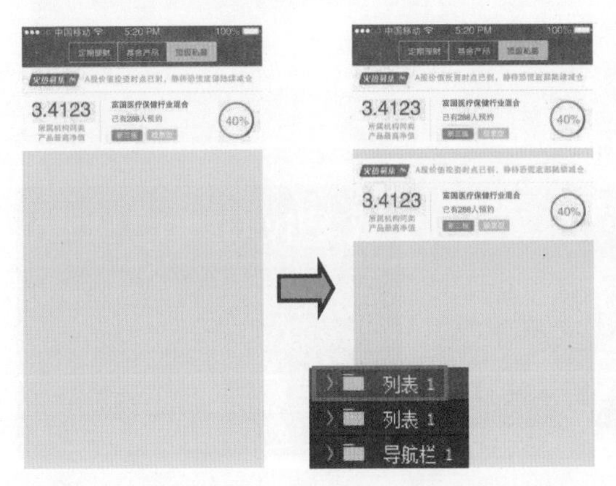

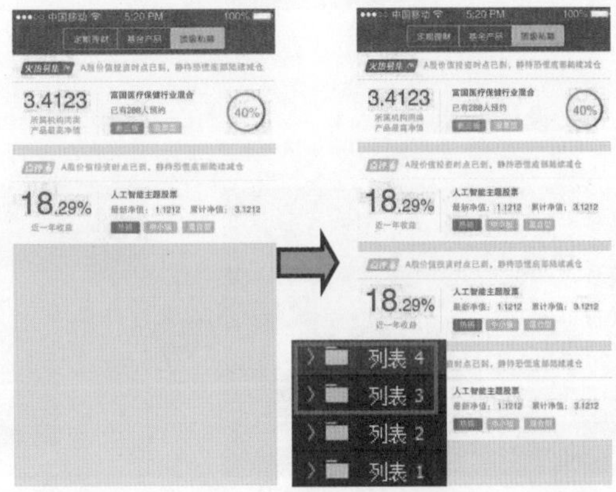

步骤 18 新建“底部导航”图层组，使用“矩形工具”绘制矩形图形，然后选择“多边形工具”，单击选项栏中的“设置其他形状和路径选项”按钮，在展开的面板中勾选“平滑拐角”和“星形”复选框，绘制星形。

步骤 19 使用“钢笔工具”绘制出所需的图标形状，分别填充适当的颜色，然后选择工具箱中的“横排文字工具”，在适当的位置单击，输入所需的文字，打开“字符”面板对文字的属性进行设置。

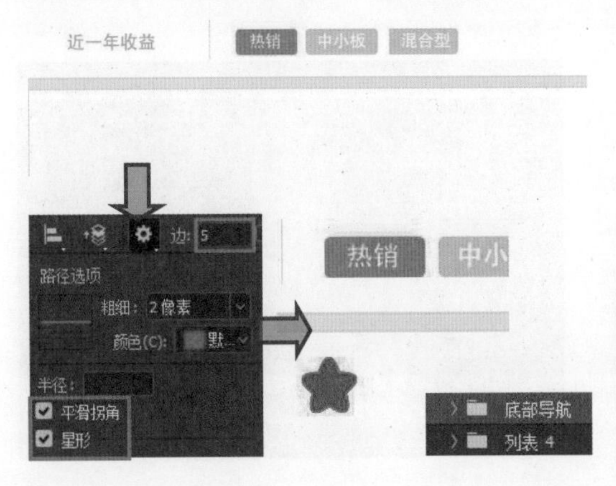

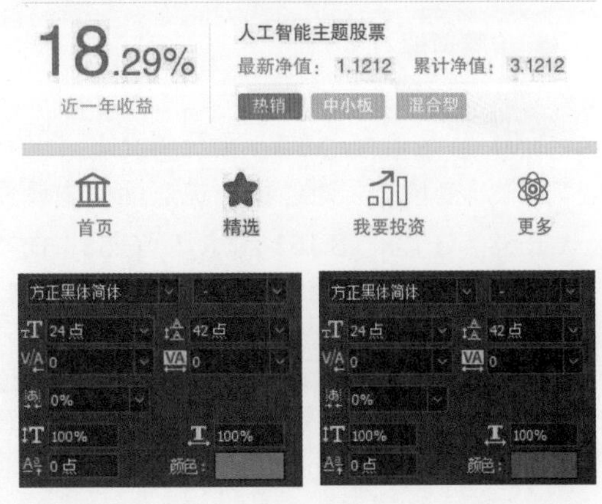

5.4.2 时间轴列表页设计

时间轴列表页具有逻辑清晰、主次分明的特点，适用于有时间线罗列的项目。采用时间轴表现形式设计的列表页，可以将图片、标识、图标等重要信息有序地排列和组织起来。

素　材：随书资源 \05\ 素材 \03.psd、07.jpg~10.jpg

源文件：随书资源 \05\ 源文件 \ 时间轴列表页设计 .psd

软件功能应用：圆角矩形工具，钢笔工具，椭圆工具，横排文字工具，图层不透明度。

● 设计要点

通过降低界面元素的不透明度，打造出半透明的透视效果，营造出一种独特的意境。

采用时间轴的设计方式，把整个行程罗列出来，方便用户即时查看行程安排，并合理规划时间。

由于界面中要表现的内容不多，为了让界面内容更饱满，采用了较大的卡片间距，同时也迎合轻松、闲适的旅行氛围。

● 步骤详解

步骤 01 新建文档，创建“渐变填充 1”图层，打开“渐变填充”对话框，在对话框中设置从 R:58、G:138、B:152 到 R:7、G:38、B:77 的渐变颜色，其他参数不变，单击“确定”按钮，应用设置的渐变颜色填充图像。

步骤 02 新建“界面 1”图层组，使用“矩形工具”绘制图形，单击选项栏中的填充按钮，在展开的面板中依次设置 R:7、G:20、B:50，R:12、G:56、B:97，R:56、G:138、B:152，R:78、G:92、B:100 颜色渐变，填充图形。

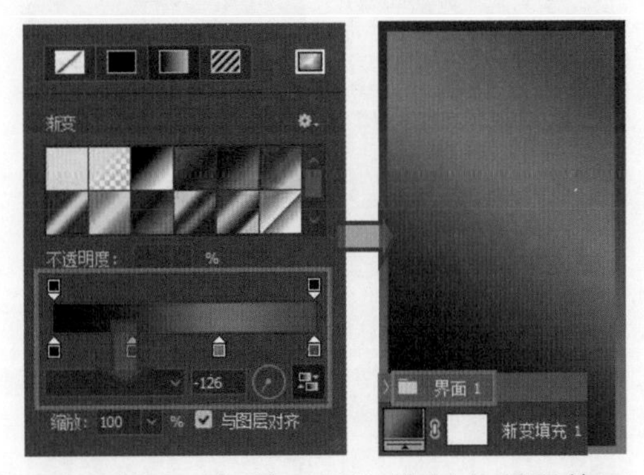

步骤 03 新建“导航栏”图层组，使用“矩形工具”绘制一个白色的矩形，打开“图层”面板，设置图形的“不透明度”为 30%，降低透明度效果。

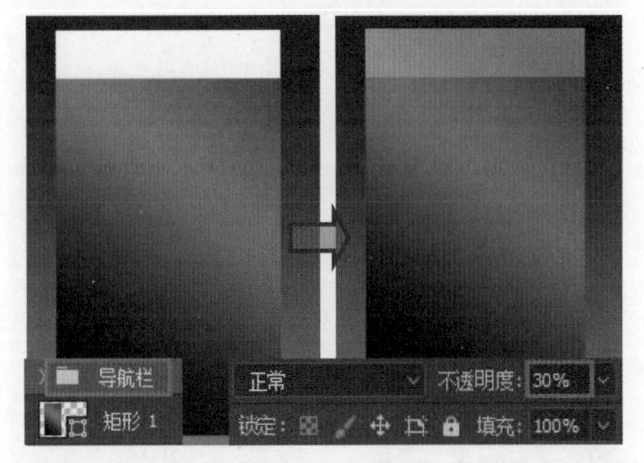

步骤 04 使用“钢笔工具”绘制出所需的图标形状，将绘制的图形填充为白色，然后选择工具箱中的“横排文字工具”，在图标中间位置单击，输入所需的文字。

步骤 05 新建“行程 1”图层组，使用“椭圆工具”绘制一个圆形，设置圆形描边色为白色，粗细为 4 像素，使用“钢笔工具”绘制出飞机形状的图形。

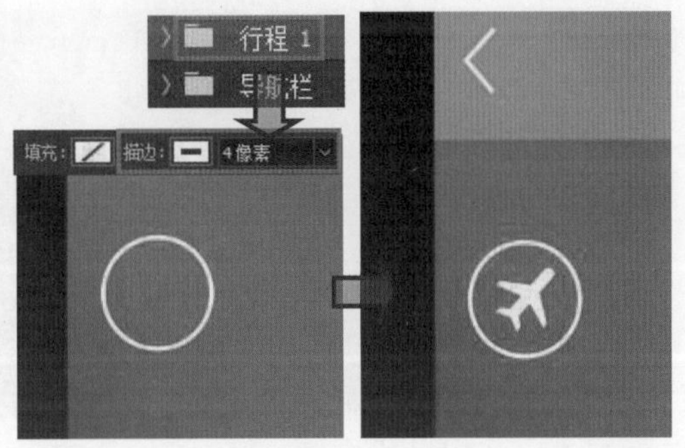

步骤 06 使用“圆角矩形工具”绘制圆角矩形图形，将图形填充色设置为白色，在“图层”面板中将形状图层的“不透明度”设置为 20%，降低透明度效果。

步骤 07 使用“圆角矩形工具”在半透明的图形中间位置再绘制一个图形，将其填充色设置为 R:141、G:186、B:195。

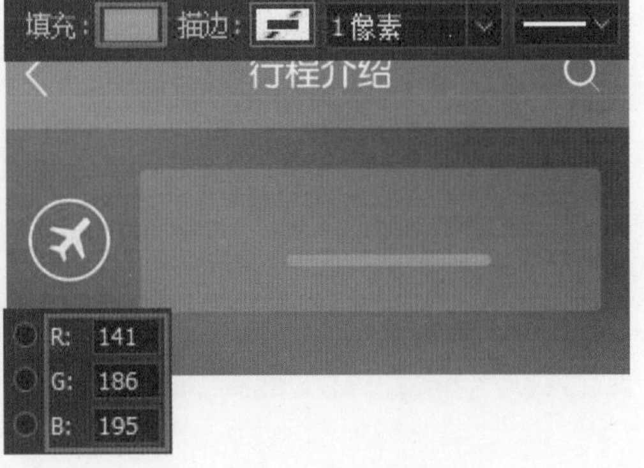

步骤 08 选择工具箱中的“横排文字工具”，在适当的位置单击，输入所需的文字，选择“自定形状工具”绘制时间图形，然后双击形状图层，在打开的对话框中设置“描边”图层样式，修饰图形。

步骤 09 按下 Ctrl+J 组合键，复制“行程 1”图层组，将复制的图层组更名为“行程 2”，将“行程 2”图层组中的图形和文字对象向下移到所需要的位置，根据要表现的内容调整图形和文字信息。

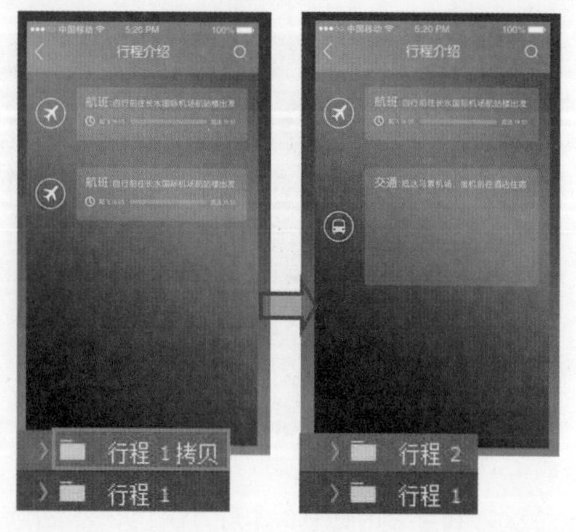

步骤 10 选择“矩形工具”，按下 Shift 键不放，单击并拖动鼠标，绘制正方形图形，双击形状图层，打开“图层样式”对话框，单击并设置“描边”和“投影”图层样式，修饰图形。

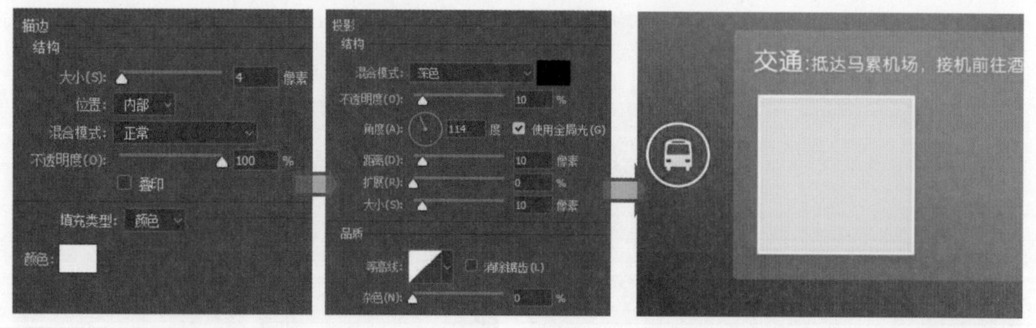

步骤 11 按下 Ctrl+J 组合键，复制多个正方形图形，分别选中复制的图形，按下键盘中的向右方向箭头，调整图形的排列效果。

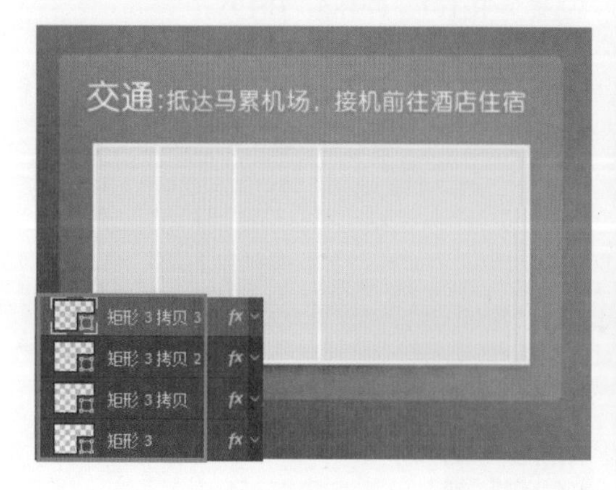

步骤 12 将 07.jpg 到 10.jpg 的素材图像分别置入到各矩形上方，按下 Ctrl+Alt+G 组合键，创建剪贴蒙版，隐藏图像。

步骤 13 再次按下 Ctrl+J 组合键，复制图层组，创建“行程 3”和“行程 4”图层组，分别调整图层组中的图形和文字信息，然后使用“直线工具”绘制线条连接行程。

步骤 14 按下 Ctrl+J 组合键，复制“界面 1”图层组，将复制的图层组命名为“界面 2”，将“界面 2”移到右侧合适的位置。

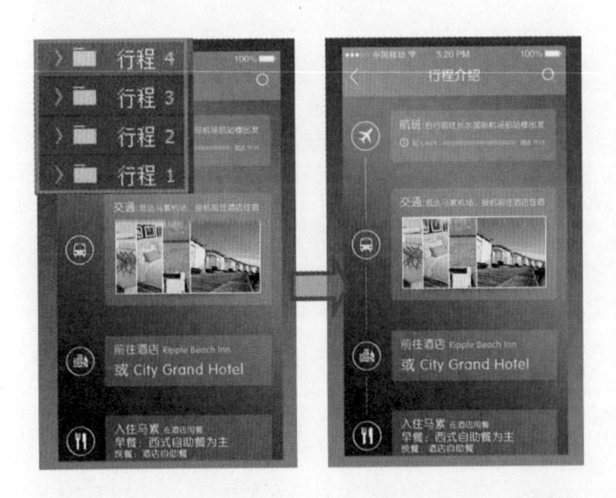

步骤 15 选择“界面 2”图层组中的“矩形 1”图层，复制图层，创建“矩形 1 拷贝”图层，再选中“矩形 1”图层，将图层的填充色设置为 R:239、G:239、B:239。

步骤 16 显示并选中“矩形 1 拷贝”图层，按下 Ctrl+T 组合键，打开自由变换编辑框，调整矩形高度，再根据需要更改下方的图形和文本颜色。

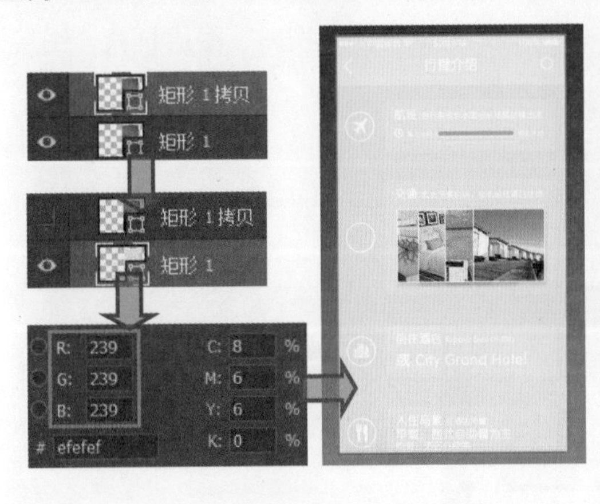

步骤 17 选择“矩形工具”，分别在“行程 2”和“行程 4”图层组下方绘制白色的矩形，突出行程信息，最后使用“直接选择工具”调整连接行程的线条长度，完成本案例的制作。

5.5 详情页设计

在 App 中，详情页主要用于产品的详细介绍，需要根据不同产品需要体现的重点进行设计。App 详情页面的设计需要考虑全局按钮、导航跟随、是否需要用户查看其他用户的反馈等要点，使设计的界面能够帮助用户更全面地了解产品特性。

5.5.1 突出活动内容的详情页设计

在运营 App 时，经常要设计一些 App 活动页来配合运营部门推广。在设计这类活动详情页面时，需要把活动的详细时间、参加的方式以及具体内容等都一一进行说明，方便用户即时了解更多的活动信息，进而选择是否参加活动。

素　材：随书资源 \05\ 素材 \03.psd、11.jpg

源文件：随书资源 \05\ 源文件 \ 突出活动内容的详情页设计 .psd

软件功能应用：钢笔工具，圆角矩形工具，横排文字工具，“投影”图层样式，图层混合模式

● 设计要点

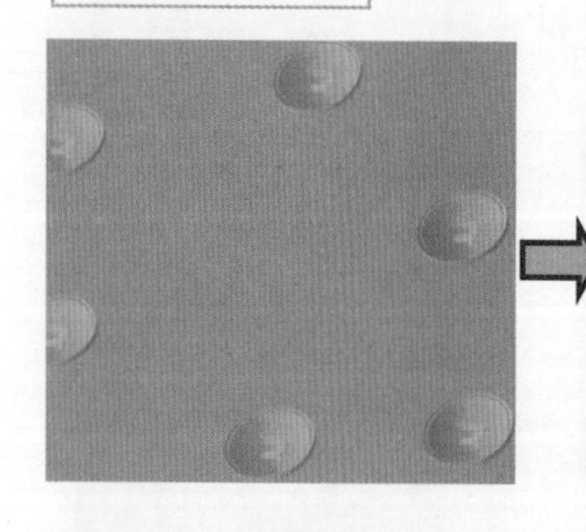

由于是为理财 App 所设计的活动详情页，所以在背景中，使用了钱币作为主要表现对象，以烘托活动的主题。

使用不同的字体和字号写明了活动的时间、活动的主要内容，并通过添加图形加以修饰，增强层级关系。

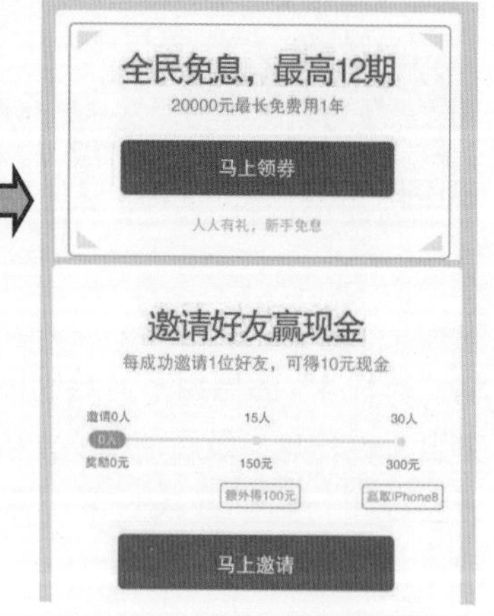

在表现不同的活动内容时，为了让画面呈现统一的视觉效果，采用了相同的字体和按钮元素。

● 步骤详解

步骤 01 创建新文件，设置前景色为 R:3、G:221、B:191，新建“图层 1”图层，按下 Alt+Delete 组合键，应用设置的前景色填充图层。

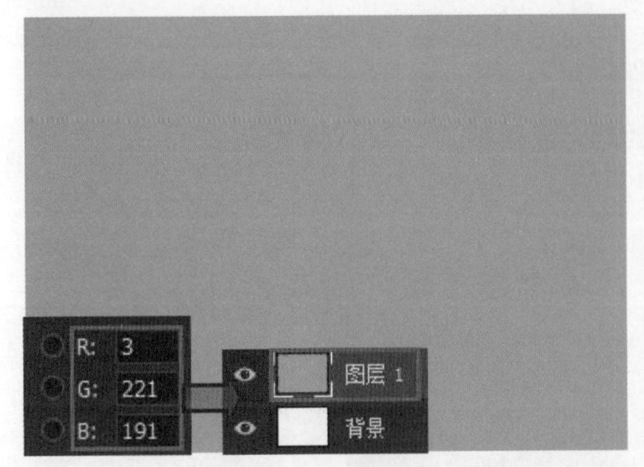

步骤 02 新建“界面”图层组，使用“矩形工具”绘制矩形，将矩形填充色设置为 R:248、G:248、B:248，然后在绘制的矩形顶端再绘制一个白色的矩形。

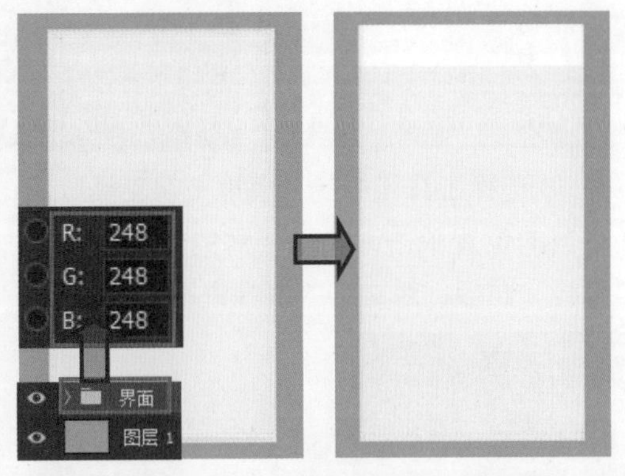

步骤 03 将制作好的 03.psd 状态栏复制到白色矩形上，按下 Ctrl 键并单击“状态栏”图层，载入选区，新建“颜色填充 1”图层，设置填充色为黑色，填充选区图像。

步骤 04 使用“钢笔工具”和“椭圆工具”在状态栏下方绘制导航图标，然后选择工具箱中的“横排文字工具”，在图标中间位置单击，输入文字。

步骤 05 使用“矩形工具”在导航栏下方绘制矩形，设置填充颜色为 R:207、G:177、B:177，打开 03.psd 钱币素材，将其复制到矩形上方，得到“图层 2”图层，并将其调整至合适的大小。

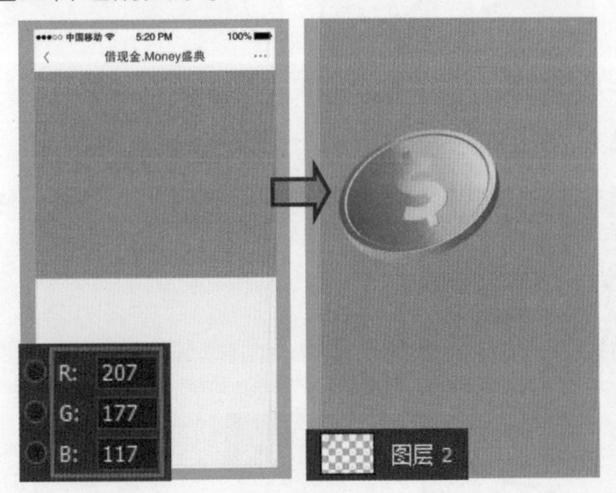

步骤 06 在“图层”面板中将“图层 2”的混合模式设置为“明度”，“不透明度”为 50%，然后按下 Ctrl+J 组合键，复制多个钱币图像，使用“移动工具”将复制的钱币分别移到不同的位置上。

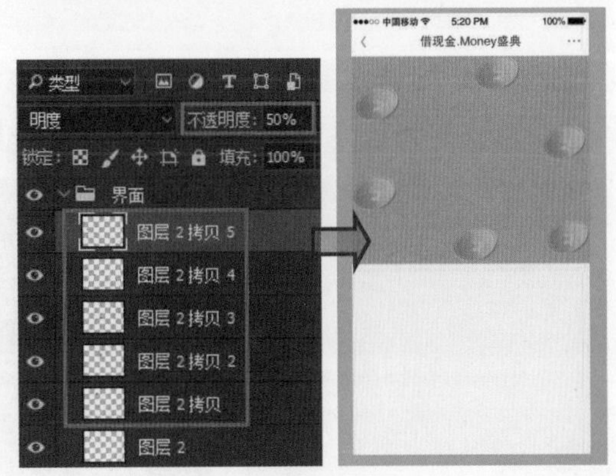

步骤 07 选择工具箱中的“钢笔工具”绘制所需的图形，将填充色设置为白色，双击形状图层，打开“图层样式”对话框，设置“投影”图层样式，修饰图形。

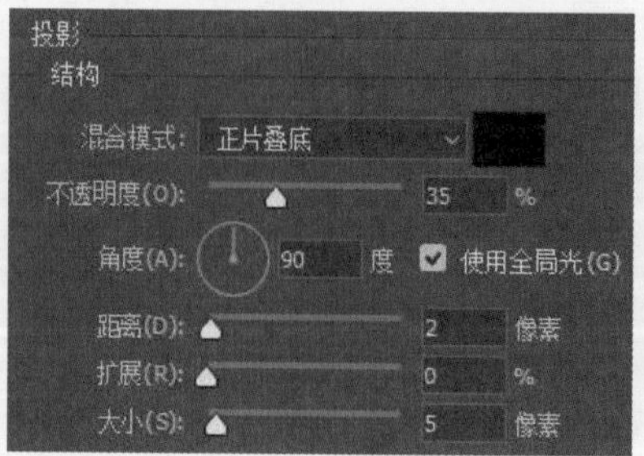

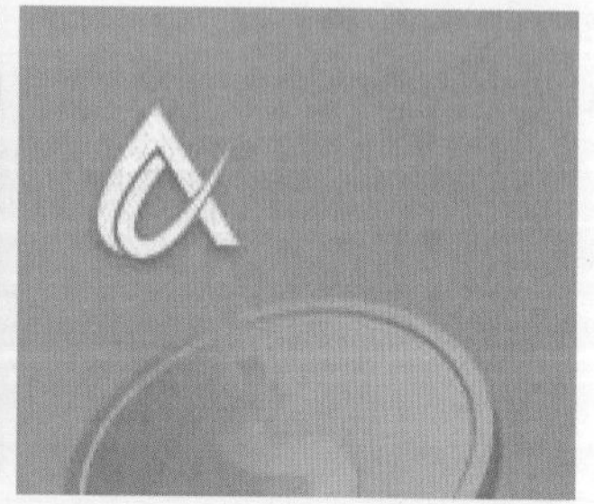

步骤 08 选择工具箱中的“横排文字工具”，在适当的位置单击，输入所需的文字，打开“字符”面板，对文字的属性进行设置。

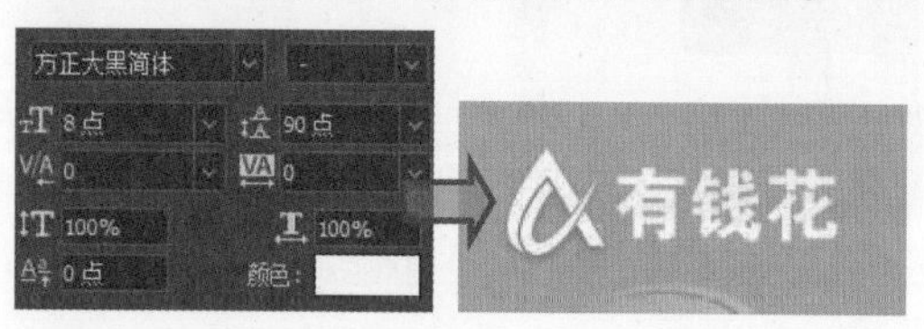

步骤 09 使用“横排文字工具”输入文字，然后在文字下方应用“圆角矩形工具”绘制白色的矩形，突出中间的文字内容。

步骤 10 使用“圆角矩形工具”绘制图形，将图形填充色设置为 R:250、G:246、B:245，应用路径编辑工具将圆角矩形右侧的两个角转换为直角效果。

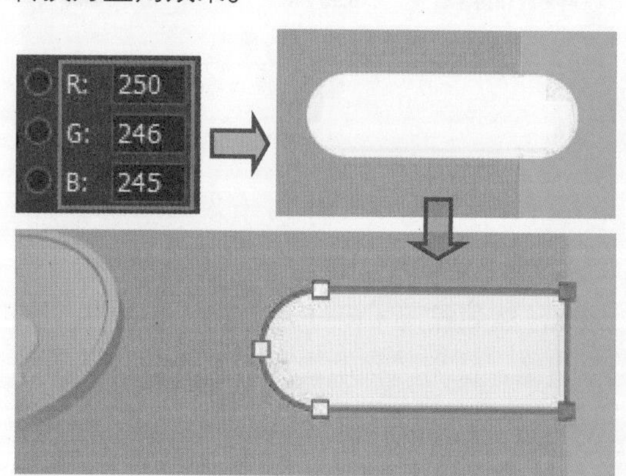

步骤 11 选择“自定形状工具”，在“自定形状”拾色器中单击“前进”形状，绘制图形，然后使用“横排文字工具”在图形右侧输入相应的文字。

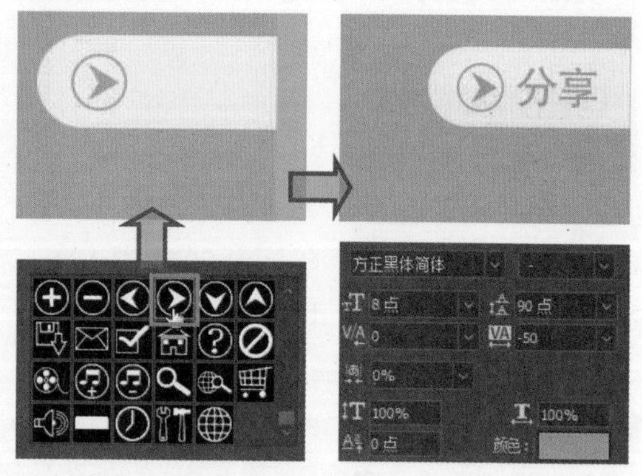

步骤 12 使用“钢笔工具”绘制出所需的图标形状，填充适当的颜色，双击形状图层，打开“图层样式”对话框，在对话框中单击并设置“投影”图层样式，为绘制的图形添加投影效果。

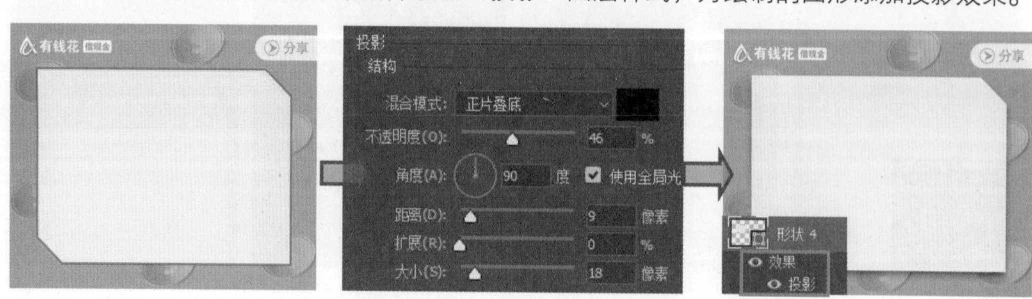

步骤 13 按下 Ctrl+J 组合键，复制图形，使用“直接选择工具”选中复制的图形，在选项栏中更改填充和描边选项，设置后在图形中间添加其他图形和文字，完善活动内容。

步骤 14 选择“矩形工具”，再绘制一个矩形图形，设置合适的填充颜色，双击形状图层，打开“图层样式”对话框，单击并设置“投影”图层样式，修饰图形。

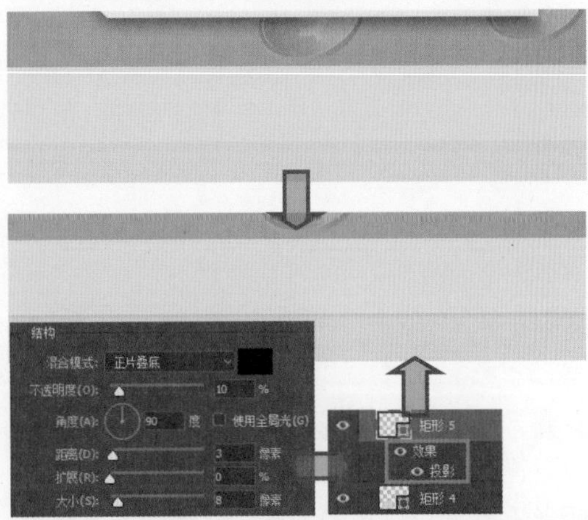

步骤 15 选择“圆角矩形工具”，绘制所需图形，填充合适的颜色，将绘制图形的上方两个角转换为直角，使用“斜面和浮雕”图层样式对其进行修饰，在图像窗口中可以看到编辑后的效果。

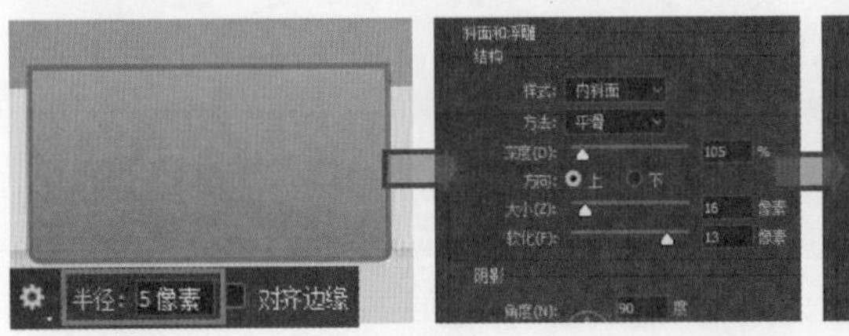

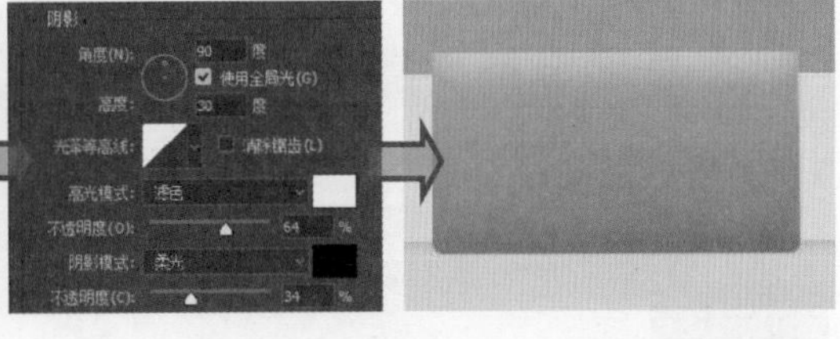

步骤 16 使用“钢笔工具”在上一步绘制的图形左侧绘制三角形图形，为图形填充合适的颜色，使用“直线工具”在图形右侧绘制两条垂直的线条。

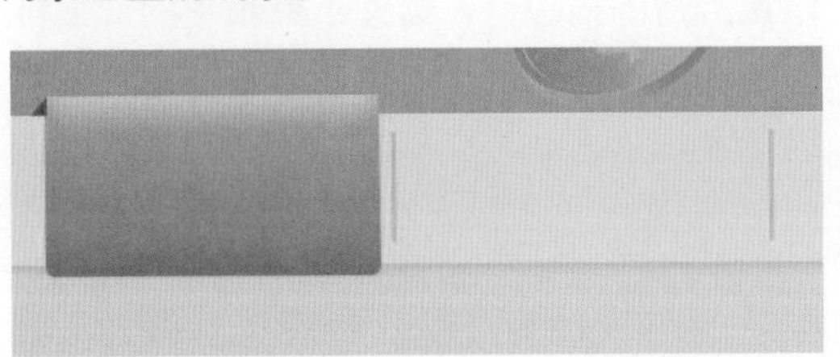

步骤 17 选择“椭圆工具”，按下 Shift 键绘制圆形，填充适当的颜色，按下 Ctrl+J 组合键，复制圆形，向右移到合适的位置，并更改其填充颜色。

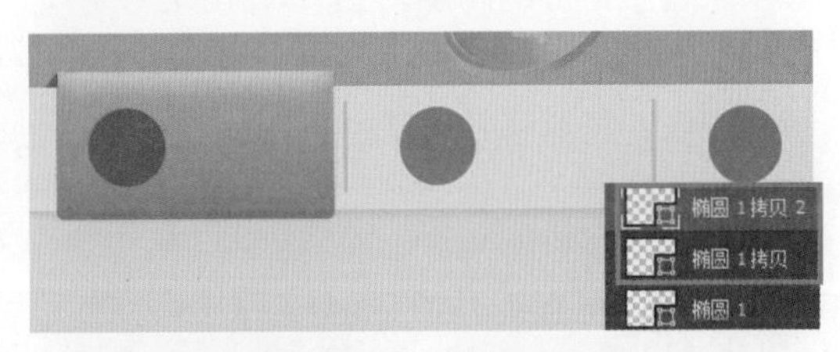

步骤 18 选择工具箱中的“横排文字工具”，在适当的位置单击，输入所需的文字，打开“字符”面板对文字的属性进行设置，结合“横排文字工具”和“字符”面板输入更多的文字。

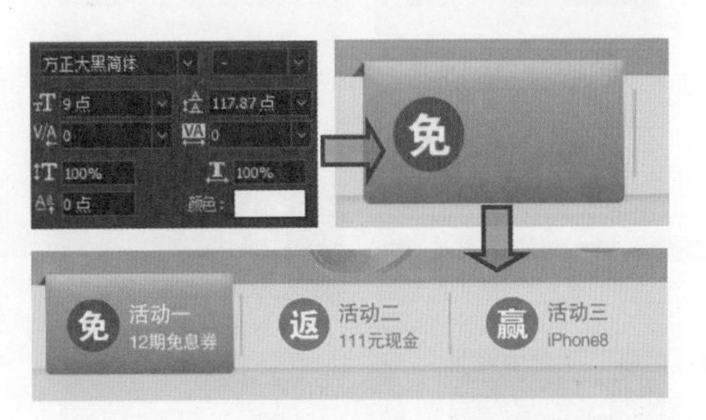

步骤 19 选择工具箱中的“圆角矩形工具”，绘制两个矩形，分别填充合适的颜色，然后将白色圆角矩形下方的两个角转换为直角效果。

步骤 20 使用“钢笔工具”绘制图形，填充适当的颜色，按下 Ctrl+J 组合键，复制几个图形，然后使用“变换”命令变换图形，将变换后的图形移到圆角矩形的四角位置。

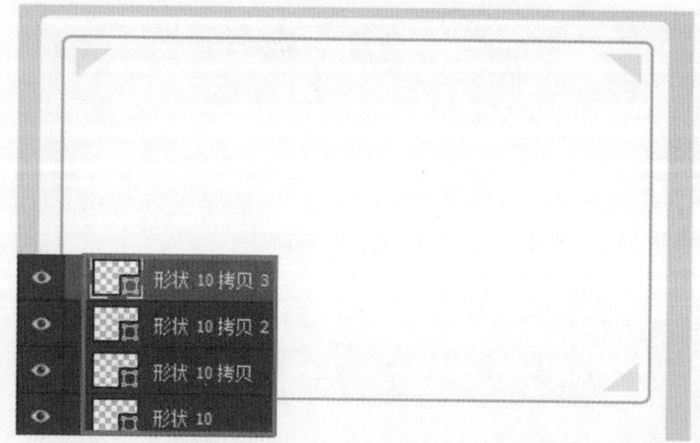

步骤 21 使用“横排文字工具”在图形中间位置输入相应的活动内容，然后选择“圆角矩形工具”，在文字“马上领券”下方绘制图形，并填充合适的颜色。

步骤 22 按下 Ctrl+J 组合键，复制“界面”图层组，创建“界面 拷贝”图层组，将图层组中的对象向右移到合适的位置，然后删除图层组中多余的对象。

步骤 23 展开“界面拷贝”图层组，选中“矩形 4”，调整矩形的高度，选择“圆角矩形 4”，执行“编辑 > 变换 > 水平翻转”菜单命令，翻转图像，将其移到导航栏下方。

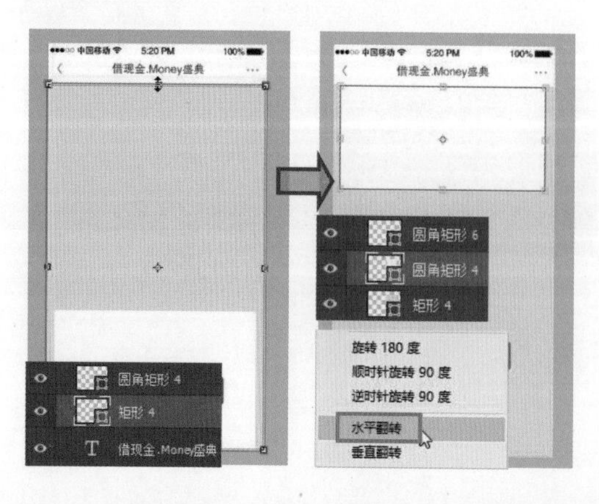

步骤 24 选择“椭圆工具”，在画面中绘制圆形，设置合适的描边色，选择工具箱中的“横排文字工具”，在适当的位置单击，输入所需的文字。

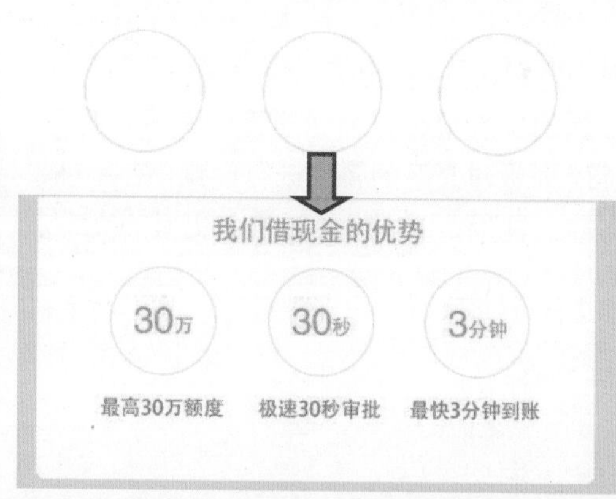

步骤 25 继续使用工具箱中的矢量绘画工具绘制出更多的图形，然后在图形上方使用“横排文字工具”输入文字，完成更多活动内容的添加。

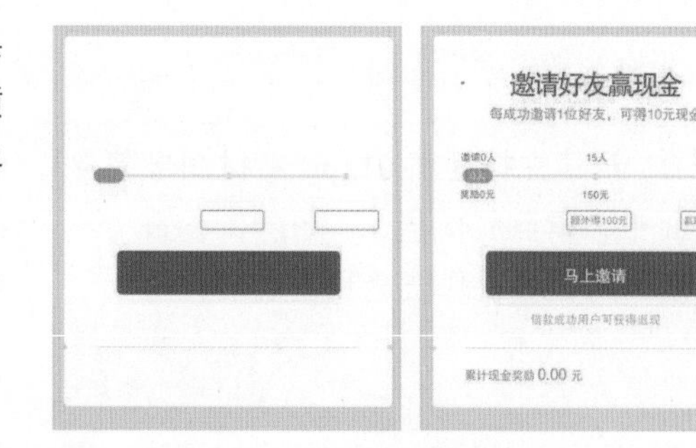

5.5.2 白色清新风格的详情页设计

在详情页中，一般会包含大量的产品信息，要突出界面中的信息，可以采用白色清新的设计风格，如下面的美食类 App 详情页，其界面就用大量的文本表现食品的材质、制作方法等，通过明亮的白色和浅灰色背景突出相应的内容。

素　材：随书资源 \05\ 素材 \03.psd、12~13.jpg

源文件：随书资源 \05\ 源文件 \ 白色清新风格的详情页设计 .psd

软件功能应用：圆角矩形工具，“投影”“斜面和浮雕”图层样式，横排文字工具

● 设计要点

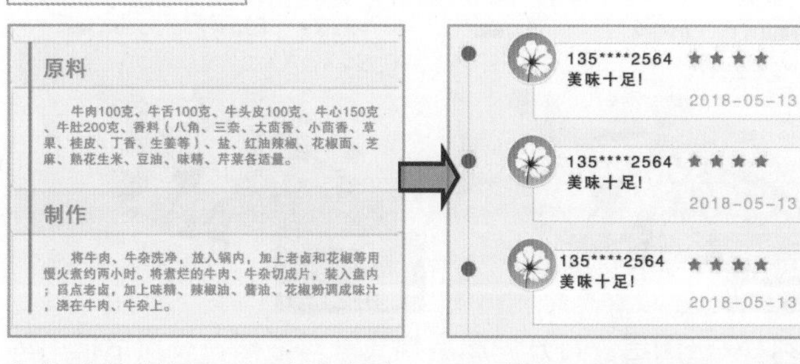

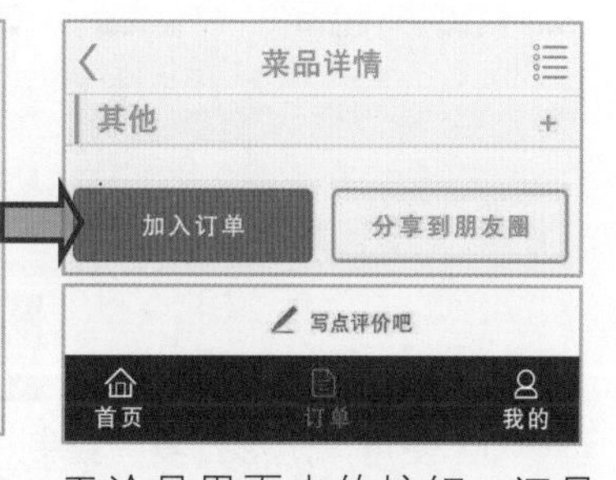

在整洁的详情页中对美食选取的原材料、制作的过程进行一一介绍，给消费者提供参考，让想学做菜的用户可以在家尝试制作相同的美食。

用户的点评是找餐厅、选美食的得力助手，所以在本案例中也添加了用户点评这一模块，让用户看到其他用户的点评，为用户提供更多的参考。

无论是界面中的按钮，还是导航栏的设计，都采用了扁平化的设计风格，使用对比反差较大的红色和绿色，在一定程度上增强了界面的视觉冲击力。

● 步骤详解

步骤01 新建文档，将01.jpg素材图像复制到画面中，得到“图层1”图层，设置“不透明度”为23%，降低透明度效果。

步骤02 创建“界面”图层组，使用“矩形工具”绘制矩形作为背景，双击图层，打开“图层样式”对话框，设置图层样式选项。

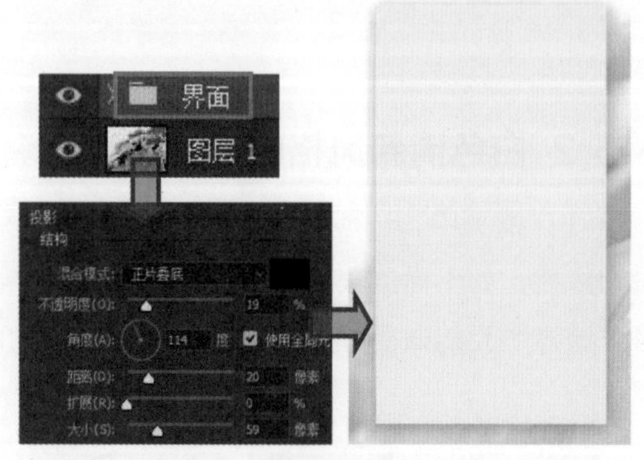

步骤03 复制02.psd状态栏到背景上，创建“颜色填充1”调整图层，设置填充色为黑色，填充并更改状态栏颜色。

步骤04 使用“钢笔工具”绘制出所需的图标形状，并填充适当的颜色，使用“横排文字工具”在中间位置输入文字。

步骤05 使用“矩形工具”绘制图形，将12.jpg素材图像置入到矩形上方，按下Ctrl+Alt+G组合键，创建剪贴蒙版，隐藏多余图像。

步骤06 使用“矩形工具”绘制图形，双击图层，打开“图层样式”对话框，在对话框中单击并设置“内阴影”和“投影”图层样式，修饰图形。

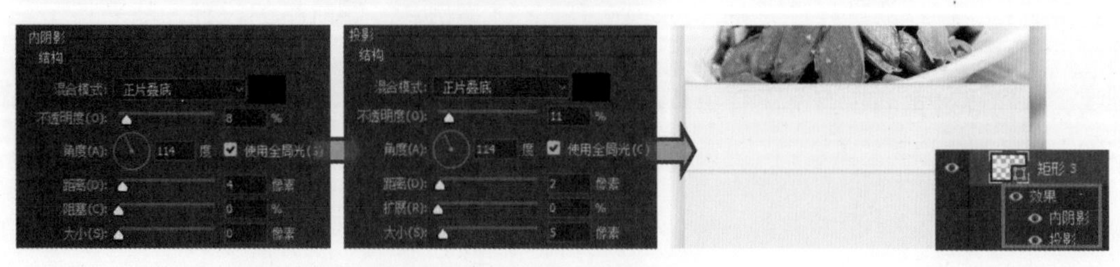

步骤 07 按下 Ctrl+J 组合键，复制图形，将其移到适当的位置，用“横排文字工具”在绘制的图形上方输入所需的文字，然后在 - 和 + 下方绘制浅灰色的矩形加以修饰。

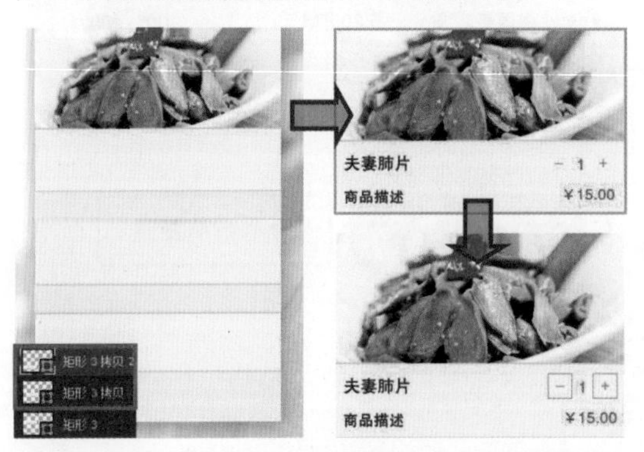

步骤 08 选择“直线工具”，绘制一条垂直的线条，将线条填充色设置为 R:42、G:179、B:92，选择“横排文字工具”，在适当的位置单击并拖动鼠标，绘制文本框，输入所需的文字。

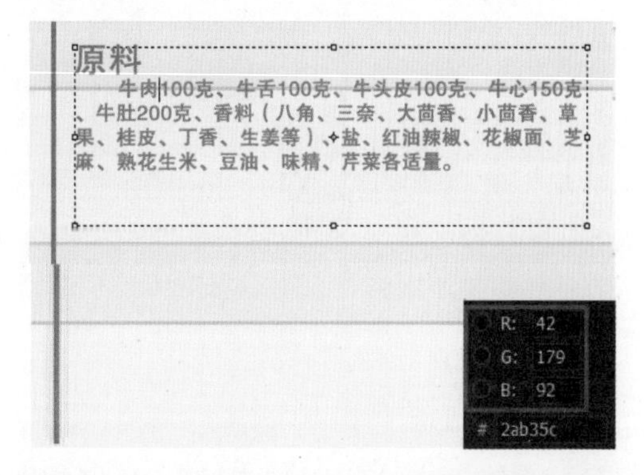

步骤 09 选中段落文本，打开“段落”面板，设置“首行缩进”为 13 点，然后单击并拖动第二排文字，打开“字符”面板，在面板中将字符间距更改为 18 点。

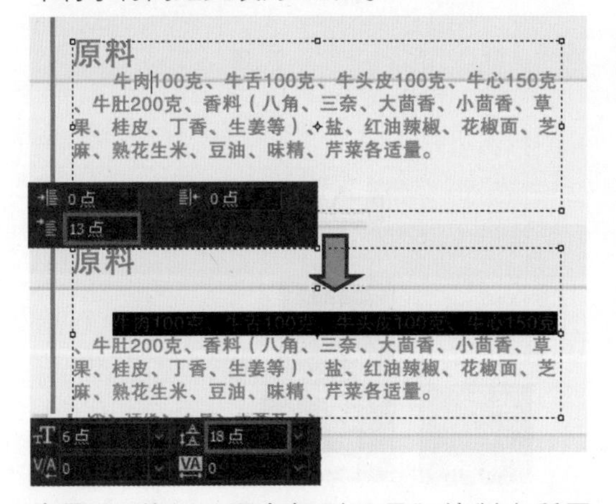

步骤 10 使用相同的方法在界面中创建更多的段落文本，设置文本首行缩进和行间距，在图像窗口可查看编辑后的文本效果。

步骤 11 使用“圆角矩形工具”绘制出所需的按钮形状，分别填充适当的填充和描边颜色，然后使用“横排文字工具”在按钮中间输入相应的文字。

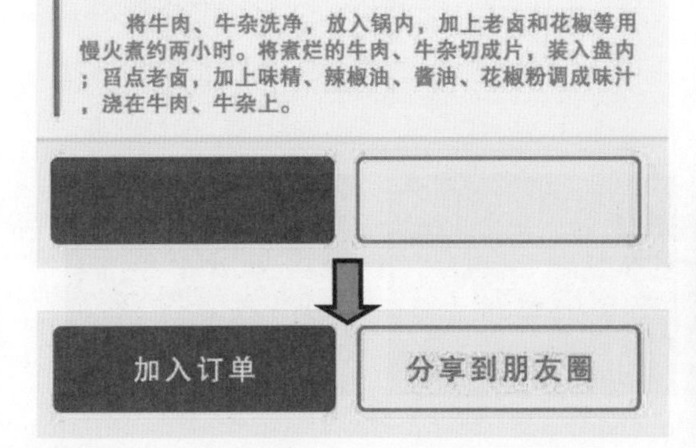

步骤 12 按下 Ctrl+J 组合键，复制“界面”图层组，将其重命名为“界面 2”，然后使用“移动工具”将复制的界面图层组向右移到适合的位置。

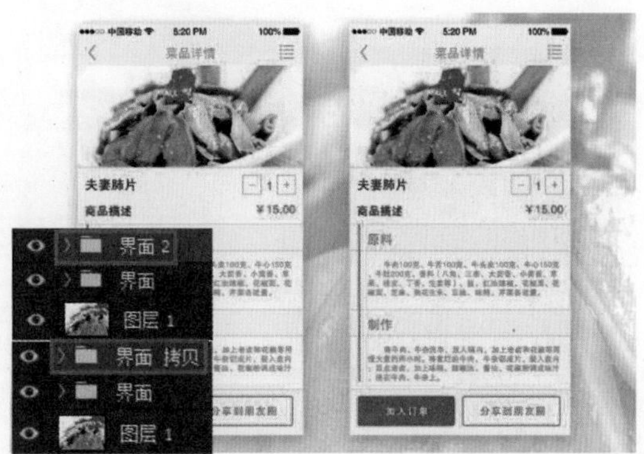

步骤 13 展开“界面 2”图层组，删除不需要的图形和文本对象，然后将界面最下方的两个按钮向上移到适合的位置。

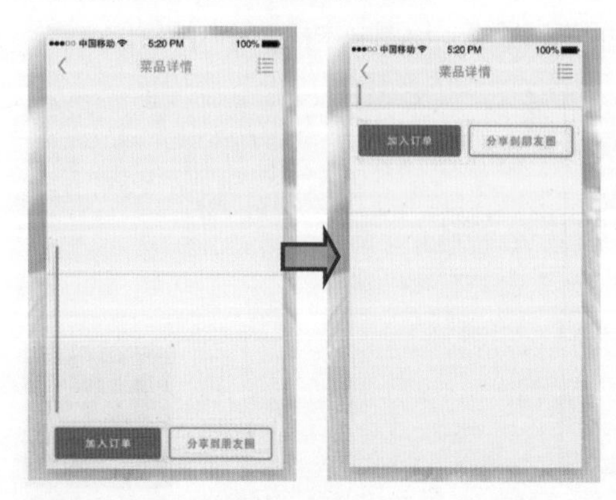

步骤 14 选择“直线工具”，在界面中绘制几条浅灰色的直线，然后应用“横排文字工具”在线条上方输入所需的文字。

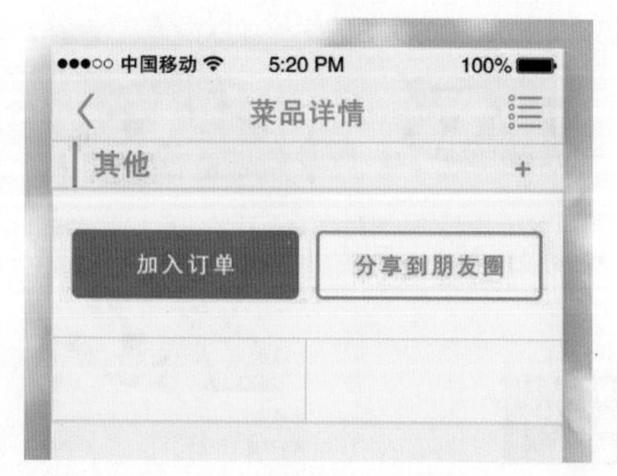

步骤 15 使用“钢笔工具”绘制出所需的图标形状，分别填充适当的颜色，然后选择“横排文字工具”，在选项栏中设置字体和字号，并在图标右侧单击并输入文字。

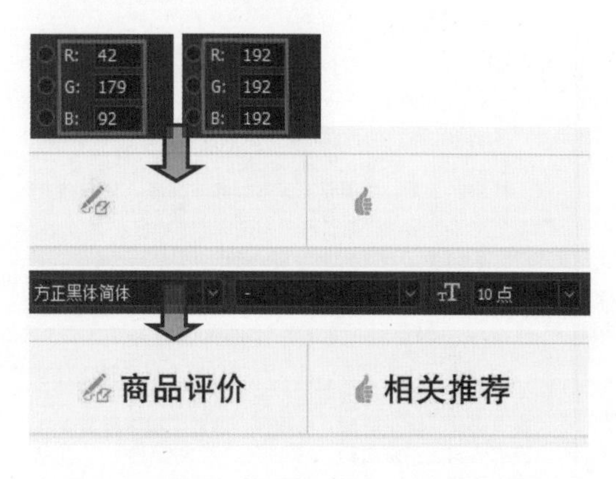

步骤 16 使用“直线工具”再绘制一条浅灰色的垂直线条，然后选择“椭圆工具”，按下 Shift 键绘制圆形，并为其填充适当的颜色，复制圆形并移到下方合适的位置。

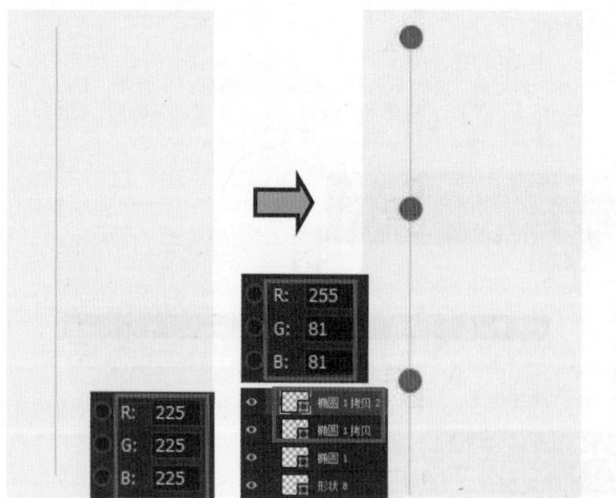

步骤 17 创建“评价”图层组，使用“矩形工具”绘制白色的矩形，然后双击形状图层，打开“图层样式”对话框，在对话框中设置“描边”图层样式，修饰图形。

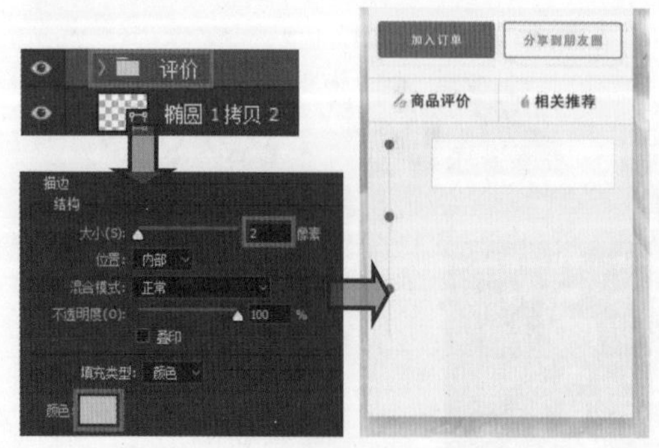

步骤 18 选择“椭圆工具”，按下 Shift 键绘制圆形，双击形状图层，打开“图层样式”对话框，在对话框中单击并设置“投影”和“描边”图层样式，修饰图形。

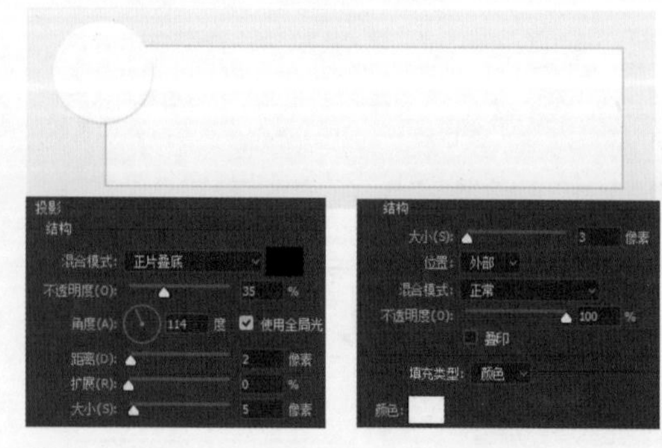

步骤 19 执行“文件 > 置入嵌入对象”菜单命令，将 13.jpg 素材图像置入到画面中，按下 Ctrl+Alt+G 组合键，创建剪贴蒙版，隐藏圆形外的图像。

步骤 20 选择“自定形状工具”，在“自定形状”拾色器中单击“五角星”形状，绘制多个星形图形，填充适当的颜色，并按照相同的距离进行排列。

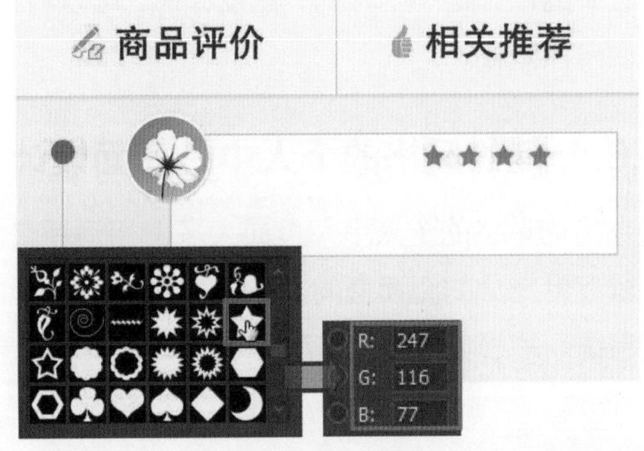

步骤 21 使用“横排文字工具”输入文字，按下 Ctrl+J 组合键，复制“评价”图层组，然后将复制的图层组中的对象向下移到合适的位置。

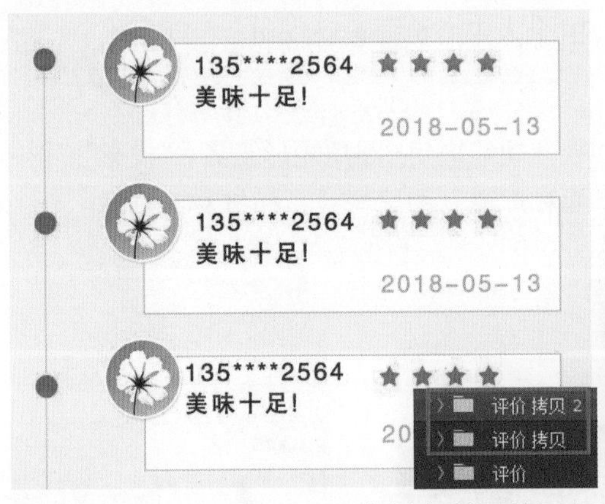

步骤 22 选择“矩形工具”，在界面底部绘制矩形，双击形状图层，打开“图层样式”对话框，在对话框中单击并设置“投影”和“内阴影”图层样式，修饰图形。

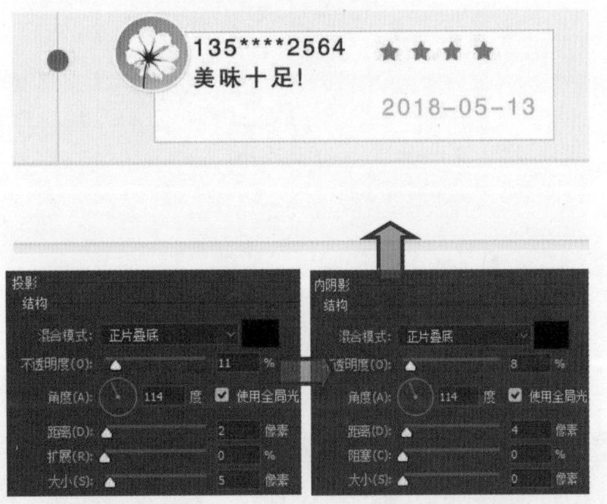

步骤 23 使用“钢笔工具”绘制出所需的图标形状，分别填充适当的颜色，然后选择“横排文字工具”，设置字体和字号，在绘制的图形右侧单击，输入所需的文字。

步骤 24 使用“矩形工具”再绘制一个深灰色的矩形，使用“钢笔工具”在矩形上方绘制所需的图标，分别填充适当的颜色，并将其按照相同的距离进行排列。

步骤 25 选择“横排文字工具”，在图标下方位置单击，输入所需的文字，在图像窗口中查看输入后的效果。

5.6 个人中心页面设计

不管是什么类型的 App，只要有用户，一般都会有个人中心页面。用户通过个人中心页面可以查看个人账号信息、订单信息、发表过的评论或者帖子等。不同类型的 App，个人中心页面的设计是不一样的，在设计时，可以将 App 中的一些常用的功能集合到个人中心页面，方便用户查找。

5.6.1 简约风格的个人中心页面设计

简约风格的个人中心页面大多使用清新自然的色调进行表现，并通过适当留白处理给大家留下更充分的阅读空间。下面案例中所设计的个人中心页面采用了简约的设计风格，页面使用统一的橙色与白色搭配，使画面显得更工整、干净。

素　材：随书资源 \05\ 素材 \03.psd、13.jpg、14.jpg、15.png

源文件：随书资源 \05\ 源文件 \ 简约风格的个人中心页面设计 .psd

软件功能应用： 圆角矩形工具，“投影”“斜面和浮雕”图层样式，横排文字工具

● 设计要点

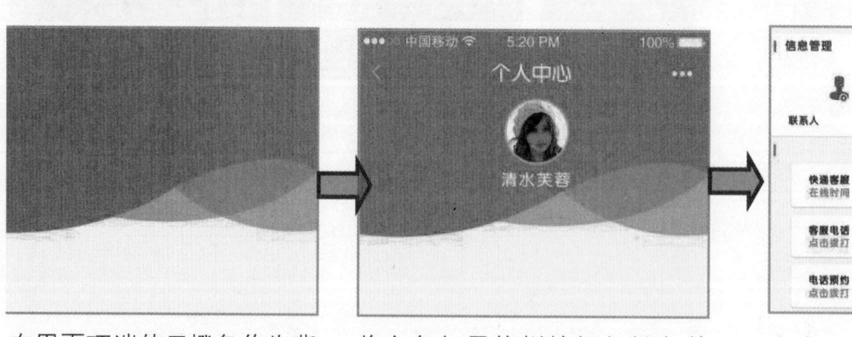

在界面顶端使用橙色作为背景颜色，更能吸引人的眼球，通过调整图形的透明度，呈现半透明的视觉效果。

将白色与导航栏按钮与橙色的背景搭配，显得锐利而明快，而将用户照片添加到个人中心、页面，使用描边样式能更好地突出中间的人物图像。

在个人中心页面中，将常用的功能通过卡片的方式进行展示，宽松的布局方式更有利用重要信息的查看。

● 步骤详解

步骤 01 新建文档，设置前景色为 R255、G239、B239，新建“图层 1”图层，按下 Alt+Delete 组合键，使用设置的前景色填充图层。

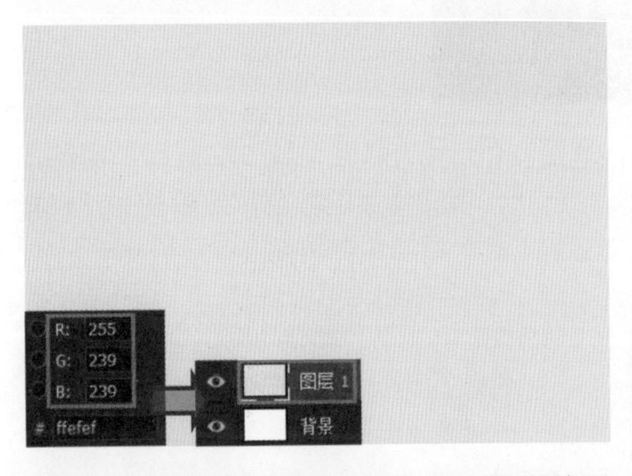

步骤 02 创建“界面”图层组，使用“矩形工具”绘制矩形作为背景，双击图层，打开“图层样式”对话框，设置样式选项。

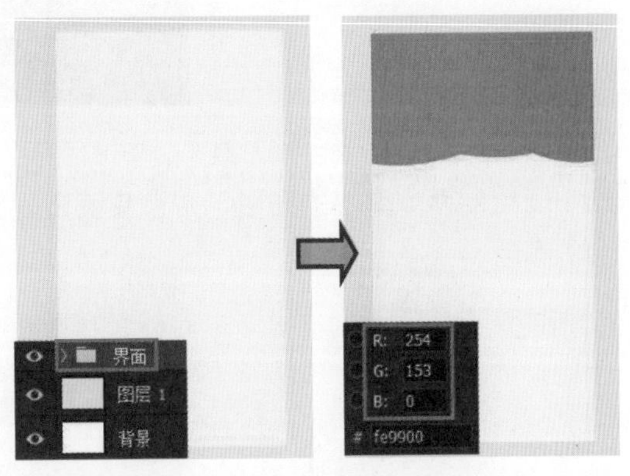

步骤 03 继续使用“钢笔工具”绘制更多的图形，得到“形状 2”和“形状 3”图层，将这两个图层选中，设置“不透明度”为 50%，降透明度效果。

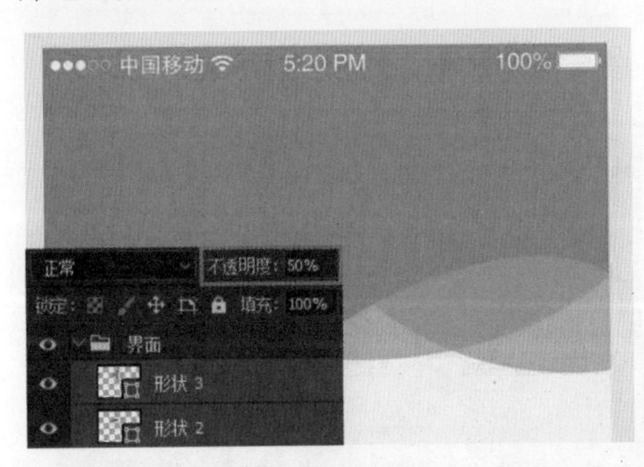

步骤 04 使用“钢笔工具”在状态栏下方绘制白色的箭头图标，然后使用“椭圆工具”绘制出几个圆形，并为其设置合适的填充和描边颜色。

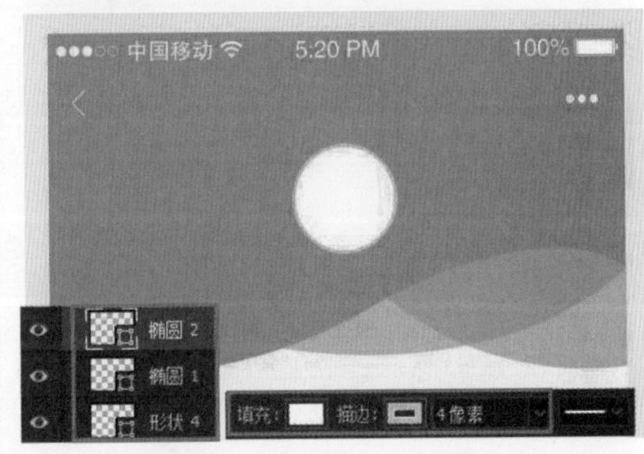

步骤 05 执行“文件 > 置入嵌入对象”菜单命令，将 14.jpg 素材图像置入到圆形上方，按下 Ctrl+Alt+G 组合键，创建剪贴蒙版，选择工具箱中的“横排文字工具”，在适当的位置单击，输入所需的文字。

步骤06 选择工具箱中的“矩形工具”，在下方绘制一个白色的矩形，双击矩形所在的形状图层，打开“图层样式”对话框，在对话框中单击并设置“投影”样式，为绘制的图形添加投影效果。

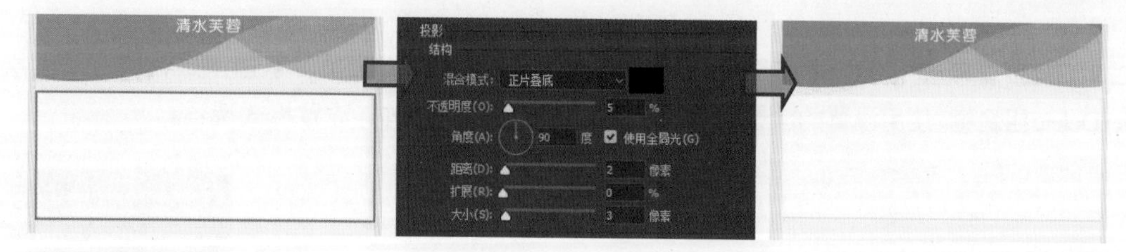

步骤07 继续使用“矩形工具”，在白色矩形中间绘制两个更小的图形，并为其填充适合的颜色。

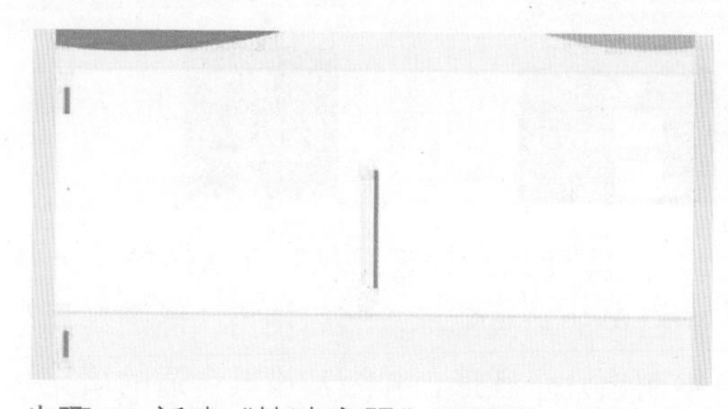

步骤08 使用“钢笔工具”绘制出所需的图标形状，填充适当的颜色，然后使用“横排文字工具”在图标旁边输入相应的文字。

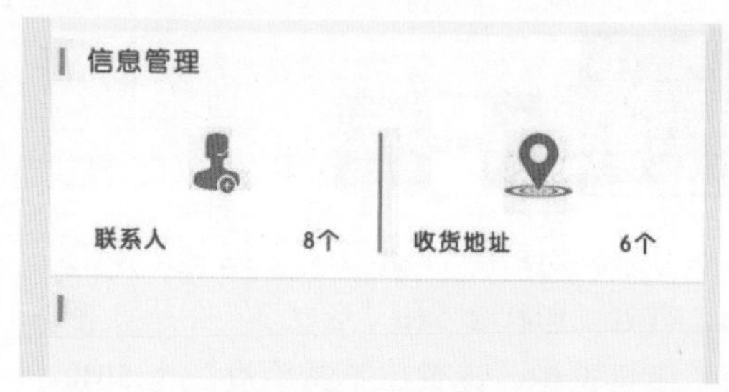

步骤09 新建“快速客服”图层组，使用“圆角矩形工具”绘制图形，使用路径编辑工具添加锚点并更改图形外观效果。

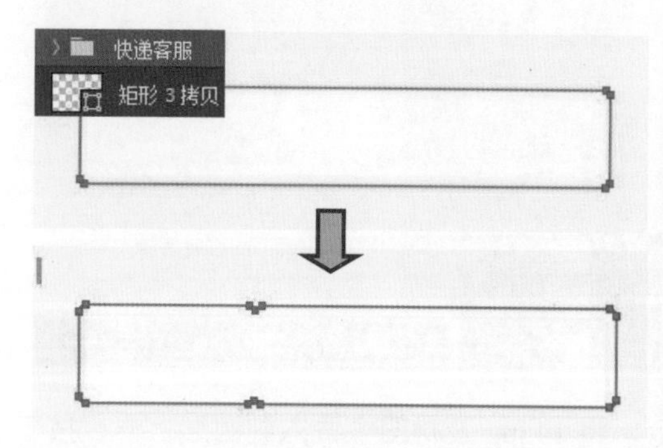

步骤10 双击编辑后的形状图层，打开“图层样式”对话框，在对话框中单击并设置“投影”图层样式。

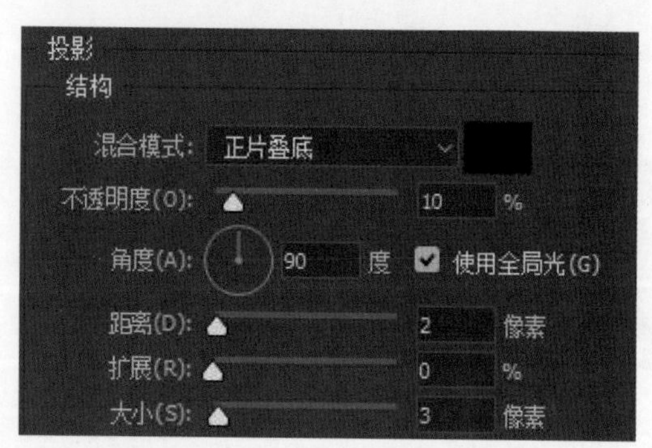

步骤11 使用“椭圆工具”绘制白色的圆形，并将其按照相同的距离均匀分布，双击图层，打开“图层样式”对话框，在对话框中单击并设置“内阴影”和“投影”样式，为圆形添加样式效果。

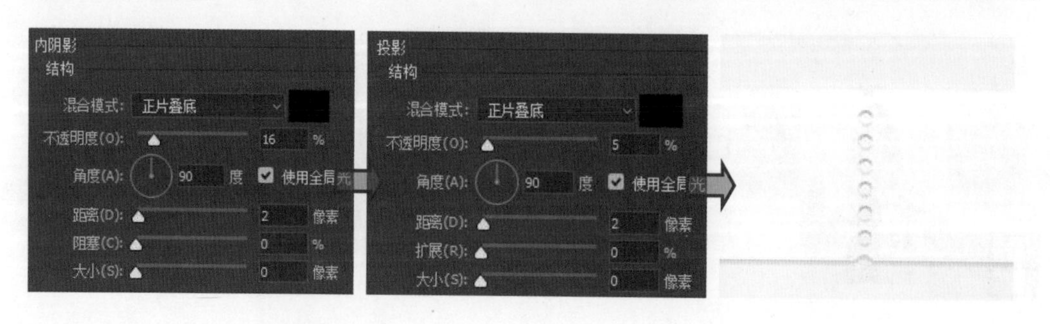

步骤 12 使用“横排文字工具”在圆形两侧输入所需的文字，选择“自定形状工具”，在“自定形状”拾色器中单击“时间”形状，绘制时间图标并填充合适的颜色。

步骤 13 按下 Ctrl+J 组合键，复制“快递客服”图层组，分别将其命名为“客服电话”和“电话预约”，更改图层组中的文本内容和图标。

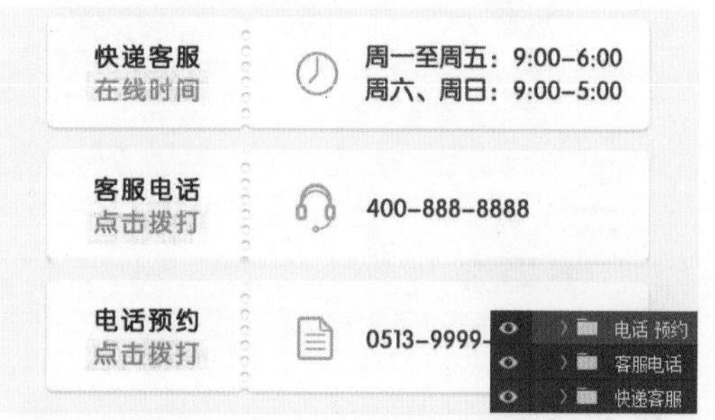

步骤 14 新建“图标栏”图层组，结合“直线工具”和“钢笔工具”绘制所需的图形，分别填充适当的颜色，然后在图标下方输入对应的文字。

步骤 15 选择“界面”图层，按下 Ctrl+Alt+E 组合键，盖印图层组中的图像，得到“界面（合并）”图层，将图层中的图像缩放至合适的大小。

步骤 16 选择“界面”图层，按下 Ctrl+Alt+E 组合键，盖印图层组中的图像，得到“界面（合并）”图层，将图层中的图像缩放至合适的大小。

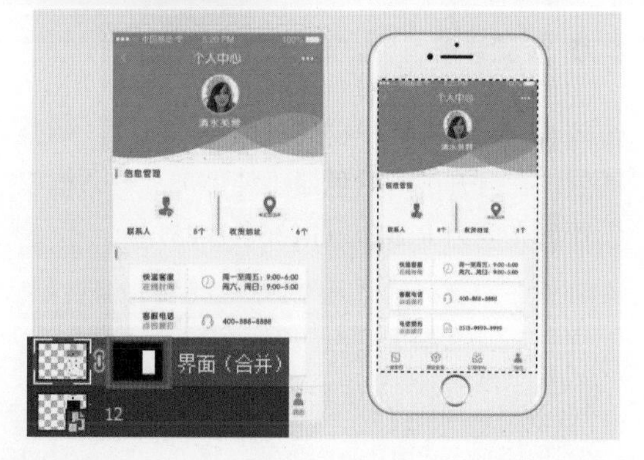

5.6.2 蓝色清爽风格的个人中心页面设计

App 设计风格是指 App 通过主要的几种颜色搭配给用户呈现出的整体视觉感受。使用蓝色为主色进行搭配设计出的个人中心页面能够带给人较为清爽、纯净的感受，下面所设计的个人中心页面使用蓝色、白色两种主要颜色搭配，并结合灵活的布局方式呈现出活泼、有趣的感觉。

素　材：随书资源\05\素材\03.psd、16.jpg、17.jpg

源文件：随书资源\05\源文件\蓝色清爽风格的个人中心页面设计.psd

软件功能应用：钢笔工具，横排文字工具，剪贴蒙版，“投影”图层样式

● 设计要点

在个人中心页面上方，添加星光图案，通过调整混合模式将其与底层图像混合，营造出更加唯美、浪漫的风格。

将个人的头像添加到界面中，通过下方的按钮，将一些主要功能进行设计，通过单击下方的按钮，能够切换到相应的下级界面。

根据主要功能绘制出相应的按钮，并输入相关的文字加以补充说明，采用相应的对齐和分布方式呈现出工整的界面效果。

● 步骤详解

步骤01 新建文档，创建“颜色填充1”调整图层，在打开的“拾色器（纯色）”对话框中设置填充色为R:203、G:236、B:251。

步骤02 新建“界面1”图层组，使用“矩形工具”绘制白色的矩形，使用“内阴影”图层样式对其进修饰。

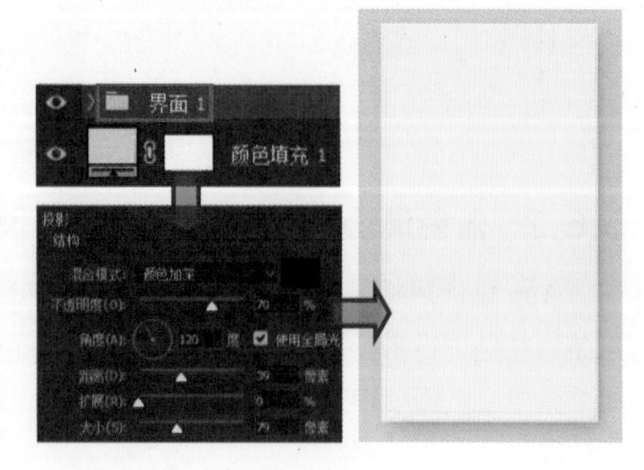

步骤 03 使用“矩形工具”绘制两个矩形，分别填充适当的颜色，将 16.jpg 素材图像置入到矩形上，按 Ctrl+Alt+G 组合键，创建剪贴蒙版。

步骤 04 选中 16 图层，设置图层混合模式为“滤色”，“不透明度”为 39%，使用形状工具在图像中绘制所需的图标形状，分别填充适当的颜色。

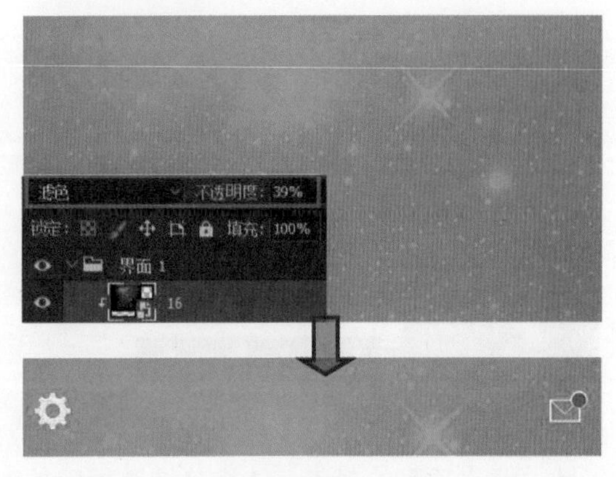

步骤 05 选择“椭圆工具”，按下 Shift 键绘制圆形，执行“文件 > 置入嵌入对象”菜单命令，将 17.jpg 素材图像置入到矩形上，按下 Ctrl+Alt+G 组合键，创建剪贴蒙版。

步骤 06 选择工具箱中的“横排文字工具”，在适当的位置单击，输入所需的文字，然后结合“钢笔工具”和“圆角矩形工具”绘制图形，突出文字信息。

步骤 07 选择“椭圆工具”，在人物图像下方绘制圆形，填充适当的颜色，按下 Ctrl+J 组合键，复制圆形，并将其按照相同的距离进行排列。

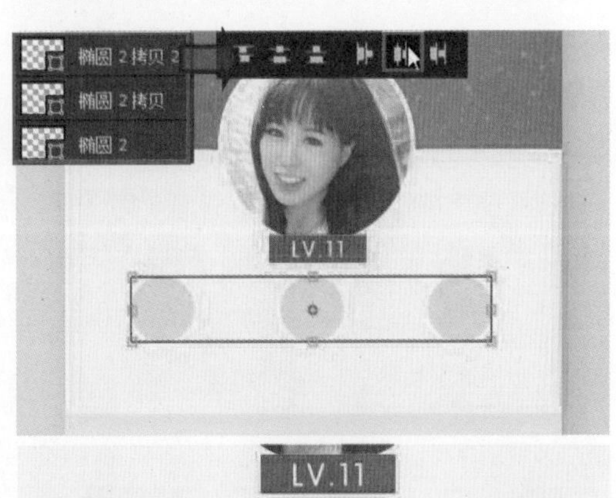

步骤 08 使用“钢笔工具”在圆形中间绘制出所需的图标形状，填充适当的颜色，然后使用“横排文字工具”在图标下方输入相应的文字。`

步骤 09 选择“直线工具”绘制水平的直线，按下 Ctrl+J 组合键复制多个直线图形，选中图形，单击“垂直居中分布”按钮，将其按照相同的距离进行排列。

步骤 10 使用“钢笔工具”在线条右侧绘制箭头图形，按下 Ctrl+J 组合键，复制多个直线图形，选中图形，同时将其按照相同的距离进行排列。

步骤 11 使用“钢笔工具”绘制出所需的图标形状，填充适当的颜色，并将其按照相同的距离进行排列，然后使用“横排文字工具”在图标右侧输入对应的文字。

步骤 12 选择“圆角矩形工具”，单击选项栏中的“填充”色块，在展开的面板中设置渐变颜色，绘制出所需的图形，然后使用“横排文字工具”在图形中间输入文字。

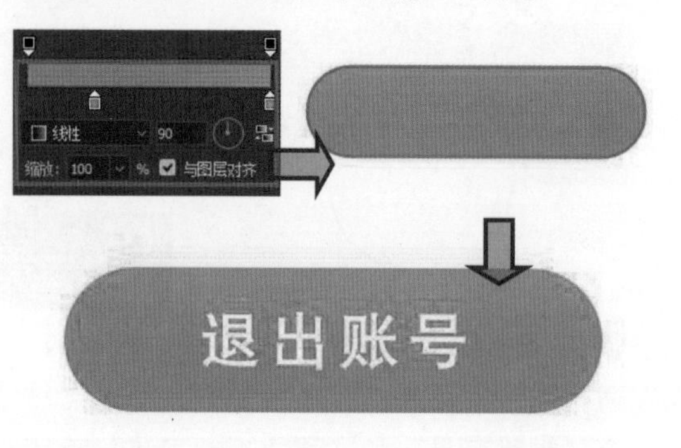

步骤 13 按下 Ctrl+J 组合键，复制“界面 1”图层组，命名为“界面 2”，使用“移动工具”调整“界面 2”中的图形和文本位置，然后将“退出账号”下方的图形更改为白色。

步骤 14 双击形状图层，打开“图层样式”对话框，在对话框中单击并设置“投影”样式，为图形添加投影效果，在图像窗口中查看添加的投影样式。

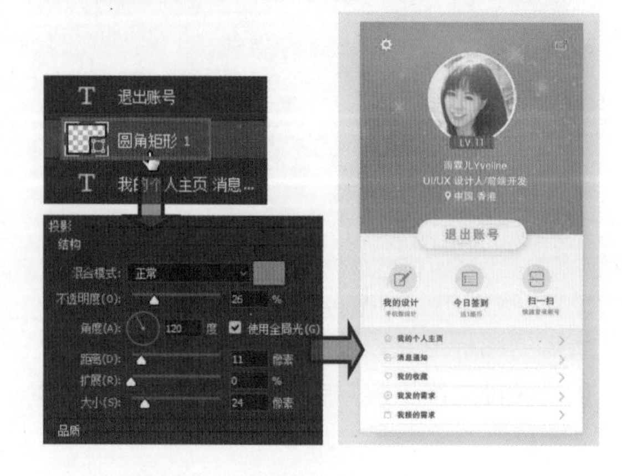

第 6 章 购物 App 界面设计

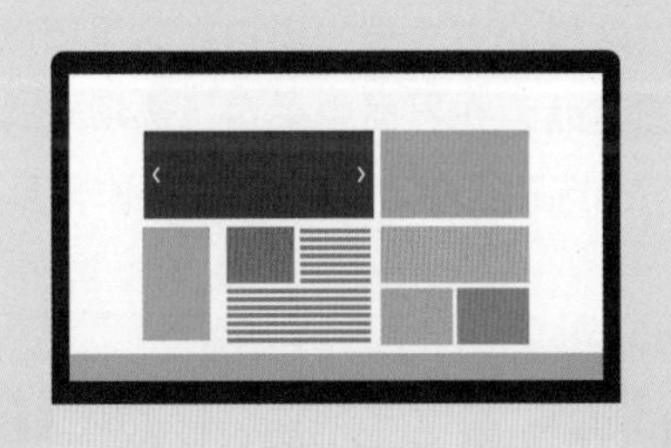

购物 App 就是移动设备中用于浏览商品、下单购买商品的应用程序，在购物 App 中可以轻松完成商品查看、挑选、购买等一系列的操作，使用户在闲暇之余也能随时随地享受购物的乐趣。购物 App 的界面设计会根据不同的受众群体来定义界面风格和布局。在本章中，将通过详细操作讲解购物类 App 的创作思路和设计过程。

6.1 界面布局规划

在互联网快速发展的时代，网购成了主要的购物方式之一。使我们不再受时间、地点的限制，随时随地都可以完成购物，这就是购物 App 所带给我们的便利。在购物 App 中通常会包含多种不同内容的信息界面，如商品的展示、广告推广、商品详情、用户信息等，为了让用户能够自由、快捷地对这些信息进行浏览，需要在设计中对各界面的布局进行合理规划。

本案例是为某商城设计的 App 界面，为了让界面中各项功能展示得更加清晰，在具体的制作中使用了标题栏和图标栏引导用户的操作，方便用户能看到更多商品及商品相关信息，具体如下。

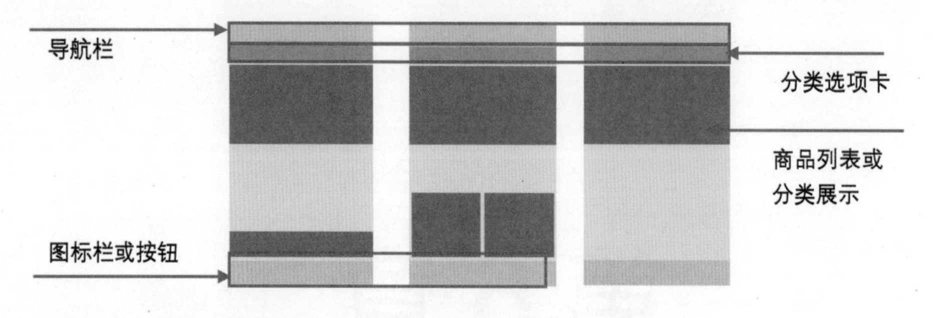

6.2 创意思路剖析

本案例是为某商城设计的 App 界面，因此为了吸引更多的用户来这里购物，就需要从用户需求考虑；而对于用户来讲，花费较少的时间就能选购到比较满意的商品，这样才能吸引用户。所以在设计时，为了体现这个商城拥有丰富的商品，在欢迎界面中使用了购物车和各种不同的商品进行表现，通过这样的方式告知用户在这里可以买到想要买的商品。为了方便用户能够快速找到符合需求的商品，在界面中采用了选项卡式布局方式，将各式各样的商品按功能、特点分别放置在不同的选项卡中，便于用户操作，具体如下。

6.3 确定配色方案

由于购物 App 的主要受众群为女性，提到女性多会联想到粉红色的事物，因此在本案例中，我们就以粉红色作为画面的主要色调。通过将其应用在各个界面上的导航栏、按钮等重要区域，统一界面的色调效果。同时，为了避免使用相同的颜色而使用户感觉界面太过单一、呆板，在界面中还添加了少量的紫色、橙色等进行调和，使得界面的色彩更加细腻、精致，如下图所示。

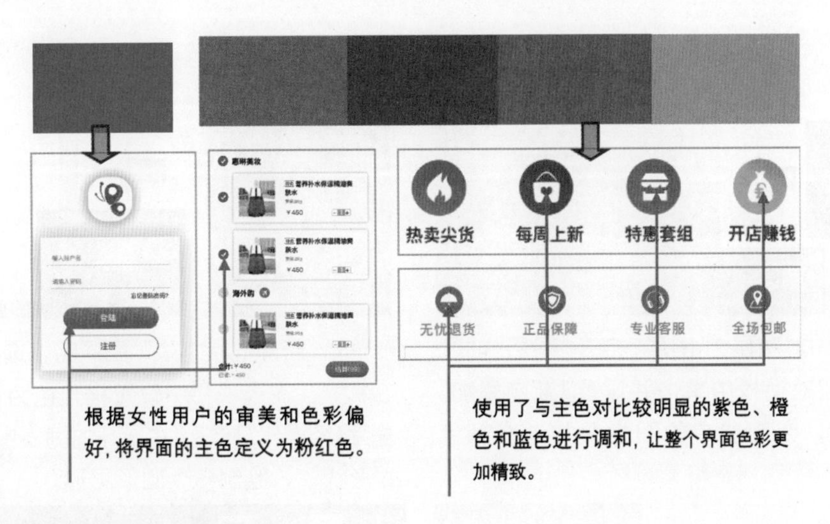

6.4 定义组件风格

本案例不论是界面中的导航栏、按钮，还是图标栏的设计，都是以扁平化风格进行创作的，如下图所示。这样的设计效果，使得界面给人留下干净整齐的印象，在一些选项卡中，适合使用投影，突出其层次关系，可以更加简单、直接地将信息和事物的工作方式展示出来，减少认知障碍的产生。

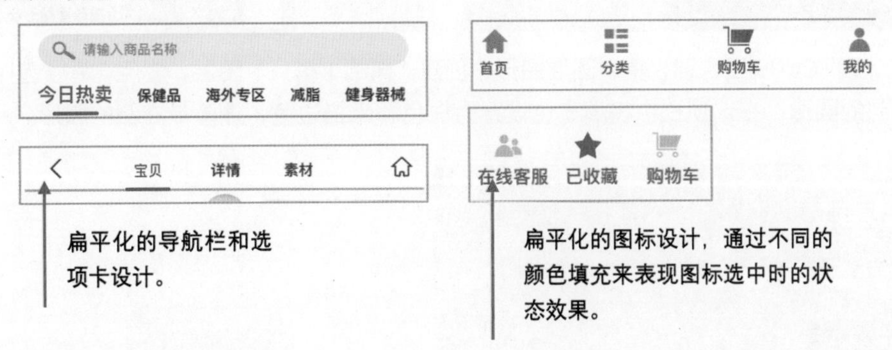

6.5 制作步骤详解

本案例是购物 App 设计界面效果，根据购物的操作流程，设置了“启动”“登录”“首页”“分类”“商品详情”“购买”“商品结算”“个人中心”8 个界面，接下来具体介绍每个界面的制作方法。

6.5.1 启动界面

商城启动界面的设计，使用选框创建选区并为选区填充颜色，使用图层样式设置渐变的背景效果，然后将购物车、商品图像添加到界面中间位置，以突出应用程序主题。

步骤 01 创建新文档，设置前景色为 R:1、G:215、B:164，新建“图层 1”图层，按下 Alt+Delete 组合键，使用设置的前景色填充图层。

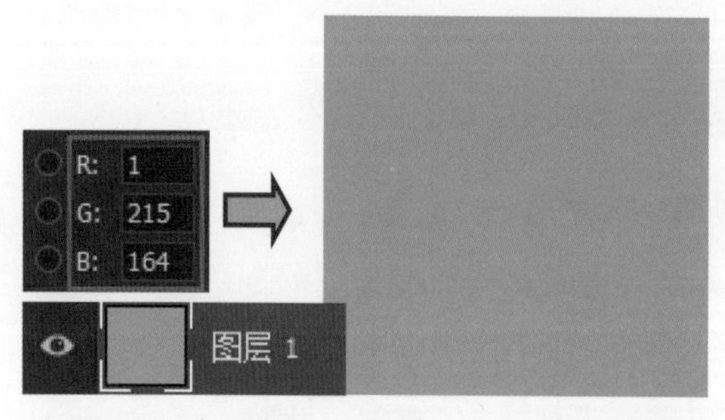

步骤 02 选择“矩形选框工具”，在画面中创建选区，创建“引导页”图层组，在图层组中新建图层，按下 Alt+Delete 组合键，将选区填充为白色。

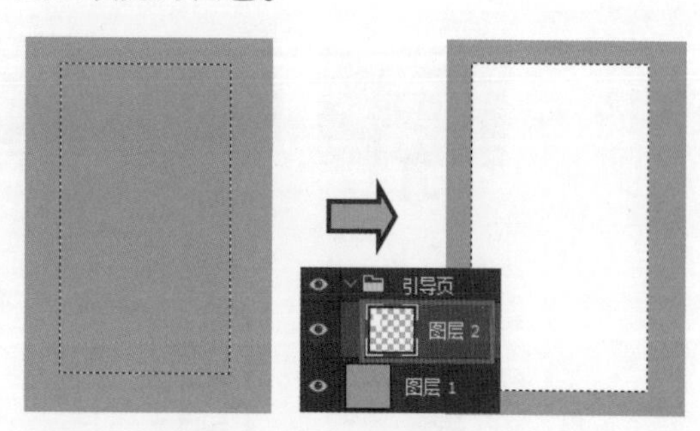

步骤 03 双击“图层 2”图层，打开“图层样式”对话框，在对话框中单击并设置“渐变叠加”图层样式，为图层中的图像叠加渐变颜色效果。

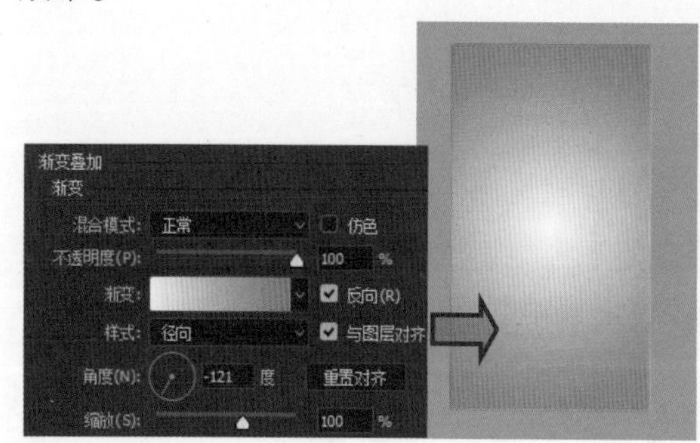

步骤 04 新建“状态栏”图层组，选择“椭圆工具”，在选项栏中设置描边色为白色，单击“路径操作”按钮，在展开的列表中选择“合并形状”，绘制多个圆形图形。

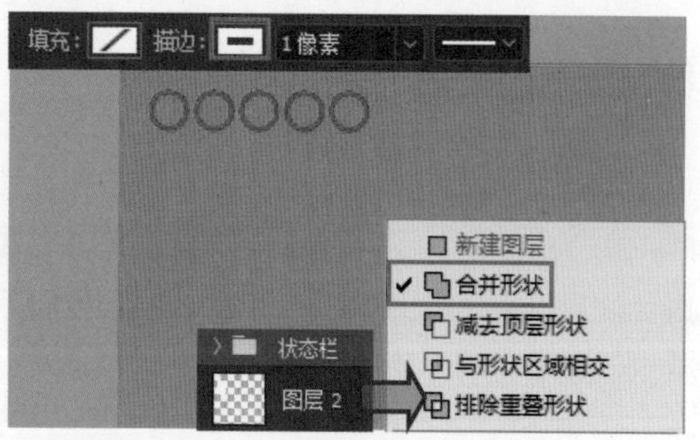

步骤 05 按下 Ctrl+J 组合键，复制圆形图形，创建“椭圆 1 拷贝”图层，使用“路径选择工具”选择复制的圆形，在选项栏中将填充色设置为白色，无描边色，删除最右侧的圆形。

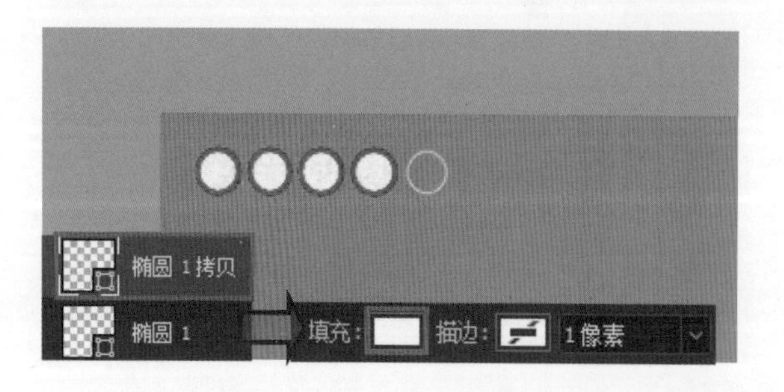

步骤 06 使用“钢笔工具”绘制出所需的信号图标，将其填充为白色，选择“圆角矩形工具”，单击选项栏中的“路径操作”按钮，在展开的列表中选择“合并形状”，绘制电池形状的图标。

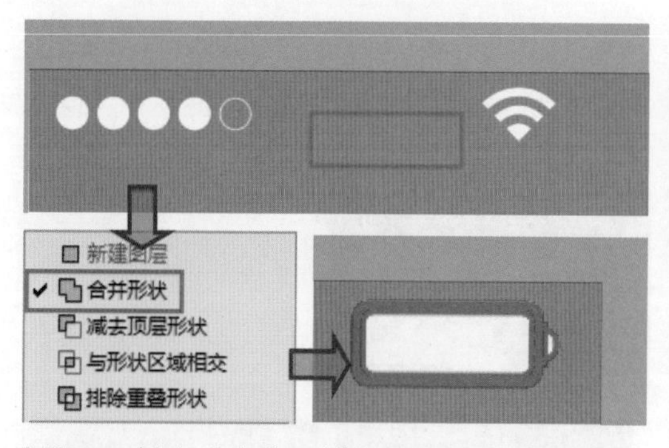

步骤 07 选择工具箱中的“横排文字工具”，在选项栏中适当的位置单击，输入所需的文字，打开“字符”面板，在面板中对文字的属性进行设置，在图像窗口中可以看到编辑后的效果。

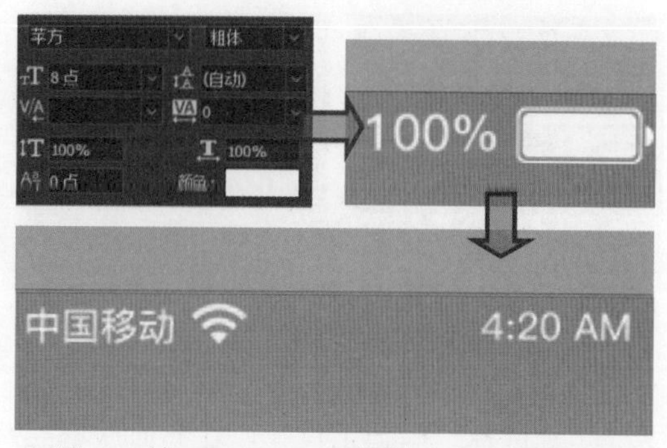

步骤 08 创建“内容区域”图层组，选择“椭圆工具”，按下 Shift 键绘制一个白色圆形，在“图层”面板中将椭圆的混合模式设置为“柔光”。

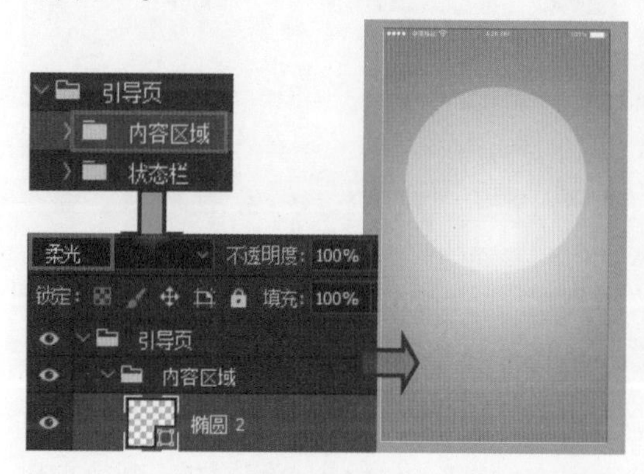

步骤 09 按下 Ctrl+J 组合键，复制圆形，按下 Ctrl+T 组合键，打开自由变换编辑框，缩放图形，然后将复制圆形的填充色更改为 R:231、G:98、B:103。

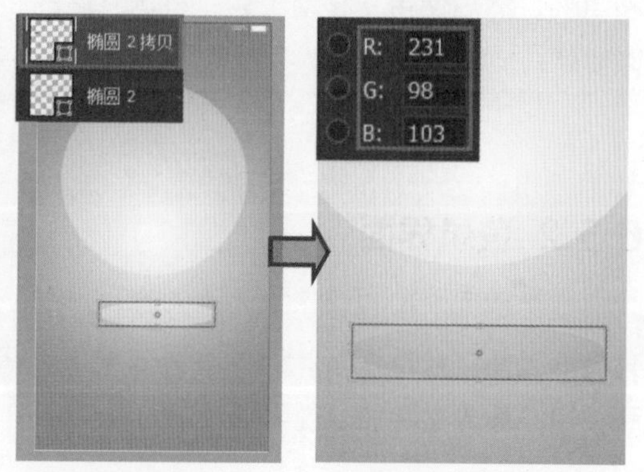

步骤 10 将 01.psd 素材图像置入到白色的矩形上方，双击图层，打开“图层样式”对话框，在对话框中单击并设置“投影”图层样式，修饰图像。

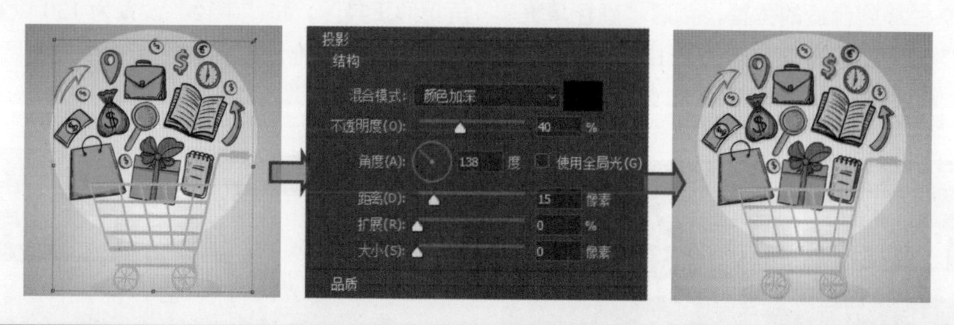

技巧技示：更改投影颜色

在“图层样式”对话框中，双击“投影”选项卡中的色块，在打开的对话框中即可通过单击或输入的方式重新设置投影颜色。

步骤 11 选择“横排文字工具”，在适当的位置单击，输入所需的文字，打开“字符”面板，在面板中重新设置文字属性，在图像窗口中查看编辑后的文字效果。

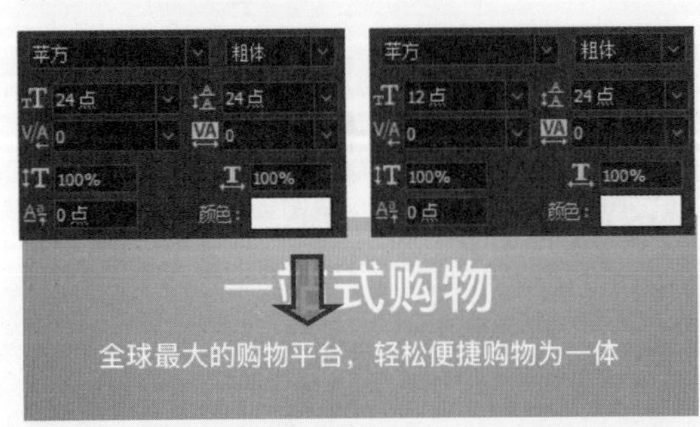

步骤 12 双击文本图层，打开“图层样式”对话框，单击对话框中的“投影”图层样式，在对话框中设置样式选项，确认设置，在图像窗口中查看添加的样式效果。

步骤 13 选择“椭圆工具”，在界面底部绘制一个白色圆形，按下 Ctrl+J 组合键，复制两个圆形，分别将“椭圆 3 拷贝”和“椭圆 3 拷贝 2”图层的“不透明度”设置为 60% 和 20%，然后使用“移动工具”将调整后的圆形移到适当的位置。

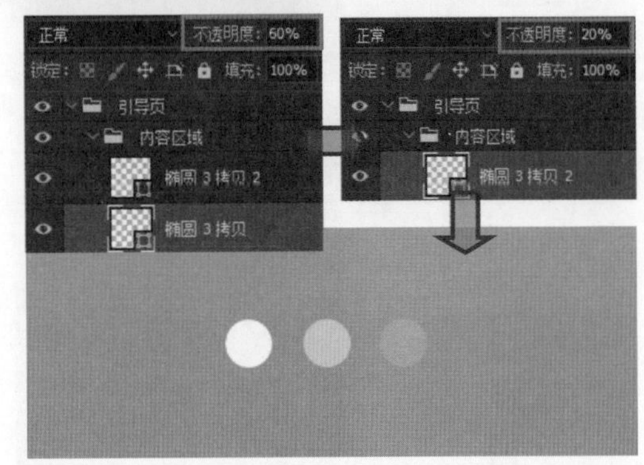

6.5.2 登录界面

登录界面一般包含了输入个人账户、密码文本框和产品 Logo 等内容。在设计时，使用“圆角矩形工具”绘制图形，添加发光效果后，将 Logo 图形复制到界面中，然后再绘制对话框和按钮，输入文字加以说明。

步骤 01 复制“引导页”图层组，将其命名为“注册 / 登录页”图层组，将前面制作好的状态栏移到合适的位置，创建“颜色填充 1”调整图层，设置填充色为 R:125、G:125、B:125，更改状态栏中的图形和文本颜色。

步骤 02 按下 Ctrl+Alt+G 组合键，创建剪贴蒙版，新建“内容区域”图层组，选择“圆角矩形工具”，将“半径”设置为 130 像素，在下方单击并拖动鼠标，绘制一个白色圆角矩形。

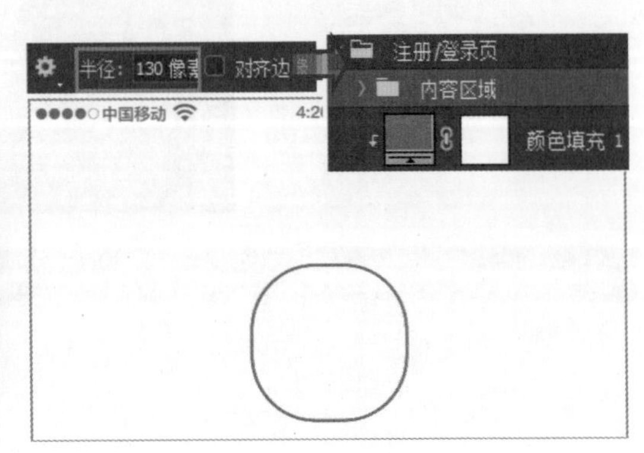

步骤 03 双击图层，打开“图层样式”对话框，在对话框中单击并设置“外发光”图层样式选项，为绘制的图形添加外发光效果，执行“文件 > 置入链接的智能对象”菜单命令，将 01.psd 素材图像置入到白色的图形中间。

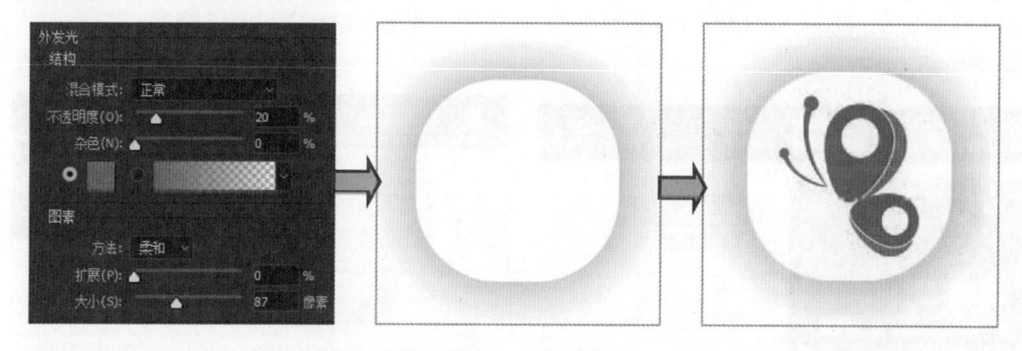

步骤 04 使用“矩形工具”绘制白色的矩形，双击矩形图层，打开“图层样式”对话框，在对话框中单击并设置“外发光”样式，使用设置的“外发光”图层样式修饰矩形，在图像窗口中查看添加的样式效果。

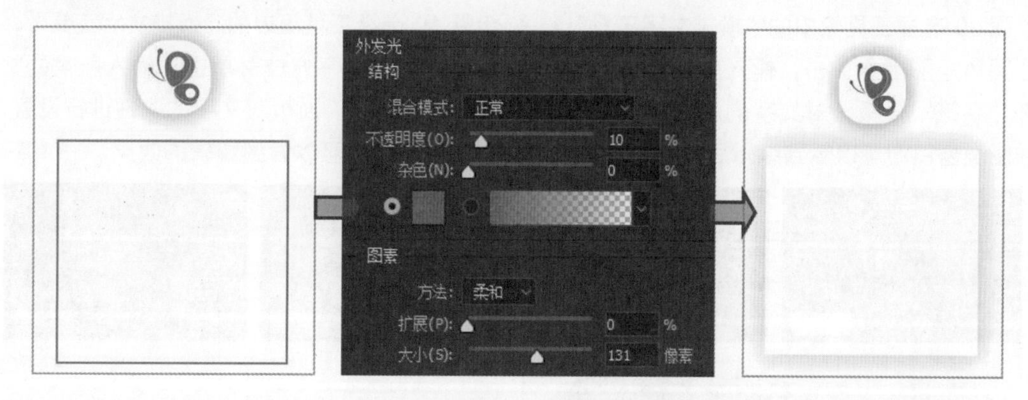

步骤 05 选择工具箱中的“直线工具”，设置“粗细”为 2 像素，单击“路径操作”按钮，在展开的列表中选择“合并形状”选项，按下 Shift 键单击并拖动鼠标，绘制多条直线，将绘制的直线填充色设置为 R:205、G:205、B:205。

步骤 06 选择工具箱中的“横排文字工具”，在两个线条上方单击，输入所需的文字，打开“字符”面板，在面板中对文字的属性进行设置，在图像窗口中可以看到编辑后的效果。

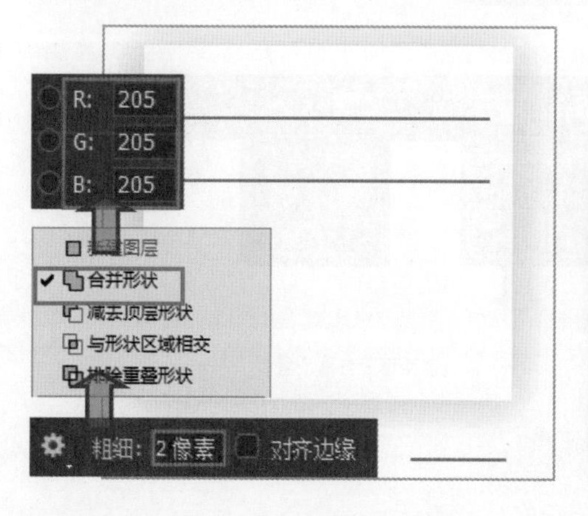

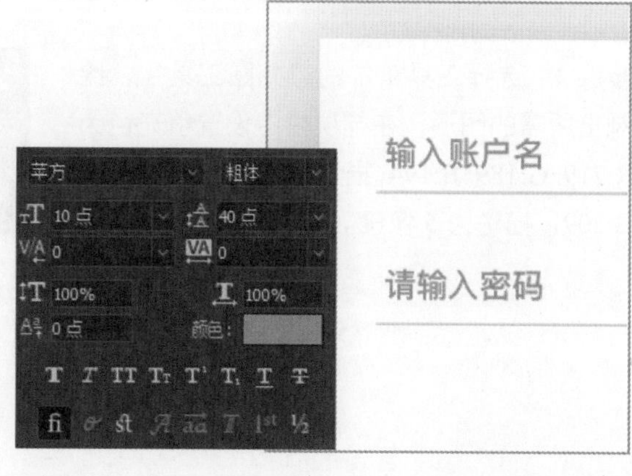

步骤 07 选择“圆角矩形工具”，单击选项栏中“填充”右侧的色块，在展开的面板中单击“渐变”按钮，依次设置 R:255、G:149、B:213 到 R:255、G:54、B:148 的渐变颜色，绘制圆角矩形。

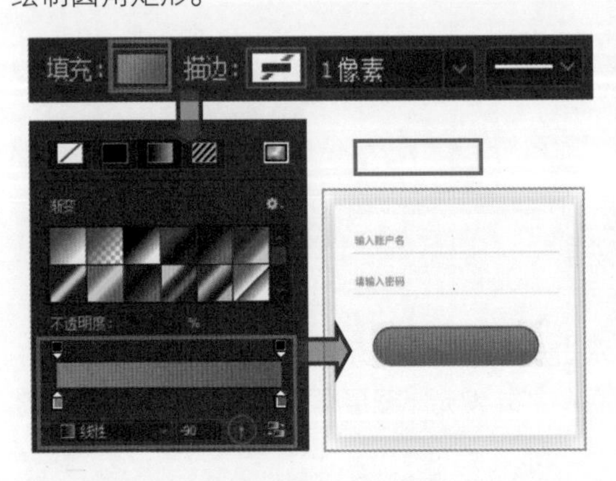

步骤 08 按下 Ctrl+J 组合键，复制图形，向下移到合适的位置，然后在选项栏中设置无填充色，然后依次设置 R:255、G:149、B:213 到 R:255、G:54、B:148 的渐变颜色，描边为 5 像素。

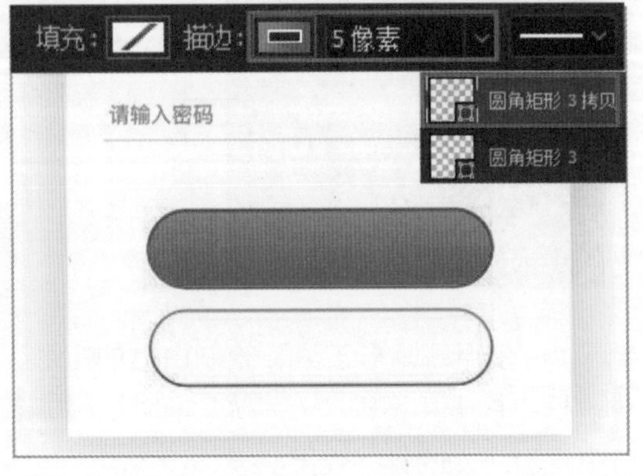

步骤 09 选择工具箱中的“横排文字工具”，在圆角矩形上方单击，输入所需的文字，打开“字符”面板，对文字的属性进行设置，在图像窗口中可以看到编辑后的效果。

步骤 10 选择工具箱中的“横排文字工具”，在按钮上方和下方位置单击，输入所需的文字，打开“字符”面板对文字的属性进行设置，在图像窗口中可以看到编辑的效果。

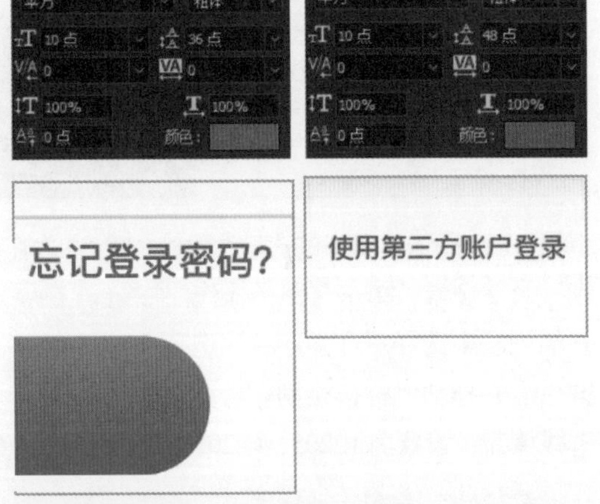

步骤 11 选择工具箱中的“椭圆工具”，绘制出所需的图形，在选项栏中设置填充色为 R:219、G:189、B:194，描边色为 R:227、G:209、B:209，描边为 5 像素。

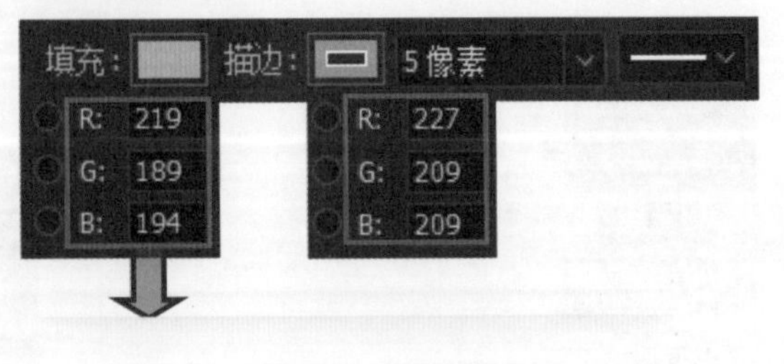

步骤 12 按下 Ctrl+J 组合键，复制两个圆形，按下键盘中的向右方向键，调整圆形位置，再单击“移动工具”选项栏中的“水平居中分布”按钮，均匀分布图形。

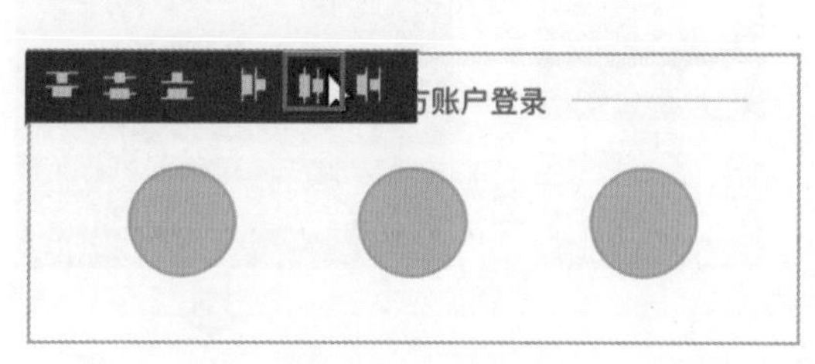

步骤 13 打开 02.psd 素材文件，将 QQ、微信、微博的图标分别放置到各圆形的中间位置。

6.5.3 首页界面

首页界面的设计包含了轮播 Banner、快捷入口、限时抢购等内容。结合“圆角矩形工具”和“自定形状工具”绘制出导航栏，并输入简短的说明性文字，然后根据版面要表现的内容，绘制其他图形进行布局，最后分别在相应的区域添加图标和文字效果。

步骤 01 复制图层组，将其命名为“商场首页”，删除多余对象，并将前面制作的状态栏移到合适的位置，使用“圆角矩形工具”绘制灰色圆角矩形。

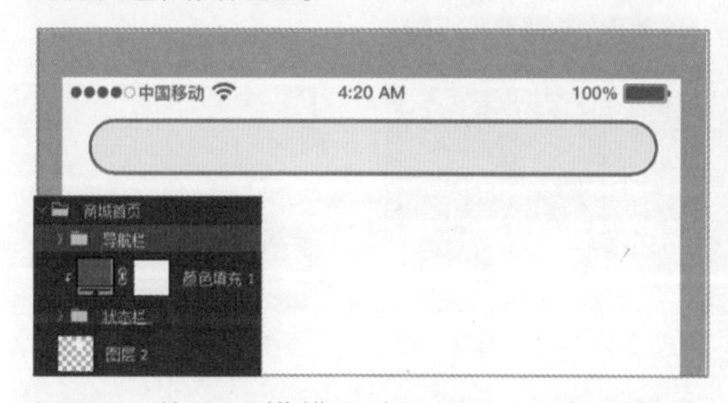

步骤 02 选择工具箱中的“自定形状工具”，在“自定形状”拾色器中单击“搜索”图标，在圆角矩形左侧绘制颜色更深一些的搜索图标。

●●●●○中国移动

步骤 03 使用“横排文字工具”，输入所需的文字，打开“字符”面板对文字的属性进行设置，然后使用“圆角矩形工具”在文字“今日热卖”下方绘制图形。

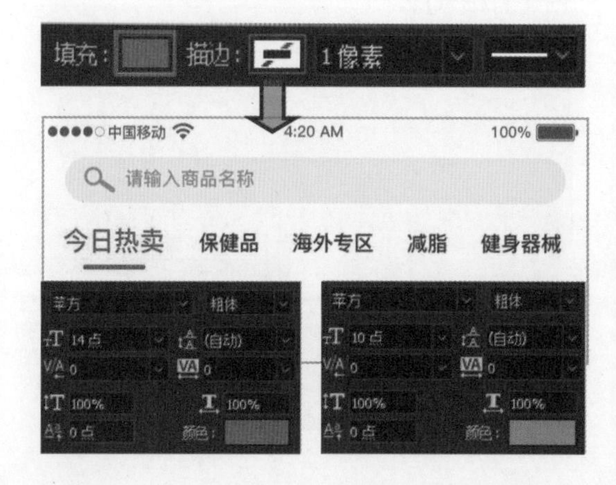

步骤 04 新建“内容区域”图层组，选用“矩形工具”在导航栏下方绘制一个矩形，打开 03.jpg 素材图像，将其复制到矩形图层上方，按下 Ctrl+Alt+G 组合键，创建剪贴蒙版。

步骤05 选择“椭圆工具”，单击选项栏中“填充”右侧的色块，在打开的面板设置渐变颜色，使用“椭圆工具”绘制圆形。

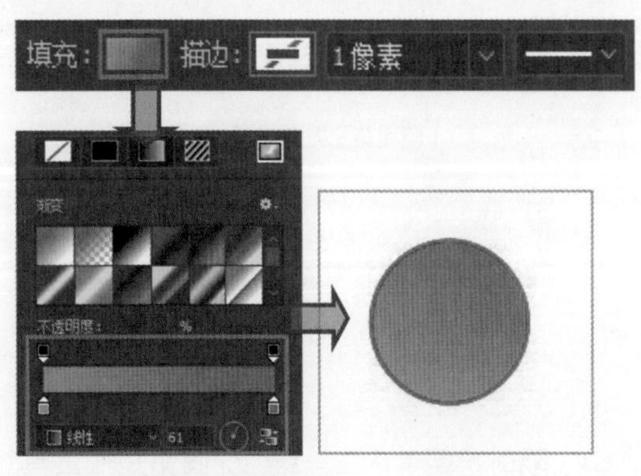

步骤06 按下Ctrl+J组合键，复制图形，双击“椭圆3拷贝”图层，在打开的面板中设置渐变颜色，更改复制图形的填充颜色。

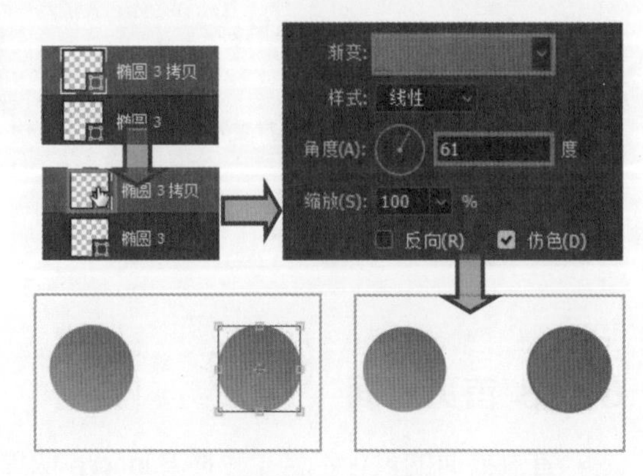

步骤07 再复制两个圆形，创建“椭圆3拷贝2”和“椭圆3拷贝3”的图层，使用相同的方法双击形状缩览图，在打开的对话框中更改圆形填充色。

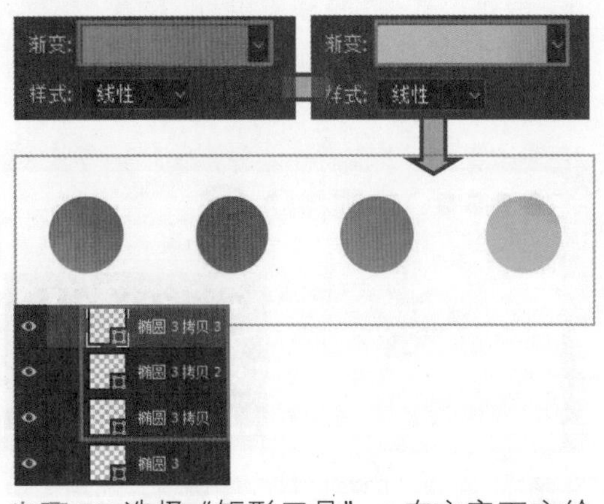

步骤08 使用“钢笔工具”绘制出所需的图标形状，分别填充适当的颜色，并将其按照相同的距离进行排列，然后结合“横排文字工具”和“字符”在图标下添加文字。

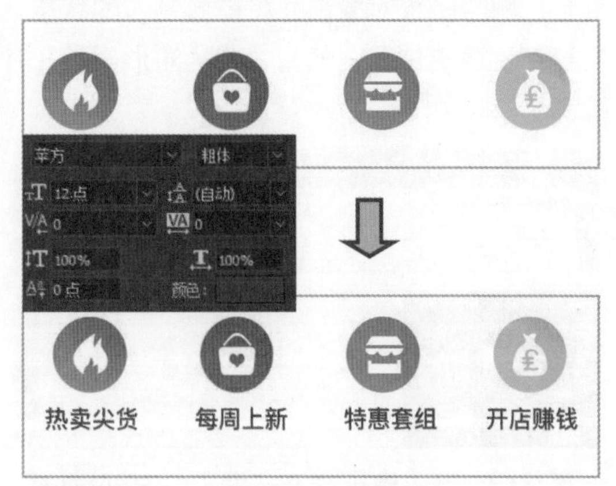

步骤09 选择“矩形工具”，在文字下方绘制矩形，将矩形填充色设置为R:220、G:220、B:220。然后使用“横排文字工具”在下方输入更多的文字信息。

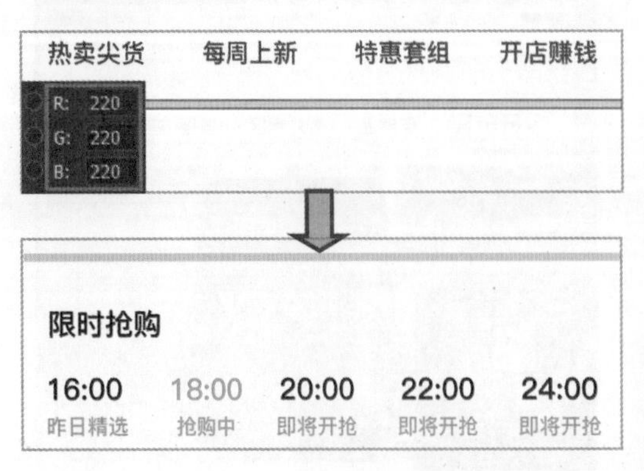

步骤10 选择“圆角矩形工具”，在文字下方绘制圆角矩形，复制04.jpg商品图像并移到矩形图层上方，按下Ctrl+Alt+G组合键，创建剪贴蒙版。

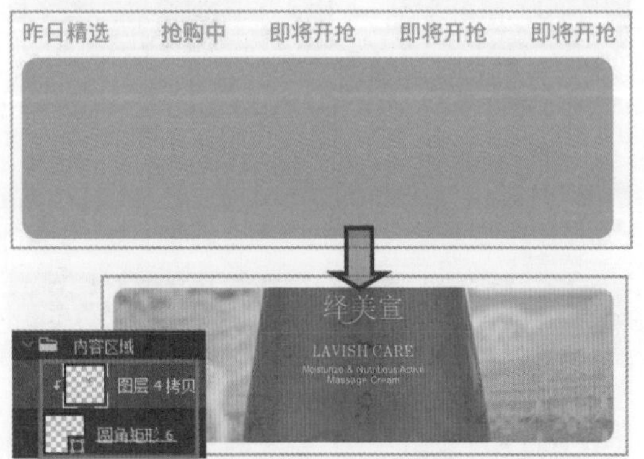

步骤 11 新建“标签栏”图层组，在底部位置绘制矩形，双击图形，打开“图层样式”对话框，单击并设置“投影”图层样式，修饰图形。

步骤 12 使用“钢笔工具”绘制出所需的图标形状，分别填充适当的颜色，并将其按照相同的距离排列，然后使用“横排文字工具”在图标下方输入所需的文字。

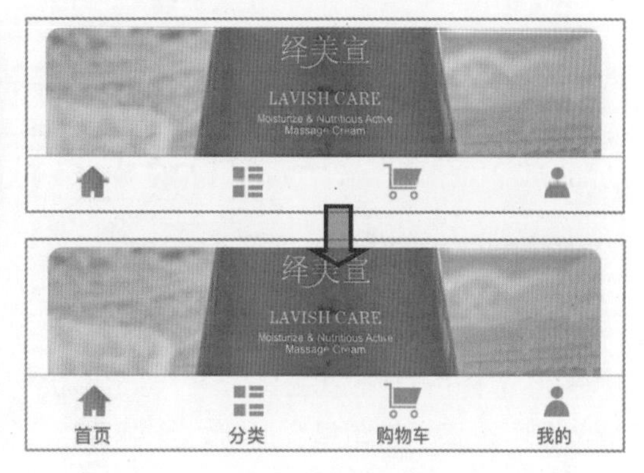

6.5.4 分类界面

分类界面更加直观地将用户需求进行整合，方便其查找和购买，实现高效便捷的购物体验。在设计时，采用了多面板布局方式，在界面左侧输入商品的分类信息，然后在右侧绘制图形，添加商品图像分别进行展示。

步骤 01 复制“商城首页”图层组，将其更改为“商品分类”，删除图层组中多余的图形和文本对象，再将其向右移到合适的位置上。

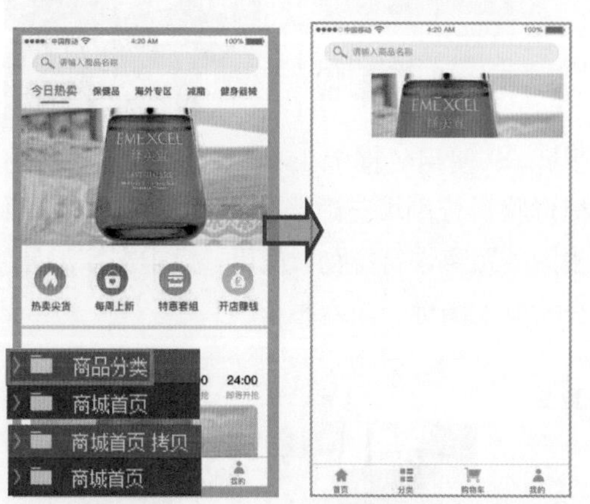

步骤 02 使用“钢笔工具”绘制出所需的图标形状，将绘制的图形填充为白色，并将其按照相同的距离进行排列，使用“横排文字工具”在图标下方输入所需的文字。

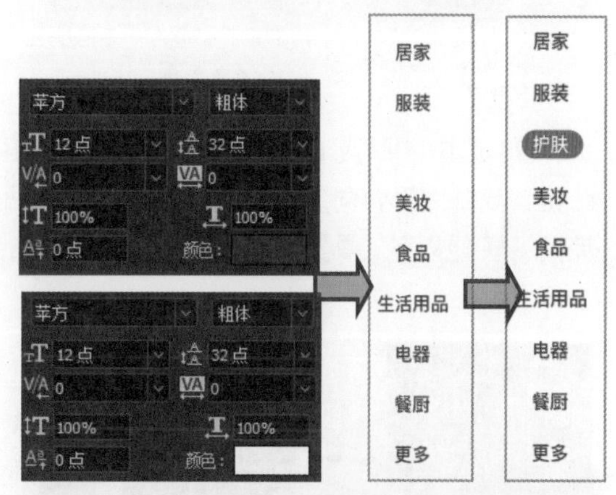

步骤 03 使用“横排文字工具”在界面中输入所需的文本，然后在右侧使用“钢笔工具”绘制箭头图标，并为绘制的图标填充合适的颜色。

步骤 04 新建“类别 1”图层组，使用“圆角矩形工具”绘制图形，添加商品图像，创建剪贴蒙版，将图像置于圆角矩形中间。

步骤 06 选择“自定形状工具”，在“自定形状”拾色器中选择“五角星”形状，绘制图形，然后使用“矩形选框工具”创建选区，创建“颜色填充 1”图层，将选区内的图形转换为灰色。

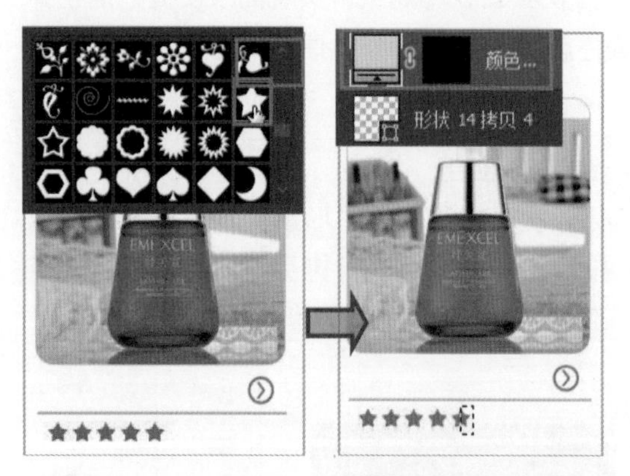

步骤 08 选中“形状 11”图形，按下 Ctrl+J 组合键，复制图形，向下移到合适的位置，然后使用“横排文字工具”在左侧输入分类信息。

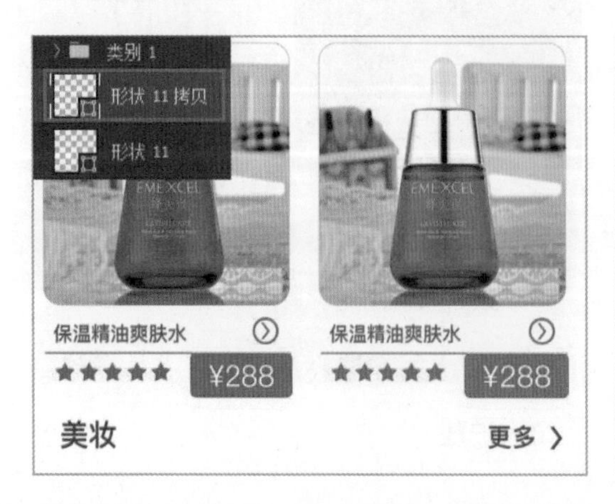

步骤 05 结合“椭圆工具”和“钢笔工具”绘制图标，然后使用“直线工具”在图标下方绘制一条直线。

步骤 07 使用“横排文字工具”输入商品名称和价格信息，然后使用“圆角矩形工具”在价格下方绘制图形，突出价格，按下 Ctrl+J 组合键，复制“类别 1”图层组，分别将复制的图像移到所需的位置。

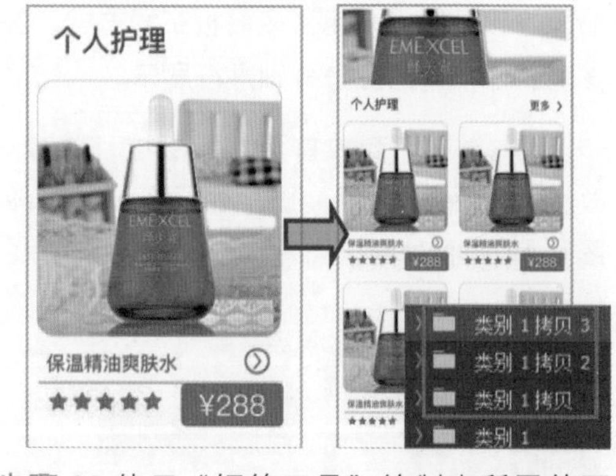

步骤 09 使用“钢笔工具”绘制出所需的图标形状，分别填充适当的颜色，并将其按照相同的距离进行排列，使用“横排文字工具”在绘制的图标下输入相应的文字。

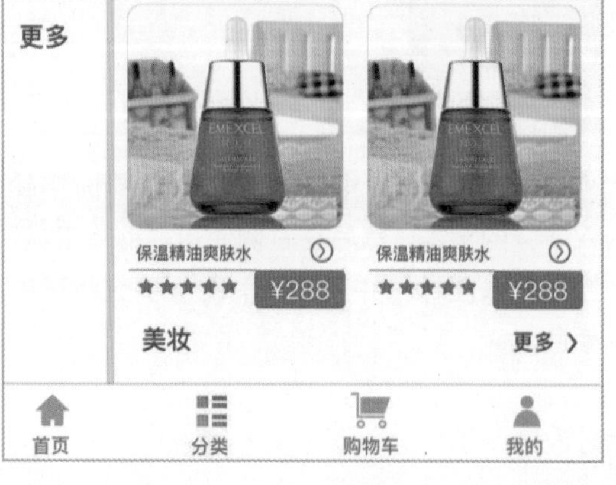

6.5.5 商品详情界面

用户是否会购买商品，商品详情界面是关键。将商品添加到界面上方较醒目的位置，然后在图像下方输入详细的商品信息，如商品名称、价格等，在旁边绘制所需的图形，达到修饰画面的效果。

步骤 01 复制“商品分类”图层组，将其更改为“商品详情”，然后删除图层组中多余的图形和文本对象，选择“移动工具”，把图层中的其他对象移到所需的位置。

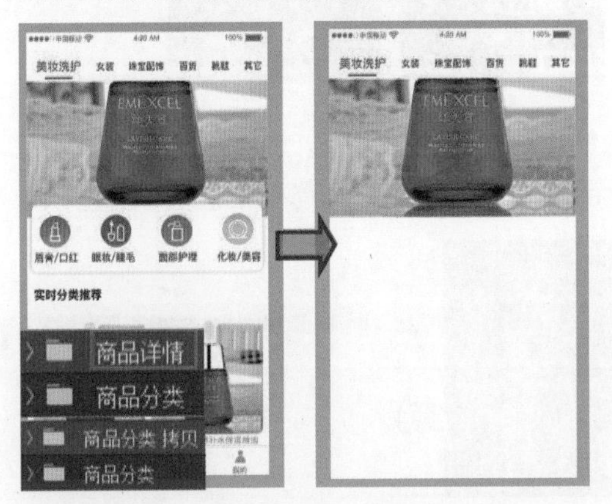

步骤 02 选择“横排文字工具”，更改导航栏中的文字信息，然后选择下方的圆角矩形，将填充色更改为 R:101、G:196、B:18，将其移到文字“宝贝”下方。

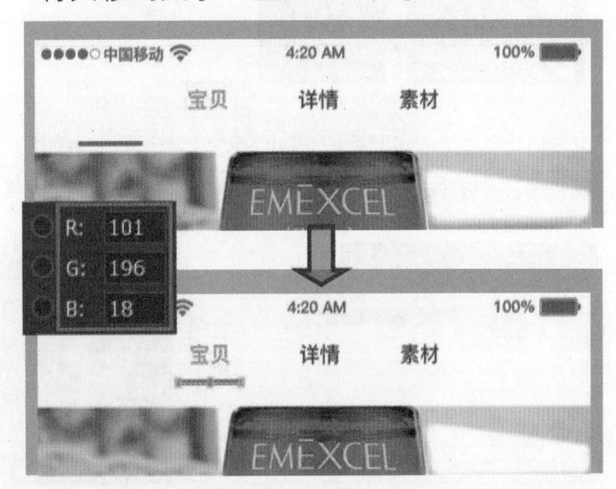

步骤 03 选择“矩形工具”，绘制出所需的形状，填充 R:17、G:168、B:171 的颜色，无描边色，在图像窗口中可以看到编辑后的效果。

步骤 04 使用“钢笔工具”绘制出所需的图标形状，填充适当的颜色，将两个图形按“垂直居中对齐”的方式对齐。

步骤 05 选择导航栏下的矩形，按下 Ctrl+T 组合键，打开自由变换编辑框，将鼠标光标移到编辑框的上、下边缘位置，拖动鼠标调整矩形大小，然后选中矩形上的商品图形，将其调整至合适的位置。

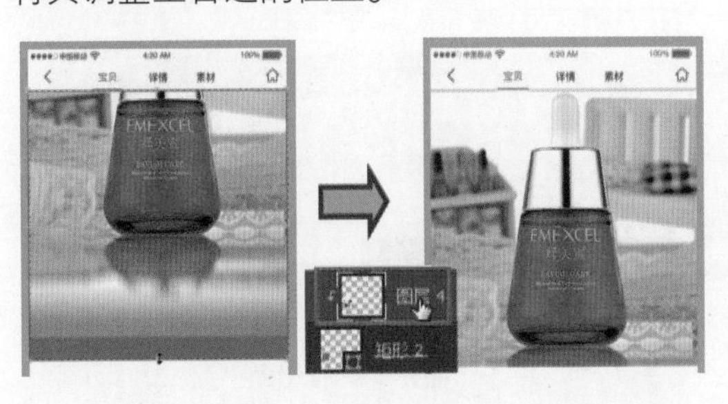

步骤 06 选择工具箱中的“圆角矩形工具”，绘制出所需图形，图形填充色设置为白色，描边色设置为 R:89、G:89、B:89，然后选中圆角矩形图层，将其“不透明度”更改为 80%，降低透明度效果。

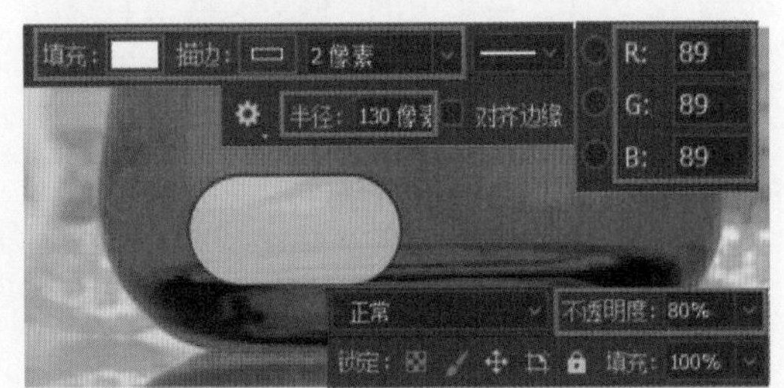

步骤 07 按下 Ctrl+J 组合键，复制两个图形，将其中一个图形描边色设置为 R:90、G:191、B:0，而另一个图形去除描边颜色，使用“移动工具”把复制的图形移到合适的位置。

步骤 08 使用“自定形状工具”绘制三角形图形，使用“横排文字工具”在合适的位置单击，输入所需文字，打开“字符”面板设置文字属性。

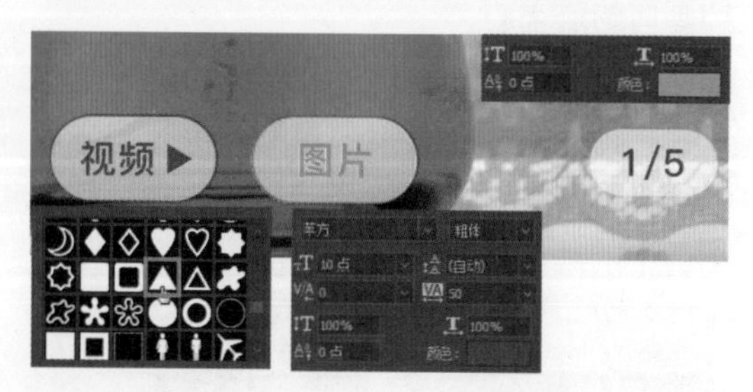

步骤 09 选择“圆角矩形工具”，更改半径值，绘制出所需的图标形状，设置填充颜色为白色，双击形状图层，打开“图层样式”对话框，在对话框单击并设置“投影”图层样式 。

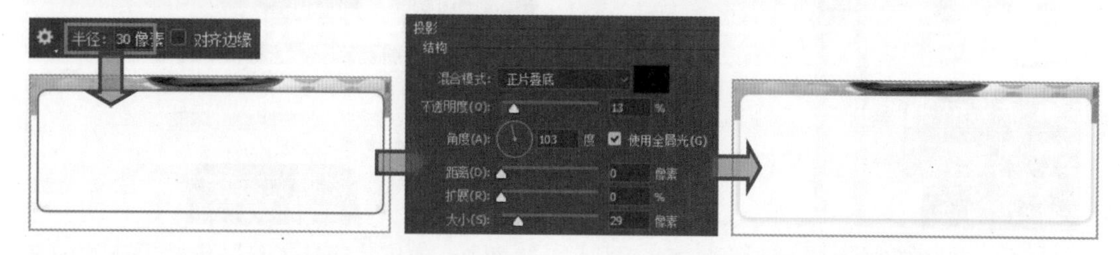

步骤 10 使用“圆角矩形工具”绘制出所需的图形，设置填充颜色为 R:255、G:61、B:142，选择“自定形状工具”，在圆角矩形左侧绘制白色的“时间”图形。

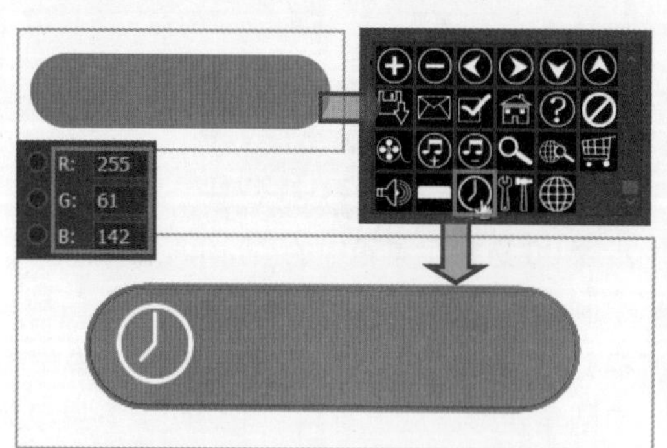

步骤 11 双击时间图形所在图层，打开“图层样式”对话框，在对话框中单击并设置“描边”图层样式，单击“确定”按钮，使用图层样式修饰图形。

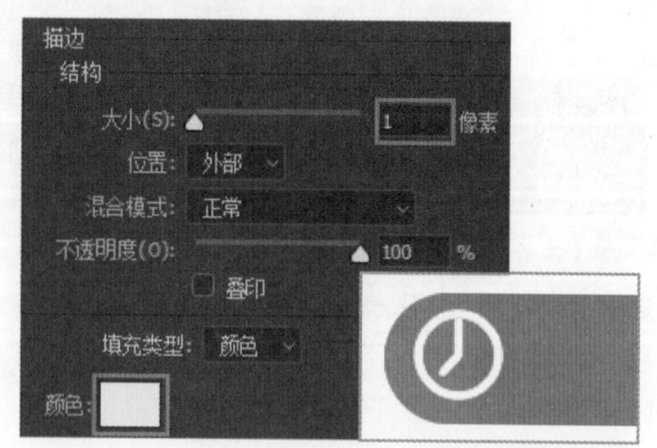

步骤 12 选择工具箱中的“横排文字工具”，在适当的位置单击，并输入所需的文字，选择“圆角矩形工具”，在选项栏中调整半径值，在数字层下方绘制图形，突出图形上方的文字信息。

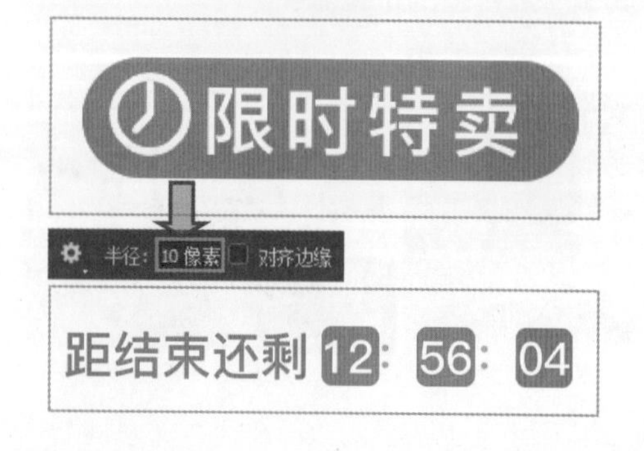

步骤 13 选择“直线工具”，按下 Shift 键绘制一条水平直线，将线条填充色设置为 R:185、G:185、B:185，选择工具箱中的“横排文字工具”，在线条下面位置单击，输入所需的文字信息。

步骤 14 选择“椭圆工具”，按下 Shift 键绘制圆形，设置填充颜色为 R:175、G:149、B:251，复制圆形，将图形移到合适的位置，单击选项栏中的“顶对齐”按钮 和“水平居中分布”按钮，调整排列效果。

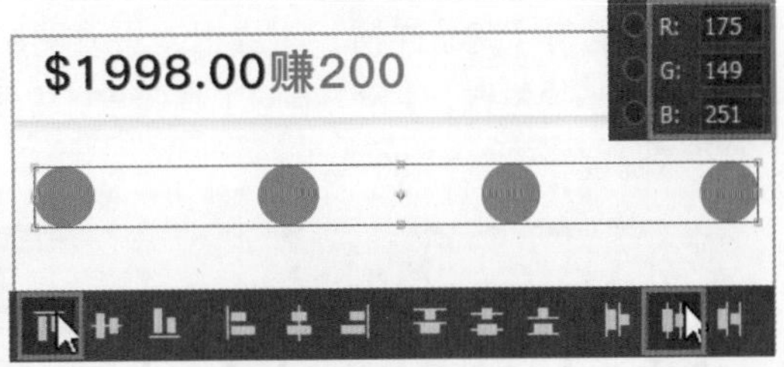

步骤 15 选择“横排文字工具”，在适当的位置单击，输入所需的文字，打开“字符”面板对文字的属性进行设置，在图像窗口中可以看到编辑后的效果。

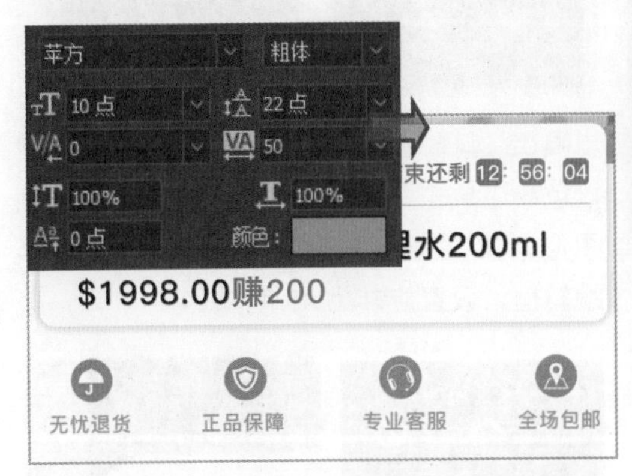

步骤 16 选择“矩形工具”，在界面底部绘制一个白色的矩形，双击图层，打开“图层样式”对话框，在对话框中单击并设置“投影”图层样式，为图形添加投影。

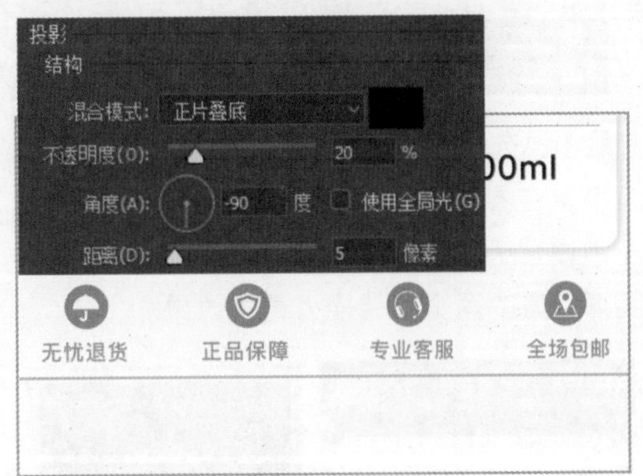

步骤 17 使用“钢笔工具”绘制出所需的图标形状，分别填充适当的颜色，并将其按照相同的距离进行排列，然后使用“横排文字工具”在图标下面输入所需的文字。

步骤 18 使用“钢笔工具”绘制出所需的图标形状，分别填充适当的颜色，选择工具箱中的“横排文字工具”，在适当的位置单击，输入所需的文字。

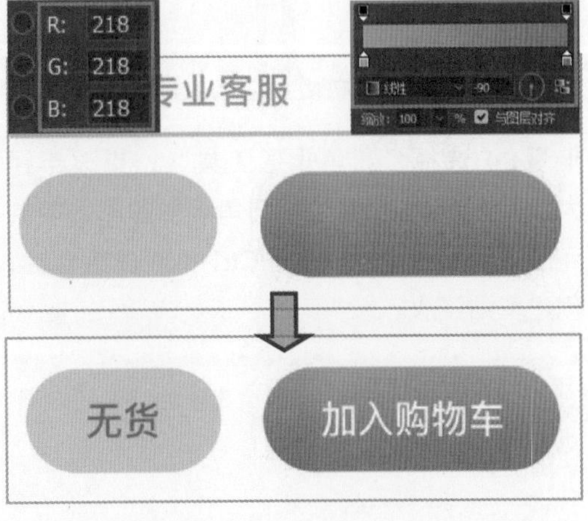

6.5.6 购买界面

当用户看了商品的详细介绍并觉得满意后就会进行商品的购买操作，即把商品添加到购物车。在设计时直接复制前面制作好的商品详情界面，然后在界面上方绘制矩形，降低图形的透明度，在下方绘制所需图标并输入商品规格、购买数量等。

步骤 01 复制“商品详情”图层组，更改图层组名，使用“移动工具”将图层组中的对象向右移到适当的位置，使用“矩形工具”绘制与界面同等大小的矩形，将矩形填充色设置为白色，“不透明度”设置为 80%。

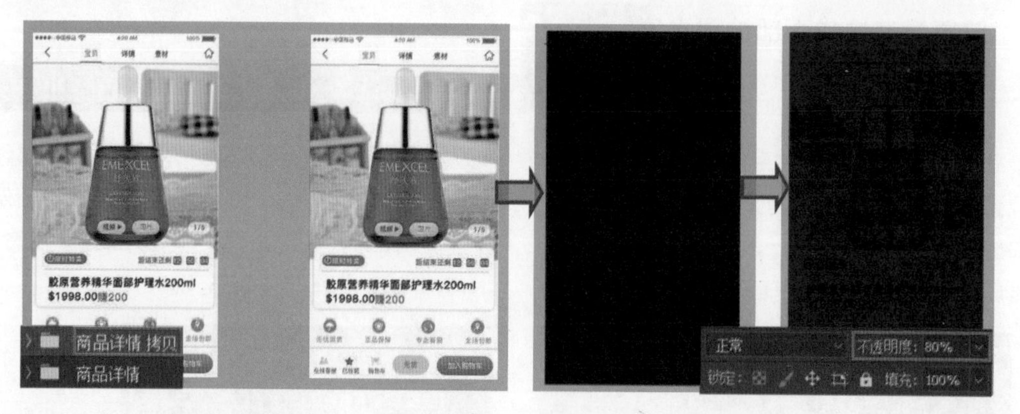

步骤 02 选择“圆角矩形工具”，更改半径大小，在界面下方绘制圆角矩形，将图形填充色设置为白色，使用“路径编辑”工具将图形下方的两个角转换为直角效果。

步骤 03 选择“自定形状工具”，在“自定形状”拾色器中单击“添加”图标，在画面中绘制图形，按下 Ctrl+T 组合键，打开自由变换编辑框，设置旋转为 45 度。

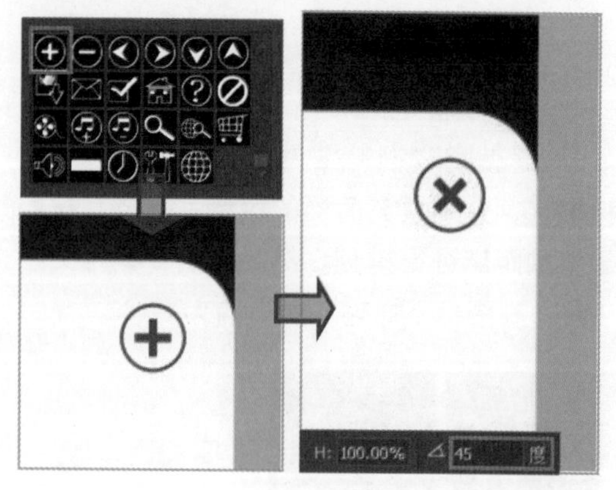

步骤 04 选择“圆角矩形工具”，更改半径大小，按下 Shift 键绘制圆角矩形图形，复制商品图像到图形上，按下 Ctrl+Alt+G 组合键，创建剪贴蒙版。

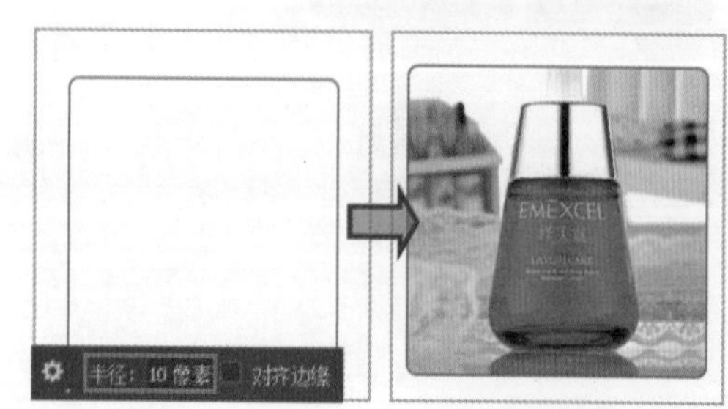

步骤 05 选择工具箱中的“横排文字工具”，在适当的位置单击，输入所需的文字，打开“字符”面板对文字的属性进行设置，在图像窗口中可以看到编辑后的效果。

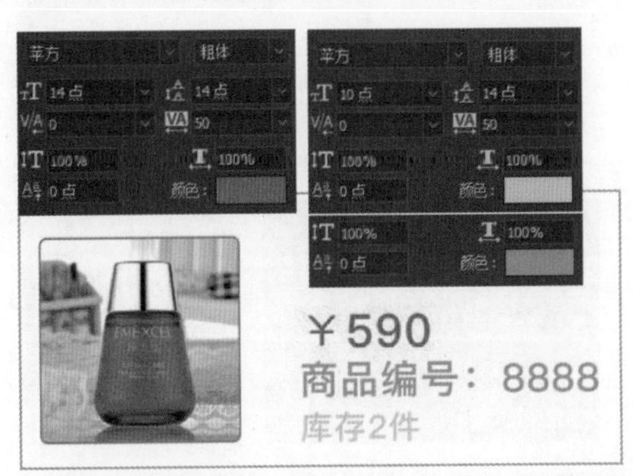

步骤 06 选择“圆角矩形工具”，更改半径大小，绘制所需图形，按下 Ctrl+J 组合键，复制图形并填充适当的颜色，将其移到合适的位置，应用“横排文字工具”在图形上输入文字。

步骤 07 继续使用“圆角矩形工具”在界面中绘制更多的图形，并为其填充适合的颜色，然后选择工具箱中的“横排文字工具”，在适当的位置单击，输入所需的文字。

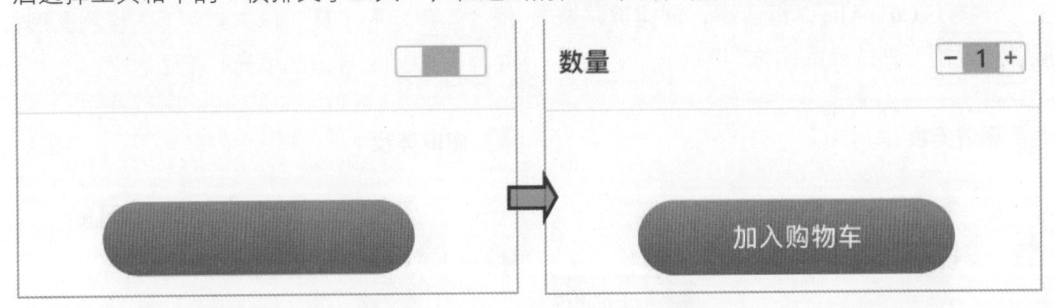

6.5.7 商品结算界面

商品结算界面用于对购物车中的商品进行结算操作。在设计时需要绘制图形并对界面进行排版布局，然后创建剪贴蒙版，将商品图像添加到界面中，并使用文字工具输入商品信息，最后在界面下方绘制商品“结算”按钮。

步骤 01 复制“选购商品”图层组，将其重命名为“商品结算”，根据界面中的内容更改导航栏中的图标和文字。

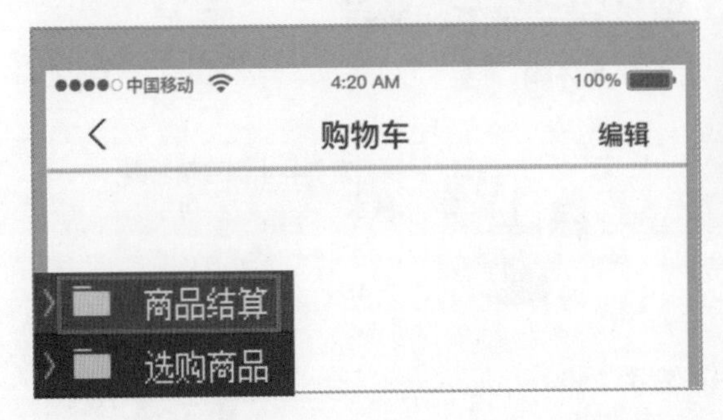

步骤 02 创建图层组，使用“椭圆工具”绘制圆形，然后使用“自定形状工具”在圆形中间绘制“复选标记”图形。

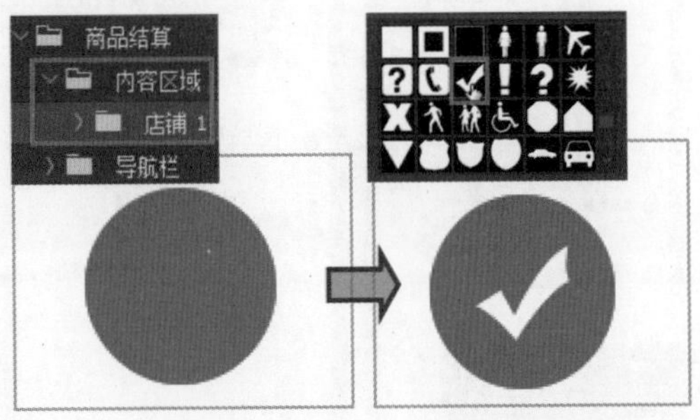

步骤 03 按下 Ctrl+J 组合键，复制圆形和复选标记图标，创建新的图层组，将复制的图形移到新创建的“商品 1”图层组中，使用“移动工具”把图形移到适合的位置。

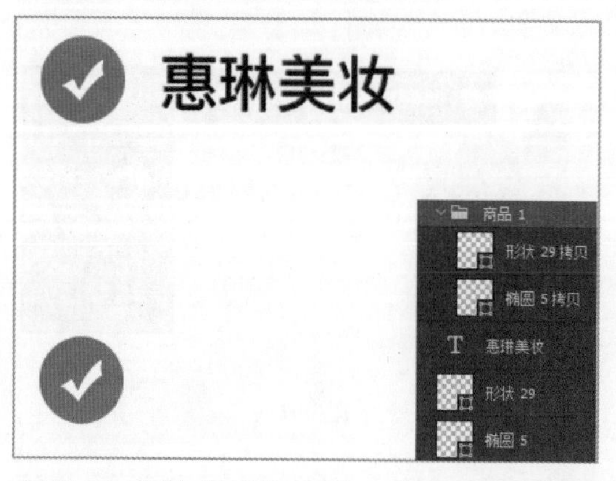

步骤 04 使用“矩形工具”绘制矩形，双击形状图层，打开“图层样式”对话框，在对话框中单击并设置“投影”图层样式，使用设置的图层样式修饰图形。

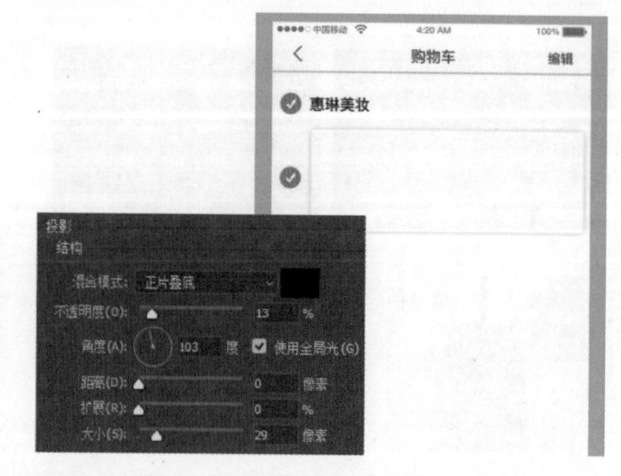

步骤 05 选择“矩形工具”，按下 Shift 键绘制矩形，将商品图像复制到绘制的矩形图层上方，按下 Ctrl+Alt+G 组合键，创建剪贴蒙版，隐藏矩形外的商品图像。

步骤 06 选择工具箱中的“横排文字工具”，在适当的位置单击，输入所需的文字，再选择“圆角矩形工具”，在文字下方绘制图形，并为图形指定合适的填充和描边颜色。

步骤 07 按下 Ctrl+J 组合键，复制图层组，创建“店铺 1 拷贝”图层组，将图层组中的对象向下移到适合的位置，然后删除多余的对象。

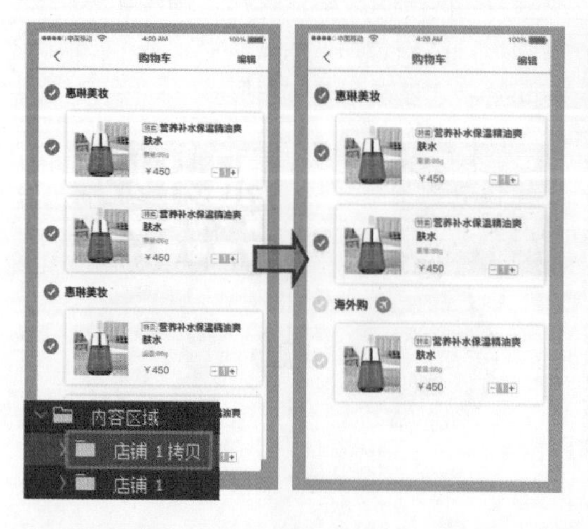

步骤 08 选择“圆角矩形工具”，设置合适的填充颜色，并在画面中绘制图形，选择工具箱中的“横排文字工具”，在适当的位置单击，输入所需的文字。

步骤 09 将前面制作好的“标签栏”复制到“商品结算”图层组中，根据界面内容调整标签栏中的图形和文本颜色。

6.5.8 个人中心界面

个人中心界面的设计，使用“椭圆工具”绘制圆形，将用户头像添加到图形中，输入个人用户信息，然后输入用户订单信息，绘制所需图标并加以修饰。

步骤 01 复制“商品结算”图层组，将其改名为“个人中心”，删除图层组中多余的对象，使用“矩形工具”绘制矩形并为其填充合适的颜色。

步骤 02 选中箭头图标，将图形填充色更改为白色，使用“钢笔工具”绘制出所需的设置图标形状，同样将图标颜色填充为白色。

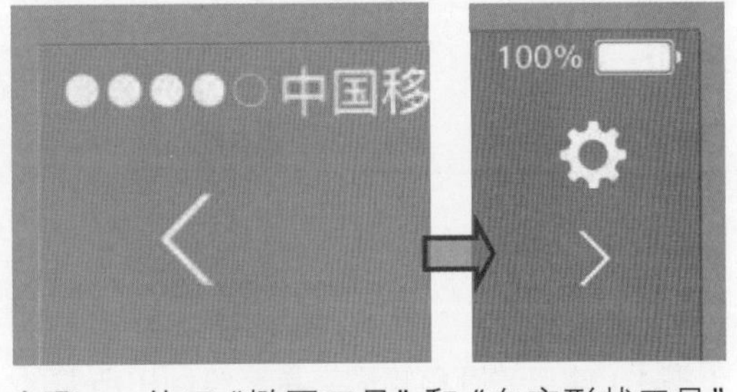

步骤 03 使用“椭圆工具”绘制圆形，将05.jpg 人物图像复制到圆形图层上方，按下Ctrl+Alt+G 组合键，创建剪贴蒙版。

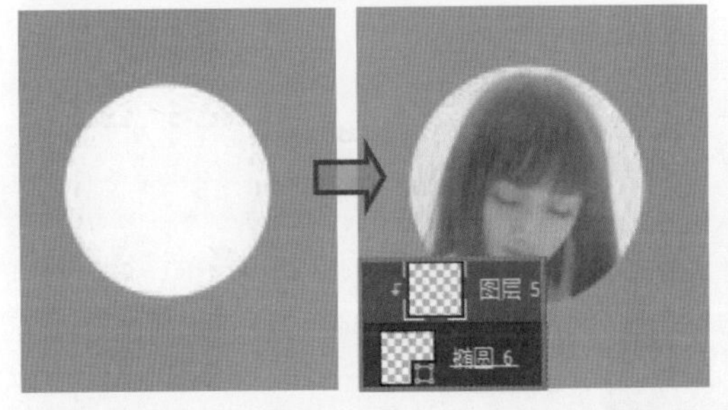

步骤 04 使用“椭圆工具”和“自定形状工具”绘制出所需的图标形状，分别填充适当的颜色，然后输入对应的文字。

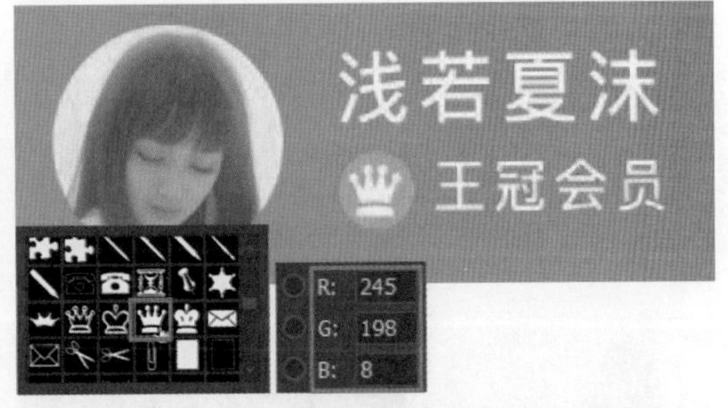

步骤 05 使用“圆角矩形工具”绘制白色图形，使用“路径”编辑框调整圆角矩形的外形，双击形状图层，打开“图层样式”对话框，在对话框中单击并设置“投影”图层样式。

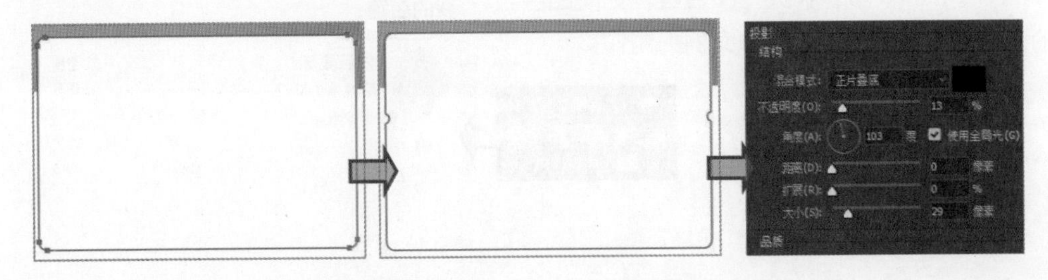

步骤 06 使用“椭圆工具”绘制出圆形，按下 Ctrl+J 组合键，复制图形，并将其移到适当的位置，并分别为其填充不同的颜色。

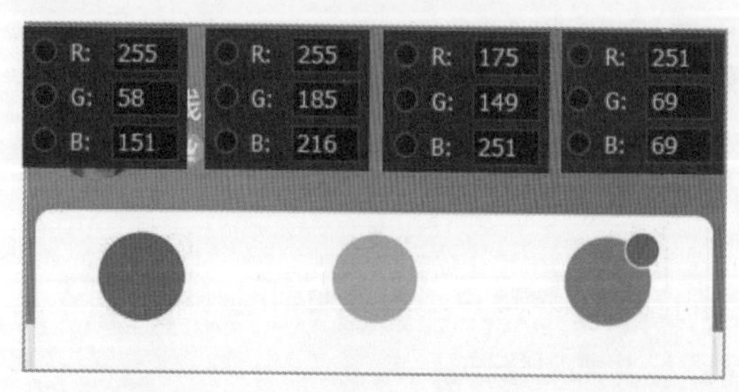

步骤 07 使用“钢笔工具”在圆形中间位置绘制出图标形状，将图标填充色设置为白色，选择“横排文字工具”，在适合的位置单击，输入所需的文字。

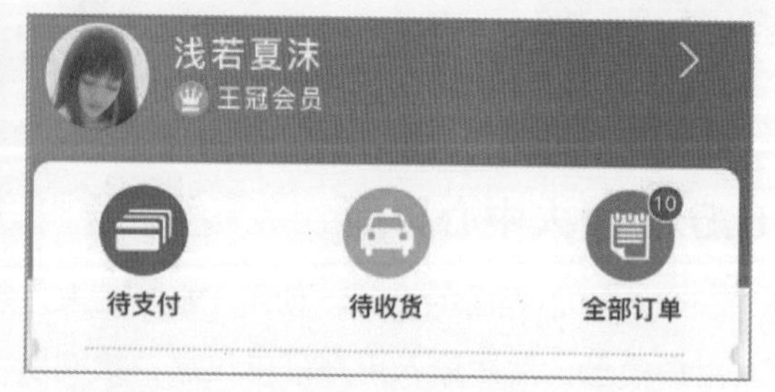

步骤 08 选择“圆角矩形工具”，按下 Shift 键，绘制圆角矩形，将 04.jpg 商品图像复制到圆角矩形图层上方，按下 Ctrl+Alt+G 组合键，创建剪贴蒙版。

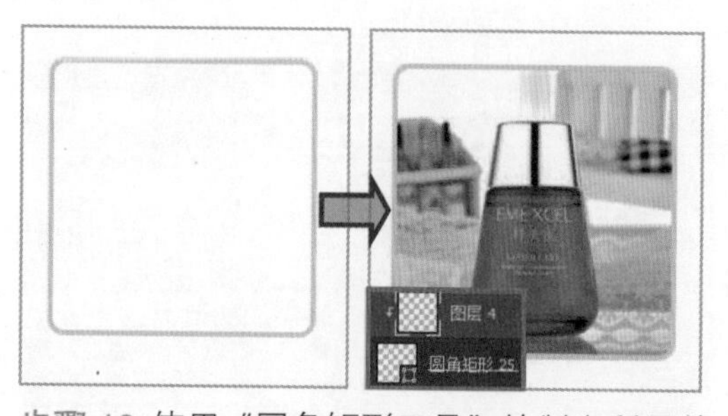

步骤 09 选择工具箱中的“横排文字工具”，在适当的位置单击，输入所需的文字，复制图形和文本对象，向下移到适当的位置，并根据内容调整文本颜色。

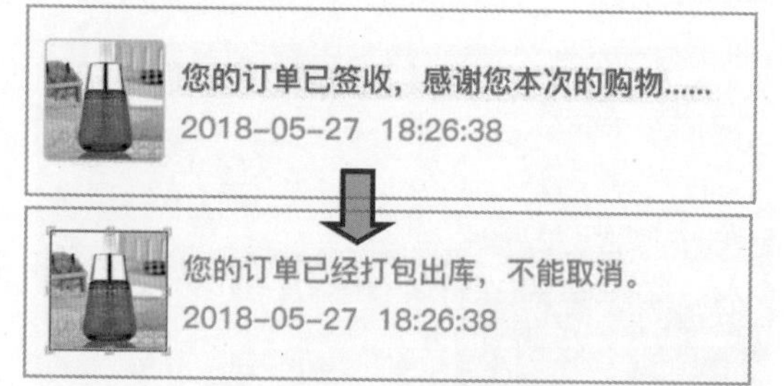

步骤 10 使用“圆角矩形工具”绘制出所需的图形，双击形状图层，在打开的对话框中单击并设置“投影”图层样式，修饰图形。

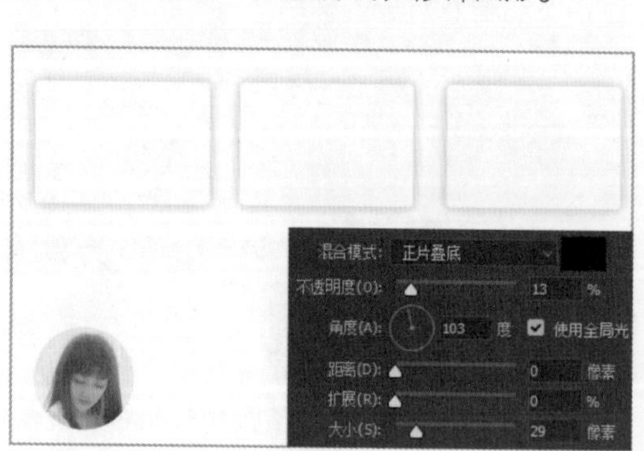

步骤 11 选择工具箱中的“横排文字工具”，在适当的位置单击，输入所需的文字，根据需要为文字设置合适的字体、字号、颜色等。

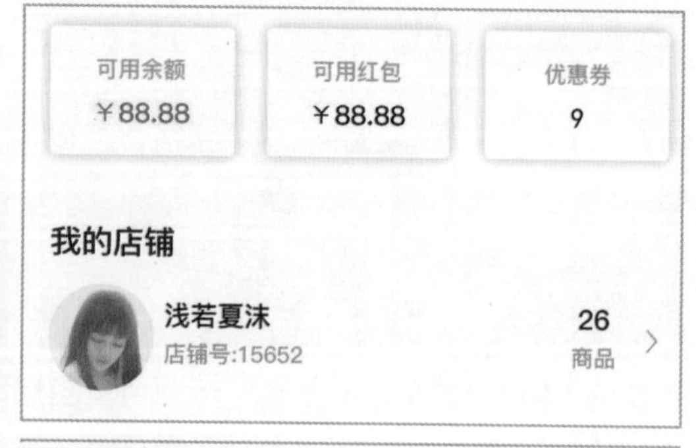

步骤 12 选中“标签栏 拷贝”图层组，更改图层组中的图标和文本颜色，完成本案例的制作。

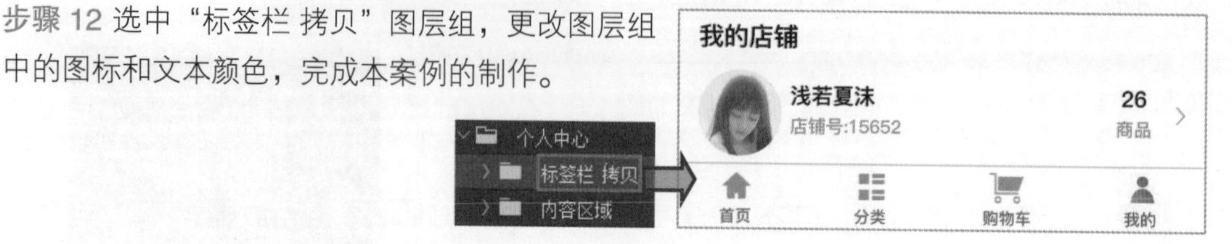

第 7 章 音乐 App 界面设计

音乐 App 就是以音乐为主要的传播内容，通过将新歌快递、音乐播放器、歌手信息内容等进行融合后设计的 App 类型。它的作用不只是用于播放歌曲，还会将与音乐相关的新闻和资讯带给用户。在本章中，将详细介绍音乐 App 界面的创作思路、界面布局和设计过程等。

7.1 界面布局规划

音乐已经是大部分人生活中必不可少的一部分，几乎每个人的手机里都会有一款音乐App，随时随地享受音乐也是大家的共同需求。在设计音乐App界面时，值得注意的是，界面主体结构要清晰明了，背景不能过于复杂，这样才有利于用户辨别需要了解的信息。

本案例是为音乐App设计的界面，在界面的设计中，分别在界面顶部和底部使用导航栏和图标栏来对页面进行导航，用户可以通过搜索快速定位到指定歌曲，也可以通过点击图标栏在不同的项目中进行切换，下面展示了几个主要界面的布局效果。

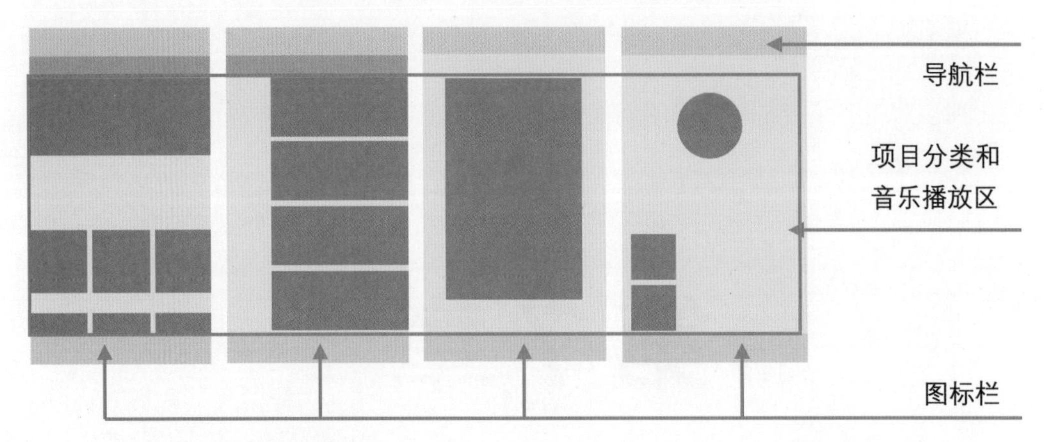

7.2 创意思路剖析

音乐App主要的功能自然是播放音乐，通常在点击歌曲后就会进入歌曲播放界面，因此歌曲播放界面是音乐App必不可少的界面之一。在本案例中，对于音乐播放界面的设计，采取了全屏展示的表现方式，使用大面积展示播放歌曲的信息和歌词，并把播放/暂停、上一曲/下一曲等常用操作整合在界面底部，方便用户操作。另外，为了让用户能找到最适合自己的旋律，在本App中单独创作了一个音效调整界面，用户可以通过拖动界面中均衡器下的滑块，体验最舒适的音乐功能，具体内容如下所示。

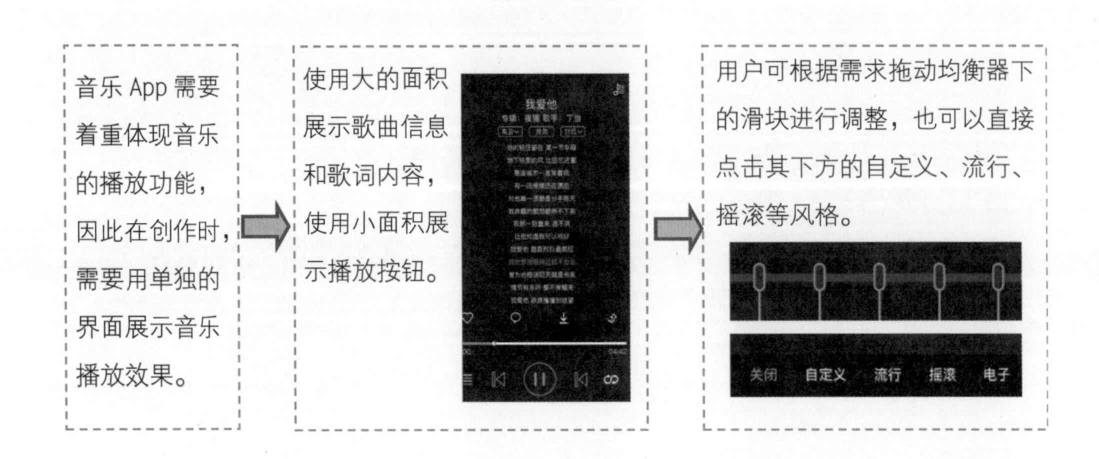

7.3 确定配色方案

本案例中的App是专为失眠人群打造的，作为一款睡前App，需要营造出一种安静、祥和的氛围，所以在界面设计中使用蓝黑色作为主色调。蓝黑色有黑色的紧致和严肃感，以及蓝色的冷峻和深邃感，更能体现寂静、深沉之感。在深色的背景中，为了突出界面中的内容，使用了明亮度较高的水蓝色、浅灰色和白色进行搭配，突出要表现的内容，通过色彩的亮度反差，吸引更多的注意，具体如下。

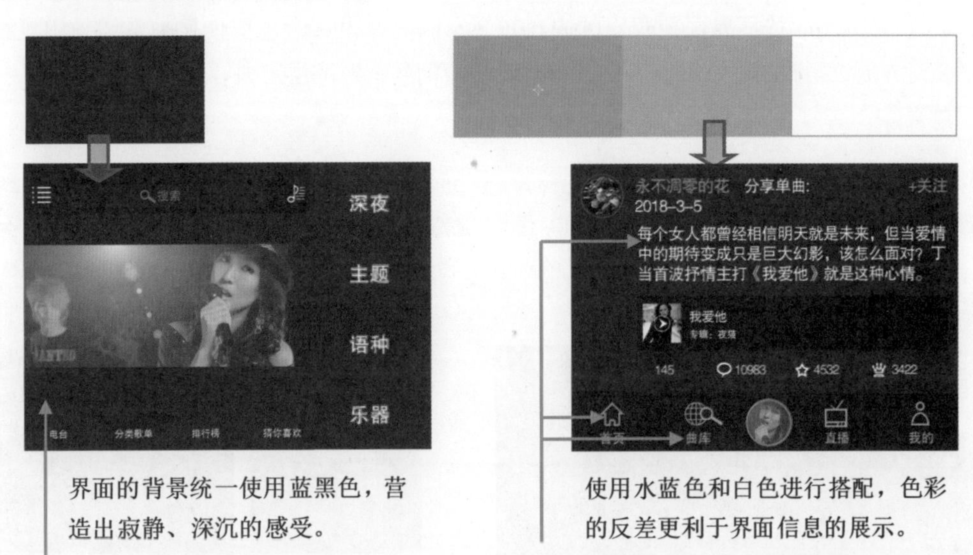

7.4 定义组件风格

本案例的界面整体设计简约干净，交互简单易懂，操作十分方便。在界面元素的设计上，根据App主题，设计一系列带有音乐元素、符合App设计风格的应用图标，并统一采用线形风格为表现方式，将这一系列图标分别应用在不同的界面中，增强了整个设计的系列感和形式感，具体如下所示。

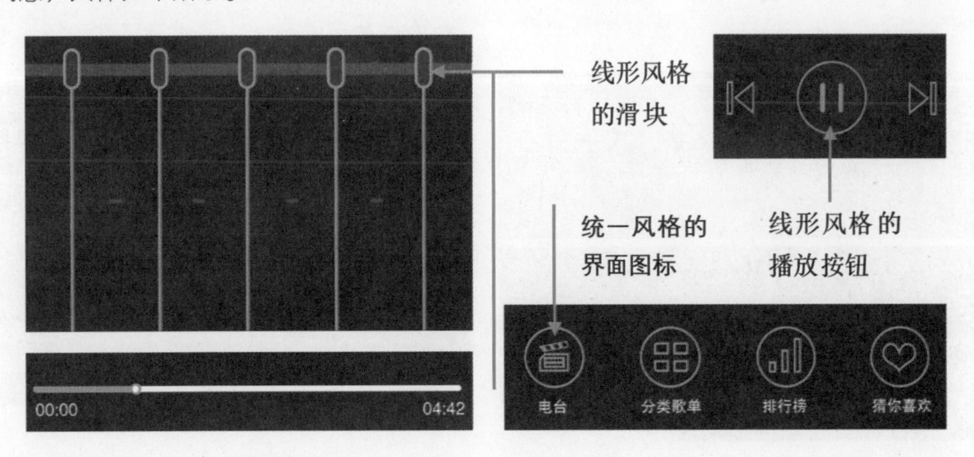

7.5 制作步骤详解

本案例是为音乐App所设计的界面效果，采用了线形化的设计风格，包含“首页”“发现”“电台”“歌曲播放”“音效调节”“个人中心”6个主要界面，接下来具体介绍每个界面的制作方法。

7.5.1 首页界面

由于音乐App首页界面要表现的内容较多，因此在设计时主要使用矢量绘画工具绘制图形，对界面进行布局，然后将准确的素材图像复制到图形图层上方，添加简单的文字说明，完善效果。

步骤01 在Photoshop中创建一个新的文档，设置前景色为R:12、G:12、B:14，创建新图层，按下Alt+Delete组合键，使用设置的前景色填充背景。

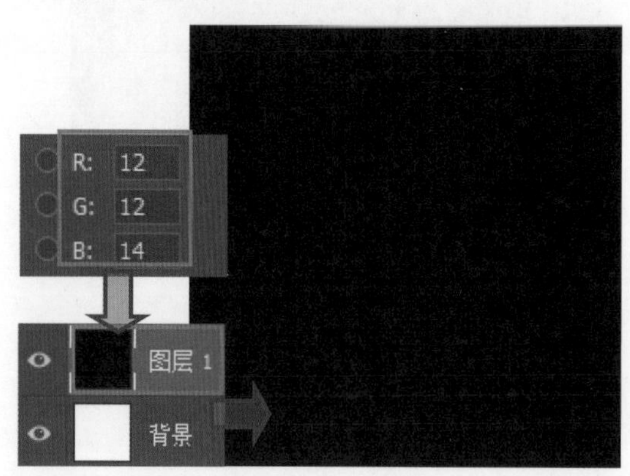

步骤02 新建“首页”图层组，使用“矩形工具”绘制两个同等宽度，不同高度的矩形，分别将矩形填充色设置为R:23、G:23、B:25，R:31、G:31、B:41。

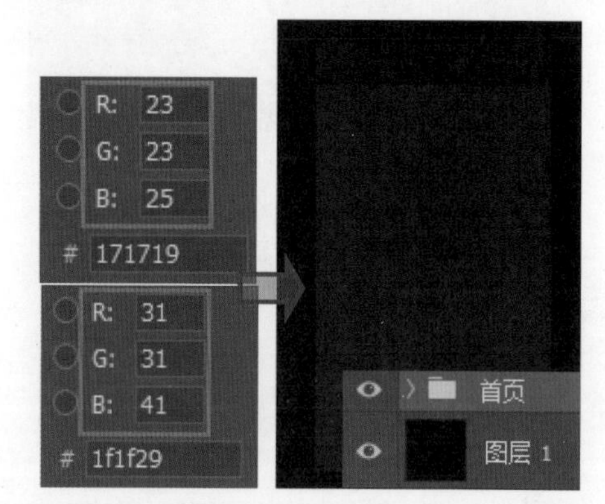

步骤03 使用“钢笔工具”绘制导航栏上的图标，并将图标填充色设置为白色，选中两个图标，单击选项栏中的“垂直居中对齐”按钮，对齐图形，再使用“圆角矩形工具”在两个图标的中间位置绘制一个圆角矩形图形。

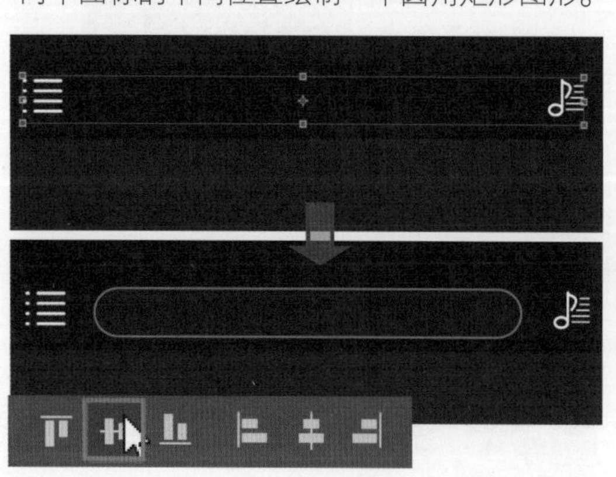

步骤04 选择“自定形状工具”，在“自定形状”拾色器中单击“搜索”形状，在圆角矩形中间绘制搜索图标，然后使用“横排文字工具”在图标右侧输入文字说明，打开“字符”面板，对输入文字的字体、字号等属性进行设置。

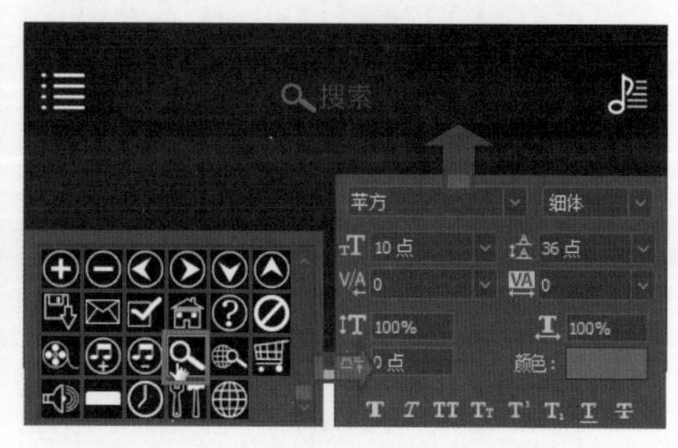

步骤 05 使用"横排文字工具"在导航栏下方输入所需文字，然后分别选中输入的文本对象，打开"字符"面板，为文字设置相同的字体、字号和不同的颜色效果。

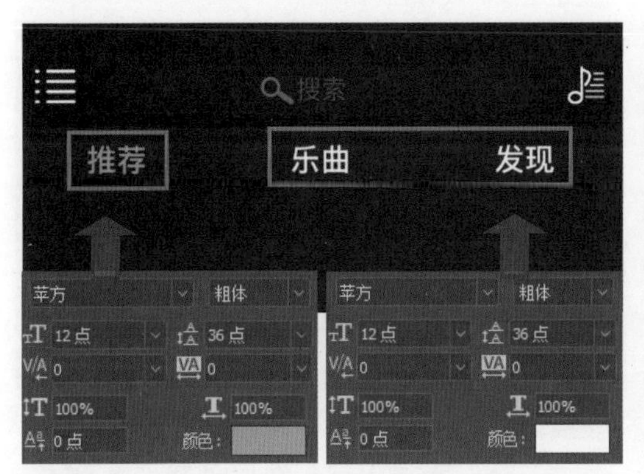

步骤 06 使用"矩形工具"绘制一个矩形，执行"文件 > 置入嵌入的对象"菜单命令，将 01.jpg 人物图像置入到矩形图层上方，按下 Ctrl+Alt+G 组合键，创建剪贴蒙版。

步骤 07 按下 Ctrl 键不放，单击"矩形 3"图层缩览图，载入选区，单击"调整"面板中的"黑白"按钮，创建"黑白 1"调整图层，将图像转换为黑白效果。

步骤 08 选择"直线工具"，设置"粗细"为 5 像素，填充颜色为 R:33、G:168、B:152，按下 Shift 键不放，单击并拖动鼠标，在文字"推荐"下绘制一条水平直线。

步骤 09 选择"椭圆工具"，在选项栏中设置填充和描边选项，然后在画面中绘制一个圆形，按下 Ctrl+J 组合键，复制出多个圆形，选中圆形图形，选择"移动工具"，单击选项栏中的"水平居中分布"按钮，均匀分布图形。

步骤 10 选择"钢笔工具"，在选项栏中设置填充和描边选项，在每个圆形中间位置绘制图形，使用"移动工具"分别选取各圆形和中间对应的图形，单击"垂直居中对齐"按钮和"水平居中对齐"按钮，对齐图形，使图形排列更工整。

步骤 11 执行"文件 > 置入嵌入对象"菜单命令，置入02.jpg素材图像，使用"矩形选框工具"绘制矩形选区，单击"添加图层蒙版"按钮，添加蒙版，隐藏选区外的图像。

步骤 12 按下Ctrl键并单击"02"蒙版缩览图，载入选区，新建"颜色填充1"图层，设置填充色为黑色，图层"不透明度"为72%，降低透明度效果。

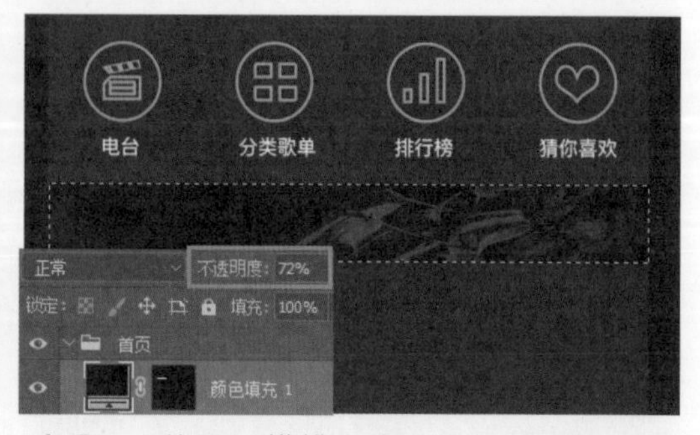

步骤 13 使用"直线工具"，在图像左侧绘制一条直线，然后使用"钢笔工具"在图像右侧绘制箭头图标，将线条和箭头的填充色均设置为R:33、G:168、B:152。

步骤 14 使用"横排文字工具"在绘制的直线右侧输入所需文字，然后创建"类别1"图层组，使用"矩形工具"在文字下方绘制一个正方形图形。

步骤 15 执行"文件 > 置入嵌入对象"菜单命令，置入01.jpg素材图像，按下Ctrl+Alt+G组合键，创建剪贴蒙版，将矩形外的人物图像隐藏。

步骤 16 使用"圆角矩形工具"在人物右下角绘制一个黑色的圆角矩形，在"图层"面板中将图形的"不透明度"设置为60%，降低透明度效果。

步骤 17 使用"钢笔工具"在黑色的圆角矩形左侧绘制所需形状，使用"横排文字工具"在人物图像下方单击，输入所需文字，并在"字符"面板中设置文字属性。

步骤 18 选择并复制“类别 1”图层组，将复制的图层组中的对象移到所需位置，然后为“类别 1 拷贝 3”“类别 1 拷贝 4”“类别 1 拷贝 5”添加图层蒙版，将超出界面的对象隐藏起来。

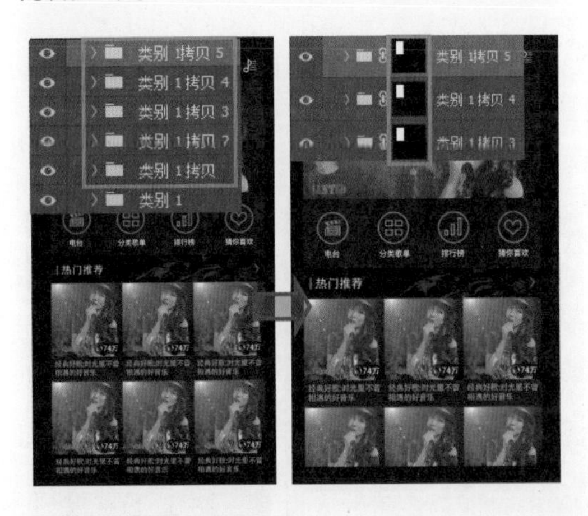

步骤 19 创建“图标栏”图层组，选择“矩形工具”，在界面底部单击并拖动鼠标，绘制矩形作为图标栏背景，然后使用“钢笔工具”绘制出所需的图标形状，分别为其填充适当的颜色。

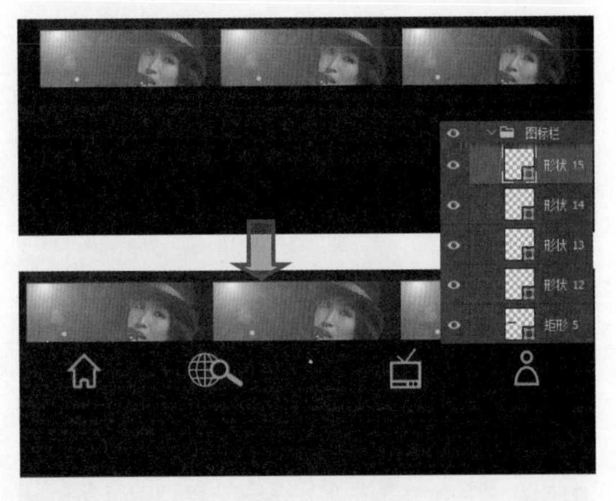

步骤 20 选择工具箱中的“椭圆工具”，按下 Shift 键不放，绘制圆形图形，将 01.jpg 图像置入到圆形图层上方，按下 Ctrl+Alt+G 组合键，创建剪贴蒙版，隐藏多余图像。

步骤 21 使用“椭圆工具”再绘制一个同等大小的圆形，在选项栏中去除填充色，更改描边颜色和描边粗细值，突出圆形中间的人物图像。

步骤 22 按下 Ctrl+J 组合键，复制图形，得到“椭圆 3 拷贝”图层，在选项栏中更改描边颜色，其他选项不变，在图像窗口中查看图形效果。

步骤 23 单击“添加图层蒙版”按钮，为“椭圆 3 拷贝”图层添加蒙版，使用黑色画笔涂抹，隐藏部分橙色描边线条，最后使用“横排文字”在图标下输入所需文字。

7.5.2 发现界面

发现界面主要用于随时刷新热门动态，歌友之间可以互相关注，方便查看志趣相同的人的歌单等。在设计时，通过绘制图形，以列表布局方式展示不同歌友分享的歌曲信息，并通过文字与图标相结合，展示歌曲的关注度、评论、收藏情况等。

步骤 01 复制“首页”图层组，将图层名更改为“热门动态”，将前面制作的界面背景、文字等元素移到所需位置，然后根据需要调整文本颜色和线条的位置。

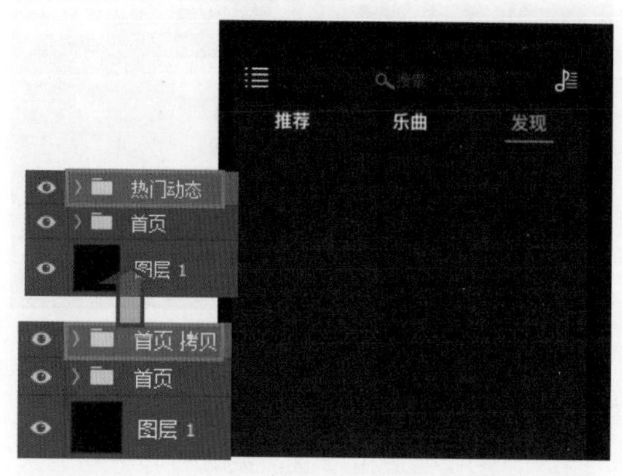

步骤 02 选择工具箱中的“矩形工具”，单击选项栏中的“填充”按钮，在展开的面板中设置渐变颜色，填充图形，在图像窗口中查看绘制后的效果。

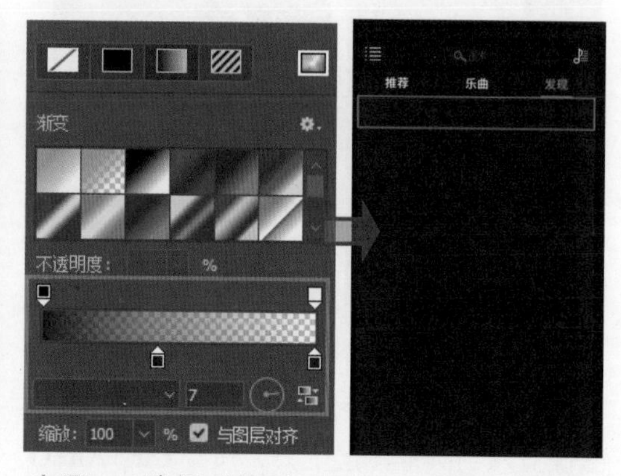

步骤 03 用“横排文字工具”输入所需文字，打开“字符”面板，对输入文字的字体、字号和颜色属性进行调整，然后新建“动态”图层组。

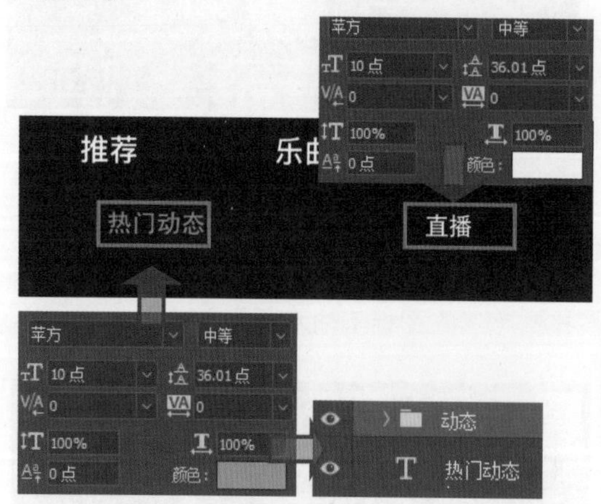

步骤 04 选择“矩形工具”，在输入的文字下方绘制矩形图形，双击图形，打开“图层样式”对话框，在对话框中单击并设置“投影”图层样式，修饰图形。

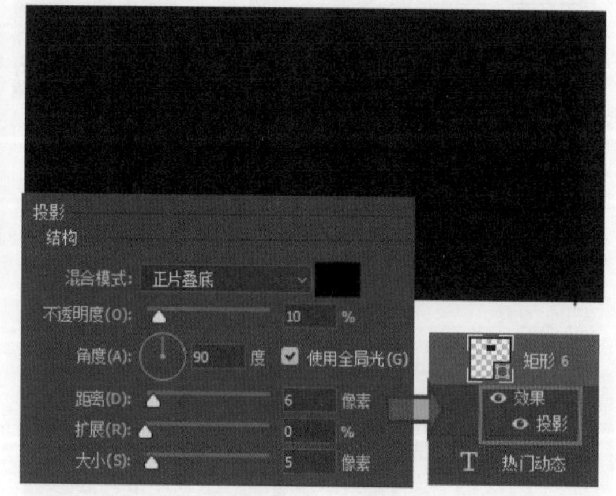

步骤 05 选择“椭圆工具”，按下 Shift 键单击并拖动鼠标，绘制所需的圆形，将图形设置为无填充色，描边色为 R:98、G:98、B:98，描边粗细为 2 像素。

步骤 06 按下 Ctrl+J 组合键，复制图形，按下 Shift+Alt 组合键并单击向内拖动，缩小图形，去除描边颜色，将 02.jpg 素材图像置入到圆形中，创建剪贴蒙版，隐藏多余图像。

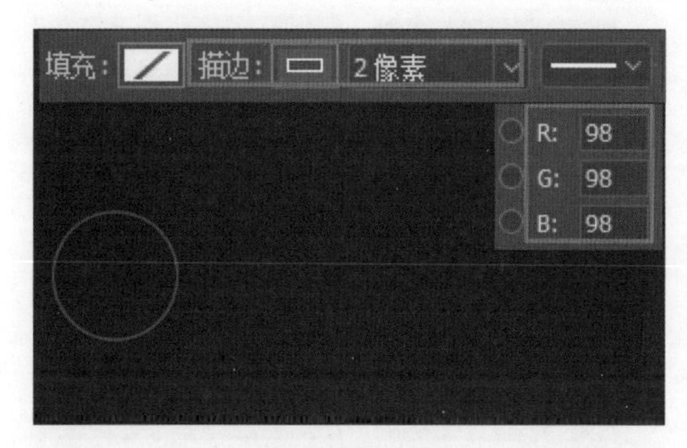

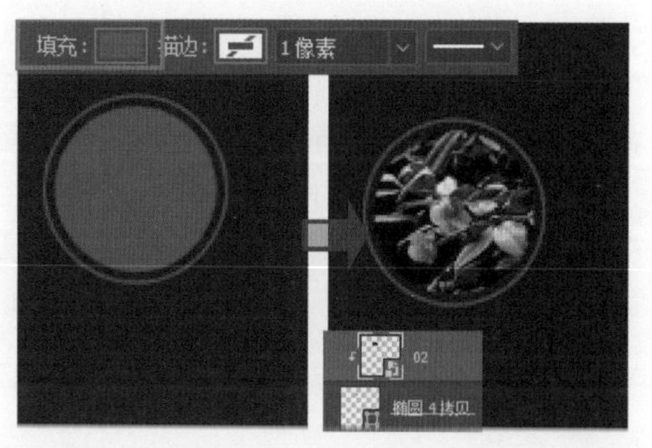

步骤 07 使用“横排文字工具”在图像旁边输入所需文字，并根据版面调整文字字体、颜色等，然后使用“矩形工具”在输入的文字下方绘制两个矩形。

步骤 08 将 03.jpg 人物图像置入到矩形图层上方，创建剪贴蒙版，选择“自定形状工具”，在“自定形状”拾色器中选择所需形状，绘制图形。

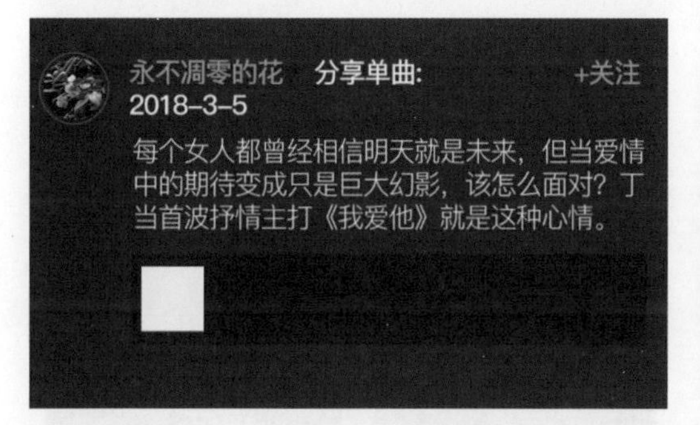

步骤 09 使用“钢笔工具”绘制出所需的图标形状，分别填充适当的颜色，并将其按照相同的距离进行排列，使用“横排文字工具”在图标旁边输入所需文字。

步骤 10 按下 Ctrl+J 组合键，复制“动态”图层组，将复制的“动态 拷贝”图层组中的对象向下移到合适的位置，完成动态页面的设计。

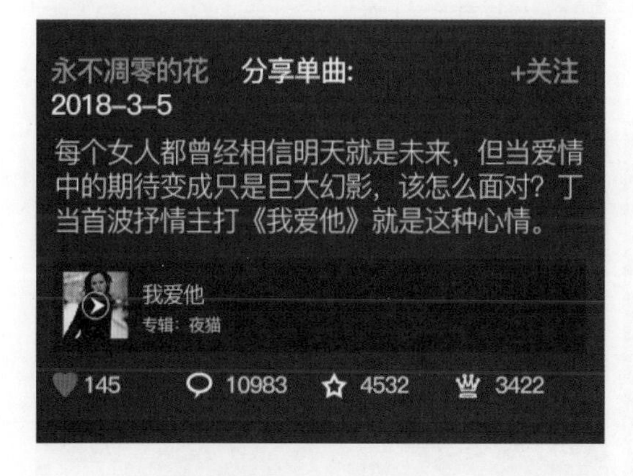

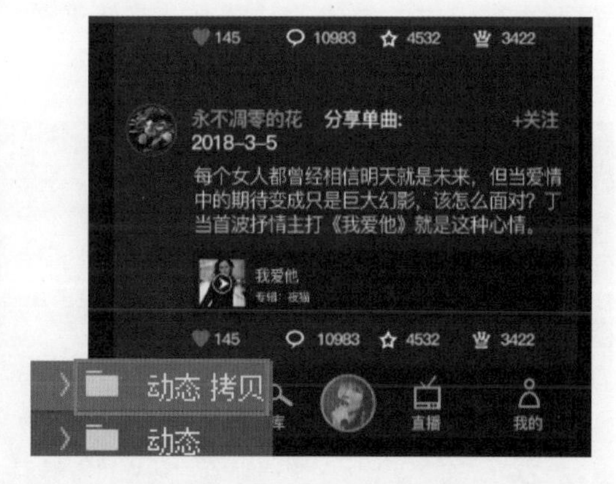

7.5.3 电台界面

用户可以在电台界面中根据收听习惯选择不同主题的音乐。在设计时，采用多面板布局，使用文字工具在左侧面板中输入不同的音乐主题信息，然后在右侧面板中结合图形和剪贴蒙版，进行不同主题的展示设计。

步骤 01 复制“热门动态”图层组，创建“热门动态拷贝”图层组，将图层组名更改为“电台”，将前面制作的界面背景元素移到所需位置，然后使用“横排文字工具”在导航栏中间位置单击并输入所需文字，打开“字符”面板，对输入文字的字体、字号和颜色等属性进行调整。

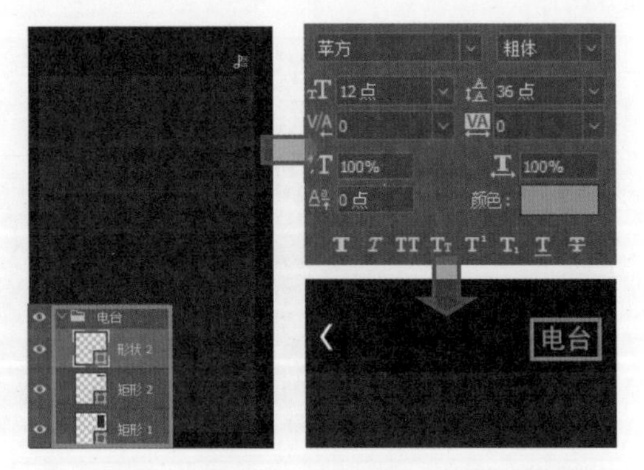

步骤 02 使用“钢笔工具”在导航栏左侧绘制箭头图标，然后在下方使用“直线工具”绘制一条垂直的线条，使用“横排文字工具”在右侧输入所需文字。

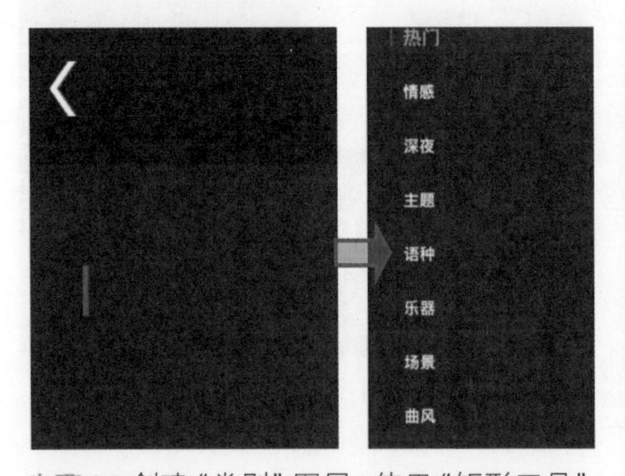

步骤 03 将 02.jpg 素材图像置入到背景图层上方，使用“矩形工具”绘制矩形选区，单击“图层”面板中的“添加图层蒙版”按钮，添加蒙版，隐藏选区外的图像。

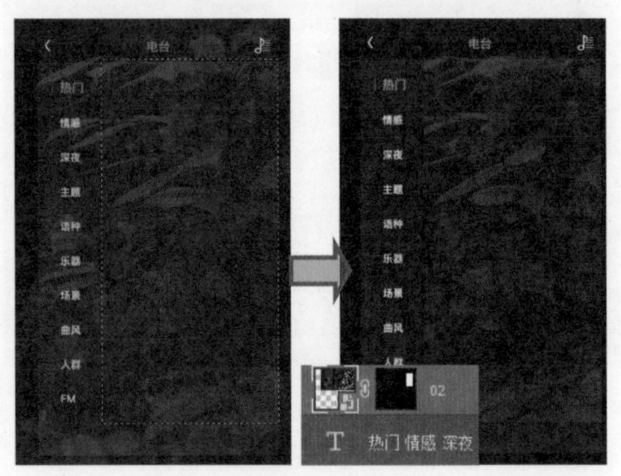

步骤 04 创建“类别”图层，使用“矩形工具”绘制矩形图形，将 03.jpg 人物图像置入到矩形图层上方，创建剪贴蒙版，将矩形外的图像隐藏。

步骤 05 使用“横排文字工具”在图像中间位置单击并输入所需文字，打开“字符”面板，在面板中对输入文字的字体、字号和颜色等属性进行设置。

步骤 06 选择工具箱中的“圆角矩形工具”，在人物图像右下角绘制圆角矩形，结合“直接选择工具”和“转换点工具”，将圆角转换为直角效果。

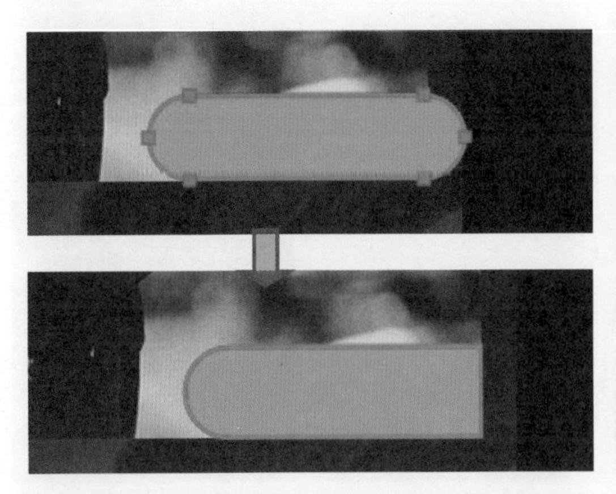

步骤 07 在“图层”面板中将形状图层的“不透明度”设置为 70%，降低透明度效果，使用“钢笔工具”绘制所需形状，再使用“横排文字工具”在图形右侧输入所需文字。

步骤 08 按下 Ctrl+J 组合键，复制“类别”图层组，将复制的图层组中的对象向下移到所需位置，根据内容调整文字，创建“底栏”图层组，使用“矩形工具”绘制一个矩形作为底栏背景。

步骤 09 选择“矩形工具”，按下 Shift 键绘制一个正方形，将 03.jpg 人物图像置入到正方形中，创建剪贴蒙版，使用“横排文字工具”在人物右侧单击并输入所需文字，在“字符”面板调整文字属性。

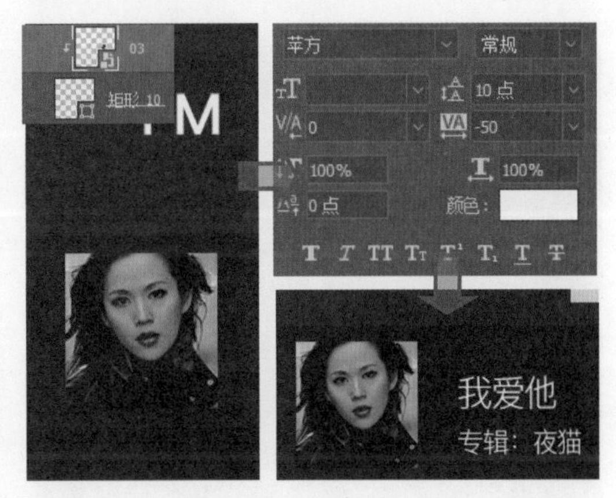

步骤 10 使用“椭圆工具”绘制圆形，并在选项栏中设置圆形的描边颜色和描边粗细值，使用“直线工具”在第一个圆形中间绘制两条直线，再使用“钢笔工具”在第二个圆形中间绘制箭头图形。

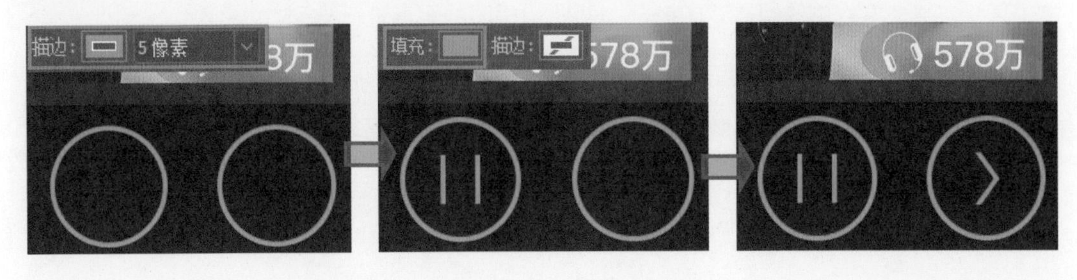

7.5.4 歌曲播放界面

歌曲播放界面的设计使用了“高斯模糊”滤镜对界面背景图像进行模糊设置，然后在界面中间位置输入相应的歌曲信息和歌词，使用绘图工具在界面下方绘制播放按钮等。

步骤 01 复制“电台”图层组，将前面制作的界面背景、文字等元素进行复制，然后将其移到所需的位置上，在图像窗口中查看编辑后的效果。

步骤 02 置入 02.jpg 素材图像，创建剪贴蒙版，执行“滤镜 > 模糊 > 高斯模糊”菜单命令，在打开的“高斯模糊”对话框中设置选项，创建模糊的背景效果。

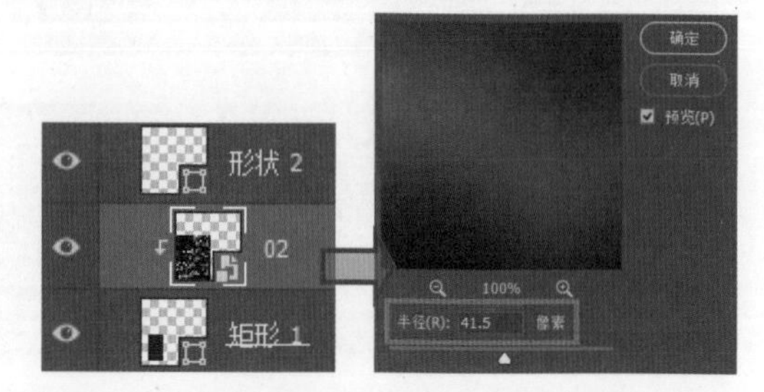

步骤 03 在“图层”面板中将 02 图层中的图像“不透明度”设置为 15%，使用“横排文字工具”在图像中单击并拖动鼠标，绘制文本框，输入文字，单击“段落”面板中的“居中对齐文本”按钮，对齐段落文本。

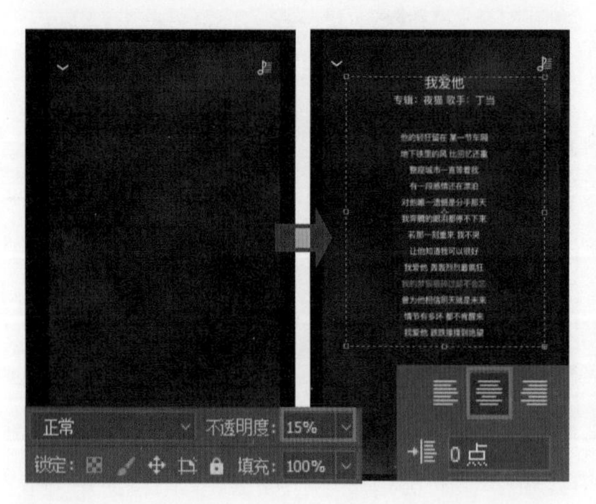

步骤 04 选择工具箱中的“圆角矩形工具”，在选项栏中设置工具模式和填充颜色，然后在画面中绘制圆角矩形，按下 Ctrl+J 组合键，复制图形，同时选中圆角矩形，单击“水平居中分布”按钮，均匀分布图形。

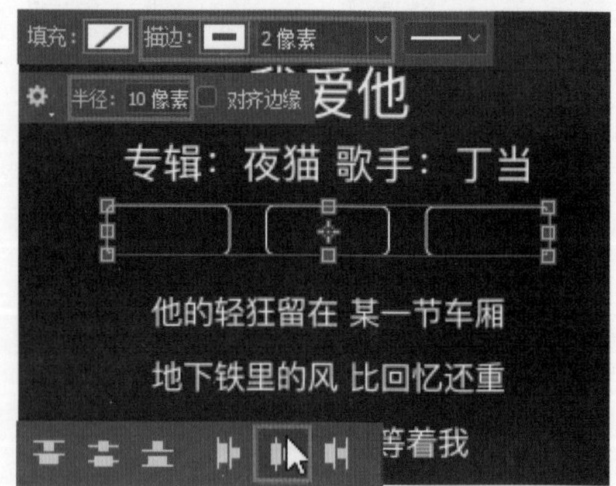

步骤 05 使用“横排文字工具”在圆角矩形中间输入所需文字，然后使用工具箱中的“钢笔工具”，在文字右侧绘制箭头图形。

步骤 06 使用“钢笔工具”绘制出所需的图标形状，分别填充适当的颜色，并将其按照相同的距离进行排列。

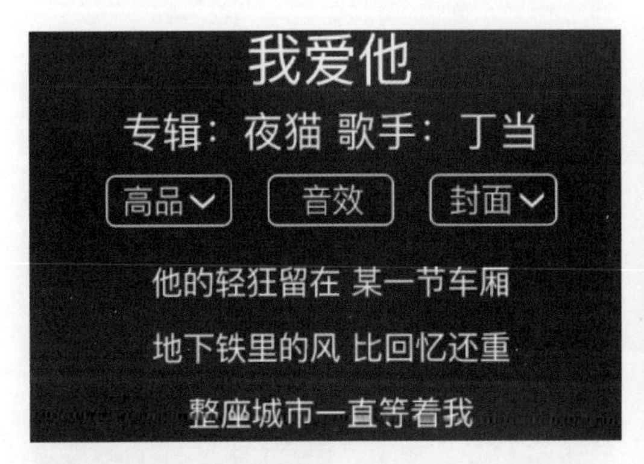

步骤 07 选择“圆角矩形工具”，在图标下方绘制出所需的形状，将图形的填充色设置为白色，无描边色，在图像窗口中可以看到编辑后的效果。

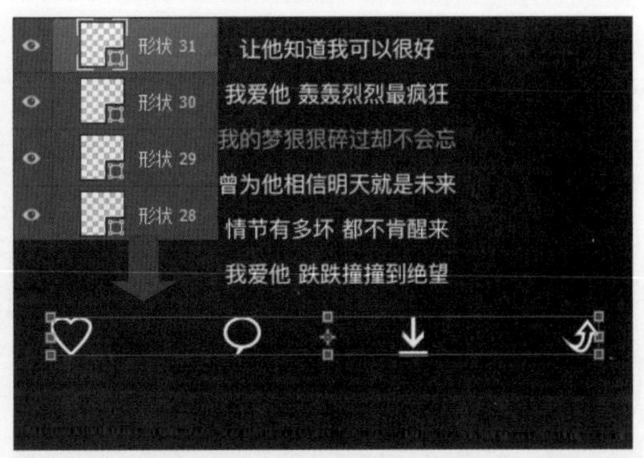

步骤 08 按下 Ctrl+J 组合键，复制图形，双击复制的“圆角矩形 5 拷贝”，打开“拾色器（纯色）”对话框，在对话框中将填充色更改为 R:33、G:168、B:152。

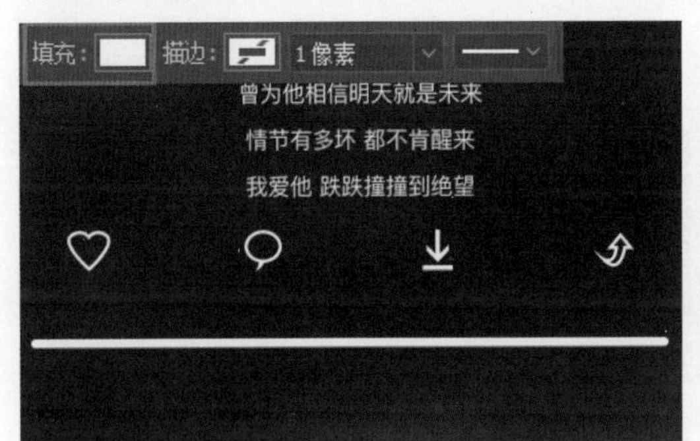

步骤 09 使用“直接选择工具”选中圆角矩形右侧的三个锚点，按下键盘中的向左方向键，调整锚点位置，缩短图形，然后使用“椭圆工具”在右侧绘制一个圆形。

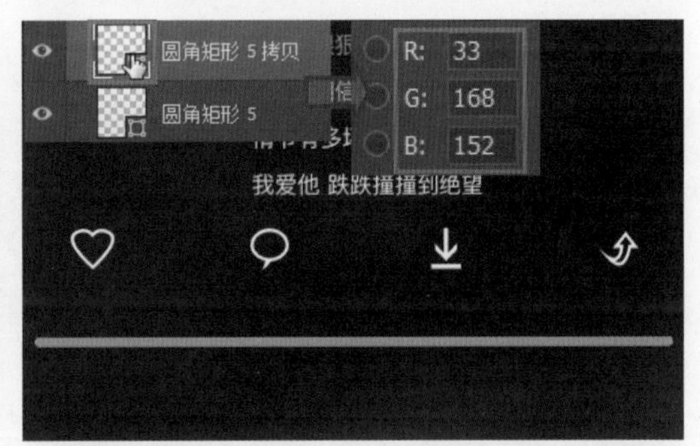

步骤 10 选择工具箱中的“横排文字工具”，在适当的位置单击，输入所需的文字，打开“字符”面板对文字的属性进行设置，在图像窗口中可以看到编辑后的效果。

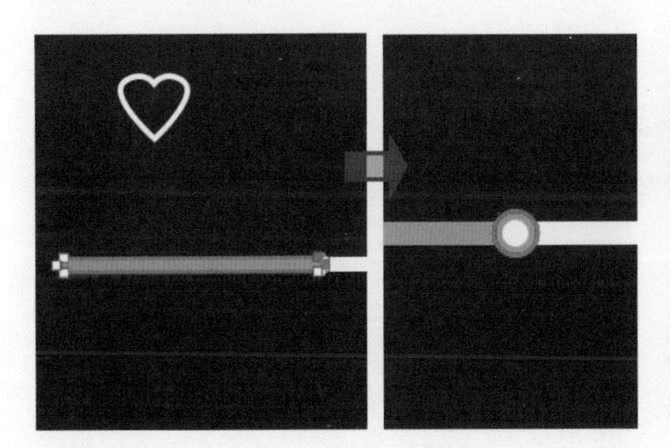

步骤 11 选择工具箱中的“椭圆工具”，绘制出所需的形状，在选项栏中设置无填充色，描边色为 R:33、G:168、B:152，描边粗细为 5 像素。

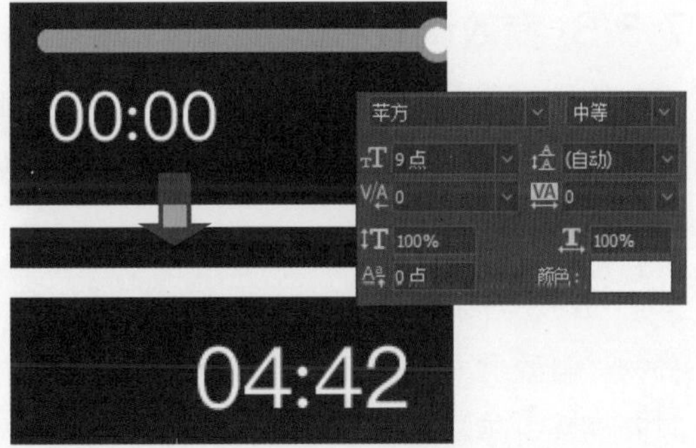

步骤 12 选择工具箱中的“圆角矩形工具”，单击选项栏中的“路径操作”按钮，在展开的列表中单击“合并形状”选项，绘制出所需的形状。

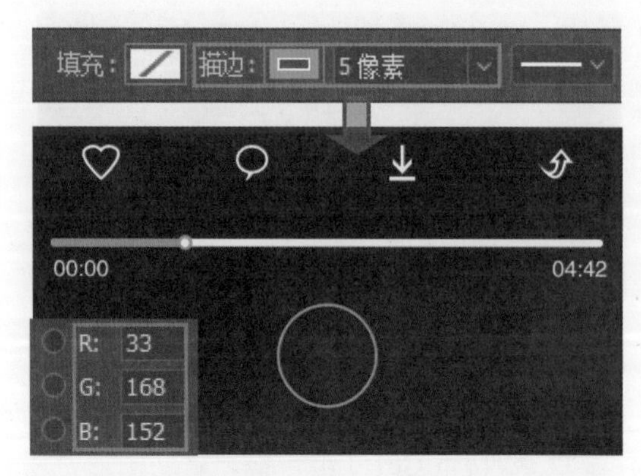

步骤 13 选择工具箱中的“钢笔工具”，绘制出所需的图标形状，在选项栏中设置无填充色，描边色为 R:33、G:168、B:152，描边粗细为 5 像素。

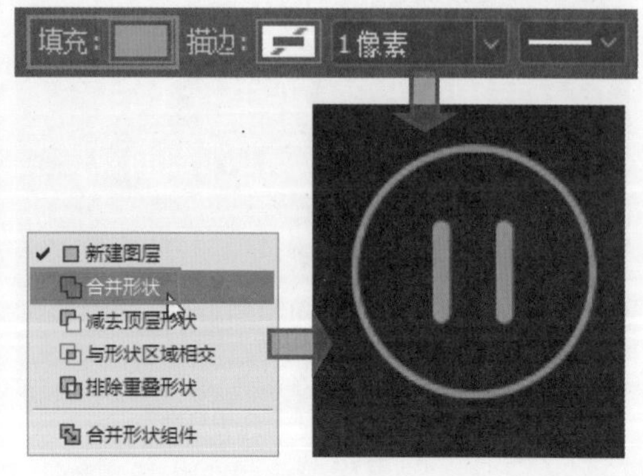

步骤 14 按下 Ctrl+J 组合键，复制图形，执行“编辑 > 变换路径 > 水平翻转”菜单命令，水平翻转图形，再将其移到右侧合适的位置，使用“钢笔工具”在两侧绘制出所需的图标形状，将填充色设置为白色。

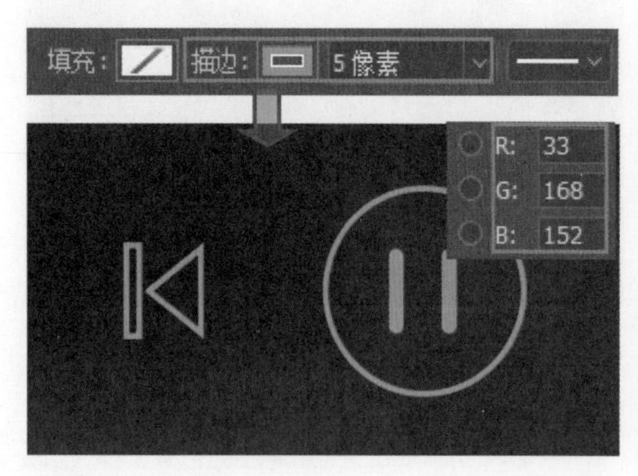

7.5.5 音效调节界面

音效调节界面可以帮助用户获得最佳的收听效果。在界面中，结合“圆角矩形工具”和“直线工具”在界面中间区域绘制调整音效的滑块，然后使用文字工具在其下方输入对应的文字说明。

步骤 01 复制“歌曲播放”图层组，将其命名为“音效调节”，进行音效调节界面的设计，删除多余的图形和文本对象，选择“圆角矩形工具”绘制图形，在选项栏中设置各选项，将绘制的图形转换为直角效果。

步骤 02 按下 Ctrl+J 组合键，复制图形，在选项栏中设置填充色为 R:28、G:28、B:36，无描边色，执行“编辑 > 变换路径 > 水平翻转”菜单命令，水平翻转图形，将翻转后的图形向右移到合适的位置。

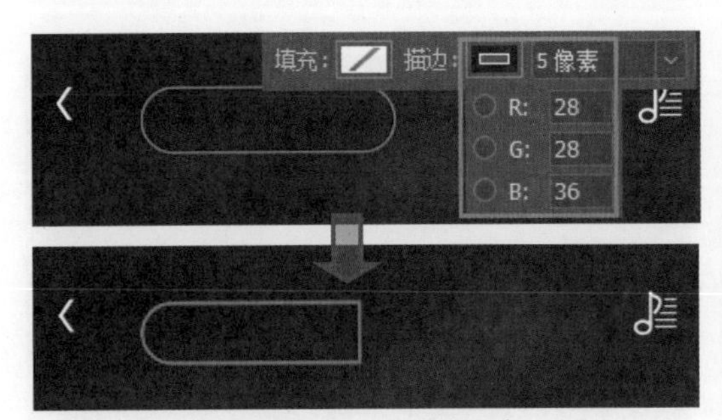

步骤 03 选择工具箱中的“横排文字工具”，在适当的位置单击，输入所需的文字，打开“字符”面板对文字的属性进行设置，在图像窗口中可以看到编辑后的效果。

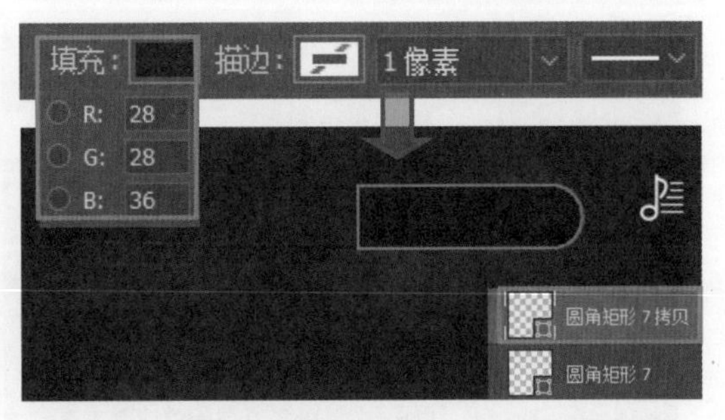

步骤 04 选择“直线工具”，设置“粗细”为 3 像素，单击“路径操作”按钮，在展开的列表中选择“合并形状”选项，绘制所需要的线条，单击“路径对齐方式”按钮，选择“按宽度均匀分布”线条图形。

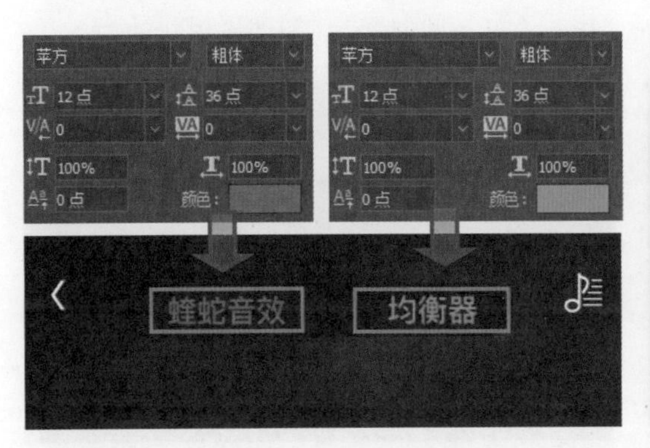

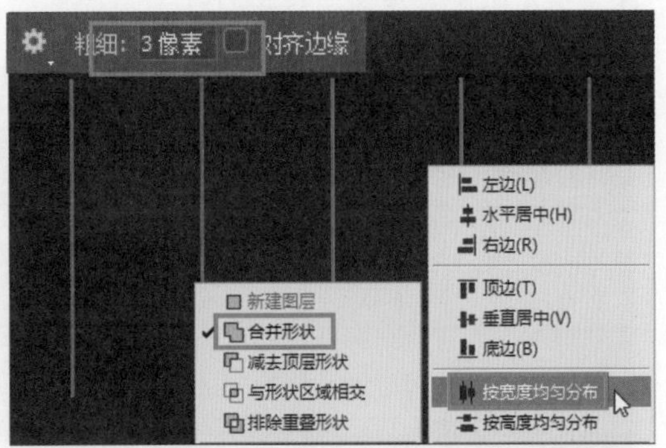

步骤 05 将“粗细”值设置为 8 像素，继续使用“直线工具”在下方绘制另外的线条，并将填充色更改为 R:33、G:168、B:152，然后使用“直线工具”在粗、细线条中间位置绘制一个矩形，并填充合适的颜色。

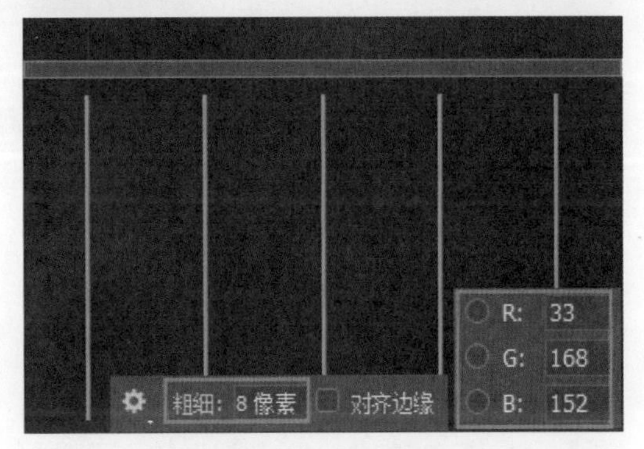

步骤 06 选择“圆角矩形工具”绘制出所需的图形，在选项栏中设置填充色 R:57、G:56、B:61，描边色为 R:33、G:168、B:152，描边粗细为 7 像素。

步骤 07 选择工具箱中的“横排文字工具”，在适当的位置单击，输入所需的文字，打开“字符”面板对文字的属性进行设置，在图像窗口中可以看到编辑后的效果。

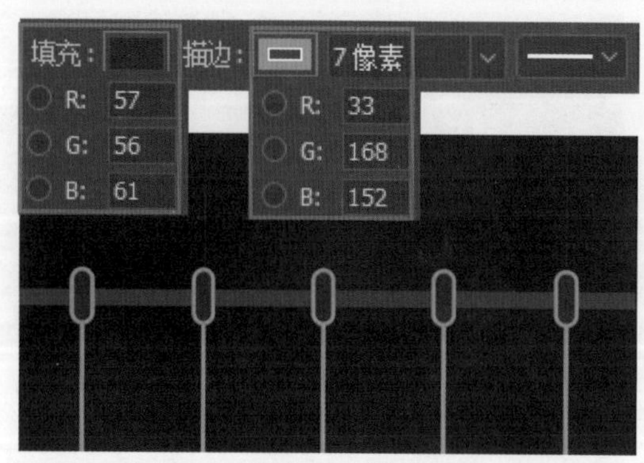

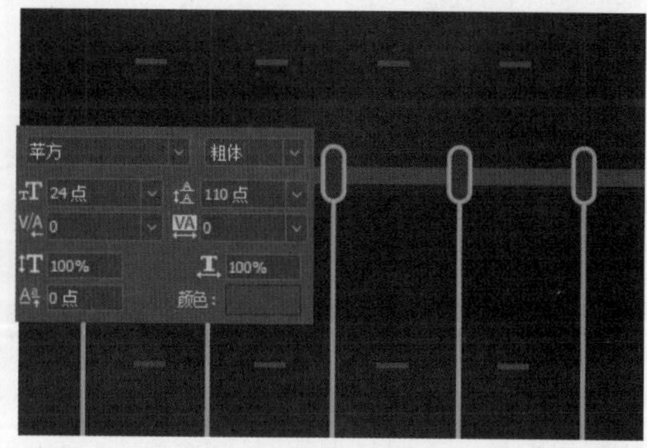

步骤 08 选择工具箱中的“横排文字工具”，在线条下方位置单击，输入所需的文字，打开“字符”面板对文字的属性进行设置，在图像窗口中可以看到编辑后的效果。

步骤 09 选择“圆角矩形工具”绘制出所需的图形，在选项栏中设置填充色为 R:57、G:56、B:61，无描边色，结合“横排文字工具”和“字符”面板在矩形上输入所需文字。

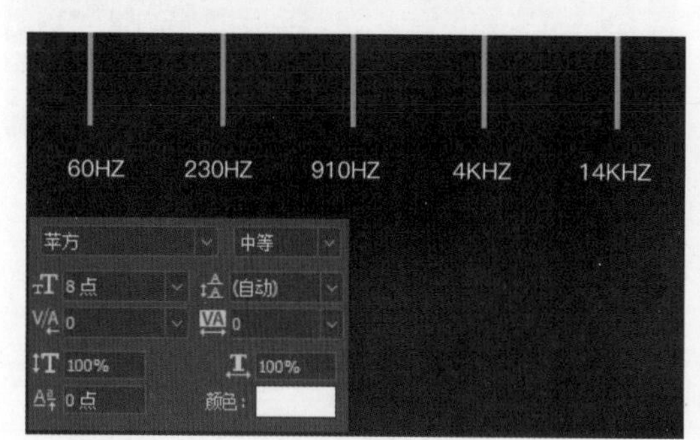

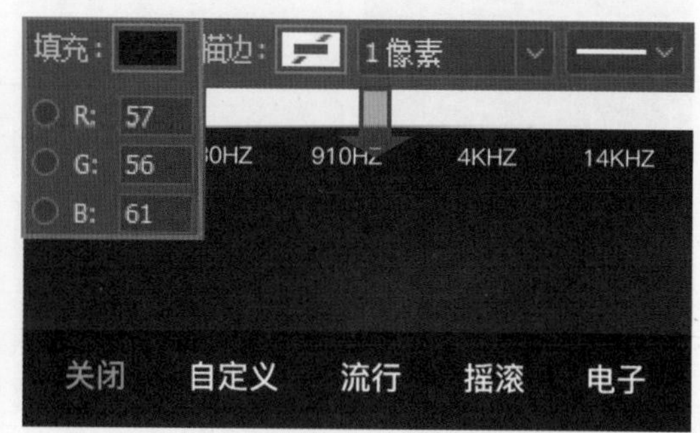

7.5.6 个人中心界面

个人中心界面提供了歌曲下载、歌曲收藏等功能。在设计的时候，先绘制圆形，创建剪贴蒙版，添加用户照片，然后使用“自定形状工具”等在界面中绘制所需的图标，最后在图标旁输入相应的文本。

步骤 01 创建“个人中心”图层组，进行个人中心界面的设计，将前面制作的导航栏图标和文字对象复制在界面中，选择“椭圆工具”，按下 Shift 键绘制出圆形，在选项栏中设置无填充色，描边色为 R:47、G:46、B:50，描边粗细为 5 像素。

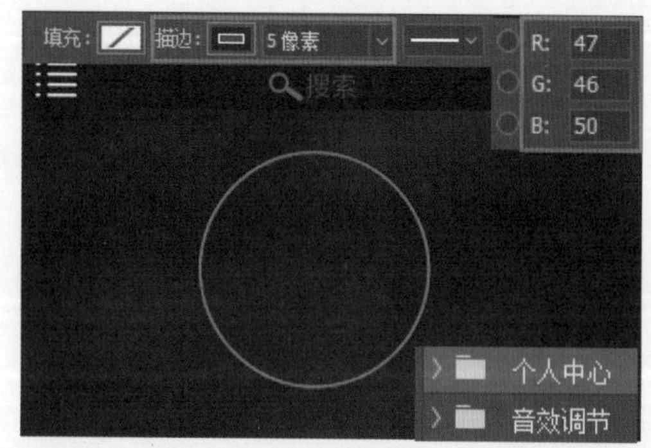

步骤 02 按下 Ctrl+J 组合键，复制圆形，将填充色更改为 R:47、G:46、B:50，去除描边色，按下 Ctrl+Shift 组合键单击并向内拖动，缩放图形。

步骤 03 执行“文件 > 置入嵌入对象”菜单命令，将 03.jpg 人物图像置入到圆形的中间位置，按下 Ctrl+Alt+G 组合键，创建剪贴蒙版，隐藏圆形外的图像。

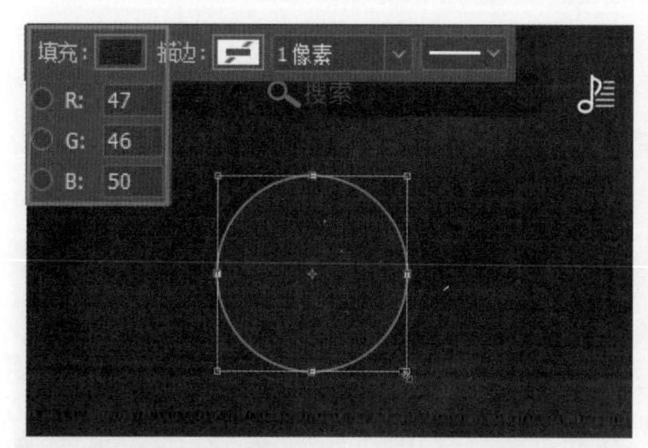

步骤 04 选择工具箱中的“横排文字工具”，在人物下方位置单击，输入所需的文字，打开“字符”面板对文字的属性进行设置，单击“段落”面板中的“居中对齐文本”按钮，对齐文本对象。

步骤 05 使用“椭圆工具”绘制出圆形，填充 R:41、G:44、B:58 的颜色，按下 Ctrl+J 组合键，复制出多个圆形，选择“移动工具”，单击选项栏中的“水平居中分布”按钮，将圆形按照相同的距离进行排列。

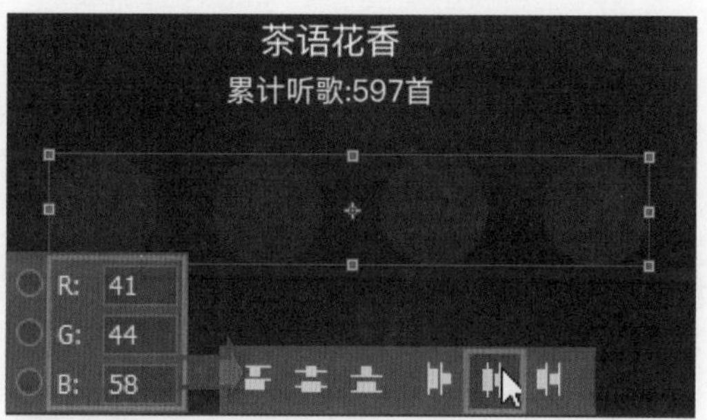

步骤 06 选择“自定形状工具”，绘制出所需的图标形状，将图形的填充色设置为 R:33、G:168、B:152，将绘制的图形移到各圆形的中间位置。

步骤 07 选择工具箱中的“横排文字工具”，在图标下方单击，输入所需的文字，打开“字符”面板对文字的属性进行设置，在图像窗口中可以看到编辑后的效果。

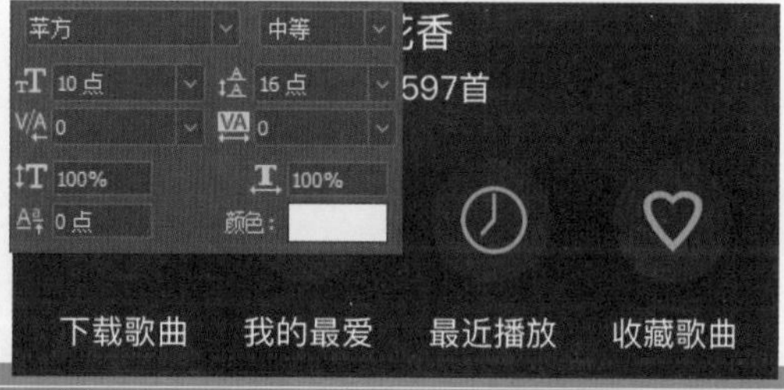

技巧技示：更改图标填充或描边颜色

在界面中绘制图形后，如果需要更改图标的填充或描边颜色，可以使用“路径选择工具”或“直接选择工具”选中图形，然后在选项栏或“属性”面板中进行更改。

步骤 08 选择工具箱中的“矩形工具”，绘制出所需的形状，将图形的填充色设置为 R:33、G:33、B:45，在图像窗口中可以看到绘制后的效果。

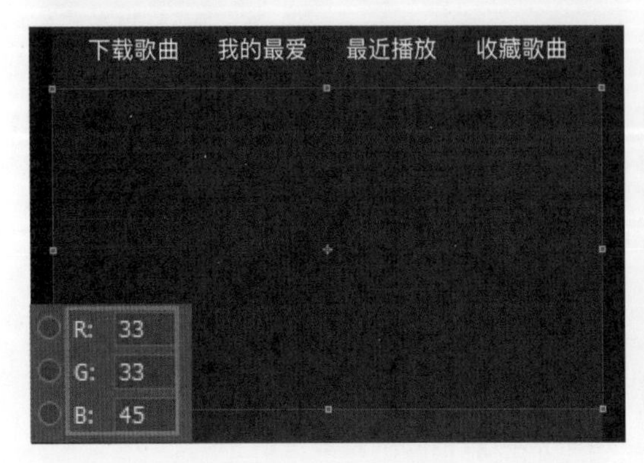

步骤 09 选择“直线工具”，设置粗细为 5 像素，绘制出所需的短线条，将线条填充色设置为 R:33、G:168、B:152，使用“横排文字工具”在绘制的线条右侧输入所需的文字。

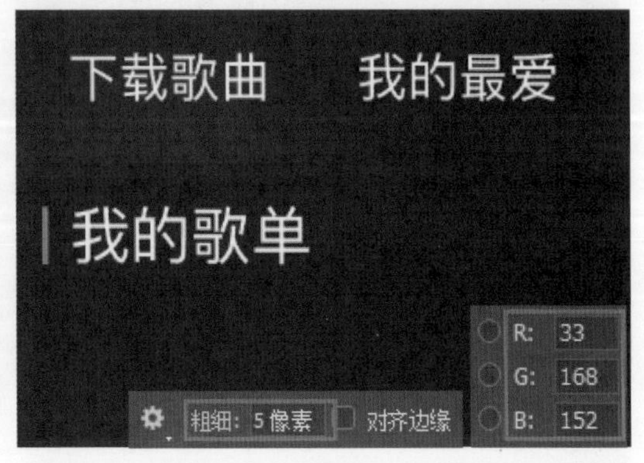

步骤 10 使用“钢笔工具”在文字右侧再绘制一个箭头图形，同样将图形填充色设置为 R:33、G:168、B:152，然后在图层上方新建“内容”图层组。

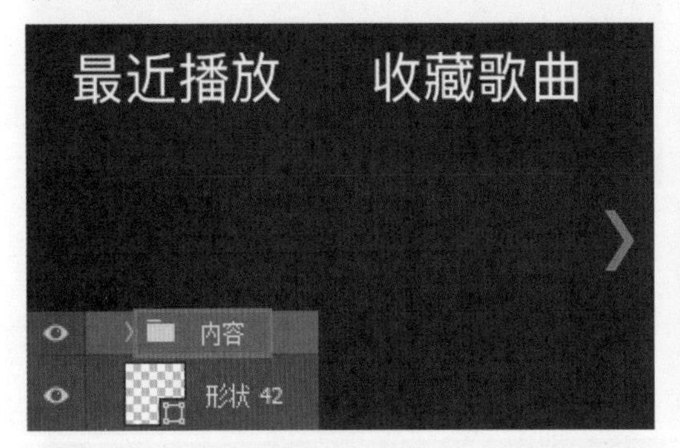

步骤 11 选择“矩形工具”，按下 Shift 键单击并拖动鼠标，绘制正方形，将 03.jpg 人物图像置入到正方形中，按下 Ctrl+Alt+G 组合键，创建剪贴蒙版。

步骤 12 选择“横排文字工具”，在人物图像右侧单击，输入所需的文字，打开“字符”面板对文字的属性进行设置，在图像窗口中可以看到编辑后的效果。

步骤 13 使用“椭圆工具”绘制所需的圆形，选择“自定形状”，单击“路径操作”按钮，选择“排除重叠形状”选项，在圆形的中间位置绘制“复选标记”图形。

步骤 14 选择“直线工具”，按下 Shift 键单击并拖动鼠标，绘制一条“粗细”值为 5 像素的水平直线，将线条填充色设置为 R:41、G:44、B:58。

步骤 15 按下 Ctrl+J 组合键，复制“内容”图层组，将复制的“内容 拷贝”图层组中的对象向下移到合适的位置，并根据需要调整文字内容。

步骤 16 复制“热门动态”界面中的“图标栏”，将复制图层移到“个人中心”图层组中，然后选中图层组，将图层组中的图标和文本移到个人中心界面底部。

步骤 17 使用“路径选择工具”选中右侧的图形，在展开的选项栏中单击“描边”按钮，将图形的描边色更改为 R:33、G:168、B:152。

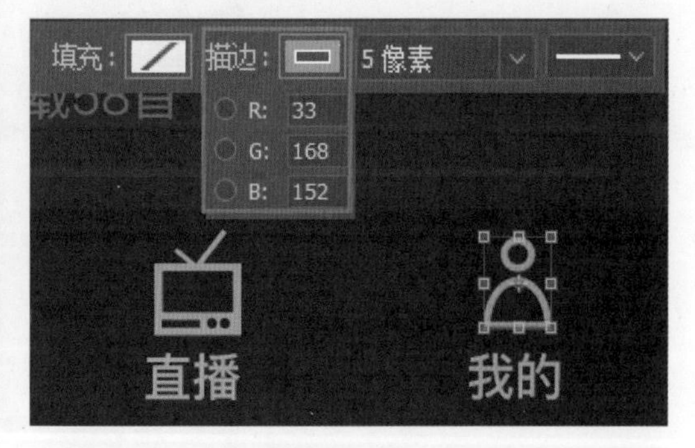

步骤 18 选择“横排文字工具”，在文字上单击并拖动鼠标，选中文字“我的”，单击选项栏中的“设置文本颜色”按钮，在打开的“拾色器（文本颜色）”对话框中将文字颜色更改为 R:33、G:168、B:152。

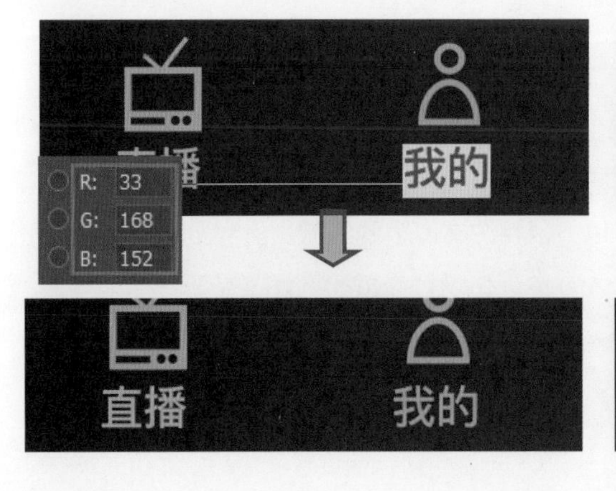

步骤 19 使用相同的方法，选中首页上方的图标，将图标描边颜色设置为 R:181、G:181、B:181，再使用“横排文字工具”选中“首页”文本，将文本颜色也更改为 R:188、G:188、B:188。

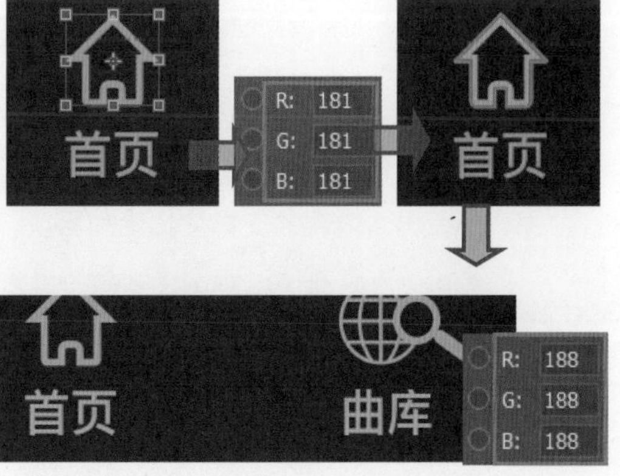

第 8 章 资讯 App 界面设计

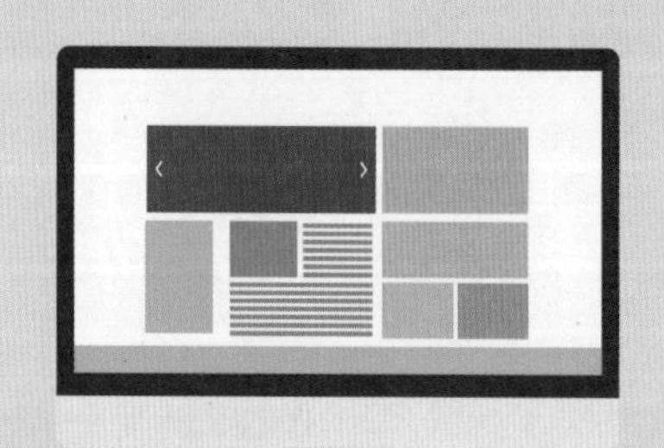

由于智能手机具备可随时随地浏览各类信息的便捷性，因此手机资讯 App 也得到了人们的青睐。与使用电脑浏览信息不同，用手机浏览，其阅读的视觉范围较小，界面内容的安排应该更加紧凑，以方便用户在有限的区域浏览到更多的新闻资讯。本章将通过案例详细介绍资讯 App 的界面设计思路和设计过程等。

8.1 界面布局规划

相对于使用电脑浏览各类新闻、资讯，使用 App 浏览其视觉范围就会相对小很多，所以在界面的布局上，要根据表现的资讯内容，以最大的篇幅来展示，将用户的注意力吸引到信息上。

本案例为某新闻资讯 App 的界面效果，在界面中使用了大面积区域来展示信息中的图片、视频和文本等内容，在界面的顶部和底部则通过导航和操作按钮进行操作，如下所示。

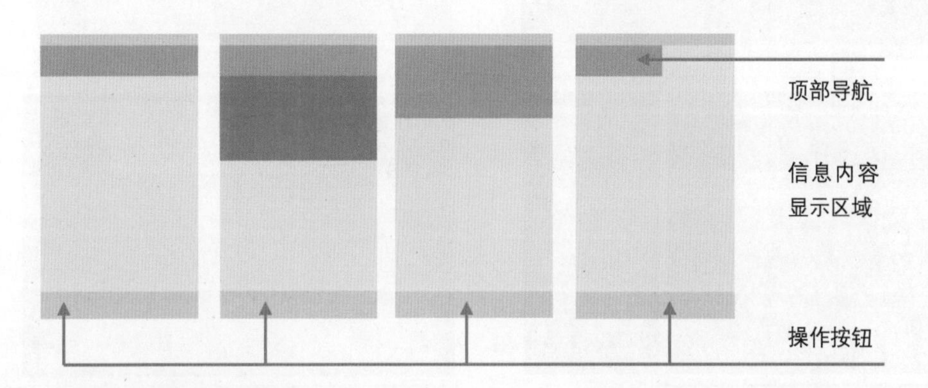

8.2 创意思路剖析

在创作本案例时，为了让用户在有限的界面中看到尽可能多的信息，界面中简化了设计元素，使用矩形作为界面元素的外形，通过简单的上下或左右分区方式对界面进行信息分布。对于单个信息的处理，以现实中的推拉门为创作原型，通过推拉的方式展开和编辑信息，具体如下所示。

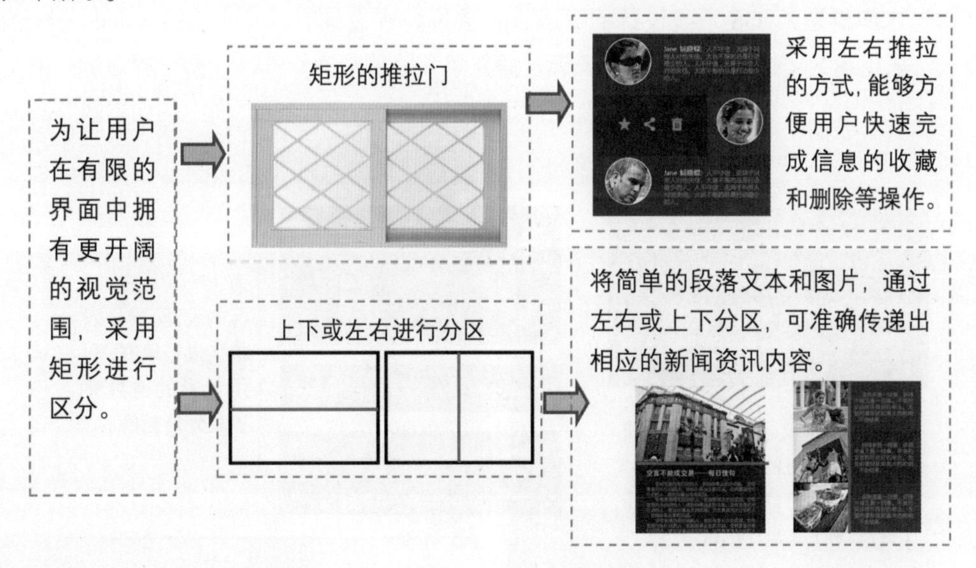

8.3 确定配色方案

在浏览一些新闻联播、环球实事等资讯 App 时，可以看到大部分界面的设计主色调都是以蓝色为主的。蓝色是色彩中比较沉静的颜色，能表现出一种平静、沉思、理智和睿智的感受，所以也非常适合用于资讯 App 的界面设计。在本案例中，就使用了深蓝色作为画面的主色，通过添加小面积、反差较大的浅蓝色和青色，可以起到了一定的提示作用，具体如下所示。

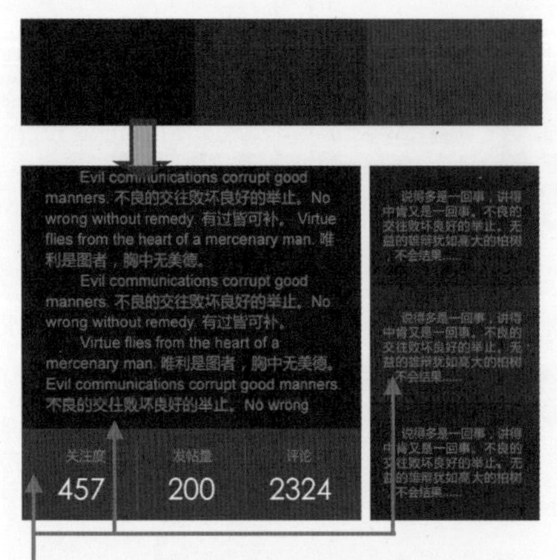

为了突出各类信息的准确性和可靠性，在界面中使用深蓝色作为主色。

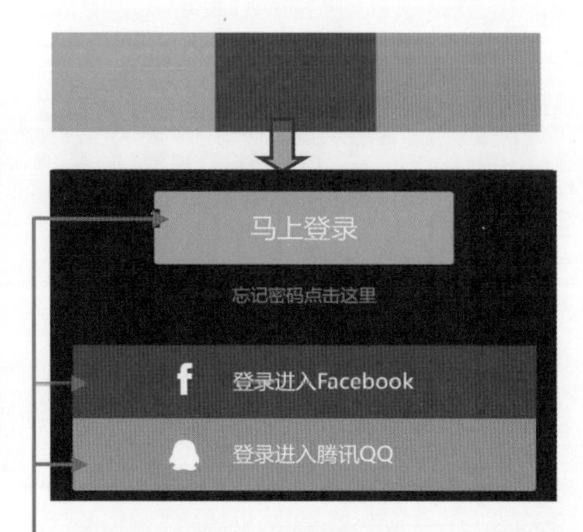

添加小面积、色彩反差较大的点缀颜色来进行对比，可起到一定的提示作用。

8.4 定义组件风格

由于本案例是为 iOS 系统设计的资讯 App 界面，在设计时，完全遵循了 iOS 系统的设计要求，采用扁平化的设计风格进行表现，摒弃了那些繁杂的修饰，使整个界面感觉清爽、干净，让使用者的注意力能够完全被新闻内容所吸引。接下来就对界面中的元素风格和制作进行介绍。

界面中的文本和文本框均没有添加任何的特效，仅通过填充和描边色的变化进行表现，符合扁平化设计风格。

为统一其风格，图标的设计，同样以单色进行填充，利用色彩的差异突显其外形轮廓。

8.5 制作步骤详解

本案例是为 iOS 系统设计的资讯 App 界面，采用了扁平化的设计风格，包含了“登录界面”“个人界面”“新闻首页界面”“下载分区界面”“新闻内容界面”“评论界面”6 个界面，接下来具体介绍每个界面的制作方法。

8.5.1 登录界面

新闻资讯类 App 的登录界面设计需要先绘制出界面背景，然后在背景中添加 Logo 及宣传广告语，使用“圆角矩形工具”在中间绘制按钮形状，在按钮的中间位置添加图标和文字效果。

步骤 01 新建文档，绘制出界面的背景和状态栏，分别使用 R:43、G:41、B:55 和 R:26、G:188、B:156 的颜色对其进行修饰，将状态栏图标复制到界面中。

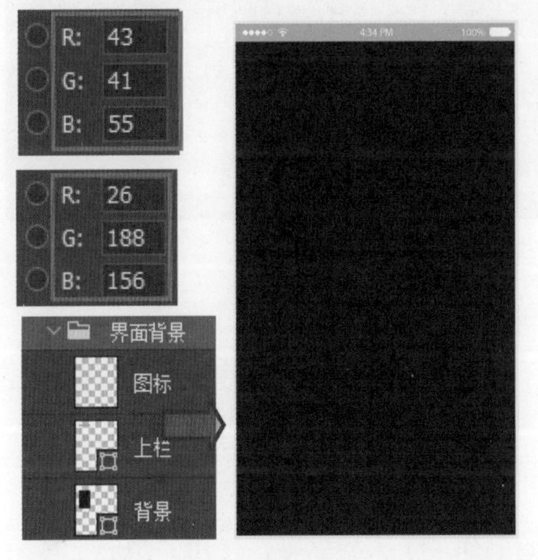

步骤 02 绘制出浏览器的 Logo，接着使用“横排文字工具”在适当的位置输入所需的文字，打开“字符”面板对文字的属性进行设置。

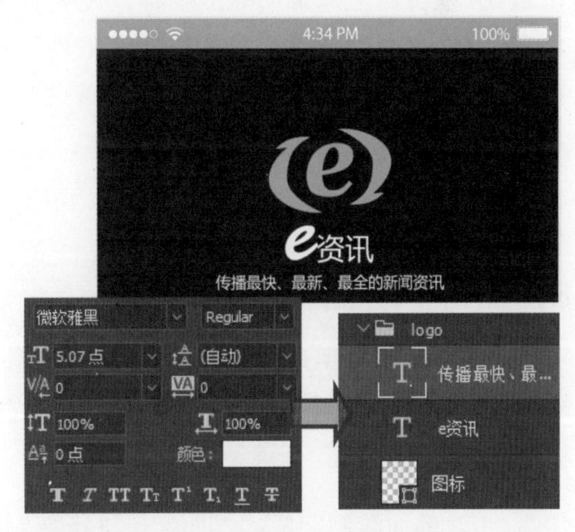

步骤 03 使用“圆角矩形工具”绘制出文本框，使用不同的“描边”样式对文本框的描边进行修饰，在图像窗口中可以看到编辑后的效果。

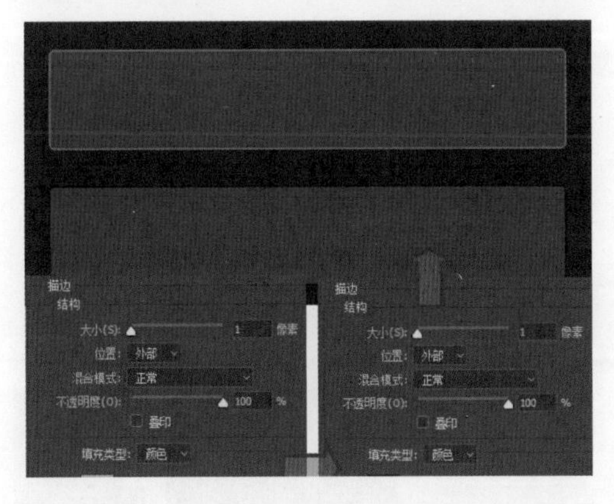

步骤 04 在文本框上添加所需的图标，并通过“横排文字工具”在适当的位置添加所需的文字，打开“字符”面板对文字的属性进行设置。

步骤 05 使用“圆角矩形工具”绘制出按钮的形状，填充适当的颜色，通过“横排文字工具”在按钮的上方和下方添加所需的文字，打开“字符”面板设置属性。

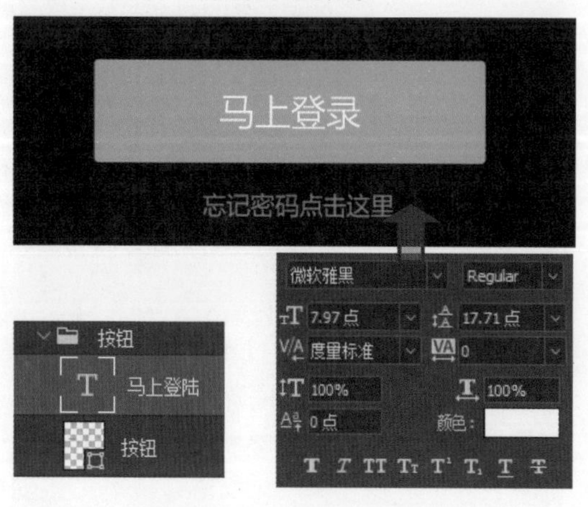

步骤 06 使用“矩形工具”在界面的适当位置添加所需的矩形，分别填充 R:1、G:75、B:150 和 R:49、G:170、B:225 的颜色，无描边色。

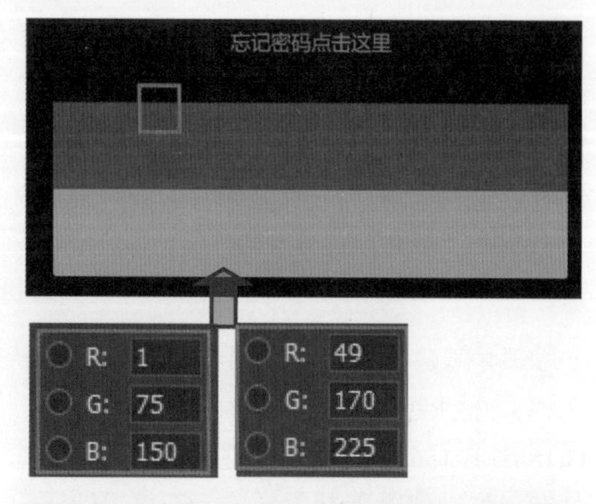

步骤 07 在界面上添加所需的图标，设置其填充色为白色，接着使用“横排文字工具”在适当的位置添加文字，设置文字的属性，在图像窗口中可以看到编辑后的结果。

8.5.2 个人界面

个人界面是对用户个人信息的展示。在设计时，先将风景和人物图像复制到界面中，绘制图形并根据图形创建剪贴蒙版，调整图像的显示范围，然后使用文字工具在图像旁边输入相关个人信息。

步骤 01 对前面绘制完成的界面背景进行复制，开始制作“个人界面”，使用“矩形工具”绘制出矩形，将所需的风景照片添加到其中，选中风景照片所在的图层，执行“图层 > 创建剪贴蒙版”菜单命令，创建剪贴蒙版，在图像窗口中可以看到编辑后的结果，在“图层”面板中可以看到图层之间的变化。

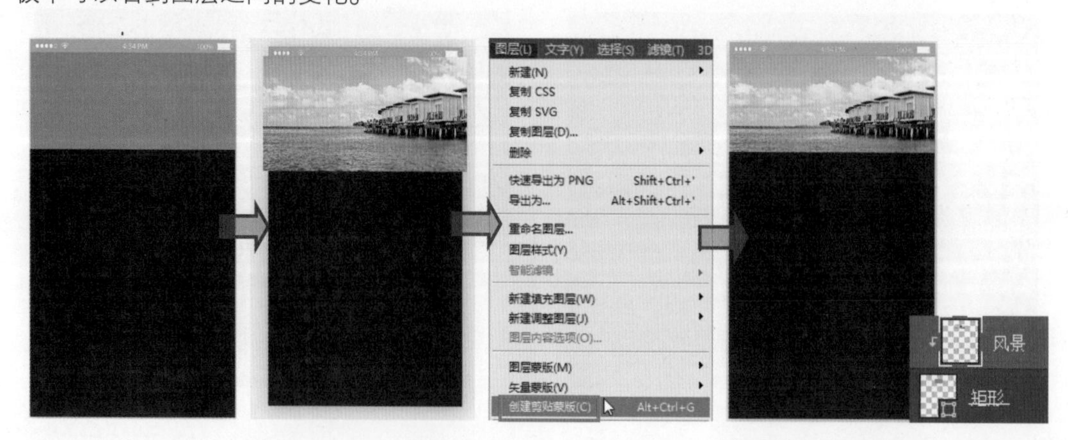

步骤 02 将所需的人像添加到图像窗口中，使用与上一步骤相同的方法对头像的显示进行编辑，并通过“描边”样式修饰人像的边缘。

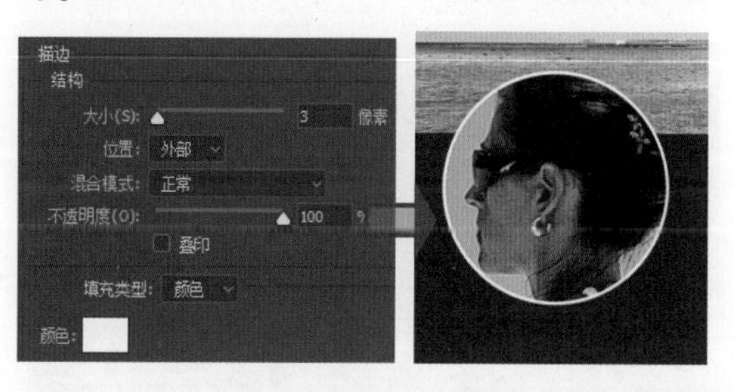

步骤 03 使用“圆角矩形工具”绘制按钮，通过“横排文字工具”在适当的位置添加所需的文字，将文字放在界面上，在图像窗口中可以看到编辑后的结果。

步骤 04 使用“横排文字工具”在界面的适当位置单击，输入所需的文字，打开“字符”面板对文字的间距、字体、字号等属性进行设置，在图像窗口中可以看到编辑后的结果。

步骤 05 使用“矩形工具”绘制矩形，并添加线条，分别为矩形和线条设置不同的填充色，无描边色，按照所需的位置进行摆放，然后使用文字工具输入文字，在图像窗口中可以看到编辑后的结果。

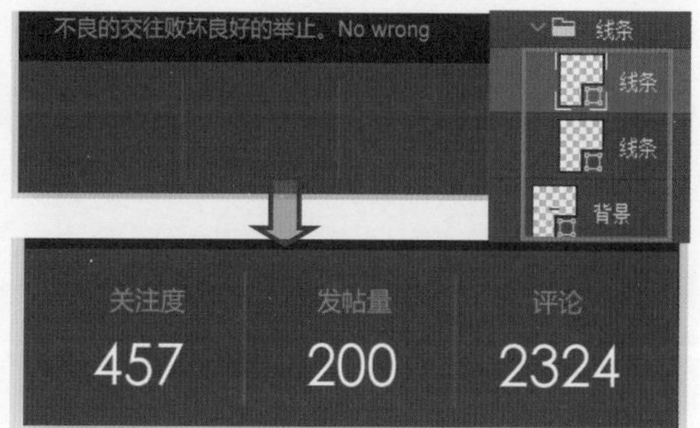

8.5.3 新闻首页界面

首页的制作采用了列表式布局。使用“矩形工具”和“直线工具”对界面进行布局分区，然后在页面左侧添加图像，创建剪贴蒙版，把图形外的素材图像隐藏，然后在右侧针对添加的图像添加新闻内容。

步骤 01 对前面绘制的界面背景进行复制，开始“新闻首页界面”的制作，使用“矩形工具”绘制线条，并添加文字，打开“字符”面板，在面板中设置文字属性，制作出界面的标题栏。

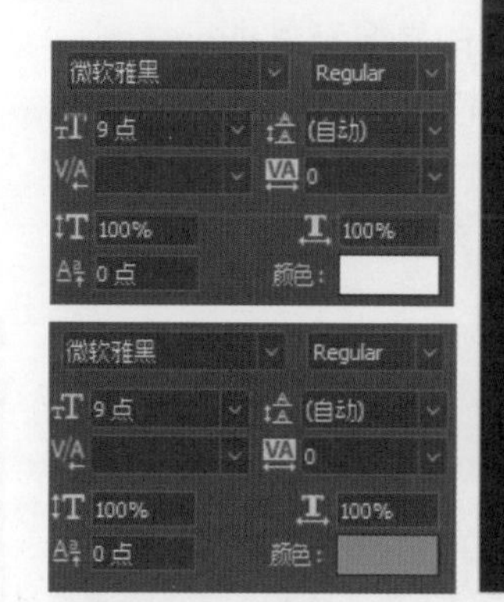

步骤 02 使用“矩形工具”和“横排文字工具”为界面添加所需的元素，适当调整各个元素的色彩和设置，在图像窗口中可以看到编辑后的结果。

步骤 03 添加所需的图像到文件中，执行“图层>创建剪贴蒙版”菜单命令，创建剪贴蒙版，控制图像的显示范围，在图像窗口中可以看到编辑后的结果。

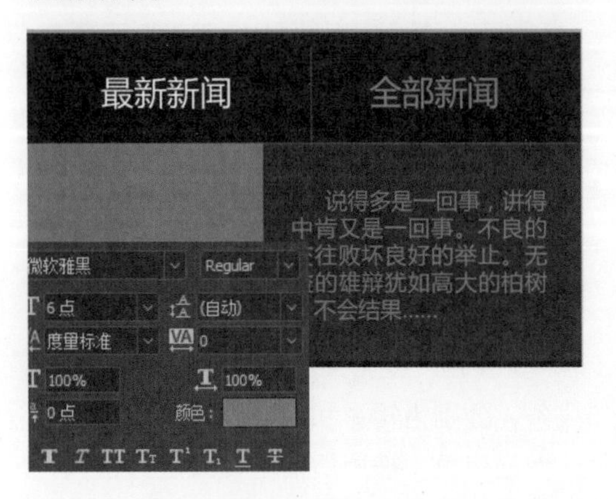

步骤 04 参考前面两个步骤的编辑方法，完成界面中其余新闻信息的编辑，并创建图层组对图层进行管理，在图像窗口中可以看到编辑后的结果。

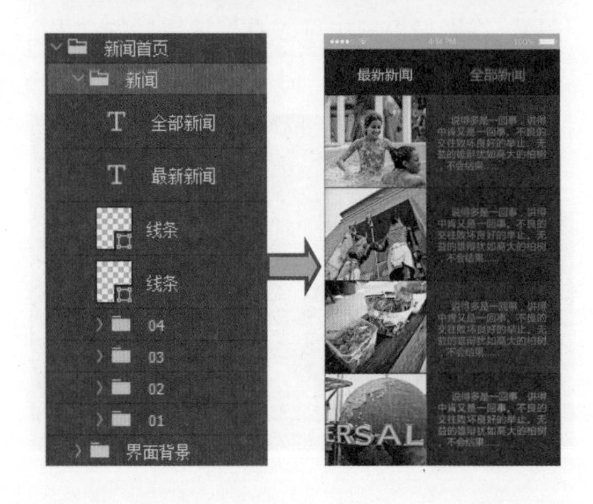

8.5.4 下载分区界面

下载分区界面是指将正在浏览、阅读的新闻内容下载到个人手机中。在设计界面时，先绘制图形，添加所需要的图标，然后绘制一个矩形并在矩形中添加播放图标，最后在界面输入相应的新闻内容即可。

步骤 01 对前面绘制的界面背景进行复制，开始“下载分区界面”的制作，将所需的图标和文字添加到界面中，并适当调整各个元素的色彩，使用线条对其进行分割。

步骤 02 使用“椭圆工具”绘制一个圆形，使用适当的描边对其进行修饰，无填充色，接着绘制出播放的图标，将两个形状组合在一起。

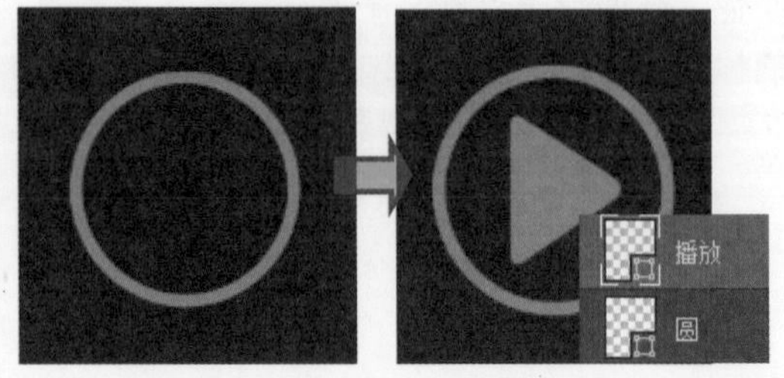

步骤 03 绘制出视频的背景，使用“描边”和“投影”图层样式对背景形状的图层进行修饰，接着将视频的截图添加到文件中，通过创建剪贴蒙版的方式对其显示进行控制，在图像窗口中可以看到编辑后的效果。

步骤 04 选择工具箱中的“钢笔工具”，绘制出视频上的反光形状，在工具的选项栏中对其渐变填充色进行设置，通过图像窗口中可以看到编辑后的结果。

步骤 05 使用“矩形工具”绘制出页码显示的背景，并用“投影”图层样式进行修饰，使用“横排文字工具”添加所需的文字，同时绘制出箭头。

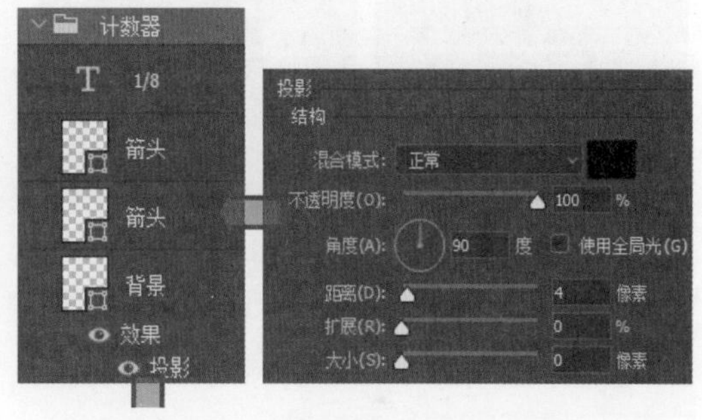

步骤 06 使用“横排文字工具”在界面的适当位置单击，输入所需的文字，打开“字符”面板对文字的属性进行设置，在图像窗口中可以看到编辑后的结果。

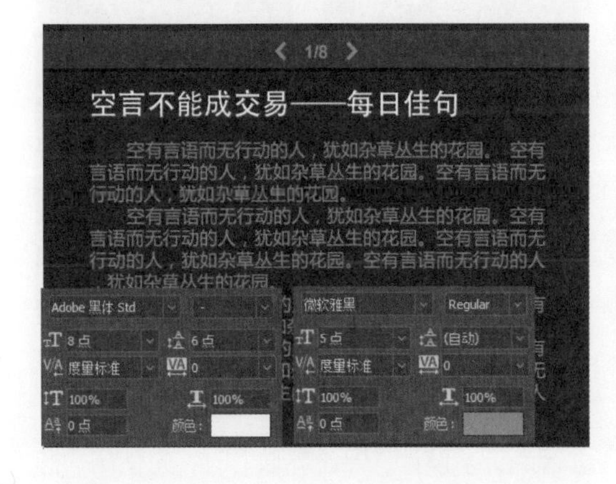

步骤 07 使用“横排文字工具”在界面的适当位置单击，输入所需的文字，并为其添加所需的图标，在图像窗口中可以看到编辑后的结果。

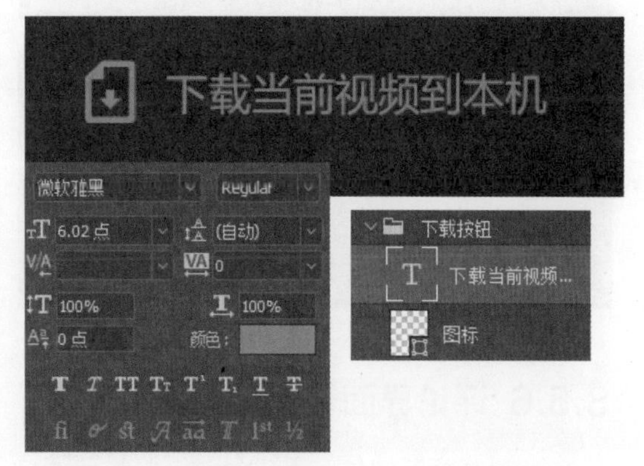

8.5.5 新闻内容界面

点击首页中的新闻缩览图，就会进入相应的新闻内容界面。在设计时，使用文字工具在界面中输入相关的新闻文本，然后在文本旁边添加图标。

步骤 01 对前面的界面背景进行复制，使用创建剪贴蒙版的方式对图像的显示进行调整，开始制作“新闻内容界面”，在图像窗口中可以看到编辑后的效果

步骤 02 使用“横排文字工具”在界面的适当位置单击并拖动鼠标，绘制文本框，在文字框中输入所需的文字，打开“字符”面板，调整文字属性。

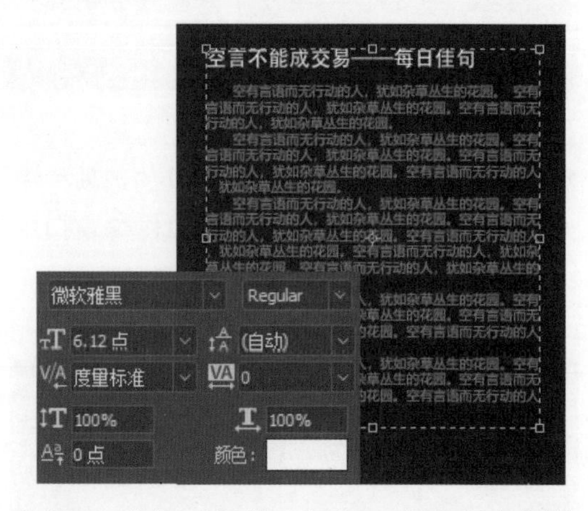

步骤 03 使用“横排文字工具”在界面下方再次单击，然后打开“字符”面板，在面板分别调整文字的字体、颜色属性，在图像窗口中可以看到编辑后的结果。

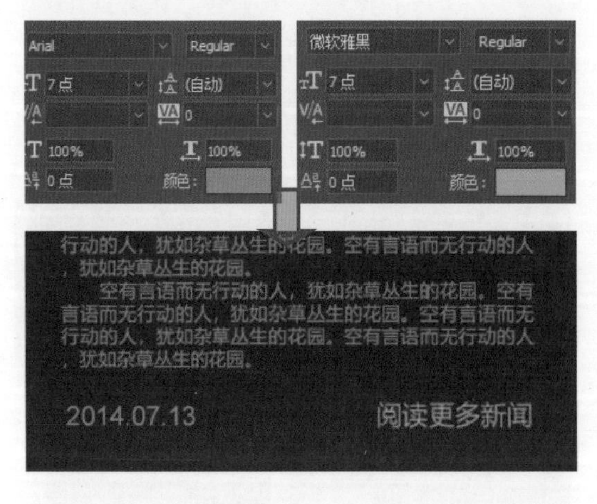

步骤 04 选择“钢笔工具”，在文字左侧绘制所需图标，根据需要为图形设置合适的填充颜色，完成新闻内容界面的设计。

8.5.6 评论界面

当浏览完新闻后，用户会对浏览的新闻内容进行点评。设计“评论界面”时，先使用“椭

圆工具”和“矩形工具”绘制图形，将人物图像添加到图形中，然后在图像旁边绘制所需图标和输入文字。

步骤 01 对前面绘制的界面背景进行复制，开始“评论界面”的制作，使用“横排文字工具”在界面顶部和底部添加所需的文字，使用“钢笔工具”绘制出刷新图标。

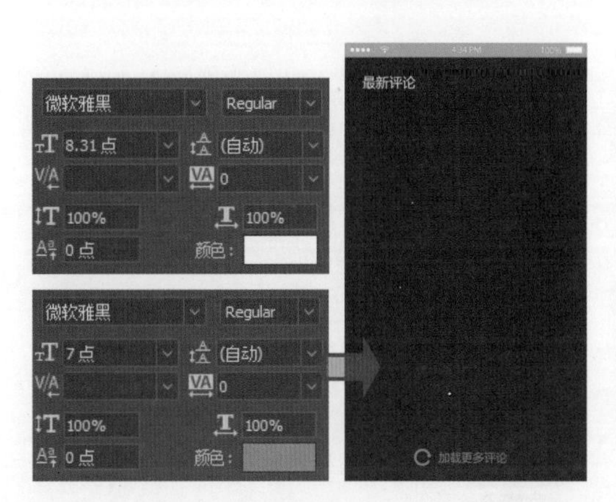

步骤 02 使用“矩形工具”绘制一个矩形作为背景，将图形填充色设置为 R:50、G:54、B:78，再使用“椭圆工具”在矩形左侧绘制圆形，将圆形填充色设置为黑色。

步骤 03 将所需的人像添加到图像窗口中，通过创建剪贴蒙版的方式对头像的显示区域进行编辑，并使用“描边”样式修饰人像的边缘，再输入相关的文字信息。

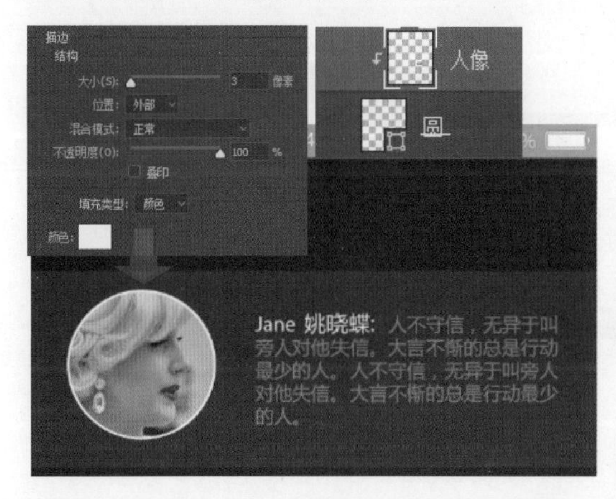

步骤 04 参考前面编辑人物头像的方式，制作出其余的人物头像效果，并添加所需的文字信息，分别使用不同的图层组对图层进行管理。

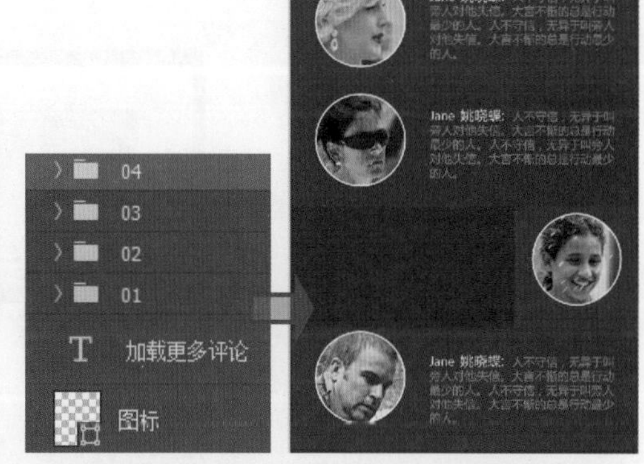

步骤 05 为界面添加所需的图标，按照一定的顺序进行排列，为其填充相同的颜色，在图像窗口中可以看到编辑后的效果，至此完成本案例的制作。

第 9 章 游戏 App 界面设计

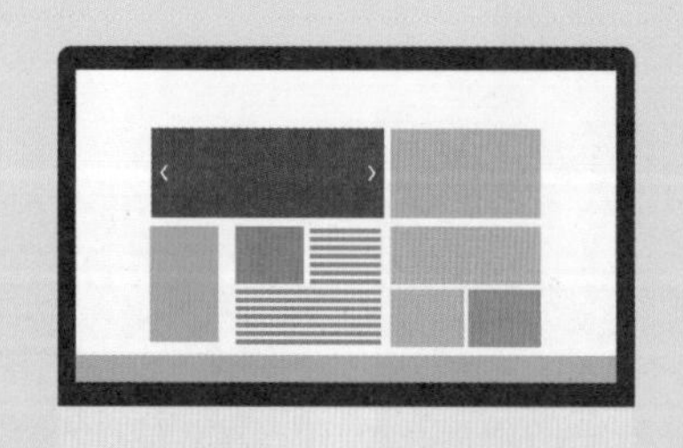

游戏 App 是指运行在移动设备上的游戏软件，随着移动设备的功能越来越多，越来越强大，游戏 App 的画面也不再简陋，其性能已经可以和掌上游戏机相媲美，具有很强的娱乐性和交互性，因此所呈现出来的游戏 App 界面也更加精致、华丽。本章将通过一个案例详细介绍游戏 App 界面的设计思路和创作过程等。

9.1 界面布局规划

本案例是从“打地鼠”游戏为内容所设计的游戏界面，该游戏是以加载游戏、查看游戏积分、玩耍游戏为主要的表现内容，因此在设计时需要对这些界面进行合理规划、安排。由于游戏界面大多具有较强的自由性，所以在界面布局上也相对比较灵活，如下图所示展示了几个界面的布局。从图中可以看到，对于界面中的游戏区域和信息对话框及操作按钮，大多会根据版面布局比较灵活、自由地安排到界面中的内容区域。

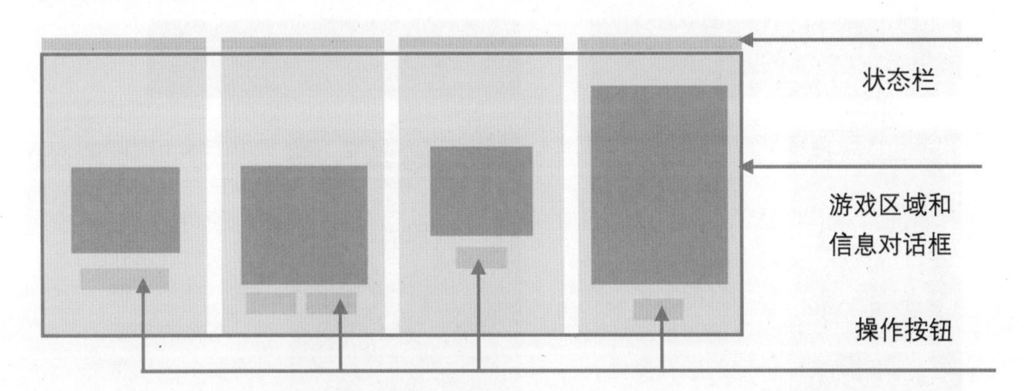

9.2 创是思路剖析

在本案例中，可以确定需要设计的游戏界面是参考“打地鼠”游戏设计的，因此，在进行创作的过程中，使用了拟物化的表现风格，以足球和猫咪作为设计的关键点，将可爱的卡通形象应用于不同的界面中，提升用户玩耍的乐趣，具体如下。

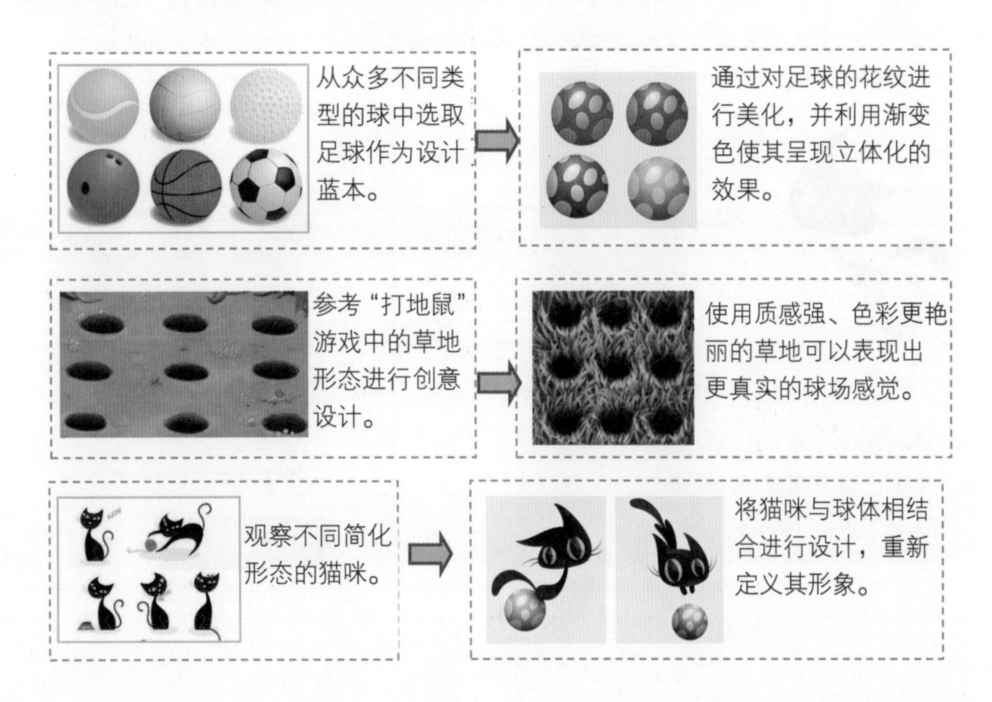

9.3 确定配色方案

游戏本身就是用于人们在业余消遣时玩耍的，所以在界面配色上应根据游戏的特点，选用比较鲜艳的颜色搭配方式。在本案例中，为了带给玩家清新、自然的感受，并且体现较逼真的游戏场景，在界面中将绿色作为界面的主色，通过不同亮度的绿色赋予画面层次感。同时，若整个界面都为绿色，则容易给人留下单一、呆板的印象，因此在设计足球元素时，使用了与主色绿色对比反差较大的蓝色、紫色、红色等颜色，让界面的色彩变得丰富起来，具体如下。

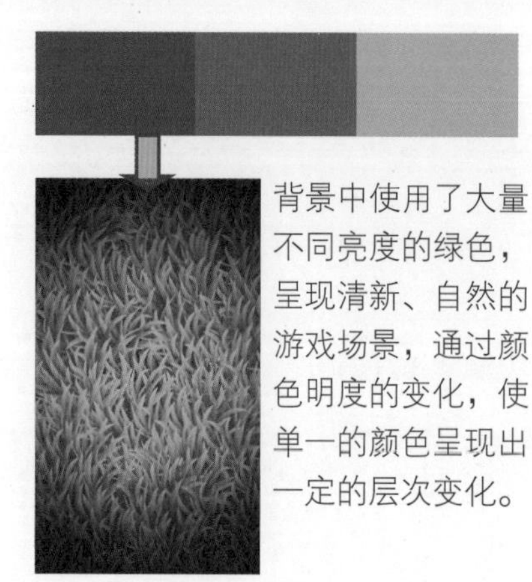

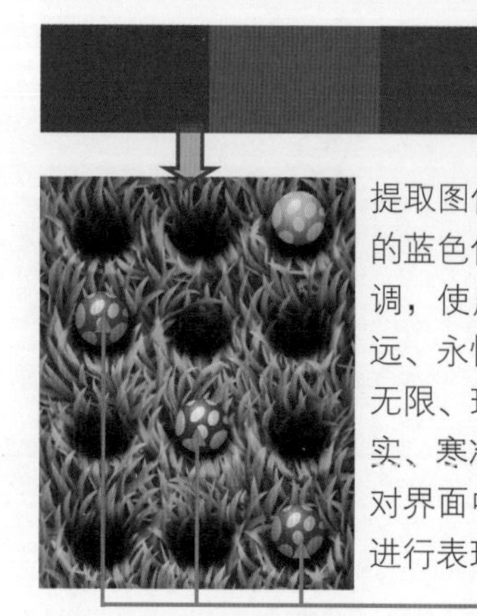

9.4 定义组件风格

由于本案例选中的球体和猫咪图像都倾向于立体化的设计，其视觉上看起来比较细腻和逼真，因此为了使整个界面的风格保持一致，在设计界面中的按钮、进度条、信息对话框等元素时，也是通过添加各种不同的图层样式，使其呈现出立体的视觉效果，具体如下。

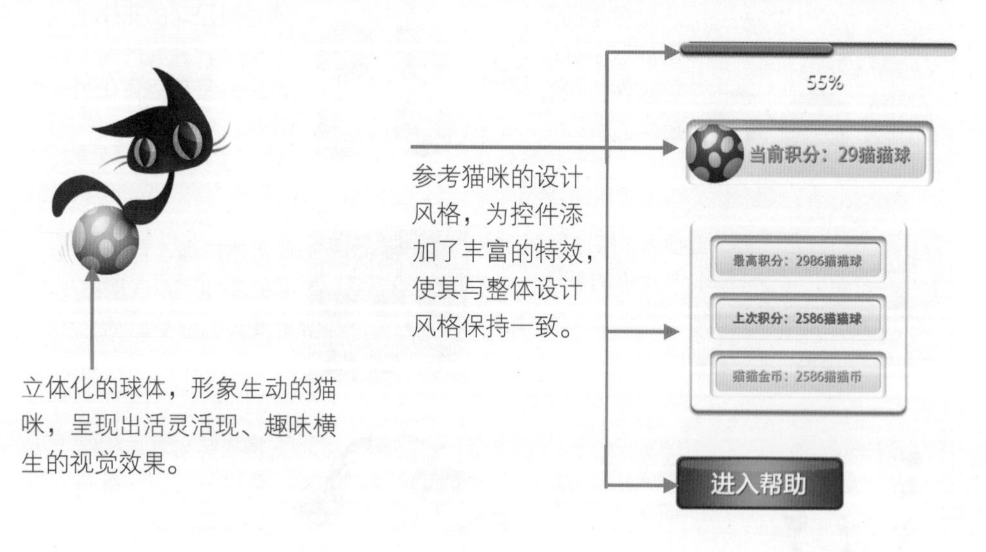

9.5 制作步骤详解

本案例参考了“打地鼠”游戏的界面效果，使用活泼靓丽的画面风格，突显出强烈的娱乐氛围，包括“欢迎界面”“加载界面”“积分界面”“预览界面”“游戏界面”和“结束界面”6 个基础界面，接下来具体介绍各界面的制作方法。

9.5.1 欢迎界面

欢迎界面的设计，选取与游戏场景相似的素材作为背景，通过对图像填充颜色制作晕影，加深层次感，然后在界面中添加猫咪、足球和文字，并为其添加合适的样式效果。

步骤 01 新建文档，使用草地作为界面的背景，接着创建渐变填充图层，使用图层蒙版控制其编辑范围，在打开的“渐变填充”对话框中对选项进行设置，添加晕影效果。

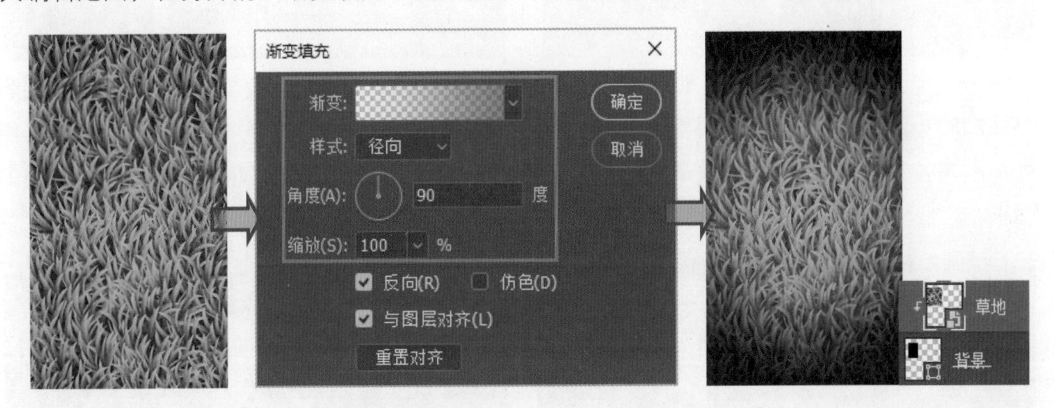

步骤 02 使用“矩形工具”在图像顶端绘制矩形，然后将状态栏图标和文本复制到图形上，使用“颜色叠加”图层样式变换其颜色。

步骤 03 将编辑后的文字和小球素材添加到图层组中，使用“投影”图层样式对图层组进行修饰，在图像窗口中可以看到编辑后的结果。

技巧提示：调整对象位置

在界面中绘制图形后，可以使用“移动工具”对图层中的对象进行移动。此外，按键盘上的向右键或者向左键可将对象微移 1 像素，若按住 Shift 键，再按键盘上的向左键或向右键可将对象微移 10 像素。

步骤 04 将所需的猫咪素材添加到界面中，适当调整其大小，放在适当的位置，使用“外发光”图层样式对其进行修饰，在图像窗口中可以看到编辑后的效果。

步骤 05 使用“横排文字工具”为界面添加所需的文字，并按照特定的位置进行排列，接着为界面添加多个小球素材，并适当调整每个小球的大小和位置。

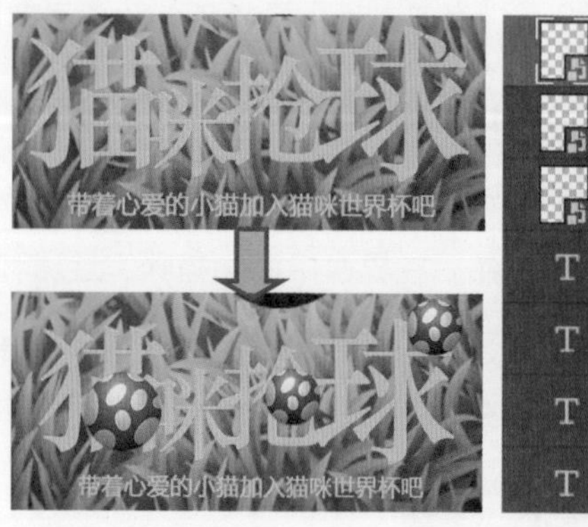

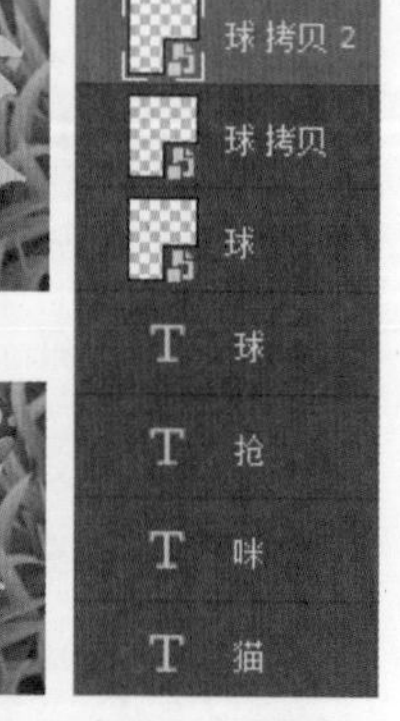

步骤 06 使用“色相/饱和度”调整图层分别对添加的小球素材进行色彩调整，使其色泽更加丰富，在图像窗口中可以看到编辑后的结果。

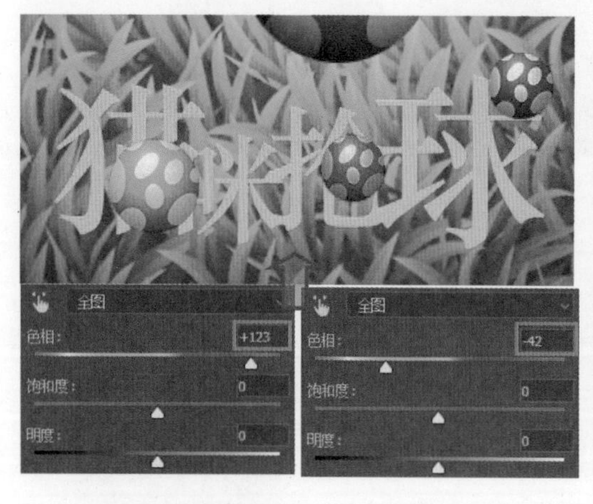

步骤 07 将编辑后的文字和小球素材添加到图层组中，使用“投影”图层样式对图层组进行修饰，在图像窗口中可以看到编辑后的效果，完成“欢迎界面”的制作。

9.5.2 加载界面

加载界面的设计，主要使用绘图工具绘制加载进度条，通过为图形添加“内阴影”“投影”“颜色叠加”等图层样式，使其呈现出立体的视觉效果。

步骤 01 对前面绘制的界面背景和Logo进行复制，并添加不同的小猫素材到界面中，适当调整素材的大小，使用“外发光”图层样式对其进行修饰，开始“加载界面”的制作。

步骤 02 使用“圆角矩形工具”在适当的位置单击并拖动鼠标，绘制出加载条的背景，使用“投影”“颜色叠加”和“内阴影”图层样式对其进行修饰。

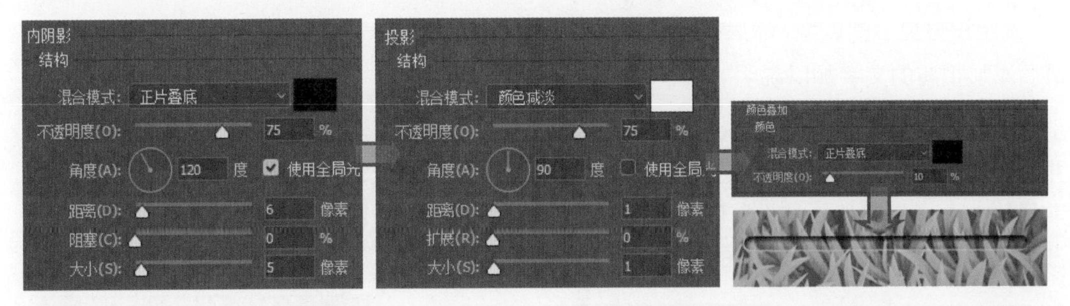

步骤 03 再次绘制一个圆角矩形，使用“内阴影”图层样式对其进行修饰，作为已加载的图像，放在界面的适当位置，在图像窗口中可以看到编辑后的结果。

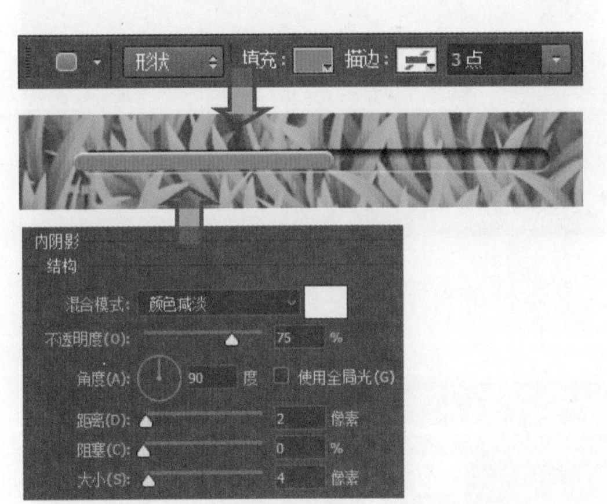

步骤 04 再次绘制一个圆角矩形，设置其“填充”为 0%，使用“内阴影”和“投影”图层样式对其进行修饰，并设置各个选项组中的参数，放在适当的位置上。

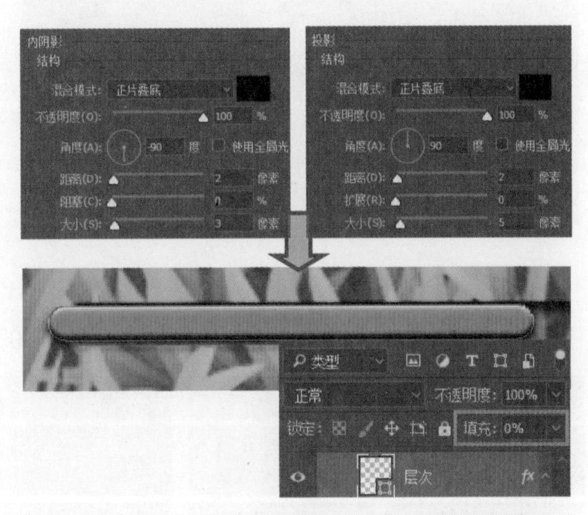

步骤 05 使用“横排文字工具”在适当的位置单击，输入所需的文字，打开“字符”面板，在面板中对输入文字的字体、字号属性进行设置。

步骤 06 双击文本图层，打开“图层样式”对话框，在对话框中单击并设置“投影”图层样式选项，为文字添加样式使其效果更丰富。

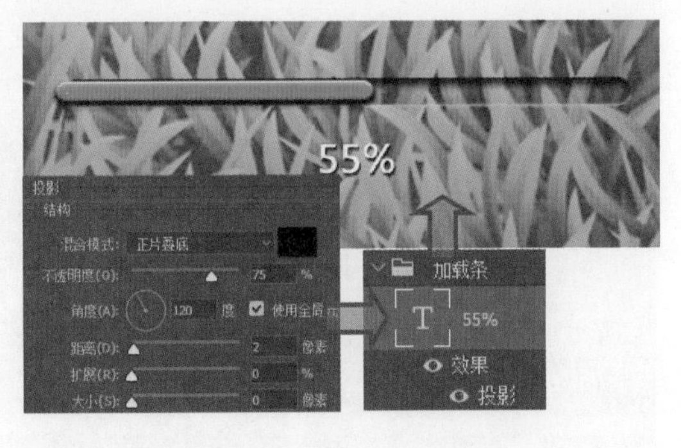

9.5.3 积分界面

游戏积分可以让用户感受和其他用户共同竞技的乐趣。在积分界面中，同样需要绘制图形，确定积分显示的区域，然后在中间添加更多图形，为图形添加多种图层样式，丰富其效果，最后添加相应的文字加以说明。

步骤 01 对绘制的界面背景和Logo进行复制，并添加不同的小猫素材到界面中，适当调整素材的大小，使用“外发光”图层样式对其进行修饰，开始“积分界面”的制作。

步骤 02 使用“圆角矩形工具”绘制一个圆角矩形作为对话框的背景，使用“内阴影”和“投影”图层样式进行修饰，设置其混合模式为“柔光”。

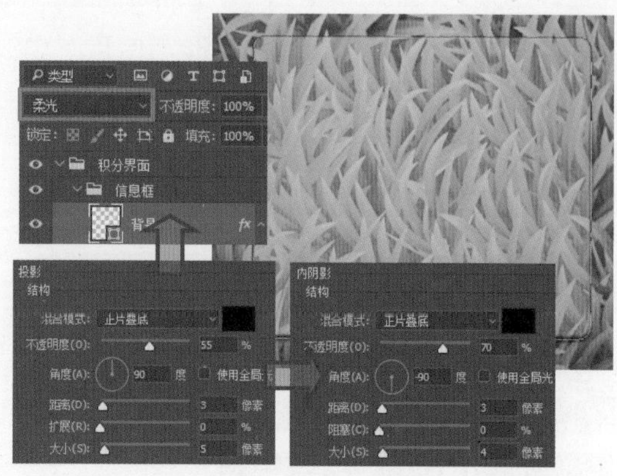

步骤 03 使用“圆角矩形工具”绘制圆角矩形作为文本框的背景，使用“内阴影”和“投影”图层样式进行修饰，设置其“填充”选项为0%。

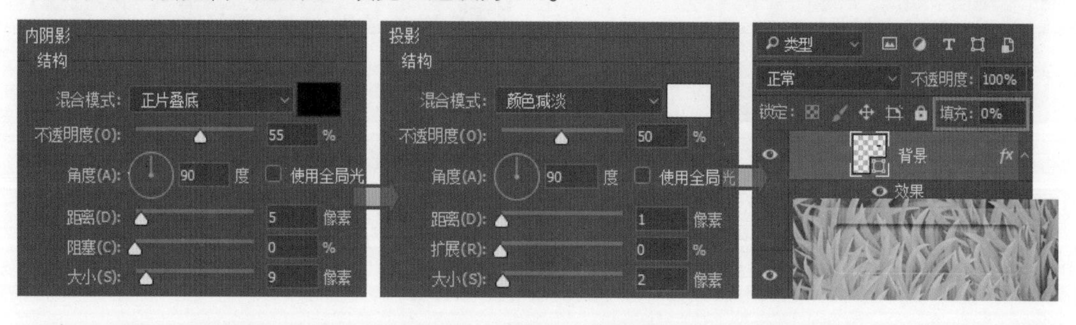

步骤 04 使用“圆角矩形工具”绘制形状，使用“内阴影”“渐变叠加”和“投影”图层样式进行修饰，设置其“填充”选项为0%，将其作为文字输入区。

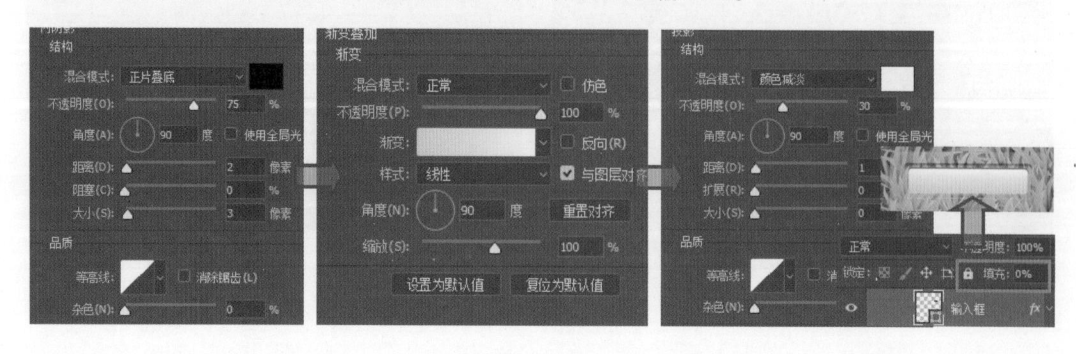

步骤 05 参考前面的绘制，制作出其余的文本框，接着使用“横排文字工具”在适当的位置单击，输入所需的文本，使用“投影”图层样式对文字的效果进行修饰。

步骤 06 将图形和文本添加到图层组，使用图层组管理图层，再按下 Ctrl+J 组合键，复制制作好的文本框，根据要表现的内容，更改文本框中的文字信息。

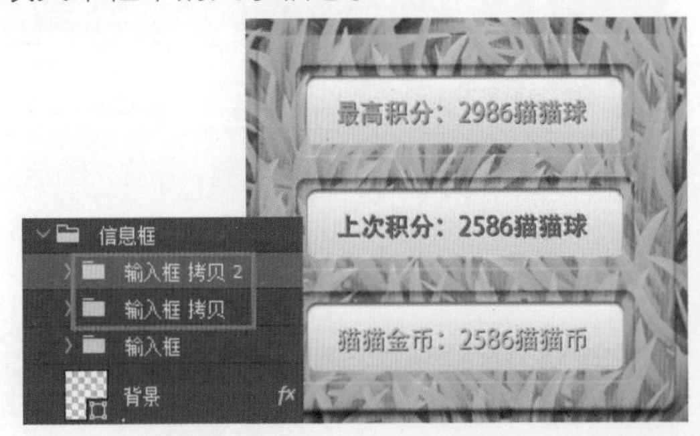

步骤 07 绘制出按钮的背景，使用“渐变叠加”图层样式对其进行修饰，并在相应的选项卡中进行参数设置，在图像窗口中可以看到编辑后的效果。

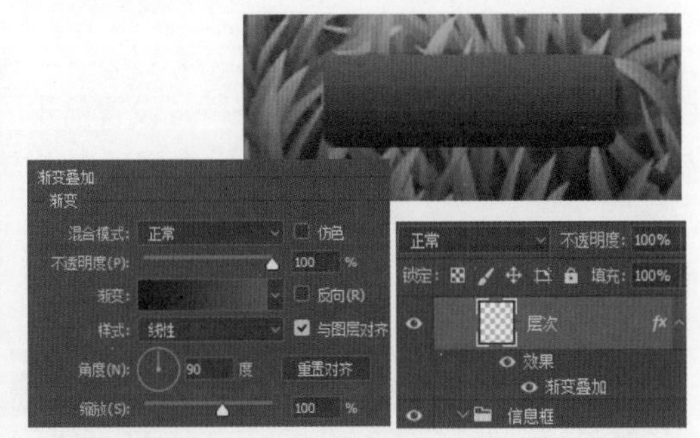

步骤 08 绘制出按钮的形状，使用“内阴影”“渐变叠加”和“描边”图层样式修饰绘制的圆角矩形，在相应的选项卡中设置参数，放在适当的位置。

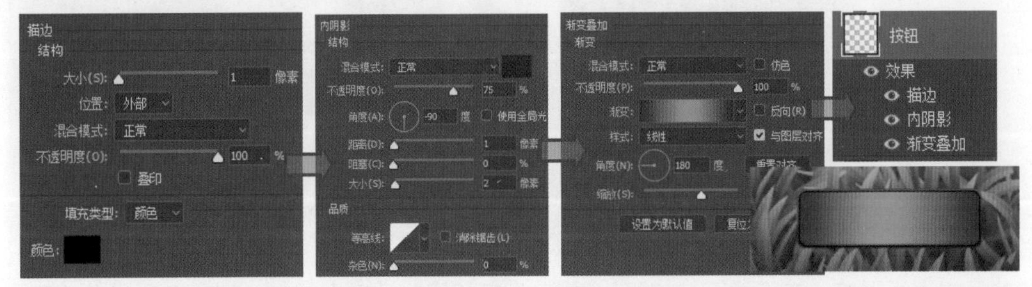

步骤 09 使用“钢笔工具”绘制出按钮上的高光形状，设置其“填充”选项为 0%，使用“渐变叠加”图层样式对高光形状进行修饰，增强按钮的层次感。

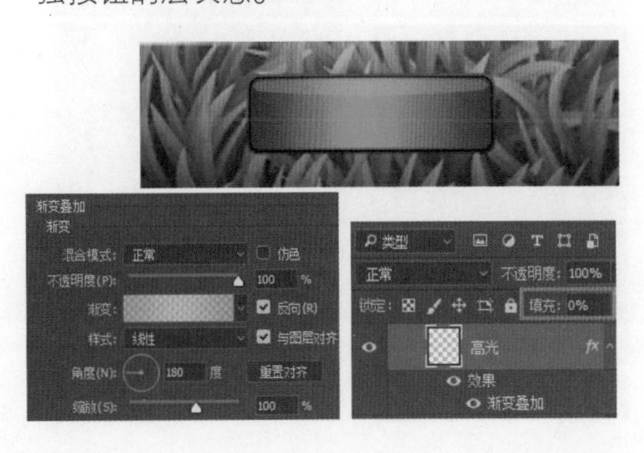

步骤 10 使用“横排文字工具”在按钮上添加文字，并打开“字符”面板设置文字的属性，通过添加“投影”图层样式增强文字的层次感，完成“积分界面”的制作。

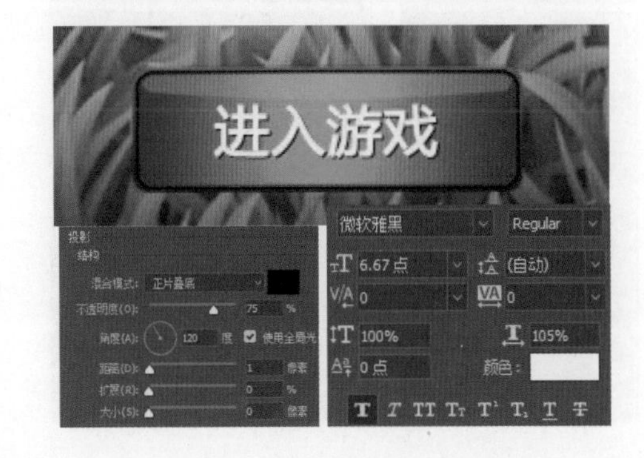

9.5.4 游戏界面

对于游戏 App 来说，游戏界面是整个设计重心。游戏界面的设计，采用相同的背景，在背景中使用画笔绘制出相应的图形，然后将足球图像复制到页面中，调整其颜色，展现不同颜色的足球效果。

步骤 01 对前面绘制的文本框、界面背景进行复制，开始“游戏界面”的制作，并添加其他的猫咪素材，适当调整猫咪素材的大小和文本框中信息的内容。

步骤 02 新建图层，命名为“坑”，设置前景色为黑色，使用“画笔工具”，在其选项栏中进行设置，再在界面适当位置进行绘制，制作出黑色的坑的效果。

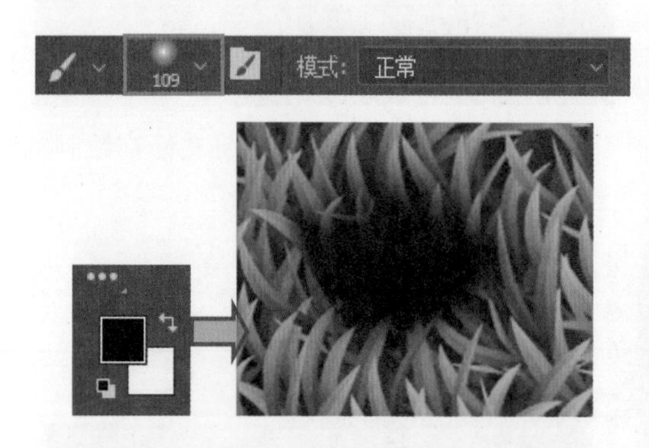

步骤 03 新建图层，重命名为“高光”，使用白色的“画笔工具”进行绘制，并在“图层”面板中设置“高光”图层的混合模式为“叠加”，并用图层组对图层进行管理。

步骤 04 对绘制的“坑”图层组进行复制，适当调整每个坑的位置，按照一定的顺序对坑的摆放进行调整，在图像窗口中可以看到编辑后的效果。

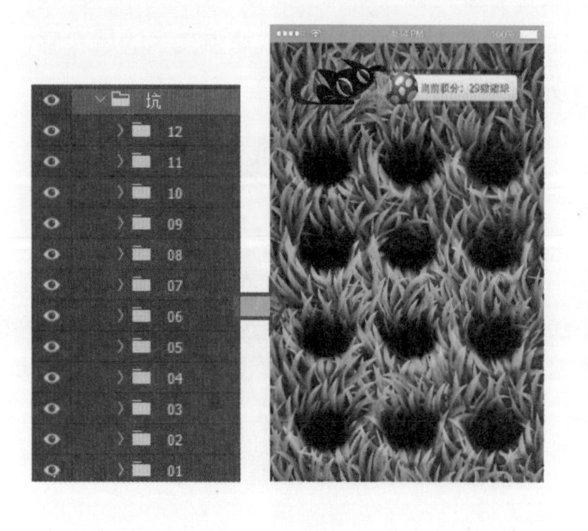

步骤 05 将小球素材添加到图像窗口中，适当调整小球的大小和位置，并使用“色相/饱和度”调整图层对小球的色彩进行调整，在图像窗口中可以看到编辑后的结果。

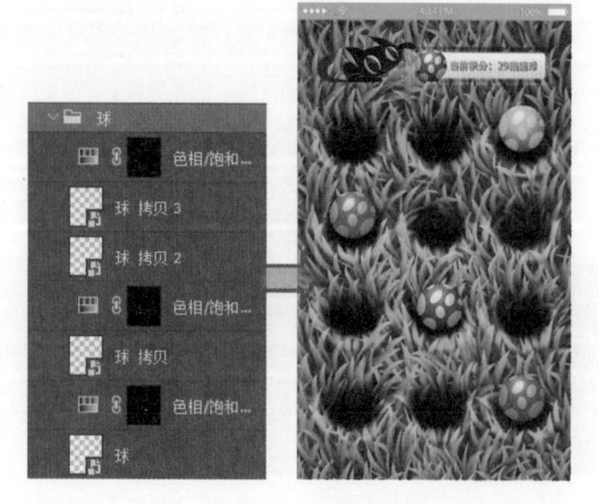

步骤 06 参考前面编辑和制作按钮的方式，为界面添加“暂停游戏”按钮，将按钮放在界面的底部，在图像窗口中可以看到编辑后的结果，完成“游戏界面”的制作。

9.5.5 预览界面

预览页面可以帮助玩家了解游戏的大概效果。在这里，我们将前面制作好的游戏界面复制出来，在中间区域绘制图形，创建剪贴蒙版，调整图层中的图像显示区域，突出中间的游戏部分。

步骤 01 对绘制的界面背景和Logo进行复制，并添加小猫素材到界面中，开始“预览界面”的制作，参考对话框背景的设置，制作出预览界面的背景。

步骤 02 对前面编辑的游戏界面进行复制，合并后使用剪贴蒙版对图层中图像的显示进行控制，添加“内发光”图层样式对其进行修饰。

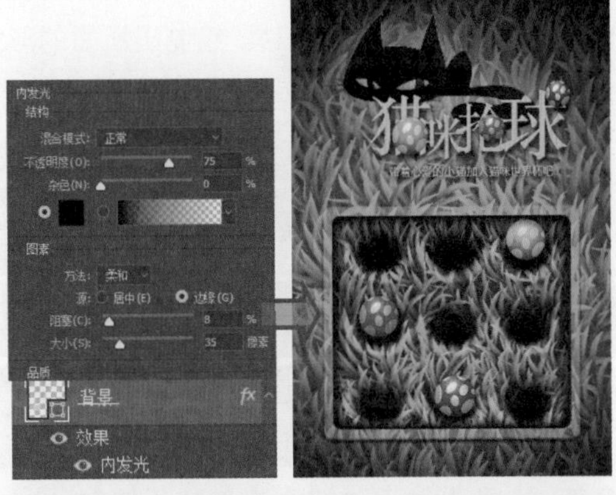

步骤 03 参考前面按钮的设置和编辑方法，为界面中添加两个按钮，放在界面的底部，在图像窗口中可以看到编辑后的结果，完成“预览界面”的制作。

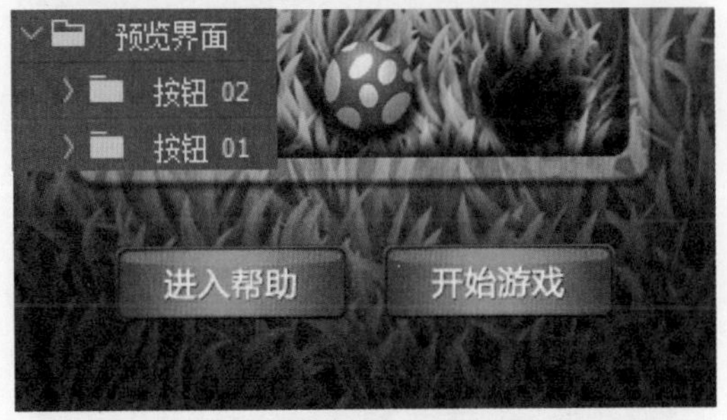

9.5.6 结束界面

完成游戏后，会弹出结束界面。结束界面的设计，可直接复制前面的游戏界面，然后在界面创建颜色填充图层，形成遮罩效果，然后在界面中添加对话框和文字说明。

步骤 01 对前面绘制的游戏界面进行复制，接着将背景图像添加到选区，为选区创建黑色的颜色填充图层，设置其“不透明度”为70%，开始“结束界面”的制作，在图像窗口中可以看到编辑后的处理。

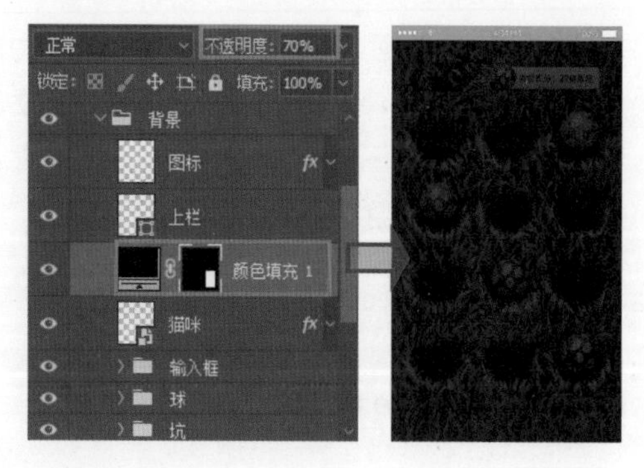

步骤 02 使用“横排文字工具”输入所需的文字，放在界面适当的位置，使用“描边”“渐变叠加”和“外发光”图层样式对文字进行修饰。

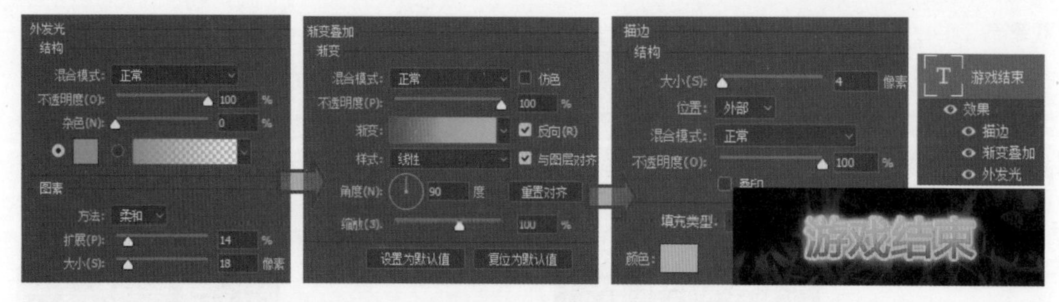

步骤 03 使用“圆角矩形工具”绘制出所需的形状，设置其“不透明度”为50%，使用“内阴影”“渐变叠加”和“投影”图层样式对其进行修饰，作为对话框的背景。

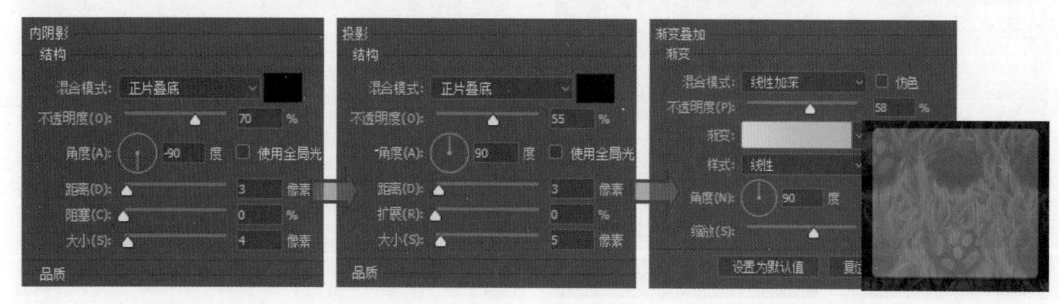

步骤 04 参考前面编辑文本框的设置和绘制方法制作出界面中所需的文本框，对界面中的信息进行展示，并将文本框放在界面适当的位置。

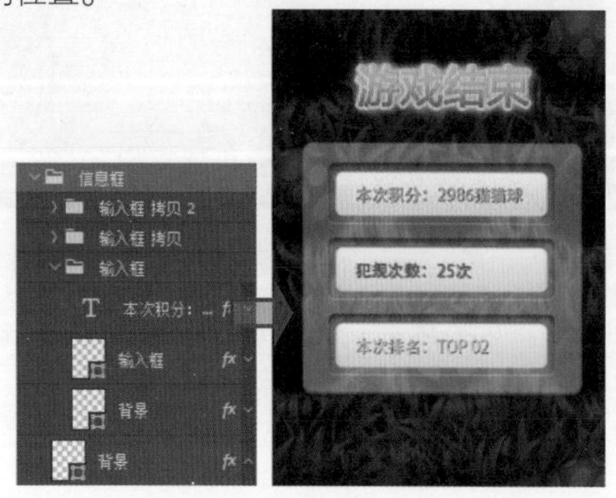

步骤 05 参考前面按钮的设置和编辑方法，在界面中添加一个按钮，放在界面的底部，在图像窗口中可以看到编辑后的结果，完成本案例的制作。

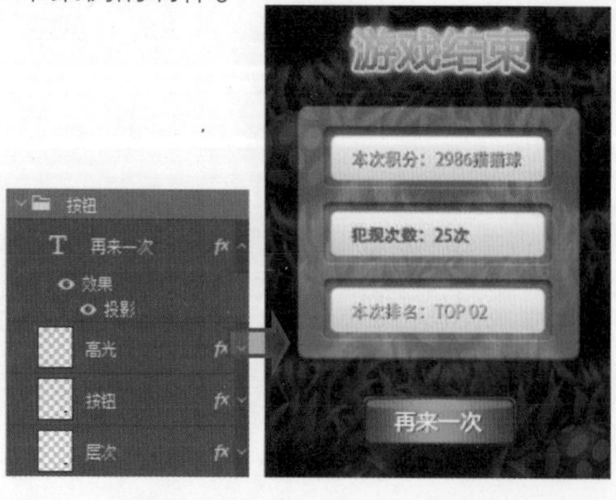